高等学校成人教育网络教育专用系列教材

计算机应用基础

主编 何 宁 滕 冲 熊素萍

参编 康 卓 黄文斌 崔建群 张小惠

WUHAN UNIVERSITY PRESS

武汉大学出版社

图书在版编目(CIP)数据

计算机应用基础/何宁,滕冲,熊素萍主编.—武汉:武汉大学出版社,2012.6(2015.10 重印)

高等学校成人教育网络教育专用系列教材

ISBN 978-7-307-09840-4

Ⅰ.计… Ⅱ.①何… ②滕… ③熊… Ⅲ.电子计算机—成人高等教育—教材 Ⅳ.TP3

中国版本图书馆 CIP 数据核字(2012)第 106949 号

封面图片为上海富昱特授权使用(ⓒ IMAGEMORE Co. , Ltd.)

责任编辑:李汉保   责任校对:黄添生   版式设计:马 佳

出版发行:**武汉大学出版社** (430072 武昌 珞珈山)
(电子邮件:cbs22@ whu. edu. cn 网址:www. wdp. com. cn)

印刷:湖北睿智印务有限公司

开本:787×1092 1/16 印张:23.75 字数:575 千字 插页:1

版次:2012 年 6 月第 1 版 2015 年 10 月第 5 次印刷

ISBN 978-7-307-09840-4/TP · 434 定价:36.00 元

版权所有,不得翻印;凡购买我社的图书,如有质量问题,请与当地图书销售部门联系调换。

内 容 简 介

　　本书是根据国家教育部全国高校网络教育考试委员会制定的《计算机应用基础考试大纲》(2010 年版)，结合一线教师的实际教学经验编写的教学用书。本书内容涵盖了课程考试大纲中规定的 9 个章节，内容包括：计算机概述、计算机中的数据与编码、计算机系统的组成与工作原理、操作系统概述、Windows XP、Microsoft Office 应用软件中的 Word、Excel、PowerPoint 的基本操作技能、计算机网络基础和 Internet 的基本原理和操作、信息安全技术与多媒体技术及应用等。每一章后面设置有适量的选择题题和操作题，教材最后附有选择题答案，便于读者练习。

　　本书注重应用和实践，本着厚基础、重能力、紧扣考纲，适合作为全国高校网络教育本科层次所有专业学生的学习用书，也可以作为普通高校本科生计算机应用基础课程的参考教材。

序

　　武汉大学是国家教育部直属重点综合性大学，是国家"985 工程"和"211 工程"重点建设高校。学校学科门类齐全、综合性强、特色明显，涵盖了哲、经、法、教育、文、史、理、工、农、医、管理等 11 个学科门类。

　　2002 年武汉大学经国家教育部批准开展现代远程教育试点。10 年来，网络教育已成为武汉大学高等教育教学的重要组成部分，是武汉大学实现社会服务功能的重要形式和途径，已为社会培养专门人才 5 万余人。

　　与全日制教育不同，网络教育是在网络环境下(网络课堂)实施教学和管理过程，实现教育人、培养人之目的。长期以来，武汉大学网络教育(包括成人学历教育)大部分教材一直沿用传统全日制教材，在面向成人"在职从业人员"实施教学的过程中，特别是在体现应用性、实用性方面尚有一段距离，同时，给老师的教学和学生的自主学习带来一定的困难。

　　为充分体现以学生为本，突出教学针对性，在反复调研并考察、借鉴兄弟高校经验的基础上，在学校的支持下，武汉大学决定以 5 门公共课教材改版为起点，逐步推出适合现今在职从业人员，特别是网络教育学员为主要使用对象的高等学校成人教育、网络教育专用系列教材。

　　首批出版的网络高等学历教育的教材，包括《计算机应用基础》、《高等数学》、《大学英语》、《大学语文》、《思想道德修养与法律基础》，将在三年内陆续推出。

　　针对在职学员的从业实际，结合行业发展现状，特别是参照国家教育部全国高等学校网络教育考试委员会推出的系列统考课程的考试大纲，本系列教材的编写原则是，宜新不宜深，宜粗不宜精，讲授比较新的、比较前沿的实用知识，讲授学员即将和可能接触到的部分操作技能，而将那些为学员所经历所接触过的或所掌握的知识和技能则稍作提示，一笔带过，教材中不追求详细的理论证明，但严格保证知识体系的完整性。这样既保证了教材知识体例的严谨性，又突出了这套系列教材的针对性，应该说这是一套适合在职人员学习的好教材。

　　感谢各位热心支持网络教育事业并在百忙中拔冗参与编辑本系列教材的各位专家教授！

　　感谢武汉大学出版社领导和各位编辑的精心策划和编纂！

　　感谢各位热心参与本系列教材推介和发行工作的朋友们！

杜晓成

2012 年 05 月于武昌珞珈山

(杜晓成：武汉大学网络教育学院院长，研究员、博士)

前　言

目前，我国高等学校的所有非计算机专业几乎都开设了计算机教学课程，计算机应用基础也是高等学校网络教育实行统一考试的 4 门公共基础课之一。

本书是根据国家教育部全国高等学校网络教育考试委员会制定的《计算机应用基础考试大纲》(2010 年版)，结合一线教师的实际教学经验编写的教学用书。本书内容涵盖了课程考试大纲中规定的 9 个章节，系统地讲述了计算机的基本工作原理、软件硬件构成、信息编码，Windows 操作系统及应用，办公自动化技术、网络基础与 Internet 应用技术、计算机安全和多媒体技术与应用，每一章后面设置有适量的选择题和操作题，教材最后附有选择题答案，便于读者练习。

全书分为 9 章。

第 1 章　计算机基础知识。介绍了计算机的基本概念，重点讨论了计算机系统的组成与信息编码，还介绍微型机的硬件组成以及主要性能指标。

第 2 章　Windows 操作系统及其应用。概述了常用的 Windows XP 操作系统，介绍了 Windows XP 下鼠标指针、桌面和窗口、应用程序、剪贴板、任务管理器等对象，重点讲解了文件和文件夹的选择、移动、复制、删除、查找等常用操作。分别介绍了控制面板下若干个设置工具，讲解了多媒体及其设置、论述了媒体播放器，最后，对格式化等磁盘管理和附件下的记事本程序和写字板程序作了介绍。

第 3 章　Word 文字编辑。介绍 Word 窗口等基本知识，文档的建立、保存、打开等常用操作，详细讲解了文档内文本的输入和不同的编辑方法；叙述了视图的概念和种类，编辑字符格式、编辑段落格式的常用操作；介绍了样式与模板、以及页面排版的具体操作；举例讲解了创建表格的方法以及编辑表格；借用图文混排的效果来美化文档；最后，介绍了打印预览工具栏和打印对话框。

第 4 章　电子表格软件 Excel。介绍了 Excel 的基本操作，Excel 中的公式和函数的使用，Excel 工作表的编辑与格式化，Excel 中数据的图表化，并结合实例详细介绍了 Excel 的数据管理与分析，如何对数据分类汇总以及如何创建数据透视表等。

第 5 章　PowerPoint 电子演示文稿。介绍了 PowerPoint 的工作环境以及如何创建演示文稿，重点对演示文稿中的幻灯片及母版进行编辑的方法进行了介绍，详细介绍了如何设置幻灯片的切换效果和动画效果。

第 6 章　计算机网络基础。主要介绍了计算机网络和 Internet 的基础知识，讨论了网络的概念、发展、基本拓扑结构、网络协议及网络的组成和功能，Internet 的发展，IP 地址、网关、子网掩码、域名的基本概念，以及各种不同的网络接入方式。

第 7 章　Internet 的应用。介绍了两种最常用的 Internet 服务：浏览信息和收发电子邮件。

第 8 章　计算机安全。介绍了信息安全问题，包括信息安全的概念、特性和出现的原因，并重点介绍了计算机病毒的概念、特征及其预防，网络攻击的主要方法和步骤，系统还原和系统更新的概念和操作方法，以及国家相关的政策法规和应遵守的道德规范。

第 9 章　计算机多媒体技术。介绍了计算机多媒体技术的概念以及在网络教育中的作用；多媒体计算机系统的基本构成和多媒体设备的种类；还介绍了多媒体基本应用工具：Windows 画图工具的基本操作，Windows 音频工具和 Windows 视频工具的基本功能。最后介绍了文件压缩和解压缩的基本知识；常见多媒体文件的类别和文件格式；以及压缩工具 WinRAR 的基本操作。

本书第 1 章、第 5 章由黄文斌编写，第 2 章由张小慧编写，第 3 章由滕冲编写，第 4 章由何宁编写，第 6 章由崔建群编写，第 7 章和第 9 章由熊素萍编写，第 8 章由康卓编写。全书由何宁统稿。

本书的撰写得到了武汉大学网络学院和武汉大学出版社领导的大力支持，武汉大学计算机学院的许多老师在本书编写的过程中给予了热情的帮助并提出了许多宝贵的意见，使书稿更趋成熟。书稿撰写过程中所参考的主要书目列于全书后参考文献中，在此，特别向上述各位领导、老师及作者表示衷心的感谢！

由于计算机技术发展迅速，加之限于作者的水平，对书中可能存在的纰漏，恳请同行和读者批评斧正。

作　者

2012 年 4 月

目　　录

第1章　计算机基础知识

电子计算机(Electronic　Computer)又称电脑(Computer)，是一种能够存储程序和数据、自动执行程序、自动完成各种数字化信息处理的电子设备。本章主要介绍计算机的基础知识。通过本章的学习，了解计算机的发展、特点及用途；了解计算机中使用的数制和各数制之间的转换；了解在计算机中使用的信息编码方法以及信息的表示方法；弄清计算机的主要组成部件及各部件的主要功能。

1.1　计算机的基本概念

1.1.1　计算机的发展

计算机的发展是人类计算工具不断创新和发展的过程。我国唐朝使用的算盘和 17 世纪出现的计算尺，是人类最早发明的手动计算工具。

随着人类社会不断走向文明与进步，人类又发明了机械式计算工具：1642 年法国物理学家帕斯卡(Blaise Pascal)创造了第一台能够完成加、减运算的机械计算器。1673 年德国数学家莱布尼兹(G. N. Won Leibniz)对机械计算器进行改进，增加了乘、除法运算，使机械计算器能完成算术四则运算。这些基于齿轮技术构造的计算装置，后来被人们称为机械式计算机。机械式计算机在英国数学家查尔斯·巴贝奇(Charles Babbage)的开拓性研究工作中得到了完善，他于 1822 年开始了制造一台通用的分析机的设想，用只读存储器(穿孔卡片)存储程序和数据，于 1840 年基本实现了控制中心(CPU)和存储程序的设想，而且程序可以根据条件进行跳转，能在几秒钟内作出一般的加法，几分钟内作出乘除法。值得一提的是，这台计算机甚至支持程序设计，英国著名诗人拜伦的女儿爱达曾为这台计算机设计过程序。尽管项目最终因为研制费用昂贵而被迫取消，但他的设计理论却是非常超前的，特别是利用卡片输入程序和数据的设计，为后来建造电子计算机的科学家所借鉴和采用。

1. 计算机的诞生

第一台真正意义上的数字电子计算机 ENIAC 则是由莫契利(John W. Mauchly)和埃克特(J. Presper Eckert)负责，于 1943 年开始研制，1946 年 2 月 14 日在美国宾夕法尼亚大学诞生。这台数字电子计算机占地 170m²，重 30t，18 800 个电子管，1 500 个继电器，7 000个电阻，耗电 150kW，运算速度 5 000 次/s。主要用于计算弹道和氢弹的研制。

ENIAC 虽然以世界上第一台电子计算机而被载入史册，但 ENIAC 并不具备存储程序的能力，程序要通过外接电路输入。改变程序必须改接相应的电路板，对于每种类型的题目，都要设计相应的外接插板，导致其实用性不强，同冯·诺依曼(John Von Nouma)早先提出的存储程序的设想还有很大的差距。世界上第一台按照冯·诺依曼所提出的存储程序计算机是 EDVAC(电子离散变量自动计算机)，研制工作于 1947 年开始，冯·诺依曼亲自参与了设计方案的制定，于 1951 年完成，其运算速度是 ENIAC 的 240 倍。EDVAC 的诞生也标志着存储程序式电子计算机的诞生，冯·诺依曼在其中起到了关键作用。这种存储程序的体系结构设计思想一直沿用到今天，因此现代电子计算机又被人们称为冯·诺依曼型计算机。

2. 计算机的发展

自从 1946 年第一台电子计算机问世以来，计算机科学与技术已成为 20 世纪发展最快的一门学科，尤其是微型计算机的出现和计算机网络的发展，使计算机的应用渗透到社会的各个领域，有力地推动了信息社会的发展。多年来，人们以计算机物理器件的变革作为标志，把计算机硬件技术的进步划分为电子管、晶体管、集成电路、大规模和超大规模集成电路四个时代。

第一代(1946—1957 年)是电子管计算机，计算机使用的主要逻辑元件是电子管。主存储器先采用延迟线，后采用磁鼓磁芯，外存储器使用磁带。软件方面，用机器语言和汇编语言编写程序。这个时期计算机的特点是，体积大、耗电多、重量重、性能低、成本高。这个时期的计算机主要用于科学计算和从事军事和科学研究方面的工作。其代表机器有：ENIAC、IBM650(小型机)、IBM709(大型机)等。这一代计算机的主要标志是：

(1)确立了模拟量可变换成数字量进行计算，开创了数字化技术的新时代；

(2)形成了电子数字计算机的基本结构，即冯·诺依曼结构；

(3)确定了程序设计的基本方法，采用机器语言和汇编语言编程；

(4)首次使用阴极射线管 CRT 作为计算机的字符显示器。

第二代(1958—1964 年)是晶体管计算机，这个时期计算机使用的主要逻辑元件是晶体管。主存储器采用磁芯，外存储器使用磁带和磁盘。软件方面开始使用管理程序，后期使用操作系统并出现了 FORTRAN、COBOL、ALGOL 等一系列高级程序设计语言。这个时期计算机的应用扩展到数据处理、自动控制等方面。其代表机器有：IBM7090、IBM7094、CDC7600 等。这一代计算机的主要标志是：

(1)开创了计算机处理文字和图形的新阶段；

(2)系统软件出现了监控程序，提出了操作系统的概念；

(3)高级语言已投入使用；

(4)开始有了通用机和专用机之分；

(5)开始出现鼠标，并作为输入设备。

第三代(1965—1970 年)是集成电路计算机。用小规模集成电路 SSI 和中规模集成电路 MSI 代替了分立元件，用半导体存储器替代了磁芯存储器。外存储器使用磁盘。软件方面，操作系统进一步完善，高级语言数量增多，而且计算机的并行处理、多处理机、虚拟存储系统以及面向用户的应用软件的发展，丰富了计算机软件资源。计算机的运行速度、可靠性和存储容量进一步提高，外部设备种类繁多，计算机和通信密切结合起来，广泛地应用到科学计算、数据处理、事务管理、工业控制等领域。其代表机器有：IBM360 系列、富士通 F230 系列等。这一代计算机的主要标志是：

(1)运算速度已达到每秒 100 万次以上；

（2）操作系统更加完善，出现分时操作系统；

（3）出现结构化程序设计方法，为开发复杂软件提供了技术支持；

（4）序列机的推出，较好地解决了"硬件不断更新，而软件相对稳定"的矛盾；

（5）机器可以根据其性能分成巨型机、大型机、中型机和小型机。

第四代（1971 年至今）是大规模和超大规模集成电路计算机。这个时期的计算机主要逻辑元件是大规模集成电路 LSI 和超大规模集成电路 VLSI。存储器采用半导体存储器，外存储器采用大容量的软磁盘、硬磁盘，并开始引入光盘。软件方面，操作系统不断发展和完善，同时发展了数据库管理系统、通信软件等。计算机的发展进入了以计算机网络为特征的时代。计算机的运行速度可以达到每秒上千万次到万亿次，计算机的存储容量和可靠性又有了很大提高，功能更加完善。这个时期计算机日益小型化和微型化，使计算机进入了办公室、学校和家庭。这一代计算机的主要标志是：

（1）操作系统不断完善，应用软件的开发成为现代工业的一部分；

（2）计算机应用和更新的速度更加迅猛，产品覆盖各类机型；

（3）计算机的发展进入了以计算机网络为特征的时代。

3. 微型计算机

微型计算机是第四代计算机的典型代表。1971 年 Intel 公司使用 LSI 率先推出微处理器 4004，成为计算机发展史上一个新的里程碑，宣布第四代计算机问世。从此，计算机进入一个崭新的发展时期，涌现出采用 LSI、VLSI 构成的各种不同规模、性能各异的新型计算机。

微型计算机的字长从 4 位、8 位、16 位、32 位至 64 位迅速增长，速度越来越快，容量越来越大，其性能已赶上甚至超过 20 世纪 70 年代的中、小型计算机水平。

微型计算机以其小巧玲珑、性能稳定、价格低廉，尤其是对环境没有特殊要求且易于成批生产为显著特点，吸引了众多用户，得到了快速发展。

20 世纪 80 年代微型计算机进入鼎盛时期，速度、容量等性能飞速提高，显示其强大的生命力。

4. 计算机的发展方向

计算机技术正朝着微型化、巨型化、网络化、智能化的趋势发展。

微型化是指随着大规模和超大规模的集成电路技术的发展，微型计算机已从台式机发展到便携机、掌上机、膝上机。目前微型计算机的标志是应用集成电路技术将运算器和控制器集成在一块电路芯片上。今后会逐步发展到将存储器、图形卡、声卡等集成，再将系统软件固化，最后达到整个微机系统的集成。

巨型化是指进一步提高计算机系统的存储容量、系统运算速度、外设、功能，获取更强劲的处理能力和处理速度。现在巨型机的运行速度已达每秒 50 万亿次，存储容量已超过万亿字节。

网络化是指发展计算机网络通信技术和多媒体应用技术相结合，把分散在不同地点的计算机互联起来，按照网络协议相互通信，以达到软件资源、硬件资源和数据资源共享的目的，同时计算机网络将成为人们工作与生活的基础设施，用户可以随时随地在全世界范围拨打可视电话或收看任意国家的电影、电视。

智能化是指使计算机能模拟人的思维功能和感观并具有人类的智能。即让计算机具有识别声音、图像的能力，有推理、联想学习的功能。人工智能的研究，从本质上拓宽了计算机的能力范围，并越来越广泛地应用于人们的工作、生活和学习中。

1.1.2 计算机的特点

计算机作为一种通用的信息处理工具，具有极高的处理速度，很强的存储能力，精确的计算能力和逻辑判断能力。

1. 高运算的能力

当今计算机系统的运算速度已达到每秒 10 万亿次，微机也可达每秒亿次以上，使大量复杂的科学计算问题得以解决。例如：卫星轨道的计算、大型水坝的计算、24 小时天气预报的计算等。过去人工计算需要数年、数十年完成的工作而现在运用计算机只需数小时甚至数分钟就可以完成。

2. 很高的计算精度

科学技术的发展特别是尖端科学技术的发展，需要高度精确的计算。计算机控制导弹，之所以能够准确地击中预定的目标，是与计算机的精确计算分不开的。一般计算机可以有十几位甚至几十位（二进制）有效数字，计算精度可以由千分之几到百万分之几，是任何计算工具所望尘莫及的。

3. 很强的记忆能力

随着计算机存储容量的不断增大，可存储记忆的信息越来越多。计算机不仅能进行计算，而且能把参加运算的数据、程序以及中间结果和最后结果保存起来，以供用户随时调用。

4. 自动控制能力

计算机内部操作是根据人们事先编好的程序自动控制进行的。用户根据解题需要，事先设计好运行步骤与程序，计算机十分严格地按照程序规定的步骤操作，整个过程不需人工干预。

5. 逻辑判断能力

计算机还可以对各种信息（如语言、文字、图形、图像、音乐等）通过编码技术进行算术运算和逻辑运算，还可以进行推理和证明。

6. 通用性强

计算机能够在各行各业得到广泛的应用，具有很强的通用性，原因之一就是计算机的可编程性。计算机可以将任何复杂的信息处理任务分解成一系列的基本算术运算和逻辑运算，反映在计算机的指令操作中。按照各种规律要求的先后次序把它们组织成各种不同的程序，存入存储器中。在计算机的工作过程中，这种存储的指令序列指挥和控制计算机进行自动、快速地信息处理，并且十分灵活、方便、易于变更，这就使计算机具有极大的通用性。同一台计算机，只要安装不同的软件或连接到不同的设备上，就可以完成各种不同的任务。

1.1.3 计算机的主要用途

计算机的应用已渗透到社会的各个领域，正在改变着人们的工作、学习和生活方式，推动着社会的文明进步。归纳起来可以分为以下几个方面：

1. 科学计算(数值计算)

科学计算也称为数值计算。计算机最开始是为解决科学研究和工程设计中遇到的大量数学问题的数值计算而研制的计算工具。随着现代科学技术的进步，数值计算在现代科学研究中的地位不断提高，在尖端科学领域，显得尤为重要。例如，人造卫星轨迹的计算、房屋抗震强度的计算、火箭、宇宙飞船的研究设计都离不开计算机的精确计算。

在工业、农业以及人类社会的各领域，计算机的应用都取得了许多重大突破，就连人们每天收听收看的天气预报都离不开计算机的科学计算。

2. 数据处理(信息处理)

在科学研究和工程技术中，会得到大量的原始数据信息，其中包括大批图片资料以及多媒体信息。信息处理就是对这种信息进行收集、分类、排序、存储、计算、传输、制表等操作。目前计算机的信息处理应用已非常普遍，如人事管理、库存管理、财务管理、图书资料管理、商业数据交流、情报检索、经济管理等都属这一方面的应用。

信息处理已成为当代计算机的主要任务，是现代化管理的基础，据相关资料统计，全世界计算机用于数据处理的工作量占全部计算机应用的 80% 以上，大大提高了工作效率，提高了管理水平。

3. 自动控制

通过计算机对某一过程的实现进行自动控制，计算机不需人工干预，能按人预定的目标和预定的状态进行过程控制。所谓过程控制是指实时采集、检测数据、并进行处理和判断，按最佳值进行调节的过程。目前被广泛用于操作复杂的钢铁企业、石油化工业、医药工业等生产中。使用计算机进行自动控制大大提高了控制的实时性和准确性，提高劳动效率、提高产品质量、降低成本，缩短生产周期。

计算机自动控制还在国防和航空航天中起决定性作用，无人驾驶飞机、导弹、人造卫星和宇宙飞船等飞行器的控制，都是靠计算机实现的。可以说计算机是现代国防和航空航天的神经中枢。

4. 计算机辅助系统

计算机辅助设计(CAD)是英文"Computer Aided Design"的缩写。借助计算机的帮助，人们可以自动或半自动地完成各类工程设计工作。目前 CAD 技术已应用于飞机设计、船舶设计、建筑设计、机械设计、大规模集成电路设计等。计算机辅助设计，可以缩短设计时间，提高工作效率，节省人力、物力和财力，更重要的是提高了设计质量。CAD 已得到各国工程技术人员的高度重视。有些国家已把计算机辅助设计(CAD)和辅助制造(Computer Aided Manufacturing)、计算机辅助测试(Computer Aided Test)及计算机辅助工程(Computer Aided Engineering)组成一个集成系统，使设计、制造、测试和管理有机地组成为一体，形成高度的自动化系统，因此产生了自动化生产线和"无人工厂"。

计算机辅助教学(CAI)是英文"Computer Aided Instruction"的缩写。计算机辅助教学用来辅助完成教学计划或模拟某个实验过程。计算机可以按不同要求，分别提供所需教材内容，还可以个别教学，及时指出学生在学习中出现的错误，根据计算机对学生的测试成绩决定学生的学习从一个阶段进入另一个阶段。CAI 不仅能减轻教师的负担，还能激发学生的学习兴趣，提高教学质量，为培养现代化高质量人才提供有效方法。

5. 人工智能

人工智能(AI)是英文"Artificial Intelligence"的缩写。人工智能是指计算机模拟人类某些智力行为的理论、技术和应用。

人工智能是计算机应用研究的一个新的领域，这方面的研究和应用正处于发展阶段，在医疗诊断、定理证明、语言翻译、机器人等方面，已有了显著的成效。我国已成功开发了一些中医专家诊断系统，可以模拟名医给患者诊病开处方。

机器人是计算机人工智能的典型例子。机器人的核心是计算机。第一代机器人是机械手；第二代机器人对外界信息能够反馈，有一定的触觉、视觉、听觉；第三代机器人是智能机器人，具有感知和理解周围环境，使用语言、推理、规划和操纵工具的技能，模仿人完成某些动作。机器人不怕疲劳，精确度高，适应力强，现已开始运用于搬运、喷漆、焊接、装配等工作中。机器人还能代替人在危险工作中进行繁重的劳动，如在有放射线、污染、有毒、高温、低温、高压、水下等环境中工作。

6. 多媒体技术应用

随着电子技术特别是通信和计算机技术的进步，人们已经有能力把文本、音频、视频、动画、图形和图像等各种"媒体"综合起来，构成一种全新的概念——"多媒体"(Multimedia)。多媒体的应用以很快的步伐在医疗、教育、商业、银行、保险、行政管理、军事、工业、广播和出版等领域出现。

7. 计算机网络

随着网络技术的进步，计算机的应用更深入到社会的各行各业，通过高速信息网实现数据与信息的查询；高速通信服务(电子邮件、电视电话、电视会议、文档传输)；电子教育；电子娱乐；电子购物(通过网络选看商品、办理购物手续、质量投诉等)；远程医疗和会诊；交通信息管理等。尤其是万维网(WWW)的出现，为人们获取信息带来了前所未有的方便，极大地影响着人们的工作与生活。随着计算机的应用渗透到社会领域的方方面面，必将推动信息社会更快地向前发展。

1.1.4 计算机的分类

从电子计算机诞生到现在的60多年里，计算机科学与技术迅猛发展，大规模、高性能、多用途的新机型不断涌现，可以说计算机的种类已是琳琅满目，对计算机的分类方法有多种，这里主要从计算机处理数据的方式、使用范围、机器规模和处理能力等方面进行说明。

1. 按规模和性能分类

计算机按规模和性能分类可以分为巨型计算机、大型计算机、小型计算机、工作站、微型计算机和服务器等。它们的基本区别在于体积大小、结构复杂程度、功率消耗、性能指标、数据存储容量、指令系统和设备与软件配置等的不同。

巨型计算机是一种超大型电子计算机，主要用于重大科学研究和尖端科技领域；大型计算机在运算速度和存储容量等方面稍弱于巨型计算机，主要用于商业处理和大型数据库及数据通信；小型计算机在性能上尽可能贴近大型计算机，但在结构组成、体积和性价比方面有一定优势，主要用于企事业单位和一般科研院所；工作站是一种介于PC机和小型计算机之间的高档微机，主要用于图像处理和辅助设计等方面；微型计算机是目前最使用广泛的一种机型，其特点是体积小、性能好、使用灵活；服务器是一种管理网络资源并为用户提供网络服务的计算机,其上运行网络操作系统和服务软件,如文件服务器、数据库服务器和应用程序服务器等。

2. 按信息表现形式和对信息的处理方式分类

计算机按信息表现形式和对信息的处理方式分类可以分为模拟计算机和数字计算机。模拟计算机是对连续的物理量进行运算的计算机,输入的运算量是由电压、电流等连续的物理量表示,输出的结果也是物理量。模拟计算机处理问题的精度差,电路结构复杂,抗干扰能力差。数字计算机是计算机的主流机种,输入的运算量是离散的数字量,处理的结果也是数字量。由于数字计算机内部使用的是数字电信号,因此其组成结构和性能上都优于模拟计算机。目前我们使用的计算机大多是电子数字计算机。

3. 按用途分类

计算机按用途分类可以分为专用计算机和通用计算机。专用计算机是用于某一专门应用领域或专项研究方面的计算机。专用计算机功能单一,主要针对某类问题的处理、运算、显示、可靠性、有效性和经济性设计,不适于其他方面的应用。如导弹和火箭上使用的计算机大部分就是专用计算机。通用计算机功能多样,广泛应用于科学计算、数据处理、过程控制、网络通信、人工智能等各个领域。但由于强调其功能的多样化,通用计算机的运行效率、速度和经济性依据不同的应用对象会受到一定的影响。

计算机分类的方式还有很多,比如按采用的操作系统分类,按计算机字长分类,按CPU等级分类,按主机形式分类等。

1.1.5　信息的基本概念

信息是人们根据客观事物得到的,使人们能够认识客观事物的各种消息、情报、数字、信号、图形、图像、语音等所包括的内容。

数据是客观事物属性的表示,数据可以是数值和各种非数值数据。对计算机而言,数据是信息的载体,具有数值、文字、语言、图形和图像等多种形式。即数据是指能够为计算机处理的数字化信息。

在计算机领域,信息经过转化而成为计算机能够处理的数据,同时也是经过计算机处理后作为问题解答而输出的数据。

未经过处理的数据只是基本素材,仅当对其进行适当的加工处理,产生出有助于实现特定目标的信息时对人们才有意义。可见信息实际上是指经过处理后的数据。例如,“除去物价上涨因素,本市今年生活指数较去年同期提高了 8 个百分点”。这是一条信息,其产生是经大量原始数据资料的分析后得出的结论,而其表现形式是数据,但已不是单纯的数字了。同时可知,信息是不能独立存在的,必须依附于某种载体之上。

信息无处不在,具有可传递性、共享性和可处理性等特征。

1.2　计算机系统的组成

1.2.1　计算机系统的基本组成

完整的计算机系统包括两大部分,即硬件系统和软件系统。所谓硬件,是指构成计算机的物理设备，即由机械、电子器件构成的具有输入、存储、计算、控制和输出功能的实体部件。软件称为"软设备"，广义地说软件是指系统中的程序以及开发、使用和维护程序所需的所有文档的集合。我们平时讲到"计算机"一词，都是指含有硬件和软件的计算机系统。计算机系统的组成如图 1-1 所示。

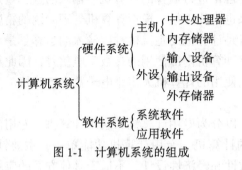

图 1-1　计算机系统的组成

1.2.2　计算机的工作原理和基本结构

计算机的基本原理是存储程序和程序控制。预先把指挥计算机如何进行操作的指令序列(称为程序)和原始数据通过输入设备输送到计算机内存储器中。每一条指令中明确规定了计算机从哪里取数，进行什么操作，然后送到哪里等步骤。

程序与数据一样存储，按照程序编排的顺序，一步一步地取出指令，自动地完成指令规定的操作是计算机最基本的工作原理。这一原理最初是由美籍匈牙利数学家冯·诺依曼于 1945 年提出来的，故称为冯·诺依曼原理。按照这一原理设计的计算机称为存储程序计算机，或称为冯·诺依曼结构计算机。今天我们所使用的计算机，无论机型大小，都属于冯·诺依曼结构计算机。

按照冯·诺依曼存储程序的原理，计算机在执行程序时必须先将要执行的相关程序和数据放入内存储器中，在执行程序时 CPU 根据当前程序指令寄存器的内容取出指令并执行指令，然后再取出下一条指令并执行，如此循环下去直到程序结束指令时才停止执行。其工作过程就是不断地取指令和执行指令的过程，最后将计算的结果放入指令指定的存储器中。

计算机由运算器、控制器、存储器、输入设备和输出设备五个基本部分组成，也称为计算机的五大部件，其结构如图 1-2 所示。

冯·诺依曼结构计算机的主要特点：

(1)存储程序控制要求计算机完成的功能，必须事先编制好相应的程序，并输入到存储器中，计算机的工作过程即运行程序的过程；

(2)程序由指令构成，程序和数据都用二进制数表示；

(3)指令由操作码和地址码构成；

(4)机器以 CPU 为中心。

当前大部分计算机，特别是微型计算机各部件之间是用总线(BUS)相连接。这里所说的总线是指系统总线。系统总线是指 CPU、存储器与各类 I/O 设备之间相互交换信息的总线。如图 1-3 所示。

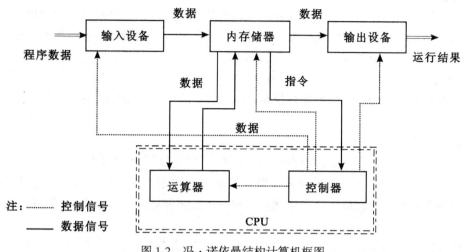

图 1-2　冯·诺依曼结构计算机框图

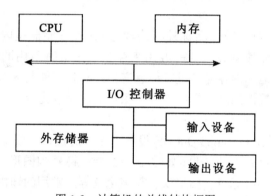

图 1-3　计算机的总线结构框图

　　各部件之间传输的信息可以分为三种类型：数据（包括指令）、地址和控制信号。在总线中负责部件之间传输数据的一组信号称为数据线；负责指出数据存放的存储位置的一组信号线称为地址线；在传输信息时起控制作用的一组控制信号线称为控制线。因此系统总线有三类信号：数据信号、地址信号和控制信号。

　　总线涉及各部件之间的接口和信号交换规程，总线与计算机系统对硬件结构的扩展和各类外部设备的增加有着密切的关系。因此总线在计算机的组成与发展过程中起着重要的作用。

　　1. 运算器

　　运算器又称为算术逻辑单元 ALU（Arithmetic Logic Unit），是计算机对数据进行加工处理的部件，运算器的主要功能是对二进制数码进行加、减、乘、除等算术运算和与、或、非等基本逻辑运算，实现逻辑判断。运算器在控制器的控制下实现其功能，运算结果由控制器指挥送到内存储器中。

　　2. 控制器

　　控制器主要由指令寄存器、译码器、程序计数器和操作控制器等组成，控制器是用来控制计算机各部件协调工作，并使整个处理过程有条不紊地进行。控制器的基本功能就是从内存中取指令和执行指令，即控制器按程序计数器指出的指令地址从内存中取出该指令进行译码，然后根据该指令功能向相关部件发出控制命令，执行该指令。另外，控制器在工作过程中，还要接受各部件反馈回来的信息。

3. 存储器

存储器具有记忆功能，用来保存信息，如数据、指令和运算结果等。存储器可以分为两种：

（1）内存储器。

内存储器又称为主存储器（简称内存或主存），内存储器直接与 CPU 相连接，存储容量较小，但速度快，用来存放当前运行程序的指令和数据，并直接与 CPU 交换信息。内存储器由许多存储单元组成，每个单元能存放一个二进制数，或一条由二进制编码表示的指令。

存储器的存储容量以字节为基本单位，每个字节都有自己的编号，称为"地址"，若要访问存储器中的某个信息，就必须知道存储器的地址，然后再按地址存入或取出信息。

（2）外存储器。

外存储器又称为辅助存储器（简称外存或辅存），外存储器是内存的扩充。外存存储容量大，价格低，但存储速度较慢，一般用来存放大量暂时不用的程序、数据和中间结果，需要时，可以成批地和内存储器进行信息交换。外存只能与内存交换信息，不能被计算机系统的其他部件直接访问。常用的外存有磁盘、磁带、光盘等。

4. 输入/输出设备

输入/输出设备简称 I/O（Input/Output）设备。用户通过输入设备将程序和数据输入计算机，输出设备将计算机处理的结果（如数字、字母、符号和图形）显示或打印出来。常用的输入设备有：键盘、鼠标器、扫描仪、数字化仪等。常用的输出设备有：显示器、打印机、绘图仪等。

人们通常把内存储器、运算器和控制器合称为计算机主机。而把运算器、控制器做在一个大规模集成电路块上称为中央处理器，又称 CPU（Central Processing Unit）。也可以说主机是由 CPU 与内存储器组成的，而主机以外的装置称为外部设备，外部设备包括输入设备、输出设备，外存储器等。

1.2.3 计算机中的数据存储

在计算机中，信息是以数据的形式表示和使用的。计算机能表示和处理的信息包括数值型数据、字符数据、音频数据、图形和图像数据以及视频和动画数据等，这些信息在计算机内部都是以二进制的形式表现的。也就是说，二进制是计算机内部存储和处理数据的基本形式。

采用二进制的主要原因有：

（1）电路简单。

计算机是由逻辑电路组成的，逻辑电路通常只有两种状态。如开关的接通与断开，晶体管的导通与截止，电压电平的高与低、磁芯磁化的两个方向、电容器的充电与放电等。这两种状态正好用来表示二进制的两个数码 0 和 1。

　　另外，两种状态代表的两个数码在数字传输和处理中不容易出错，因而电路更加可靠。

　　(2)运算简单。

　　算术运算和逻辑运算是计算机的基本运算。与我们熟悉的十进制相比较，二进制的运算法则要简单得多。

　　此外，二进制中数码的"1"和"0"正好与逻辑值"真"和"假"相对应，为计算机进行逻辑运算提供了方便。

　　计算机的存储器由千千万万个小单元组成，每个小单元存放一位二进制数(0 或 1)。计算机中数据的存储单位有位、字节和字等。

　　位，在二进制系统中，每个 0 或 1 就是一个位(bit，简称 b)，因此位是度量数据的最小单位。

　　字节，8 个二进制位(8bits)称为一个字节(Byte，简称 B)，即 1B＝8bit。字节是计算机存储数据时的基本单位。由于实际使用的存储器容量越来越大，为了便于衡量信息占用量和存储器的大小，又引入了 KB、MB、GB、TB 和 PB 等存储单位。它们之间的换算关系如下：

　　千字节：$1KB = 1024B = 2^{10}B$；

　　兆字节：$1MB = 1024KB = 2^{20}B$；

　　吉字节：$1GB = 1024MB = 2^{30}B$；

　　太字节：$1TB = 1024GB = 2^{40}B$；

　　批字节：$1PB = 1024TB = 2^{50}B$。

　　注意：存储器容量的换算单位是 $1024 = 2^{10}$。而带宽、频率的换算单位是 $1000 = 10^3$。

　　字，计算机一次能并行处理的一组二进制数称为一个"字"，而这组二进制数的位数就是"字长"。字长一般是字节的整数倍，常见的有 8 位、16 位、32 位和 64 位等。

　　字长标志着计算机处理信息的能力。在其他指标相同时，字长越大的计算机处理信息的速度越快。早期的微型计算机字长一般是 8 位和 16 位，386 以及更高的微型计算机大多是 32 位，目前市场上的微型计算机计算机字长大部分已达到 64 位。

1.2.4　软件系统

　　一台完整的计算机应包括硬件部分和软件部分。硬件的功能是接收计算机程序，并在程序控制下完成数据输入、数据处理和数据输出等任务。软件可以保证硬件的功能得以充分发挥，并为用户提供良好的工作环境。计算机软件是计算机系统重要的组成部分，如果把计算机硬件看成是计算机的躯体，那么计算机软件就是计算机系统的灵魂。没有软件支持的计算机称为"裸机"，只是一些物理设备的堆砌，几乎是不能工作的。

　　软件系统是指为运行、管理和维护计算机而编制的各种程序、数据和文档的集合。程序是完成某一任务的指令或语句的有序集合；数据是程序处理的对象和处理的结果；文档是描述程序操作及使用的相关资料。计算机的软件是计算机硬件与用户之间的一座桥梁。一台性能优良的计算机硬件系统能否发挥其应有的功能，取决于为之配置的软件是否完善、丰富。

　　软件是能够指挥计算机工作的程序和程序运行时所需要的数据，以及有关这些程序和数据开发、使用和维护所需要的文档、文字说明和图表资料等的集合。

1. 软件的分类

计算机软件按其功能可以分为应用软件和系统软件两大类。

系统软件是计算机系统的基本软件，也是计算机系统必备的软件。其主要功能是管理、控制和维护计算机资源，以及用以开发应用软件。系统软件一般包括操作系统、语言编译程序、系统支持和服务程序、数据库管理系统。

操作系统(Operating System, OS)是计算机软件系统的核心，是用户与计算机之间的桥梁和接口，操作系统也是最贴近硬件的系统软件。操作系统的主要作用是管理计算机中的所有硬件资源和软件资源，控制计算机中程序的执行，提高系统效率，为用户提供功能完备且灵活方便的应用环境。用户通过操作系统来操作计算机。

应用软件是指计算机用户为某一特定应用而开发的软件。例如文字处理软件、表格处理软件、绘图软件、财务软件、过程控制软件等。应用软件分为两类。

(1)用户程序，用户为了解决自己特有的具体问题而开发的软件，在系统软件和应用软件包的支持下开发。

(2)应用软件包，为实现某种特殊功能或特殊计算，经过精心设计的独立软件系统，是一套满足同类应用的许多用户需要的软件。

在应用软件发展初期，应用软件主要是由用户自己各自开发的各种应用程序。随着应用程序数量的增加和人们对应用程序认识的深入，一些人组织起来把具有一定功能，满足某类应用要求，可以解决某类应用领域中各种典型问题的应用程序，经过标准化、模块化之后，组合在一起，构成某种应用软件包。应用软件的出现不只是减少了在编制应用软件中的重复工作，而且一般都是以商品形式出现的，有着很好的用户界面，只要应用软件所提供的功能能够满足使用的要求，用户无须再自己动手编写程序，而可以直接使用。

计算机硬件与软件的关系：计算机软件随硬件技术的迅速进步而发展，软件的不断进步与完善，促进了硬件的快速发展。实际上计算机中某些硬件的功能是可以由软件来实现的，而某些软件的功能也可以由硬件来实现。

2. 操作系统 OS(Operating System)

操作系统是最基本，最重要的系统软件。操作系统负责管理计算机系统的全部软件资源和硬件资源，合理地组织计算机各部分协调工作，为用户提供操作和编程界面。

随着计算机技术的迅速进步和计算机的广泛应用，用户对操作系统的功能、应用环境、使用方式不断提出了新的要求，因而逐步形成了不同类型的操作系统。根据操作系统的功能和使用环境，大致可以分为以下几类：

(1)单用户操作系统。

计算机系统在单用户单任务操作系统的控制下，只能串行地执行用户程序，个人独占计算机的全部资源，CPU 运行效率低。DOS 操作系统属于单用户单任务操作系统。

现在大多数的个人计算机操作系统是单用户多任务操作系统，允许多个程序或多个作业同时存在和运行。常用的操作系统中，Windows 3. X 是基于图形界面的 16 位单用户多任务操作系统；Windows 95 或 Windows 98 是 32 位单用户多任务操作系统。

(2)批处理操作系统。

批处理操作系统是以作业为处理对象，连续处理在计算机系统运行的作业流。这类操作系统的特点是：作业的运行完全由系统自动控制，系统的吞吐量大，资源的利用率高。

（3）分时操作系统。

分时操作系统是多个用户同时在各自的终端上联机地使用同一台计算机，CPU 按优先级分配各个终端的时间片，轮流为各个终端服务，对用户而言，有"独占"这一台计算机的感觉。分时操作系统侧重于及时性和交互性，使用户的请求尽量能在较短的时间内得到响应。常用的分时操作系统有 UNIX，VMS 等。

（4）实时操作系统。

实时操作系统是对随机发生的外部事件在限定时间范围内作出响应并对其进行处理的系统。外部事件一般是指来自与计算机系统相联系的设备的服务要求和数据采集。实时操作系统广泛应用于工业生产过程的控制和事务数据处理中。常用的系统有 RDOS 等。

（5）网络操作系统。

为计算机网络配置的操作系统称为网络操作系统。网络操作系统负责网络管理、网络通信、资源共享和系统安全等工作。常用的网络操作系统有 NetWare 和 Windows NT。NetWare 是 Novell 公司的产品，Windows NT 是 Microsoft 公司的产品。

（6）分布式操作系统。

分布式操作系统是用于分布式计算机系统的操作系统。分布式计算机系统是由多个并行工作的处理机组成的系统，提供高度的并行性和有效的同步算法和通信机制，自动实行全系统范围内的任务分配并自动调节各处理机的工作负载。如 MDS，CDCS 等。

3. 语言编译程序

人和计算机交流信息使用的语言称为计算机语言或称程序设计语言。计算机语言通常分为机器语言、汇编语言和高级语言三类。

（1）机器语言（Machine Language）。

机器语言是一种用二进制代码"0"和"1"形式表示的，能被计算机直接识别和执行的语言。用机器语言编写的程序，称为计算机机器语言程序。该程序是一种低级语言，用机器语言编写的程序不便于记忆、阅读和书写。通常不用机器语言直接编写程序。

（2）汇编语言（Assemble Language）。

汇编语言是一种用助记符表示的面向机器的程序设计语言。汇编语言的每条指令对应一条机器语言代码，不同类型的计算机系统一般有不同的汇编语言。用汇编语言编制的程序称为汇编语言程序，机器不能直接识别和执行，必须由"汇编程序"（或汇编系统）翻译成机器语言程序才能运行。这种"汇编程序"就是汇编语言的翻译程序。

汇编语言适用于编写直接控制计算机操作的低层程序，汇编语言与计算机密切相关，不容易使用。

（3）高级语言（High Level Language）。

高级语言是一种比较接近自然语言和数学表达式的一种计算机程序设计语言。一般用高级语言编写的程序称为"源程序"，计算机不能识别和执行，要把用高级语言编写的源程序翻译成机器指令，通常有编译和解释两种方式。

编译方式是将源程序整个编译成目标程序，然后通过链接程序将目标程序链接成可执行程序。

解释方式是将源程序逐句翻译，翻译一句执行一句，边翻译边执行，不产生目标程序。由计算机执行解释程序自动完成。如 BASIC 语言和 PERL 语言。

常用的高级语言程序有：

BASIC 语言，是一种简单易学的计算机高级语言。尤其是 Visual Basic 语言，具有很强的可视化设计功能。给用户在 Windows 环境下开发软件带来了方便，是重要的多媒体编程工具语言。

FORTRAN 语言，是一种适合科学和工程设计计算的语言，该语言具有大量的工程设计计算程序库。

PASCAL 语言，是结构化程序设计语言，适用于教学、科学计算、数据处理和系统软件的开发。

C 语言，是一种具有极高灵活性的高级语言，适用于系统软件、数值计算、数据处理等。使用非常广泛。

JAVA 语言，是近几年发展起来的一种新型的高级语言。该语言简单、安全、可移植性强。JAVA 语言适用于网络环境的编程，多用于交互式多媒体应用。

1.3 信息编码

在计算机中，信息是以数据的形式表示和使用的。计算机能表示和处理的信息包括数值型数据、字符数据、音频数据、图形和图像数据以及视频和动画数据等，这些信息在计算机内部都是以二进制的形式表现的。也就是说，二进制是计算机内部存储和处理数据的基本形式。

1.3.1 进位计数制

数制也称为计数制，是指用一组固定的符号和统一的规则来表示数值的方法。按进位的方法进行计数，称为进位计数制。

一种进位计数制包含一组数码符号和两个基本因素：

(1)数码：一组用来表示某种数制的符号。如：0、1、2、3、4、5、6、7、8、9、A、B、C、D、E、F……；

(2)基数：数制所用的数码个数，用 R 表示，称 R 进制，其进位规律是"逢 R 进一"；

(3)位权：数码在不同位置上的权值。在某进位制中，处于不同数位的数码，代表不同的数值，某一个数位的数值是由这位数码的值乘上这个位置的固定常数构成，这个固定常数称为"位权"，简称"权"。

一般地，我们用( )_{角标}表示不同的进制数。如：十进制数用( )_{10}表示，二进制数用( )_2表示。

在讨论计算机问题时，常用的数有十进制数、二进制数、八进制数和十六进制数等，一般在数字的后面用特定字母表示该数的进制。如：

B——二进制，D——十进制(D 可省略)，O——八进制，H—十六进制

如：2009 和 2009D 均表示十进制数 2009，1100B 表示二进制的 1100(相当于十进制的 12)。

1. 十进制

十进制数由 0~9 十个数码组成，基数为 10，权为 10^n，十进制数的运算规则是：逢十进一，借一当十。十进制数可以表示成按"权"展开的多项式。如

$$(2343.97)_{10} = 2\times10^3 + 3\times10^2 + 4\times10^1 + 3\times10^0 + 9\times10^{-1} + 7\times10^{-2}。$$

在计算机中，数据的输入和输出一般采用十进制。

2. 二进制

二进制数由 0 和 1 两个数码组成，基数为 2，权为 2^n，二进制数的运算规则是：逢二进一，借一当二。二进制数也可以表示成按"权"展开的多项式。如

$$(11010.11)_2 = 1\times2^4 + 1\times2^3 + 0\times2^2 + 1\times2^1 + 0\times2^0 + 1\times2^{-1} + 1\times2^{-2}。$$

3. 八进制

八进制数由 0~7 八个数码组成，基数为 8，权为 8^n，八进制数的运算规则是：逢八进一，借一当八。八进制数的按"权"展开多项式形式如下

$$(6522.24)_8 = 6\times8^3 + 5\times8^2 + 2\times8^1 + 2\times8^0 + 2\times8^{-1} + 4\times8^{-2}。$$

4. 十六进制

十六进制数由 0~9 和 A、B、C、D、E、F 十六个数码组成，基数为 16，权为 16^n，十六进制数的运算规则是：逢十六进一，借一当十六。十六进制数的按"权"展开多项式形式如下

$$(8A2F.18)_{16} = 8\times16^3 + 10\times16^2 + 2\times16^1 + 15\times16^0 + 1\times16^{-1} + 8\times16^{-2}。$$

1.3.2　不同进制之间的转换

1. R 进制转换为十进制

将 R 进制数转换为十进制数的方法为：按权展开求和。如

$$
\begin{aligned}
(11010.11)_2 &= 1\times2^4 + 1\times2^3 + 0\times2^2 + 1\times2^1 + 0\times2^0 + 1\times2^{-1} + 1\times2^{-2}\\
&= 16+8+2+0.5+0.25\\
&= (26.75)_{10}
\end{aligned}
$$

$$
\begin{aligned}
(6522.24)_8 &= 6\times8^3 + 5\times8^2 + 2\times8^1 + 2\times8^0 + 2\times8^{-1} + 4\times8^{-2}\\
&= 3072+320+16+2+0.25+0.0625\\
&= (3410.3125)_{10}
\end{aligned}
$$

$$
\begin{aligned}
(8A2F.18)_{16} &= 8\times16^3 + 10\times16^2 + 2\times16^1 + 15\times16^0 + 1\times16^{-1} + 8\times16^{-2}\\
&= 32768+2560+32+15+0.0625+0.03125\\
&= (35375.09375)_{10}
\end{aligned}
$$

2. 十进制转换为 R 进制

将十进制数转换为 R 进制数的方法为：整数部分"除 R 取余"，小数部分"乘 R 取整"。

"除 R 取余"是将十进制数的整数部分连续地除以 R 取余数，直到商为 0，余数从右到左排列，首次取得的余数排在最右边。"乘 R 取整"是将十进制数的小数部分不断地乘以 R 取整数，直到小数部分为 0 或达到要求的精度为止(小数部分可能永远不会为 0)，所得的整数在小数点后自左往右排列，首次取得的整数排在最左边。如表 1-1 所示。

表 1-1 四位二进制数与其它数制的对应表

二进制	十进制	八进制	十六进制
0000	0	0	0
0001	1	1	1
0010	2	2	2
0011	3	3	3
0100	4	4	4
0101	5	5	5
0110	6	6	6
0111	7	7	7
1000	8	10	8
1001	9	11	9
1010	10	12	A
1011	11	13	B
1100	12	14	C
1101	13	15	D
1110	14	16	E
1111	15	17	F

例如，将十进制整数 $(215)_{10}$ 转换成二进制整数

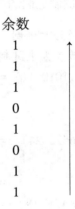

余数

$$
\begin{array}{ll}
2\,\underline{|\,215} & 1 \\
\quad 2\,\underline{|\,107} & 1 \\
\qquad 2\,\underline{|\,53} & 1 \\
\qquad\quad 2\,\underline{|\,26} & 0 \\
\qquad\qquad 2\,\underline{|\,13} & 1 \\
\qquad\qquad\quad 2\,\underline{|\,6} & 0 \\
\qquad\qquad\qquad 2\,\underline{|\,3} & 1 \\
\qquad\qquad\qquad\quad 1 & 1
\end{array}
$$

于是 $(215)_{10} = (11010111)_2$。

例如：将十进制小数 $(0.6875)_{10}$ 转换成二进制小数。

将十进制小数 0.6875 连续乘以 2，把每次所进位的整数，按从上往下的顺序写出。

于是 $(0.6875)_{10} = (0.1011)_2$。

十进制小数转换成八进制小数的方法是"乘 8 取整法"，十进制小数转换成十六进制小数的方法是"乘 16 取整法"。

$$
\begin{array}{r}
0.6875 \\
\times)\quad 2 \\
\hline
1.3750 \qquad \text{整数} = 1
\end{array}
$$

$$
\begin{array}{rl}
0.3750 & \\
\times)\quad\quad 2 & \\
\hline
0.7500 & \quad 整数=0 \\
\times)\quad\quad 2 & \\
\hline
1.5000 & \quad 整数=1 \\
0.5000 & \\
\times)\quad\quad 2 & \\
\hline
1.0 & \quad 整数=1
\end{array}
$$

3. 二进制数与八进制数之间的转换

二进制数与八进制数之间的转换十分简捷方便，它们之间的对应关系是：八进制数的每一位对应二进制数的三位。

(1)二进制数转换成八进制数。

由于二进制数和八进制数之间存在特殊关系，即 $8^1=2^3$，因此转换方法比较容易，具体转换方法是：将二进制数从小数点开始，整数部分从右向左 3 位一组，小数部分从左向右 3 位一组，不足三位用 0 补足即可。

例 1.1　将 $(10110101110.11011)_2$ 化为八进制数。

解：

$$
\begin{array}{ccccccc}
010 & 110 & 101 & 110 & . & 110 & 110 \\
\downarrow & \downarrow & \downarrow & \downarrow & \downarrow & \downarrow & \downarrow \\
2 & 6 & 5 & 6 & . & 6 & 6
\end{array}
$$

于是 $(10110101110.11011)_2=(2656.66)_8$。

(2)八进制数转换成二进制数。

方法：以小数点为界，向左或向右每一位八进制数用相应的三位二进制数取代，然后将其连在一起即可。

例 1.2　将 $(6237.431)_8$ 转换为二进制数。

解：

$$
\begin{array}{cccccccc}
6 & 2 & 3 & 7 & . & 4 & 3 & 1 \\
\downarrow & \downarrow & \downarrow & \downarrow & & \downarrow & \downarrow & \downarrow \\
110 & 010 & 011 & 111 & . & 100 & 011 & 001
\end{array}
$$

于是 $(6237.431)_8=(110010011111.100011001)_2$。

4. 二进制数与十六进制数之间的转换

(1)二进制数转换成十六进制数。

二进制数的每四位，刚好对应于十六进制数的一位（$16^1=2^4$），其转换方法是：将二进制数从小数点开始，整数部分从右向左 4 位一组，小数部分从左向右 4 位一组，不足四位用 0 补足，每组对应一位十六进制数即可得到十六进制数。

例 1.3　将二进制数 $(101001010111.110110101)_2$ 转换为十六进制数。

解：

$$
\begin{array}{ccccccc}
1010 & 0101 & 0111 & . & 1101 & 1010 & 1000 \\
\downarrow & \downarrow & \downarrow & \downarrow & \downarrow & \downarrow & \downarrow \\
A & 5 & 7 & . & D & A & 8
\end{array}
$$

于是$(101001010111)_2 = (A57. DA1)_{16}$。

例 1.4 将二进制数$(100101101011111)_2$转换为十六进制数。

解：

0100	1011	0101	1111
↓	↓	↓	↓
4	B	5	F

于是 $(100101101011111)_2 = (4B5F)_{16}$。

(2)十六进制数转换成二进制数。

方法：以小数点为界，向左或向右每一位十六进制数用相应的四位二进制数取代，然后将其连在一起即可。

例 1.5 将$(3AB. 11)_{16}$转换成二进制数。

解：

3	A	B	.	1	1
↓	↓	↓	↓	↓	↓
0011	1010	1011	.	0001	0001

于是$(3AB. 11)_{16} = (1110101011. 00010001)_2$。

1.3.3 计算机常用信息编码

信息是通过各种信息媒体组合表示的。因此，解决信息数字化的问题最终是解决各种信息媒体的二进制编码问题，即解决数值、文字、图形、图像、声音、动画、视频的二进制编码问题。

1. 数值编码

数值通常是指十进制数，根据日常应用的需要，分为整数与小数。小数表示的范围要广泛一些，由小数点分割为整数部分与小数部分。整数是小数的特例，其小数部分是 0。

计算机只能区分出"0"，"1"两个数字，故计算机内只能采用二进制位来表示信息。通常数值是十进制的，且存在正数、负数以及小数点，这些都需要在计算机中表示出来。因此在计算机中数值需要经过特定的编码进行转换才可以表示。

任何十进制小数都可以经过数制转换对应转变成二进制数，经过数制转换的二进制数可以用$\pm bbb\cdots bb. bb\cdots bb$ 来表示，其中 b 表示二进制数的 1 个位。小数点前的部分为整数部分，小数点后的是小数部分。由于数值在两种数制下是等价的，显然二进制形式更容易表示，因此只需研究二进制小数在计算机中的表示问题。

由于正负号表示的只有正、负两种状态，计算机中仅使用 1 个比特来表示，"0"表示正，"1"表示负。而二进制数的每一位则直接可以用一个二进制位表示。真正困难的是如何对小数点进行表示，直接对小数点是否出现表示为"0"或"1"，表面看是可行的，但实际上，由于小数点的位置不固定与二进制数位混合后将无法区分，因而不可用。为了对小数点进行表示，在计算机中采用了定点数与浮点数的办法。

(1)整数编码。

数学中的整数可以是无穷大的，而计算机由于其硬件资源是有限的，因而不可能表达数学中所有的整数。幸而在实际应用中大多数情况下人们使用的整数都不是很大，计算机只要分配不多的资源就可以表示和处理了。

计算机中表示整数的范围取决于所用二进制位的数量，数量越大，所表示的范围就越大。出于实际需要，计算机中对整数总是以 $2^n(n>=0)$ 字节来分配存储资源的。因而表示整数的二进制位数总是 8 的倍数。常用的有 1 字节、2 字节、4 字节和 8 字节等几种整数。

在计算机中用整数定点数来表示整数，所有分配的字节在逻辑上可以看做一个二进制位串，自右至左分别表示最低位到最高位。整数有无符号整数和带符号整数。对于无符号整数，所有位全部用于表示数。对于带符号整数，采用并置码编码，最高位取出专用于表示整数的符号，称为符号位，剩余的位数全部用于表示整数。当表示的整数不足全部数位时，高位空闲的数位补 0。

以下以 8 位定点整数为例，说明整数的表示方法。无符号十进制数 10 的表示方法，如图 1-4(a)所示。带符号十进制数 -10 的表示方法，如图 1-4(b)所示。

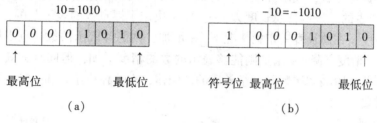

图 1-4　8 位定点整数表示方法示意图

根据定点整数的表示方法，整数表示数的范围如表 1-2 所示。当要表示的数超过能够表示的范围时，会导致最高位的丢失，从而导致错误，这种现象称为"溢出"，溢出多在两个整数相加或相乘时发生。

表 1-2　　　　　　　　　　　　　定点整数位数与表示范围对照表

存储量(B)	表示位数(b)	无符号数范围	带符号数范围
1	8	0~255	-128~+127
2	16	0~65535	-32768~32767
n	8×n	0~2^n-1	$-(2^{n-1}+1)$ ~ $+2^{n-1}$

整数主要的运算是加法、减法、乘法和除法。为了使运算器的硬件设计尽可能的简单，计算机中实际表示负数时使用补码。使用补码后，两个正整数的减法转变为被减数同减数补码的加法运算。同时，乘法和除法也可以分解为移位与加法运算。所有的运算只通过加法运算就可以完成。实际上运算器也是如此，只执行加法运算，因此也称为加法器。

同补码相关的有原码和反码。原码就是基础的定点整数编码。正整数的反码与补码，同原码是一致的，不变化。负数的反码，是保持符号位不变其余各位全部翻转(为 0 则变为 1，为 1 则变为 0)产生的新码。而补码则是在反码的基础上在末位加 1 求得的新码。例如，十进制数 -10，在 8 位定点数表示下的原码、反码与补码分别为 10001010、11110101、11110110。

(2)小数编码。

小数对应数学中的实数，同整数一样，计算机中表示的小数也只是实数集合的一个子集。在人们日常的工作和生活中使用的实数都不是很大，因此在计算机中也只要分配不多的资源就足以表示。

在计算机中，小数采用浮点数表示，小数通用的二进制标准表示形式为 $f = \pm m \times b^e$，上式中 m 是一个纯小数，b 代表二进制基数 2，e 代表指数，称为阶（整数）。浮点数对小数的表示采用了并置码编码，编码由四个独立的部分组合而成，格式如下：

阶　符	阶　码	数　符	尾　数

其中阶符、阶码属于整数定点数，表示标准式中的 e；数符则表示标准式中的"±"；尾数属于纯小数定点数，表示标准式中的 m。假定阶码的二进制位数为 x，尾数的位数为 y，则浮点数所占的二进制位总长度为 $x+y+2$。x 决定了浮点数的表示范围，y 则决定了浮点数的表示精度。在总长度一定的情况下，x 增加，则能够表示的数的范围扩大，但同时 y 的位数减少，精度下降；y 增加则能够表示的数的精度增加，但同时 x 减少，表示数的范围缩小。因此，阶码和尾数是一组矛盾的共同体，在具体决定 x 和 y 时，要兼顾表示范围和精度的需要。

2. 字符编码

字符包括西文字符（字母、数字和各种符号）和中文字符。字符编码的方法简单，首先确定需要编码的字符总数，然后将每一个字符按顺序确定编号，编号值的大小无意义，仅作为识别与使用这些字符的依据。

（1）西文字符编码。

计算机中最常用的西文字符编码是 ASCII 码（American Standard Code for Information Interchange，美国信息交换标准交换代码）。ASCII 码有 7 位码和 8 位码两种版本。国际通用的是 7 位 ASCII 码，用 7 个二进制位表示一个字符的编码，可以表示 128 个不同字符的编码，如表 1-3 所示。

表 1-3 　　　　　　　　　　　　　　7 位 ASCII 码表

ASCII 码	字　符	ASCII 码	ASCII 码	字　符	字　符	ASCII 码	字　符
0	NUL	32	SP	64	@	96	`
1	SOH	33	!	65	A	97	a
2	STX	34	"	66	B	98	b
3	ETX	35	#	67	C	99	c
4	EOT	36	$	68	D	100	d
5	END	37	%	69	E	101	e
6	ACK	38	&	70	F	102	f
7	BEL	39	'	71	G	103	g
8	BS	40	(	72	H	104	h
9	HT	41	)	73	I	105	i
10	LF	42	*	74	J	106	j
11	VT	43	+	75	K	107	k

续表

ASCII 码	字 符	ASCII 码	ASCII 码	字 符	字 符	ASCII 码	字 符
12	FF	44	,	76	L	108	l
13	CR	45	–	77	M	109	m
14	SO	46	.	78	N	110	n
15	SI	47	/	79	O	111	o
16	DLE	48	0	80	P	112	p
17	DC1	49	1	81	Q	113	q
18	DC2	50	2	82	R	114	r
19	DC3	51	3	83	S	115	s
20	DC4	52	4	84	T	116	t
21	NAK	53	5	85	U	117	u
22	SYN	54	6	86	V	118	v
23	ETB	55	7	87	W	119	w
24	CAN	56	8	88	X	120	x
25	EM	57	9	89	Y	121	y
26	SUB	58	:	90	Z	122	z
27	ESC	59	;	91	[	123	{
28	FS	60	<	92	\	124	l
29	GS	61	=	93	]	125	}
30	RS	62	>	94	^	126	~
31	US	63	?	95	_	127	DEL

ASCII 码表中包含 34 个非图形字符(也称为控制字符),如:

退格:BS(Back Space)编码是 8(二进制数 0001000);

回车:CR(Carriage Return)编码是 13(二进制数 0001101);

空格:SP(Space)编码是 32(二进制数 0100000);

删除:DEL(Delete)编码是 127(二进制数 1111111)。

其余 94 个是图形字符(也称为可打印字符)。在这些字符中,从 0~9、从 A~Z、从 a~z 都是顺序排列的,且小写字母比大写字母的 ASCII 码值大 32。如:

"0":编码是 48(二进制数 0110000);

"A":编码是 65(二进制数 1000001);

"a":编码是 97(二进制数 1100001)。

计算机内部用一个字节(8 个二进制位)存放一个 7 位 ASCII 码,最高位置为 0。

(2)中文编码。

为了使计算机能够输入、处理、显示、打印和交换汉字字符,需要对汉字进行编码。

①国标码(GB2312—80)。

我国于 1980 年颁布了《信息交换用汉字编码字符集——基本集》，国家标准代号为 GB2312—80，简称国标码或 GB 码。国标码由三部分组成：第一部分是 682 个全角的非汉字字符，第二部分是一级汉字 3 755 个，第三部分是二级汉字 3 008 个。由于一个字节只能表示 256 种编码，所以一个国标码必须用两个字节来表示。

为了避开 ASCII 码表中的控制字符，只选取了 94 个编码位置。所以国标码字符集由 94 行×94 列构成，行号称为区号，列号称为位号，区号和位号组合在一起构成汉字的"区位码"。如：

"中"的区号是 54，位号是 48，它的区位码为 5448；

"华"的区号是 27，位号是 10，它的区位码为 2710。

为了与 ASCII 码兼容，国标码是在区位码的区号和位号分别加上 32 得到的。如：

"中"的国标码高位字节为：86(54+32)，低位字节为：80(48+32)；

"华"的国标码高位字节为：59(27+32)，低位字节为：42(10+32)。

②汉字扩展编码(GBK)。

由于 GB2312 支持的汉字太少，1995 年我国又制定颁布了《汉字内码扩展规范》(GBK1.0)。共收录了 21 886 个符号，其中汉字 21 003 个，其他符号 883 个。由于 GBK 与 GB2312—80 兼容，因此同一个汉字的 GB2312 编码与 GBK 编码相同。

2001 年我国颁布了 GB18030 编码标准，该标准是 GBK 的升级版。

③汉字机内码。

在计算机内部对汉字进行存储和处理的编码称为汉字机内码。机内码是沟通输入、输出以及系统平台之间的交换码。汉字机内码有多种形式。对应于国标码(GB2312—80)，一个汉字的机内码用两个字节来存储，为了与单字节的 ASCII 码相区别，每个字节的最高位均置为"1"(相当于每个字节各加上 128)。如：

"中"的机内码高位字节为：214(86+128)，低位字节为：208(80+128)。

其二进制形式为：11010110 11010000，十六进制形式为：D6 D0。

"华"的机内码高位字节为：187(59+128)，低位字节为：170(42+128)。

其二进制形式为：10111011 10101010，十六进制形式为：BB AA。

④汉字输入码。

为了把汉字输入到计算机而编制的代码称为汉字输入码。汉字输入码的种类繁多，如数字编码、音码、形码、语音、手写输入或扫描输入等。实际上，区位码就是一种数字编码，其优点是一字一码，无重码；其缺点是难以记忆，不便于学习。

在计算机系统中，汉字输入法软件负责完成汉字输入码到机内码的转换。

⑤汉字字形码。

经过计算机处理的汉字信息，如果要显示或打印输出，就必须将汉字机内码转换成人们可读的方块字。汉字的字形信息是预先存放在计算机内的，称为汉字库。汉字机内码与汉字字形一一对应。当要输出某个汉字时，首先根据其机内码在汉字库中查找到相应的字形信息，然后再显示后打印输出。

汉字字形信息通常有两种表示方法：点阵方法和矢量方法。

用点阵方法表示汉字字形时，汉字字形码就是这个汉字字形点阵的代码。常用的点阵有 16×16、24×24、32×32，或更高。每一个小格用一个二进制位存储，黑格子用"1"表示，白格子用"0"表示。如图 1-5 所示。

点阵代码只用于构造汉字字库，不同的字体(如宋体、楷体、黑体)有不同的字库。

点阵规模越大，字形就越清晰美观，所占存储空间也越大。

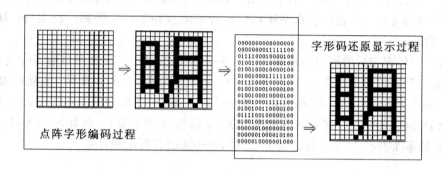

图 1-5　点阵字形码编码和显示过程示意图

矢量方法存储的是汉字字形的轮廓特征描述，当要输出汉字时，先通过计算机的计算，由汉字字形描述生成所需大小和形状的汉字点阵。矢量化字形描述与最终文字显示的大小、分辨率无关，因此可以产生高质量的汉字输出。Windows 中使用的 TrueType 技术就使用了矢量方法，解决了用点阵方法表示汉字字形时出现的放大产生锯齿现象的问题。如图 1-6 所示。

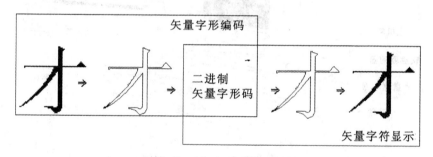

图 1-6　矢量字形码编码和显示过程示意图

⑥汉字地址码。

汉字地址码是指汉字库中存储汉字字形信息的逻辑地址码。要向输出设备输出汉字时，必须通过地址码。汉字地址码和汉字机内码有简单的对应关系，以简化汉字机内码到汉字地址码的转换。

⑦Unicode 编码。

随着全球互联网的迅速发展，国际之间的信息交流越来越频繁，多种语言共存的文档不断增多，然而单靠某一种国家编码已很难解决这些问题，不同的编码体系开始成为国际信息交换的障碍，迫切需要一种能统一支持全球各种语言文字的大字符集的编码标准。

尝试创立国际统一字符集的组织主要有两个：国际标准化组织(ISO)和多语言软件制造商组成的协会组织(unicode. org)。1991 年前后，两个项目的参与者都认识到，世界不需要产生两个不兼容的字符集。于是，上述两个组织开始合并其工作成果，并为创立一个单一编码表而协同工作。Unicode 编码就是在这种合作之下产生的统一编码字符集。

Unicode 编码在国内有几种译名，统一码、万国码、单一码，简称 UCS。Unicode 编码在 1994 年正式公布，后经过多个版本的演变和扩充。Unicode 编码标准面世以来得到了全球各软件厂商的支持，在各种操作系统和软件开发语言和平台中得到广泛支持，10 余年时间内得到普及。

Unicode 编码表先后出现过两种格式：UCS-2 和 UCS-4。UCS-2 是目前实际使用的格式，编码表支持码位总数在 2^{16} 以内，所有字符编码都采用两个字节表示，故被称为 UCS-2。UCS-4 则是最新制定的，但尚未推广的格式，在 UCS-2 支持的基本集基础上扩充了更多的编码空间，每个字符被定义为标准的 32 位编码（4 个字节），故称为 UCS-4。UCS-4 在理论上最多能表示 2^{31} 个字符，完全可以涵盖一切语言所用的符号。

1.4　微型计算机的硬件组成

微型计算机是计算机的一种。微机系统的硬件资源是指计算机系统中可以看得见摸得着的物理装置，即机械器件、电子线路等设备。如图 1-7 所示。

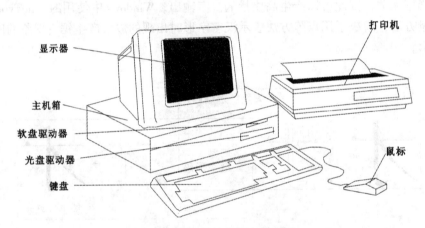

图 1-7　微机硬件的基本配置图

微型计算机的硬件由主机和外部设备两部分组成。主机为一铁箱，称为主机箱。主机箱通常有卧式和竖式两种。无论是卧式还是竖式，在外表都向用户提供了必需的设施：指示灯、按钮与开关、I/O 插座、插入槽或插入盒（插入软盘、光盘等盘片）等。主机箱内有：主板、中央处理器、内存储器、显卡、声卡、内置式调制解调器（Modem）/网卡、外部存储器（硬盘驱动器、软盘驱动器、光盘驱动器）等。外部设备有：键盘、鼠标、显示器、外置式调制解调器、打印机、扫描仪、刻录机、数码相机、绘图仪、U 盘等。

1.4.1　CPU、内存、接口和总线的概念

1. 主板

主板是微机硬件系统中最大的一块电路板。主板上布满了各种电子元件、插槽和接

口，为各种存储设备、输入设备、输出设备、多媒体设备、通信设备提供接口。主要组件有：CMOS、基本输入输出系统(BIOS)、高速缓冲存储器(Cache)、内存插槽、CPU 插槽、键盘接口、软盘驱动器接口、硬盘驱动器接口、总线扩展插槽、串行接口、并行接口(打印机接口)等。

主板的主要功能是提供安装 CPU、内存和各种功能卡的插座；为各种常用外部设备提供通用接口，将中央处理器和各种设备有机结合组成一个完整的系统。

主板的类型和档次直接决定整个微机系统的类型和档次；主板的性能直接影响整个微机系统的性能。

2. 中央处理单元

微型计算机的中央处理器(CPU)习惯上称为微处理器(Microprocessor)，是微型计算机的核心，由运算器和控制器两部分组成：运算器(也称执行单元)是微机的运算部件；控制器是微机的指挥控制中心。

随着大规模集成电路的出现，使得微处理器的所有组成部分都集成在一块半导体芯片上，目前广泛使用的微处理器有：Intel 公司的 80486、Pentium(奔腾)、Pentium Pro(高能奔腾)、Pentium MMX(多能奔腾)、Pentium Ⅱ(奔腾二代)、Pentium Ⅲ(奔腾三代)、Pentium 4(奔腾四代)以及 AMD 公司的 AMD K5、AMD K6、AMD K7、AMD Athlon、AMD Duron 等。

表示微机运算速度的指标是微机 CPU 的主频，主频是 CPU 的时钟频率，主频的单位是 GHz(吉赫兹)，目前微机 CPU 主频已达到几个 GHz 或更高。如 Intel Pentium4 3.6G、AMD Athlon XP 3200+。主频越高，微机的运算速度越快。

3. 内存储器(主存)

目前，微型计算机的内存由半导体器件构成。内存按功能区分可以分为两种：只读存储器(Read Only Memory，ROM)和随机存取存储器(Random Access Memory，RAM)。ROM 的特点是：存储的信息只能读出(取出)，不能改写(存入)，断电后信息不会丢失。一般用来存放专用的或固定的程序和数据。RAM 的特点是：可以读出，也可以改写，又称读写存储器。读取时不损坏原有存储的内容，只有写入时才修改原来所存储的内容。断电后，存储的内容立即消失。内存通常是按字节为单位编址的，一个字节由 8 个二进制位组成。目前微机内存一般有 64MB、128MB、256MB 甚至更多。

随着微机 CPU 工作频率的不断提高，而 RAM 的读写速度相对较慢，为解决内存速度与 CPU 速度不匹配，从而影响系统运行速度的问题，在 CPU 与内存之间设计了一个容量较小(相对主存)但速度较快的高速缓冲存储器 Cache，简称快存。CPU 访问指令和数据时，先访问 Cache，如果目标内容已在 Cache 中(这种情况称为命中)，CPU 则直接从 Cache 中读取，否则为非命中，CPU 就从主存中读取，同时将读取的内容存于 Cache 中。Cache 可以看成是主存中面向 CPU 的一组高速暂存存储器。这种技术早期在大型计算机中使用，现在应用在微机中，使微机的性能大幅度提高。随着 CPU 的速度越来越快，系统主存越来越大，Cache 的存储容量也由 128KB、256KB 扩大到现在的 512KB 或 2MB。Cache 的容量并不是越大越好，过大的 Cache 会降低 CPU 在 Cache 中查找的效率。

4. 接口

接口作为计算机主机与外部设备之间的桥梁，实现计算机与外部设备之间交换信息的重要工作。其作用有以下几点：

（1）匹配主机与外设之间的数据形式。一般来说，数据在不同介质上存储的形式不一定完全相同，接口可以担负起它们之间的协调任务。

（2）匹配主机与外设之间的工作速度。主机与外设之间、不同外设之间，其工作速度相差极为悬殊。为了提高系统效率，接口在它们之间起到了平衡作用。

（3）在主机与外设之间传递控制信息。为使主机对外设的控制作用尽善尽美，主机的控制信息或外设的某些状态信息，需要互相交流，接口便在其间协助完成这种交流。

接口的类型决定数据传输方式，主要有并行接口和串行接口两种。其中并行接口主要用于连接高速外设（如打印机等），传输信息按字节方式进行，多采用 Centronice 连接标准；串行接口多用于连接低速外设（如 Modem 等），传输信息按比特方式进行，采用 EIA RS232 连接标准。

5. 系统总线

总线（Bus）是计算机系统各部件之间相互连接、传送信息的公共通道，由一组物理导线组成。在总线中，一次传输信息的位数称为总线的宽度。按照传送的信息区分可以分为数据总线、地址总线和控制总线。

（1）数据总线（Data Bus，DB）双向总线。用于实现在 CPU、存储器、I/O 接口之间的数据传送，数据总线的宽度等于计算机的字长。

（2）地址总线（Address Bus，AB）单项总线。用于传送 CPU 所要访问的存储单元或 I/O 端口的地址信息。地址总线的位数决定了系统所能直接访问的存储器空间的容量。

（3）控制总线（Control Bus，CB）双向总线。用于控制总线上的操作和数据传输的方向，实现微处理器与外部逻辑部件之间的同步操作。

微型计算机中，总线按照位置区分可以分为芯片总线（局部总线）、系统总线（又称板总线）和外总线（又称通信总线）。微处理器内部的总线，即局部总线。系统总线是用来连接各种插件板，以扩展系统功能的总线。在大多数微机中，显示适配器、声卡、网卡等都是以插件板的形式插入系统总线扩展槽的。外总线是用来连接外部设备的总线，如 SCSI、IDE、USB 等。

在微型计算机中常用的系统总线有：IBM PC 总线、ISA 总线、EISA 总线及 PCI 总线等。

PCI 总线是一种高性能的局部总线，构成了 CPU 与外部设备之间的高速通道。PCI 总线支持多个外部设备、与 CPU 时钟无关，并用严格的规定来保证高度的可靠性和兼容性。其主要特点是：高性能、兼容性、高效益、与处理器 CPU 无关、预留发展空间和自动配置等。

1.4.2 微处理器、微型计算机和微型计算机系统

1. 微处理器

微处理器是微型计算机的核心部分，是由一片或几片大规模集成电路组成的，具有运算器和控制器功能的中央处理器（CPU）。

2. 微型计算机

微型计算机是以微处理器为核心，配上由大规模集成电路制成的存储器、输入输出接口电路及系统总线所组成的计算机，简称微型计算机。

3．微型计算机系统

微型计算机系统是以微型计算机为中心，配置相应的外部设备、电源和辅助电路以及指挥微型计算机工作的系统软件，构成的微型计算机系统。

1.4.3　常用的外部设备

1．外存储器（辅助存储器）

外存储器（简称外存）又称为辅助存储器。外存储器主要由磁表面存储器和光盘存储器等设备组成。磁表面存储器可以分为磁盘、磁带两大类。

（1）软磁盘存储器（软盘）。

软磁盘（Floppy Disk）简称软盘。软磁盘是一种涂有磁性物质的聚酯塑料薄膜圆盘。在磁盘上信息是按磁道和扇区来存放的，软磁盘的每一面都包含许多看不见的同心圆，盘上一组同心圆环形的信息区域称为磁道，磁道由外向内编号。每道被划分成相等的区域，称为扇区。如图 1-8 所示。

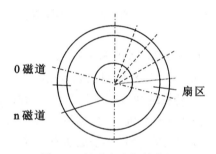

图 1-8　软磁盘内部结构图

在微机中使用的通常是 3.5 英寸软盘，软盘封装在塑料硬套内，如图 1-9 所示。3.5 英寸磁盘的盘面划分为 80 个磁道，每个磁道又分割为 18 个扇区，存储容量为 1.44MB。存储容量的具体计算如下

$$0.5KB×80×18×2 = 1440KB ≈ 1.44MB（512B = 0.5kB）$$

软磁盘必须置于软盘驱动器中才能正常读写。在把软盘插入驱动器时应把软盘的正面朝上，需要注意的是在驱动器工作指示灯亮时不得插入、抽取软盘，以防损坏软盘。

（2）硬磁盘存储器。

硬磁盘存储器（Hard Disk）简称硬盘。硬盘是由涂有磁性材料的合金圆盘组成，是微机系统的主要外存储器（或称辅存）。硬盘按盘径大小区分可以分为 3.5 英寸、2.5 英寸、1.8 英寸等。目前大多数微机上使用的硬盘是 3.5 英寸的。

硬盘有一个重要的性能指标是存取速度。影响存取速度的因素有：平均寻道时间、数据传输率、盘片的旋转速度和缓冲存储器容量等。一般来说，转速越高的硬磁盘寻道的时间越短而且数据传输率也越高。

一个硬盘一般由多个盘片组成，盘片的每一面都有一个读写磁头。硬盘在使用时，要对盘片格式化成若干个磁道（称为柱面），每个磁道再划分为若干个扇区。

(a)3.5英寸软盘外形图

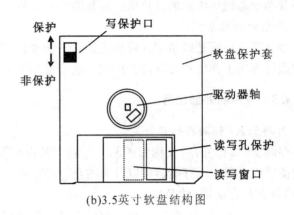
(b)3.5英寸软盘结构图

图1-9　软盘外形结构图

硬盘的存储容量计算为

　　　　　存储容量=磁头数×柱面数×扇区数×每扇区字节数(512B)。

现在常见硬盘的存储容量有：30GB、80GB、100GB等。

(3)磁带存储器。

磁带存储器也称为顺序存取存储器SAM(Sequential Access Memory)即磁带上的文件依次存放。磁带存储器存储容量很大，但查找速度慢，在微型计算机上一般用做后备存储装置，以便在硬盘发生故障时，恢复系统和数据。计算机系统使用的磁带机有三种类型：盘式磁带机(过去大量用于大型主机或小型机)；数据流磁带机(目前主要用于微机或小型机)；螺旋扫描磁带机(原来主要用于录像机，最近也开始用于计算机)。

(4)光盘存储器。

光盘(Optical Disk)存储器是一种利用激光技术存储信息的装置。目前用于计算机系统的光盘有三类：只读型光盘、一次写入型光盘和可抹型(可擦写型)光盘。

①只读型光盘。

CD-ROM(Compact Disk-Read Only Memory)是一种小型光盘只读存储器。其特点是只能写一次，而且是在制造时由厂家用冲压设备把信息写入的。写好后信息将永久保存在光盘上，用户只能读取，不能修改和写入。CD-ROM最大的特点是存储容量大，一张CD-ROM光盘，其容量为650MB左右。主要用于视频盘和数字化唱盘以及各种多媒体出版物。

计算机上用的CD-ROM有一个数据传输速率的指标：倍速。1倍速的数据传输速率是150KB/s；24倍速的数据传输速率是150KB/s×24＝3.6MB/s。CD-ROM适合于存储容量固定、信息量庞大的内容。

②一次写入型光盘。

一次写入型光盘WORM(Write Once Read Memory)简称WO。WORM可以由用户写入数据，但只能写一次，写入后不能擦除修改。一次写入多次读出的WORM适用于用户存储允许随意更改文档。可以用于资料永久性保存，也可以用于自制多媒体光盘或光盘拷贝。

③可擦写光盘。

MO(Magneto Optical),是能够重写的光盘,其操作完全和硬盘相同,故称为磁光盘。MO 可以反复使用一万次、可以保存 50 年以上。MO 磁光盘具有可换性、高容量和随机存取等优点,但速度较慢,一次投资较高。

以上介绍的外存的存储介质,都必须通过机电装置才能进行信息的存取操作,这些机电装置称为驱动器。例如软盘驱动器(软盘片插在驱动器中读/写)、硬盘驱动器、磁带驱动器和光盘驱动器等。另外,一般机器上配置的光驱只能读取光盘(只读光驱),而刻录机的光盘驱动器,才具有对光盘的读写功能。

(5)USB 闪存盘。

USB 闪存盘也称为 U 盘(优盘),是一种读写速度快、断电后仍能保留信息的移动存储设备。USB 闪存盘的特点如下:

①容量大、通用性强,USB 闪存盘的容量可达 8MB~2GB,读写速度快,为软盘读写速度的 15~30 倍。通用性强,可靠性好,一般可以反复擦写 100 万次。

②无需驱动程序、无需外接电源,USB 闪存盘是采用标准的 USB 接口,从采用的 USB 接口总线取电。使用简单、兼容性好,是真正的即插即用设备。

③体积小、轻巧美观、携带方便。

④抗震防潮,耐高温、耐低温,使用写保护开关,安全可靠。

2. 键盘

键盘(Keyboard)是用户与计算机进行交流的主要工具,是计算机最重要的输入设备,也是微型计算机必不可少的外部设备。

键盘结构,通常键盘由三部分组成:主键盘,小键盘,功能键,如图 1-10 所示。

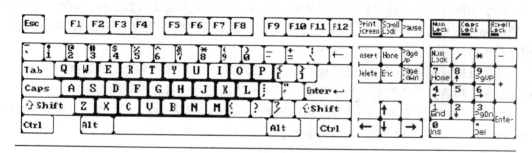

图 1-10 键盘结构示意图

主键盘即通常的英文打字机用键,位于键盘中部;小键盘即数字键组,位于键盘右侧与计算器类似;功能键组,位于键盘上部标 F1~F12 的部分。

注意:这些键一般都是触发键,应一触即放,不要按着不放。

主键盘操作:主键盘一般与通常的英文打字机键相似。主键盘包括字母键、数字键、符号键和控制键等。

(1)字母键,字母键上印着对应的英文字母:虽然只有一个字母,但亦有上档和下档字符之分。

(2)数字键，数字键的下档字符为数字，上档字符为符号。

(3)Shift(↑)键，这是一个换档键(上档键)，用来选择某键的上档字符。其操作方法是先按着本键不放再按具有上下档符号的键时，则输入该键的上档字符，否则输入该键的下档字符。

(4)CapsLock 键，这是大小写字母锁定转换键，若原输入的字母为小写(或大写)，按一下此键后，再输入的字母为大写(或小写)。

(5)Enter(↙或 Return 键)，这是回车键，按此键表示一命令行结束。每输入完一行程序、数据或一条命令，均需按此键通知计算机。

(6)Backspace(←)键，这是退格键，每按一下此键，光标向左回退一个字符位置并把所经过的字符擦去。

(7)SPACE 键，这是空格键，每按一次产生一个空格。

(8)PrtSc(或 Print Screen)键，这是屏幕复制键，利用此键可以实现将屏幕上的内容在打印机上输出。其方法是：把打印机电源打开并与主机相连接，再按此键即可。

(9)Ctrl 键和 Alt 键，这是两个功能键，它们一般和其他键搭配使用才能起特殊的作用。

(10)Esc 键，这是一个功能键，此键一般用于退出某一环境或废除错误操作。在各个软件应用中，此键都有特殊作用。

(11)Pause/Break 键，这是一个暂停键。一般用于暂停某项操作，或中断命令或程序的运行(一般与 Ctrl 配合使用)。

小键盘操作：小键盘上的 10 个键印有上档符(数码 0、1、2、3、4、5、6、7、8、9及小数点)和相应的下档符(Ins、End、↓、PgDn、←、→、Home、↑、PgUp、Del)。下档符用于控制全屏幕编辑时的光标移动；上档符全为数字。

由于小键盘上的这些数码键相对集中，所以用户需要大量输入数字时，锁定数字键更方便。NumLock 键是数字小键盘锁定转换键，当指示灯亮时，上档字符即数字字符起作用；当指示灯灭时，下档字符起作用。

功能键操作：功能键一般设置成常用命令的字符序列，即按某个键就是执行某条命令或完成某个功能。在不同的应用软件中，相同的功能键可以具有不同的功能。

例如：BASIC 语言中，F1 代表 LIST 命令；FoxBASE 语言中，F1 代表寻求命令；WPS语言中，F2 代表文件存盘退出命令(^KD)。

3. 鼠标

鼠标(Mouse)又称为鼠标器，也是微机上的一种常用输入设备，是控制显示屏上光标移动位置的一种指点式设备。在软件支持下，通过鼠标器上的按钮，向计算机发出输入命令，或完成某种特殊的操作。

目前常用的鼠标器有：机械式和光电式两类。机械式鼠标底部有一滚动的橡胶球，可以在普通桌面上使用，滚动球通过平面上的滚动把位置的移动变换成计算机可以理解的信号，传给计算机处理后，即可完成光标的同步移动。光电式鼠标有一光电探测器，要在专门的反光板上移动才能使用。平板上有精细的网格作为坐标。鼠标的外壳底部装着一个光电检测器，当鼠标滑过时，光电检测器根据移动的网格数转换成相应的电信号，传给计算机来完成光标的同步移动。

鼠标器可以通过专用的鼠标器插头座与主机相连接，也可以通过计算机中通用的串行接口(RS-232-C 标准接口)与主机相连接。

4. 显示器

显示器(Monitor)是微型计算机不可缺少的输出设备。用户可以通过显示器方便地观察输入和输出的信息。

显示器是用光栅来显示输出内容的，光栅的像素应越小越好，光栅的密度越高，即单位面积的像素越多，分辨率越高，显示的字符或图形也就越清晰细腻。常用的分辨率有：640×480、800×600、1024×768、1280×1024 等。像素色度的浓淡变化称为灰度。

显示器按输出色彩区分可以分为单色显示器和彩色显示器两大类；按其显示器件区分可以分为阴极射线管(CRT)显示器和液晶(LCD)显示器；按其显示器屏幕的对角线尺寸区分可以分为 14 英寸、15 英寸、17 英寸和 21 英寸等若干种。目前微型机上使用彩色 CRT 显示器，便携机上使用 LCD 显示器。

分辨率、彩色数目及屏幕尺寸是显示器的主要指标。显示器必须配置正确的适配器(显示卡)，才能构成完整的显示系统。常见的显示卡类型有：

(1) VGA(Video Graphics Array)：视频图形阵列显示卡，显示图形分辨率为 640×480，文本方式下分辨率为 720×400，可以支持 16 色。

(2) SVGA(Super VGA)超级 VGA 卡，分辨率提高到 800×600、1024×768，而且支持 16.7M 种颜色，称为"真彩色"。

(3) AGP(Accelerate Graphics Porter)显示卡，在保持了 SVGA 的显示特性的基础上，采用了全新设计的速度更快的 AGP 显示接口，显示性能更加优良，是目前最常用的显示卡。

5. 打印机

打印机(Printer)是计算机产生硬拷贝输出的一种设备，提供用户保存计算机处理的结果。打印机的种类很多，按工作原理区分可以分为击打式打印机和非击打式打印机。目前微机系统中常用的针式打印机(又称为点阵打印机)属于击打式打印机；喷墨打印机和激光打印机属于非击打式打印机。

(1) 点阵式打印机。点阵式打印机打印的字符和图形是以点阵的形式构成的。点阵式打印机的打印头由若干根打印针和驱动电磁铁组成。打印时使相应的针头接触色带击打纸面来完成。目前使用较多的是 24 针打印机。

针式打印机的主要特点是价格便宜，使用方便，但打印速度较慢，噪音大。

(2) 喷墨打印机。喷墨打印机是直接将墨水喷到纸上来实现打印。喷墨打印机价格低廉、打印效果较好，较受用户欢迎，但喷墨打印机使用的纸张要求较高，墨盒消耗较快。

(3) 激光打印机。激光打印机是激光技术和电子照相技术的复合产物。激光打印机的技术原理来源于复印机，但复印机的光源是用灯光，而激光打印机用的是激光。由于激光光束能聚焦成很细小的光点，因此激光打印机能输出分辨率很高的色彩好的图形。

激光打印机正以速度快、分辨率高、无噪音等优势逐步进入微机外设市场，但其价格稍高。

6. 扫描仪

扫描仪是一种常用的纸面输入设备，扫描仪可以迅速地将图形、图像、照片、文本等从外部环境输入到计算机，进行编辑、加工处理。

根据扫描仪的工作原理，扫描仪可以分为：手持式扫描仪，扫描头较窄，一般用于扫描商品的条形码；滚筒式扫描仪，处理幅面大，一般用于大幅面（A2~A0）工程扫描；平板式扫描仪，扫描幅面为 A4~A3 不等，是当前市场的主流扫描仪；专用胶片扫描仪，一般用于医院、高档影楼、科研单位等。

扫描仪的技术指标有：分辨率，即每英寸扫描的点数（dpi），一般为 600~2000dpi；色彩深度，即色彩位数，一般有 24b、30b、32b、36b 等若干种，较高的色彩深度位数可以保证扫描反映的图像色彩与真实色彩一致；扫描幅度，即对原稿尺寸的要求；扫描速度，一般在 3~30ms 的范围。

使用扫描仪扫描文字或其他黑白图文信息时，应选择黑白扫描方式，这样既节省时间，又节省空间；用扫描仪扫描彩色图像时，要设定分辨率和颜色两项参数。分辨率越高，像素越多，图像就越清晰，而颜色位数越多，扫描所反映的色彩越丰富，图像效果越真实。

7. 数码相机

数码相机是一种能够进行拍照、并能浏览和存储将拍照到的景物转换成数字格式图像文件的特殊照相机。

数码相机可以分为专业数码相机和民用数码相机两类。专业数码相机一般用于影楼、公安、科研等，像素在 500 万左右；民用数码相机可以分为高、中、低三档，适应于家庭使用，像素在 210 万左右。

数码相机的主要技术指标有：

CCD 像素值是衡量数码相机质量的主要标准（一般称多少万像素）。标识的 CCD 像素值越高，相机的分辨率就越高，捕捉的画面越精细，一般制作网页、发电子邮件使用 350 万像素 CCD 的数码相机即可，如打印输出需根据打印机的情况以及打印图片的大小来决定数码相机的像素需求；色彩位数，能反映数码相机记录色调的多少。色彩位数值越高，越能反映物体的真实色彩；感光度，直接影响拍摄图像的效果。不同数码相机 CCD 对光线的灵敏度不同，称为"相当感光度"，从理论上讲相当感光度越高，相机的适应范围越广；存储介质，数码相机的图片存储介质有 CF 卡和 SM 卡，存储方式类似于普通的软盘、优盘等。另外，相机指标中的光圈范围、快门速度、对焦距离、焦距范围等都要进行选择。

由于数码相机操作简单、功能丰富、图像处理快捷、拍摄成本低，因此广泛用于多媒体技术和通信技术中。

8. 光盘刻录机

光盘刻录机在外观上和光驱几乎一样，同光驱不同的是，光盘刻录机可以完成一次性写入光盘存储器或反复可擦写光盘存储器刻录信息。另外，光盘刻录机也可以像光驱一样读取光盘的数据，因此可以不必再安装光驱了。

光盘刻录机分为 VCD 刻录机和 DVD 刻录机。VCD 刻录机出现的时间比较早，主要针对 CD-R 和 CD-RW 进行刻录，支持的 CD-R 或 CD-RW 盘片一般容量在 650M 左右。DVD 刻录机在功能上和 VCD 刻录机是相似的，但 DVD 刻录机除了可以完全支持 VCD 的刻录光盘外，还支持 DVD 格式的可刻录盘片，也有一次性写入和可反复擦写的两种，其容量都在 3.5G 以上，是 CD-R（W）的容量的 5~8 倍。

光盘刻录机的主要性能从以下若干方面体现出来：

(1)读写速度。包括数据读取速度和写入速度。其中写入速度(WriteSpeed)是最重要的指标，而且几乎和价格成正比。刻录机的写入速度还可以细分为刻录速度和擦写速度。刻录机写入数据的速度一般以 kB/s 表示。理论上讲写入速度越快则性能越好，但由于技术的限制，刻录机的写入速度远比其读取速度低得多。刻录机读取光盘数据时的传输速率(ReadSpeed)也是以 KB/s 来表示的，理论上也是愈快愈好，但是实际上为了延长刻录机的寿命，很少用刻录机读取数据。

(2)放置方式。刻录机按安装方式区分可以分为外置式和内置式两种。内置式(internal)刻录机一般安装在 5.25 英寸驱动器托架上，使用主机的电源；外置式产品则配有独立的机壳与电源。一般来说，外置式产品可以移动使用，比较方便。

(3)缓存容量。刻录机缓存的大小是衡量刻录机性能的重要技术指标之一。数据缓存是刻录机用来存放待写入光盘的数据的地方。光盘刻录机的缓存容量一般在 512KB~2MB 之间。一般来说缓存容量较大的刻录机，刻录响应速度快。

(4)支持的数据格式。对各种光盘格式的支持也是衡量一台刻录机性能的重要方面。

(5)平均无故障时间和数据的完整性。平均无故障时间主要用来衡量机器是否耐用，现在的刻录机的平均无故障时间差不多都在 10 万小时以上。数据完整性是衡量光盘刻录机刻录数据是否安全可靠的一个性能指标。目前的刻录机基本上都可以使数据错误率控制在 10~12 以下。

9. 声卡

声卡(Sound Card)是多媒体电脑的最基本配置之一，是实现声波/数字信号相互转换的硬件。声卡分为模数转换电路和数模转换电路两部分，模数转换电路负责将麦克风等声音输入设备采到的模拟声音信号转换为电脑能处理的数字信号；而数模转换电路负责将电脑使用的数字声音信号转换为喇叭等功放设备能使用的模拟信号。

声卡的主要性能指标：

(1)多声道输出功能。声卡芯片最大支持输出的声道数量。声道越多声音的定位效果也就越好。目前市场上主流的声卡芯片一般都支持 2 个以上的声道，不少已经提供了 6 个声道的支持。

(2)MIDI 回放效果。MIDI 是 Musical Instrument Digital Interface 的缩写，即乐器数字接口。在电脑游戏的背景音乐制作中有着广泛的应用。MIDI 的播放效果很大程度上取决于声卡在回放时所使用的 MIDI 合成器。不同声卡的 MIDI 效果有很大的不同。

(3)复音数量。是指声卡能够同时发出多少种声音。复音数越大，音色就越纯美，好的 MIDI 合成效果取决于声卡上波表合成芯片支持的最大复音数。

(4)采用位数。是将声音从模拟信号转化为数字信号的二进制位数，即进行 A/D、D/A 转换时的精度。目前有 8 位、12 位和 16 位 3 种。采用位数越多，采样精度越高，声音越逼真。

(5)采样频率。是指每秒采集的声音样本数量。采样频率越高，所记录的声音的波形也就越准确，保真度也就越高，当然采样所得的数据量也会越大。

(6)CPU 占用率。CPU 占用率也是衡量一块声卡的一项重要的技术指标。CPU 占用率越低，说明声卡在设计上的缓冲考虑越充分。

10. 网卡

随着网络的发展，几乎每台计算机都要连接到 Internet，这时就需要网卡了。网卡(网络适配器)是计算机与网络缆线之间的物理接口。网卡一般安装在计算机主板的扩展槽上，通过网卡的电缆插头，将计算机与网络电缆连接，从而将计算机连接在网络上。

根据网卡所支持的总线接口可以分为：ISA 网卡、EISA 网卡、PCI 网卡和 USB 网卡适配器等。ISA 网卡的带宽一般为 10Mb/s，PCI 网卡的带宽从 10Mb/s 到 1000Mb/s 都有，常见的是 10M/100Mb/s 自适应网卡，是主流产品。

根据网卡的安装方式可以分为内置式网卡和外置式网卡，ISA 总线、EISA 总线和 PCI 总线网卡都是内置式的，USB 接口的网卡是外置式的。

网卡的主要性能指标是传输速率。常用网卡的传输速率有 10Mb/s 和 1000Mb/s 两种。

11. 调制解调器

调制解调器(Modem)是通过电话线拨号上网不可缺少的设备。当两台计算机要通过电话线进行数据传输时，计算机发送数据是由 Modem 将计算机中二进制的数据信号转换为标准电话线能够传输的波形(模拟信号)，这个过程称为"调制"。经过调制的信号通过电话线传送到另一台计算机之前，又要接收方的 Modem 负责把模拟信号还原为计算机能够识别的数字信号，这个过程称为"解调"。调制解调器的作用就是完成调制和解调的过程，从而实现两台计算机之间的远程通信。

根据 Modem 的安装形式可以分为外置式 Modem 和内置式 Modem。外置式 Modem 放置于机箱外，通过计算机的一个串行端口与计算机相连接。外置式 Modem 方便灵活、易于安装，但需使用额外的电源与电缆。内置式 Modem 一般是安装在计算机主板的扩展槽上，内置式 Modem 安装较为繁琐(需拆开机箱)但无需额外的电源与电缆，其价格比外置式 Modem 便宜。

调制解调器的主要性能指标为传输速率，单位为 Kb/s。目前主要有 14.4Kb/s、33.6Kb/s、56Kb/s 等若干种传输速率的 Modem 产品。

1.4.3 微型计算机的主要性能指标及配置

衡量一台微型计算机性能优劣的技术指标主要有以下几点：

1. 运算速度

运算速度是衡量 CPU 工作速度的指标，一般用每秒所能执行的指令数来表示。常用单位是 MIPS(Millions Instruction Per Second)，即每秒百万条指令。当今计算机的运算速度可达每秒万亿次。计算机的运算速度与主频、字长有关，还与内存、硬盘等的工作速度有关。

2. 主频

主频即计算机的时钟频率，是指 CPU 单位时间(秒)内发出的脉冲数，一般用兆赫(MHz)、吉赫(GHz)为单位。主频在很大程度上决定了主机的工作速度。时钟频率越高，其运算速度就越快。

3. 字长

字长是 CPU 一次可以处理的二进制位数。字长主要影响计算机的计算精度、处理数据的范围和速度。字长有 8 位、16 位、32 位和 64 位等。字长越长，表示一次读写和处理数据的范围越大，处理数据的速度越快，计算精度越高。

4. 内存容量

内存容量是衡量计算机记忆能力的指标。容量大，能存入字节数就多，能直接接纳和存储的程序就长，计算机的解题能力和规模就越大。

5. 外部设备的配置及扩展能力

外部设备的配置及扩展能力主要是指计算机系统配接各种外部设备的可能性、灵活性和适应性。一台计算机允许配接的外部设备受系统接口和相关软件的制约。例如，微型计算机系统中，配置外设时要考虑显示器的分辨率、打印机的型号和外存容量等。

除了上述性能指标，还应该考虑软件的配置、可靠性和兼容性等问题，以期对一台微型计算机系统作出全面、综合的评价。

本 章 小 结

本章介绍了计算机的基本概念，重点讨论了计算机系统的组成与信息编码，还介绍微型计算机的硬件组成以及主要性能指标。

练 习 题 1

一、单项选择题

1. 目前，通常称 486，PentiumII、PentiumIII 等计算机，它们是针对该机的_____而言。

　A. CPU 的速度　　　B. 内存容量　　　C. CPU 的型号　　　D. 总线标准类型

2. 微型计算机硬件系统中最核心的部件是_____。

　A. 主板　　　　　　B. CPU　　　　　　C. 内存储器　　　　D. I/O 设备

3. 配置高速缓冲存储器(Cache)是为了解决_____。

　A. 内存与辅助存储器之间速度不匹配问题

　B. CPU 与辅助存储器之间速度不匹配问题

　C. CPU 与内存储器之间速度不匹配问题

　D. 主机与外设之间速度不匹配问题

4. 第四代计算机的主要逻辑元件采用的是_____。

　A. 晶体管　　　　　　　　　　　　B. 小规模集成电路

　C. 电子管　　　　　　　　　　　　D. 大规模和超大规模集成电路

5. 用"助记符"代替机器指令的计算机语言是_____。

　A. 高级程序语言　　　　　　　　　B. 汇编语言

　C. 机器语言(或称指令系统)　　　　D. C 语言

6. 以存储程序原理为基础的冯·诺依曼结构的计算机，一般都由五大功能部件组成，它们是_____。

　A. 运算器、控制器、存储器、输入设备和输出设备

　B. 运算器、累加器、寄存器、外部设备和主机

C. 加法器、控制器、总线、寄存器和外部设备

D. 运算器、存储器、控制器、总线和外部设备

7. 计算机软件系统包括_____。

   A. 系统软件和应用软件　　　　　　B. 编辑软件和应用软件

   C. 数据库软件和工具软件　　　　　　D. 程序和数据

8. 办公自动化是计算机的一项应用，按计算机应用的分类，应属于_____。

   A. 科学计算　　　　B. 实时控制　　　　C. 数据处理　　　　D. 辅助设计

9. 下列四项中不属于微型计算机主要性能指标的是_____。

   A. 字长　　　　B. 内存容量　　　　C. 重量　　　　D. 时钟脉冲

10. 微型计算机中内存储器比外存储器_____。

   A. 读写速度快　　　　　　　　　　B. 存储容量大

   C. 运算速度慢　　　　　　　　　　D. 以上三种都可以

11. 计算机系统由_____。

   A. 主机和系统软件组成　　　　　　B. 硬件系统和应用软件组成

   C. 硬件系统和软件系统组成　　　　D. 微处理器和软件系统组成

12. 第一台电子计算机是 1946 年在美国研制的，该机的英文缩写名是_____。

   A. ENIAC　　　　B. EDVAC　　　　C. DESAC　　　　D. MARK-II

13. 计算机存储容量的基本单位是_____。

   A. 字节　　　　B. 指令　　　　C. 波特　　　　D. 赫兹

14. 计算机最主要的工作特点是_____。

   A. 存储程序与自动控制　　　　　　B. 高速度与高精度

   C. 可靠性与可用性　　　　　　　　D. 有记忆能力

15. 在微机的性能指标中，用户可以用的内存容量通常是指_____。

   A. RAM 的容量　　　　　　　　　B. RAM 和 ROM 的容量之和

   C. ROM 的容量　　　　　　　　　D. CD-ROM 的容量

16. 在计算机领域中，通常用英文单词"BYTE"来表示_____。

   A. 字　　　　B. 字长　　　　C. 二进制位　　　　D. 字节

17. 存储容量 1GB 等于_____。

   A. 1024B　　　　B. 1024KB　　　　C. 1024MB　　　　D. 128MB

18. 在计算机中，用字节来表示存储器的容量。1K 字节等于_____字节。

   A. 10 的 3 次方　　B. 2 的 10 次方　　C. 1000　　　　D. 3 的 10 次方

19. 要运行一个程序文件，则这个程序文件必须被装入到_____中。

   A. RAM　　　　B. ROM　　　　C. CD-ROM　　　　D. EPROM

20 下列各项和 1MB 相等的是_____。

   A. 1024000B　　　B. 1000000B　　　C. 1024KB　　　D. 1048570B

21. 目前常用的闪存或称为 U 盘，是计算机的_____设备。

   A. 内存储器　　　B. 外存储器　　　C. 控制器　　　D. 运算器

22. 软盘在使用前必须格式化。所谓格式化是指对软盘_____。

   A. 清除原有信息　　　　　　　　　B. 读写信息

　　　C. 进行磁道和扇区的划分　　　　　　　　D. 文件管理

23. 要存放 10 个 24×24 点阵的汉字字模，需要_____存储空间。

　　A. 74B　　　　　　　　B. 320B　　　　　　　C. 720B　　　　　　　D. 72KB

24. 十进制整数 100 化为二进制数是_____。

　　A. 1100100　　　　　B. 1101000　　　　　C. 1100010　　　　　D. 1000001

25. 载最大的 10 位无符号二进制整数转换成十进数是_____。

　　A. 511　　　　　　　B. 512　　　　　　　C. 1023　　　　　　　D. 1024

26. 8 位二进制数表示无符号整数，能表示的最大十进制数为_____。

　　A. 255　　　　　　　B. 256　　　　　　　C. 127　　　　　　　D. 512

27. 二进制数 0.1011 转换为十进制数为_____。

　　A. 0.6875　　　　　B. 0.675　　　　　　C. 0.685　　　　　　D. 0.6855

28. 与十进制数 215 等值的二进制数为_____。

　　A. 11010111　　　　B. 11101011　　　　C. 11101001　　　　D. 11010011

29. 最大的 16 位无符号二进制整数转换成十六进制数是_____。

　　A. FFFE　　　　　　B. FFFF　　　　　　C. 177777　　　　　　D. 65535

30. 与十进制数 511 等值的十六进制数为_____。

　　A. 1FF　　　　　　　B. 2FF　　　　　　　C. 1FE　　　　　　　D. 2FE

31. 与十六进制数 BB 等值的十进制数是_____。

　　A. 186　　　　　　　B. 187　　　　　　　C. 273　　　　　　　D. 1111

32. 16 个二进制位可以表示整数的范围是_____。

　　A. 0～65535

　　B. −32768～32767

　　C. −32768～32768

　　D. −32768～32767 或 0～65535

33. 十六进制数 3A.15 化为二进制数为_____。

　　A. 00111010.00010101

　　B. 00111010.00110101

　　C. 00110010.00010101

　　D. 10101011.10000001

34. ASCⅡ码是_____。

　　A. 美国信息交换标准代码　　　　　B. 汉字编码　　　　　C. 日文编码

35. 下列字符的 ASCII 码值最小的是_____。

　　A. A　　　　　　　　B. 3　　　　　　　　C. D　　　　　　　　D. 1

36. ASCII 码 7 位版本最多可以表示字符数为_____。

　　A. 128　　　　　　　B. 256　　　　　　　C. 127　　　　　　　D. 255

37. 存储 10 个 16×16 点阵的汉字字模，需占的存储空间为_____。

　　A. 64B　　　　　　　B. 320B　　　　　　C. 128B　　　　　　D. 640B

38. 在汉字库中查找汉字时，输入的是汉字的机内码，输出的是汉字的_____。

　　A. 交换码　　　　　B. 信息码　　　　　C. 外部码　　　　　D. 字形码

39. 下面四个选项中，只能作输出设备的是_____。

　　A. 磁盘　　　　　　B. 键盘　　　　　　C. 鼠标器　　　　　D. 打印机

40. 能将高级语言编写的源程序转换成目标程序的是_____。

　　A. 编辑程序　　　　B. 编译程序　　　　C. 解释程序　　　　D. 链接程序

41. 在计算机内部用来传送、存储、加工、处理的数据指令都以_____形式进行。

    A. 二进制   B. 八进制   C. 十进制   D. 十六进制

42. 存储器中的基本存储单位是_____。

    A. 比特 Bit   B. 字节 Byte   C. 字 Word   D. 字符 Character

43. 在计算机内部用于存储、交换、处理的汉字编码叫做_____。

    A. 国标码   B. 机内码   C. 区位码   D. 字形码

44. 微处理器可被称作_____。

    A. 运算器   B. 控制器   C. 中央处理单元   D. 时序发生器

45. 微型计算机内存储器比外存储器_____。

    A. 读写速度快   B. 存储容量大   C. 运算速度慢   D. 以上三项都对

46. 运算器的主要功能是_____。

    A. 算术运算和逻辑运算   B. 算术运算

    C. 逻辑运算   D. 科学计算

47. 不能直接访问的存储器是_____。

    A. ROM   B. RAM   C. Cache   D. 外存储器

48. I/O 接口位于_____。

    A. CPU 和 I/O 设备之间   B. 总线和设备之间

    C. 主机和总线之间   D. CPU 和主存储器之间

49. 通常所说的主机主要包括_____。

    A. CPU   B. CPU 与内存

    C. CPU、内存与外存   D. CPU、内存与硬盘

50. 计算机中运算器的作用是_____。

    A. 控制数据的输入/输出

    B. 控制主存与辅存之间的数据交换

    C. 完成各种算术运算和逻辑运算

    D. 协调和指挥整个计算机

二、操作题

1. 查找资料了解当前常用计算机硬件的性能指标，试按普通办公需要配置一台 PC 机，写出其配置清单，包括产品型号、主要性能参数、价格等信息。

2. 试通过 GB2312—80 标准，查找到自己姓名中的每个字的区位码，转换成国标码，最后转换成机内码，并上机使用机内码作为输入法，输入自己的姓名。

第 2 章　Windows 操作系统及其应用

计算机系统由硬件系统和软件系统两个部分组成，操作系统是现代计算机系统最关键、最核心的软件系统。操作系统负责计算机的全部软件资源、硬件资源的分配、调度工作，并且为用户提供友好的交互界面，使用户能够容易地实现对计算机的各种操作。

Windows 操作系统是目前应用最为广泛的一种图形用户界面操作系统。Windows XP 是 Microsoft 公司于 2001 年推出的产品，该产品采用 Windows NT 平台的核心技术，使软件的运行更为稳定有效。Windows XP 的多媒体性能被大大增强了，并增加了许多网络的新技术和新功能，用户在 Windows XP 环境下能够轻松地完成各种管理操作，体验更多的娱乐内容。

本章以 Windows XP 环境为例，讲述 Windows 操作系统及其应用。

2.1　Windows XP 概述

2.1.1　Windows XP 的发展历史

1981 年 IBM 公司推出了个人电脑(Personal Computer，PC)，PC 机选择了 Intel 公司的 8088/8086 做 PC 机的微处理器，并选择了 DOS 作为 PC 机的操作系统。DOS 是在 CP/M—86 操作系统的基础上发展起来的，其设计促进了 PC 机的软件开发。PC 机的广泛应用，使计算机从只能由少数专业技术人员使用，到服务于各行各业、千家万户，这与 DOS 的简单易用是有很大关系的。

DOS 是一个基于字符的操作系统，为了使用户可以在轻松自如的环境下操作和控制计算机，微软公司开始致力于图形操作界面的操作系统的开发。1983 年 11 月微软公司推出了 Windows 1.0 版本，并在 1987 年 11 月推出了 Windows 2.0 版本，这两个版本由于它们本身有许多技术缺陷而没有广泛流行。1992 年 4 月，微软公司又推出了 Windows 3.1 版本。该版本支持虚拟内存、对象链接和嵌入、支持 TrueType 字体，并加入多媒体功能。

Microsoft 公司自从推出 Windows 95 获得了巨大成功之后，随后，又陆续推出 Windows XP、Windows 2000 以及 Windows Me 三种用于 PC 机的操作系统。2001 年，Microsoft 公司推出了中文版 Windows XP，XP 是英文 Experience(体验)的缩写，Microsoft 公司希望这款操作系统能够在全新技术和功能的引导下，给 Windows 的广大用户带来全新的操作系统体验。根据用户对象的不同，中文版 Windows XP 可以分为家庭版的 Windows XP Home Edition 和办公扩展专业版的 Windows XP Professional。

2.1.2 Windows XP 的特点

随着计算机的广泛应用，Windows XP 也走进千家万户和各行各业，被广大用户所了解和喜爱。其主要特点如下：

1. Windows XP 采用的是 Windows NT 的核心技术，具有运行可靠、稳定而且速度快的特点，这将为用户的计算机的安全正常高效运行提供保障。

2. Windows XP 外观设计焕然一新，桌面风格清新明快、优雅大方，用鲜艳的色彩取代以往版本的灰色基调。界面设计更为合理：用户登录界面直接单击用户图标就可以登录到系统。在首次登录时，桌面只有回收站的图标和中文版 Windows XP 的标志，用户可以改变显示属性来恢复桌面上原有的图标。任务栏属性设置中增加了"分组相似任务栏按钮"的功能。"开始"菜单的左侧添加用户最常用程序的快捷方式，以便于用户随时再次使用这些程序。在"控制面板"窗口中新增了分类视图，在这个视图中将原有的选项进行分类。

3. Windows XP 有强大的网络功能，可以用 Windows XP 来组建一个家庭网络或小型办公网络，即使用户不具有太多的网络知识，也可以使用"网络安装向导"轻松地完成网络的设置。当完成网络设置后，可以使多台计算机相连的网络共享 Internet 连接，共享网络中的文件、文件夹以及打印机等资源，而设置 Internet 连接防火墙，可以使未经授权的人无法随意访问用户的计算机或家庭网络，从而限制或阻止来自 Internet 的各种破坏。

4. Windows XP 系统大大增强了多媒体性能，"Windows Media player"是一个功能强大的数字媒体播放器，可以播放 CD、VCR、DVD 等格式的音频、视频文件。Windows XP 中提供了对 CD—RW、CD—R、扫描仪、照相机和摄像机等的支持。"Windows Movie Maker"程序可以用于视频影片的编辑。

2.1.3 Windows XP 的运行环境和安装

1. Windows XP 的运行环境

要正常运行 Windows XP，必须保证计算机满足以下的最低系统要求。

(1)CPU：Pentium II 233 MHz 或兼容的微处理器，建议使用更快的微处理器。

(2)内存：最低要求 64MB，建议使用 128MB 以上内存。

(3)硬盘：硬盘分区要大于 1GB，操作系统本身至少需要 650MB 的空间。

(4)显示器：标准 V G A 卡或更高分辨率的图形卡。

(5)软驱、光驱、彩色显示器、键盘以及鼠标。

2. Windows XP 的安装

中文版 Windows XP 的安装可以通过多种方式进行，通常使用升级安装、全新安装、双系统共存安装三种方式：

(1)升级安装：如果用户的计算机上安装了 Microsoft 公司其他版本的 Windows 操作系统，可以覆盖原有的系统而升级到 Windows XP 版本。中文版的核心代码是基于 Windows 2000 的，所以从 Windows NT4.0/2000 上进行升级安装是非常方便的。

(2)全新安装：如果用户新购买的计算机还未安装操作系统，或者机器上原有的操作系统已格式化掉，可以采用这种方式进行安装，在安装时需要在 DOS 状态下进行，用户可以先运行 Windows XP 的安装光盘，找到相应的安装文件，然后在 DOS 命令行下执行 Setup 安装命令，在安装系统向导提示下用户可以完成相关的操作。

（3）双系统共存安装：如果用户的计算机上已经安装了操作系统，也可以在保留原有系统的基础上安装 Windows XP，新安装的 Windows XP 将被安装在一个独立的分区中，与原有的系统共同存在，但不会互相影响。当这样的双操作系统安装完成时，重新启动计算机时，在显示屏上会出现系统选择菜单，用户可以选择所要使用的操作系统。这种安装方式适合于原有操作系统为非中文版的用户，如果要安装中文版 Windows XP，由于语言版本不同，不能从非中文版直接升级到中文版，可以选择双系统共存安装。

2.1.4　Windows XP 的启动和退出

1. Windows XP 的启动

打开计算机电源稍稍等待后，Windows XP 就会启动，如果系统设置了多个用户，启动过程中将需要选择登录用户，否则系统就会直接进入如图 2-1 所示的 Windows XP。

图 2-1　Windows XP 桌面

2. Windows XP 的退出

当用户要结束对计算机的操作时，一定要先退出 Windows XP 系统，否则会丢失文件或破坏程序，如果用户在没有退出 Windows 系统的情况下就关机，系统将认为是非法关机，当下次再开机时，系统会自动执行自检程序。

（1）Windows XP 的注销。

由于中文版 Windows XP 是一个支持多用户的操作系统，当登录系统时，只需要在登录界面上单击用户名前的图标，即可实现多用户登录，各个用户可以进行个性化设置而互不影响。

为了便于不同的用户快速登录来使用计算机，中文版 Windows XP 提供了注销的功能，应用注销功能，使用户不必重新启动计算机就可以实现多用户登录，这样既快捷方便，又减少了对硬件的损耗。

当用户需要注销时，可以单击"开始"按钮，在"开始"菜单中单击"注销"按钮，这时桌面上会出现一个对话框，如图 2-2 所示。

①注销：保存设置关闭当前登录用户。

②切换用户：在不关闭当前登录用户的情况下而切换到另一个用户，用户可以不关闭正在运行的程序，而当再次返回时系统会保留原来的状态。

图 2-2 "注销 Windows"之一对话框

图 2-3 "关闭计算机"对话框

（2）关闭计算机。

当用户不再使用计算机时，可以单击"开始"按钮，在"开始"菜单中选择"关闭计算机"命令按钮，这时系统会弹出一个"关闭计算机"对话框，用户可以在此做出选择，如图 2-3 所示。

①待机：当用户选择"待机"选项后，系统将保持当前的运行，计算机将转入低功耗状态，当用户再次使用计算机时，在桌面上移动鼠标即可以恢复原来的状态，该项通常在用户暂时不使用计算机，而又不希望其他人在自己的计算机上任意操作时使用。

②关闭：选择该项后，系统将停止运行，保存设置退出，并且会自动关闭电源。用户不再使用计算机时选择该项可以安全关机。

③重新启动：该选项将关闭并重新启动计算机。

用户也可以在关机前关闭所有的程序，然后使用 Alt+F4 组合键快速调出"关闭计算机"对话框进行关机。

2.2　Windows XP 的基本知识和基本操作

使用计算机首先要了解操作系统，本节介绍 Windows XP 操作系统下的基本知识，主要包括：鼠标指针、桌面和窗口等 Windows 对象、应用程序、剪贴板、任务管理器和帮助系统等，以及它们的基本操作方法。

2.2.1　鼠标的使用

Windows 是一个图形用户界面的操作系统，鼠标是至关重要的输入设备。

1. 鼠标指针的形状

当用户握住鼠标并移动时，桌面上的鼠标指针就会随之移动。正常情况下，鼠标指针的形状是一个小箭头。但是，某些特殊场合下，如鼠标指针位于窗口边沿时，鼠标指针的形状会发生变化。图 2-4 列出了 Windows XP 缺省方式下最常见的几种鼠标指针形状。

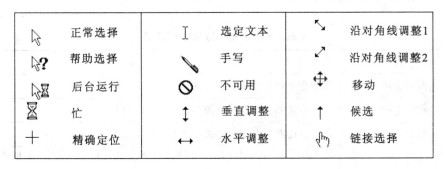

正常选择	选定文本	沿对角线调整1
帮助选择	手写	沿对角线调整2
后台运行	不可用	移动
忙	垂直调整	候选
精确定位	水平调整	链接选择

图 2-4　鼠标指针的形状

2. 鼠标的基本操作

最基本的鼠标操作有以下几种：

(1)指向：将鼠标指针移动到某一项上。

(2)单击左键(简称单击)：按下和释放鼠标左键。一般用来选择某个对象。

(3)单击右键(简称右击)：按下和释放鼠标右键。可以弹出快捷菜单。

(4)双击：快速按下、释放、按下和释放鼠标左键，即连续两次单击。可以打开文件。

(5)拖动：按住鼠标左键并移动鼠标到目的地，释放鼠标。

2.2.2　桌面简介

当用户安装好中文版 Windows XP 第一次登录系统后，可以看到一个非常简洁的画面，称为桌面。在桌面的右下角只有一个回收站的图标，并标明了 Windows XP 的标志及版本号，如图 2-1 所示。用户向系统发出的各种操作命令都是通过桌面来接收和处理的。

Windows XP 的屏幕桌面可以分为两部分：桌面和任务栏。其中桌面上放置的是常用的工具或应用程序的快捷图标栏。

1. 桌面上的图标说明

用户安装好中文版 Windows XP 后，桌面只有一个回收站的图标，如果用户想恢复系统默认的图标，可以执行下列操作：

(1)右击桌面，在弹出的快捷菜单中选择"属性"命令。

(2)在打开的"显示属性"对话框中选择"桌面"选项卡。

(3)单击"自定义"按钮，这时会打开"桌面项目"对话框。

（4）在"桌面图标"选项组中选中"我的电脑"、"网上邻居"等复选框，单击"确定"按钮返回到"显示属性"对话框中。

（5）单击"确定"按钮，然后关闭该对话框，这时用户就可以看到系统默认的图标。

"图标"是指在桌面上排列的小图像，图标包含图形、说明文字两部分，如果用户把鼠标放在图标上停留片刻，桌面上会出现对图标所表示内容的说明或者是文件存放的路径，双击图标就可以打开相应的内容。表 2-1 中列出了 Windows XP 系统默认的图标以及其相应的功能。当然，用户在今后的使用过程中还可以不断地在桌面中添加或删除快捷图标。关于快捷图标的添加方式将在后面章节中详细介绍。

表 2-1   Windows XP 桌面默认图标说明

图 标	名 称	功 能
	我的文档	用于存放和管理用户个人的文档文件的文件夹
	我的电脑	用于管理用户的电脑资源，进行软、硬件操作
	网上邻居	用于连接网络上用户并进行相互之间的交流
	回收站	用于放置被用户删除的文件或文件夹，以免错误的操作造成不必要的损失
	Internet Explorer	用于浏览互联网上的信息

2. "任务栏"的组成

任务栏是位于桌面最下方的一个小长条，任务栏显示了系统正在运行的程序和打开的窗口、当前时间等内容，用户通过任务栏可以完成许多操作，而且用户也可以根据自己的需要设置任务栏。如图 2-5 所示。

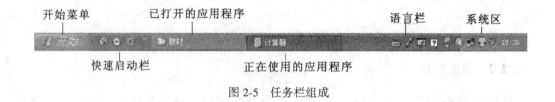

图 2-5   任务栏组成

"任务栏"各项的名称和功能如表 2-2 所示。

表 2-2   "任务栏"各项说明

部 件	功 能
"开始"按钮	用于打开"开始"菜单，执行 Windows 的各项命令
快速启动栏	用于一些常用工具的快速启动
任务栏	用于多个任务之间的切换
语言栏	选择中文输入法或中、英文输入状态切换
系统区	开机状态下常驻内存的一些项目，如系统时钟、音量等

2.2.3　启动和退出应用程序

1. 具体运行方式

在 Windows XP 下，用户可以有多种方式运行应用程序，具体使用何种运行方式，可以根据用户自己的爱好和习惯而定。启动应用程序方式主要有以下三类：

(1)通过运行指向应用程序的快捷方式来启动应用程序。

①从开始菜单中选择应用程序的快捷方式运行。

②使用桌面上的快捷方式运行程序。

③使用快速启动栏上的快捷方式运行程序。

④将应用程序的快捷图标加入"开始菜单"中的"启动"文件夹，Windows XP 启动时自动执行"启动"文件夹中的程序。

(2)直接运行应用程序。

①在桌面上的"我的电脑"窗口或 Windows 资源管理器窗口中双击要运行的程序。

② 先在桌面上的"我的电脑"窗口或 Windows 资源管理器窗口中选定要运行的程序，从"文件"菜单中单击"打开"项，运行应用程序。

③从开始菜单中选择"运行"项，然后输入应用程序的可执行文件路径和名称。

④在 MS-DOS 方式窗口的命令行中输入应用程序名并按下回车。

(3)打开与应用程序相关的文档或数据文件。由于已经建立了关联，当打开这类文档或数据文件时，系统自动运行与之关联的应用程序。

2. 退出应用程序

运行多个程序会占用大量的系统资源，使系统性能下降。当不需要一个应用程序运行时，应该退出这个应用程序，具体方式主要有以下几种：

(1)一般情况下，应用程序本身都有退出的选项。大多数应用程序含有"文件"菜单，菜单中有一个"退出"项。还有一些应用程序含有"退出"按钮。单击"退出"按钮或"文件"菜单的"退出"项，就能退出应用程序。

(2)可以通过关闭应用程序的主窗口来退出应用程序。

(3)如果应用程序没有响应，可以用任务管理器选定要退出的应用程序，按下"结束任务"按钮可以关闭该应用程序。

3. 应用程序间的切换

当用户同时打开多个程序以后，可以随时调用自己所需要的程序，但在同一个时间内只有一个程序窗口是活动的。当一个程序窗口为活动窗口时，我们称该程序处于前台，而所有其他的程序都处于后台。前台窗口的标题栏是蓝色的，后台窗口的标题栏是灰色的。如果后台窗口是可见的，单击该窗口则成为前台窗口。

如果后台运行的程序窗口无法看到，可以采用下列两种切换方法：

(1)使用任务栏按钮。

(2)使用 Alt+Tab 键。

2.2.4 窗口和对话框

1. 窗口的组成

Windows XP 中窗口有统一的组成，这就简化了用户对窗口的操作。窗口主要组成如图 2-6 所示。

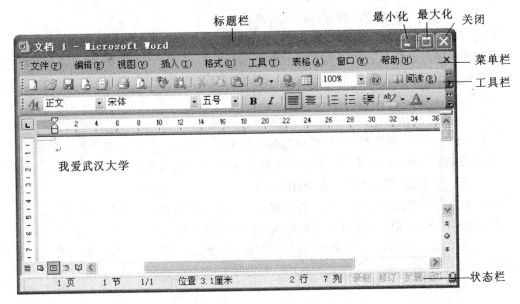

图 2-6　窗口的组成

（1）标题栏：位于窗口的顶部。标题栏上的文字是窗口的名称，左边是控制菜单图标，右边是三个控制按钮，从左至右分别是"最小化"、"最大化"和"关闭"。

（2）菜单栏：位于标题栏的下面，菜单栏由多个菜单构成，每个菜单含有多个菜单选项，分别用于执行相应的命令。

（3）工具栏：提供一些与菜单命令功能相同的按钮。单击按钮将执行相应命令。

（4）状态栏：位于窗口的底部，显示的是窗口状态信息。

2. 窗口的操作

（1）窗口的移动：把鼠标指针移动到一个打开的窗口的标题栏上，按着鼠标左键不放，拖曳鼠标，将窗口移动到要放置的位置，松开鼠标按钮。

（2）窗口的缩放：把鼠标指针移动到窗口的边框或窗口角上，鼠标光标会变为双箭头光标。按着鼠标左键不放，拖曳鼠标使该边框到新位置，当窗口大小满足要求时，释放鼠标按钮。

（3）窗口的关闭、最大化、最小化：单击窗口右上角相应的按钮，会执行该操作。此外，窗口的操作也可以通过窗口的控制菜单来完成。激活窗口的控制菜单的方法是用鼠标单击标题栏左上角的图标，如图 2-7 所示。选择要执行的菜单项。关闭当前窗口的快捷键是 Alt+F4。

图 2-7　窗口控制菜单图

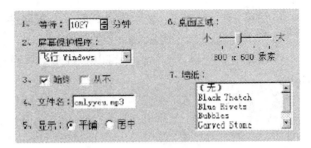

图 2-8　在对话框中出现的各种元素

3. 对话框

对话框是系统和用户之间交互的界面，用户通过对话框向应用程序输入信息。图 2-8 是一个对话框的实例，其中包含了 7 种对话框元素。对话框中的各元素使用情况和功能如下：

(1)数值选择框：单击其中的小箭头按钮，可以更改其中的数字值，或从键盘输入数值。

(2)下拉式列表框：单击箭头按钮可以查看选项列表，再单击要选择的选项。

(3)复选框：单击标题，复选框中出现"√"符号，选项就被选中。可以选择多个选项。

(4)文本输入框：可以在其中输入文本内容。

(5)单选框：单选框有多个选项，同一时间只能选择其中一项。

(6)滑块：用鼠标拖动滑块设置可以连续变化的量。

(7)列表选择框：单击滚动箭头，可以滚动显示列表。然后用鼠标单击其中的项目。

4. 菜单

(1)打开和关闭菜单。

菜单栏只有一行，位于标题栏的下面。

①打开：将鼠标指针移到菜单栏上的某个菜单选项，单击可打开菜单。也可以按 Alt 键和方向键。

②关闭：在菜单外面的任何地方单击鼠标，可以取消菜单显示。也可以按 Alt 键或 Esc 键。

(2)菜单中命令项。

菜单中常常有一些特殊标记，如图 2-9 所示。系统有如下约定：

①暗淡的：表示该选项当前不可使用。

②后带省略号(…)：表示选择这样一个命令时，在屏幕上会显示出一个对话框，要求输入必需的信息。

③前有复选标记(√)：出现在命令前的复选标记指出这是一个开关式的切换命令，在每次选取了该命令时，该命令在打开和关闭之间交替改变。有"√"表示"打开状态"(Active)。

④前带点(·)：表示当前选项是多个相关选项中的排它性的选项，该点表示当前的选中设置。

⑤后带三角形(▶)：表示该命令有一个级联菜单，单击则会出现子菜单。

⑥带下划线(＿)：表示该命令的快捷键。

⑦后带有快捷键：表示命令可以不打开菜单而直接执行。如图2-9中"撤销删除"后的 Ctrl+Z。

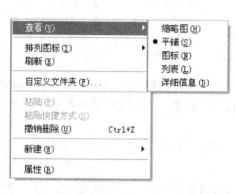

图 2-9　菜单项

图 2-10　快捷菜单

(3)快捷菜单。

快捷菜单用于执行与鼠标指针所指位置相关的操作。右击桌面的不同对象，将弹出不同的快捷菜单，快捷菜单是 Windows XP 中无处不在的一种上下文相关特性。要显示一个快捷菜单，可以将鼠标指针指向对象并单击鼠标右键。例如，在图 2-10 所示桌面"我的电脑"图标上右击鼠标出现其快捷菜单，其中有一项"属性"是用来完成该对象的设置工作。

5. 工具栏

工具栏是为了方便用户使用应用程序而设计的。用鼠标直接单击图标按钮可以执行相应的菜单命令，免去频繁查找菜单中的命令。在工具栏上右击鼠标，可以在出现的快捷菜单中进行菜单的设置。

2.2.5　剪贴板

剪贴板是 Windows 系统为了传递信息在内存中开辟的临时存储区，通过剪贴板可以实现 Windows 环境下运行的应用程序之间的数据共享。

1. 通过剪贴板在应用程序间或应用程序内传递信息

首先必须将信息从源文档复制到剪贴板，然后再将剪贴板中的信息粘贴到目标文档中，操作的步骤如下：

(1)选择要复制或剪切的信息。对文本信息选择方法是移动鼠标指针到要选定区域的左上角，按下鼠标左键不放，移动鼠标指针到右下角，放开鼠标。系统将改变选择部分的颜色以表示所选中的区域。

(2)打开应用程序的"编辑"菜单，选择"复制"或"剪切"菜单项。"复制"命令是将选定的信息送到剪贴板，原位置信息不受影响。"剪切"命令是将选定的信息移动到剪贴板，原位置信息消失。

（3）将光标定位到目标文档需要插入的位置。

（4）打开"编辑"菜单，然后选择"粘贴"命令。"粘贴"命令是将剪贴板的信息复制到当前光标位置。

默认情况下，复制的快捷键为 Ctrl+C，剪切的快捷键为 Ctrl+X，粘贴的快捷键为 Ctrl+V。

2. 将整个屏幕复制到剪贴板

Windows 可以将屏幕画面复制到剪贴板，用于图形处理程序粘贴加工。若要复制整个屏幕，按 Print Screen 键。若要复制活动窗口，按 Alt+Print Screen 键。

2.2.6　任务管理器

Windows 的任务管理器提供了有关计算机性能的信息，并显示了计算机上所运行的程序和进程的详细信息，可以显示最常用的度量进程性能的单位；如果连接到网络，那么还可以查看网络状态并迅速了解网络是如何工作的。是监控系统的好帮手。

同时按下"Ctrl+Alt+Del"组合键，或者按下"Ctrl+Shift+Esc"组合键，也可以右键单击任务栏的空白处，然后单击选择"任务管理器"命令。任务管理器界面如图 2-11、图 2-12 所示。

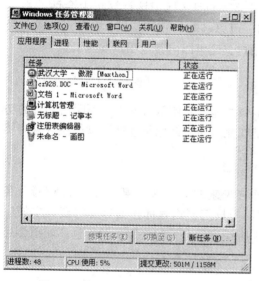

图 2-11　任务管理器——应用程序

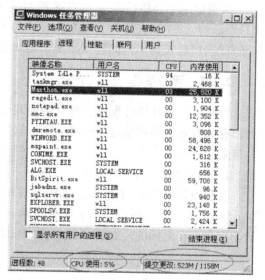

图 2-12　任务管理器——进程

任务管理器提供了文件、选项、查看、关机、帮助五大菜单项，例如"关机"菜单下可以完成待机、休眠、关闭、重新启动、注销、切换等操作，其下还有应用程序、进程、性能、联网、用户五个标签页，窗口底部则是状态栏，从这里可以查看到当前系统的进程数、CPU 使用比率、更改的内存容量等数据，默认设置下系统每隔两秒钟对数据进行 1 次自动更新，当然用户也可以点击"查看→更新速度"菜单重新设置。

1. 应用程序

这里显示了所有当前正在运行的应用程序，不过显示屏中只会显示当前已打开窗口的应用程序，而 QQ、MSN Messenger 等最小化至系统托盘区的应用程序则并不会显示出来。

用户可以在这里点击"结束任务"按钮直接关闭某个应用程序，如果需要同时结束多个任务，可以按住 Ctrl 键复选；点击"新任务"按钮，可以直接打开相应的程序、文件夹、文档或 Internet 资源，如果不知道程序的名称，可以点击"浏览"按钮进行搜索，其实这个"新任务"的功能看起来有些类似于开始菜单中的运行命令。

2. 进程

这里显示了所有当前正在运行的进程，包括应用程序、后台服务等，那些隐藏在系统底层深处运行的病毒程序或木马程序都可以在这里找到，当然前提是用户要知道相关程序的名称。找到需要结束的进程名，然后执行右键菜单中的"结束进程"命令，就可以强行终止，不过这种方式将丢失未保存的数据，而且如果结束的是系统服务，则系统的某些功能可能无法正常使用。

3. 性能

性能这里显示了计算机性能的动态概念，例如 CPU 和各种内存的使用情况。

4. 联网

这里显示了本地计算机所连接的网络通信量的指示，使用多个网络连接时，用户可以在这里比较每个连接的通信量，当然只有安装网卡后才会显示该选项。

5. 用户

这里显示了当前已登录和连接到本机的用户数、标识(标识该计算机上会话的数字ID)、活动状态(正在运行、已断开)、客户端名，可以点击"注销"按钮重新登录，或通过"断开"按钮连接与本机的连接，如果是局域网用户，还可以向其他用户发送消息。

2.2.7 帮助系统

在使用计算机的过程中，有时会遇到许多不懂的地方，例如有的术语不明白，有的功能没有掌握等。特别是对于一些较新的软件更是如此。通过使用帮助就可以很快获得需要的信息。

1. 使用说明信息

在使用计算机的过程中，用户需要一些简洁快速的显示或对某个术语的解释。在Windows XP 中就为用户提供了这种功能。此时用户只需要将鼠标移到打开的窗口中相应的项目上，在鼠标的旁边就会自动显示与该鼠标所指项目有关的快捷帮助信息，如图 2-13所示。

图 2-13　快捷帮助

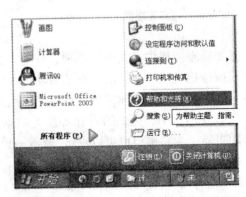

图 2-14　Windows 帮助

2. 使用帮助窗口

当用户要了解详细的帮助资料时，可以使用帮助窗口。具体的操作方法是单击"开始"按钮，打开"开始"菜单，单击菜单中的"帮助和支持"命令，如图 2-14 所示，即可显示"帮助和支持中心"窗口，如图 2-15 所示。还可以通过按 F1 键来激活帮助窗口。

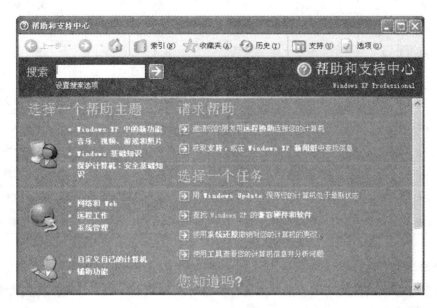

图 2-15　Windows 帮助和支持中心

2.3　管理文件和文件夹

文件系统是指在计算机上命名、存储和安排文件的方法。Windows XP 支持 FAT32 和 NTFS 这两种文件系统类型。在 Windows XP 中，可以利用"我的电脑"或"资源管理器"进行文件管理。

2.3.1　文件和文件夹

在计算机中，需长时间保存的信息都应存储到外存储器上。按一定格式建立在外存储器上的信息集合称为文件。

1. 文件的命名规则

在 Windows 中，系统允许用户使用几乎所有的字符来命名文件，不允许使用的字符仅有以下的几个：\，/，:，*，?，<>，"，|。

Windows XP 系统支持长文件名(最多可以有 256 个字符)。每个文件都必须有一个名字，而且在同一目录下的文件不能同名。文件名一般由主文件名和文件扩展名组成，它们之间用圆点分隔。格式为：<主文件名>.[扩展文件名]

2. 文件类型和相应的图标

文件的扩展名用于说明文件的类型，某些扩展名系统有特殊的规定，用户不能随意乱用和更改。Windows XP 系统中常用的文件类型及其图标如表 2-3 所示。

表 2-3 Windows XP 中的扩展名及其代表的文件类型

扩展名	文件类型	扩展名	文件类型
bat	批处理命令文件	wav	波形声音文件
com	命令文件	mid	音频文件
exe	可执行文件	avi	视频文件
dll	应用程序扩展	mp3	mp3 音乐文件
txt	文本文件	swf	Flash 文件
hlp	帮助文件	mpg	电影剪辑
scr	屏幕保护文件	bmp	图片文件
fon	字库文件	doc	Word 文档
htm	网页文件	rar	Winrar 压缩文件

3. 文件夹

文件夹是存放文件的区域。文件夹还可以含有文件或下一级文件夹，从而构成树状层次结构，如图 2-16 所示。

文件的存储位置称为文件路径。在 Windows 系统中，描述路径时用"\"作为文件夹的分隔符号。路径有两种：相对路径和绝对路径。绝对路径就是从根文件夹开始到文件所在目录的路线上的各级文件夹名与分隔符"\"所组成的字符串，例如图 2-16 中，文件"课程讲稿．pdf"的绝对路径就是"E：\ 2012 春教学 \ 计算机基础 \ 大学未来课程"。相对路径从当前位置(也可以是某个特写位置)开始标定，则称相对路径，图 2-16 中，"课程讲稿．pdf"如果从"E：\ 2012 春教学 \"开始标定，则其相对路径为"计算机基础 \ 大学未来课程"。

2.3.2 "资源管理器"窗口

1. 资源管理器的启动

可以通过在"开始"按钮或"我的电脑"图标上单击右键由快捷菜单选择"资源管理器"进入。或者打开"我的电脑"，单击工具栏"文件夹"按钮进入。"资源管理器"窗口，如图 2-17 所示。

2. 资源管理器简介

(1)资源管理器的组成。

"资源管理器"的窗口分为两部分，左边的小窗格称为"文件夹"窗格，该窗格以树状结构表示了"桌面"上的所有对象。右边的小窗格称为"文件列表"窗格，该窗格显示左边小窗格被选中文件夹的内容。可以用鼠标调整左右窗格之间的分界线的位置，从而调整左

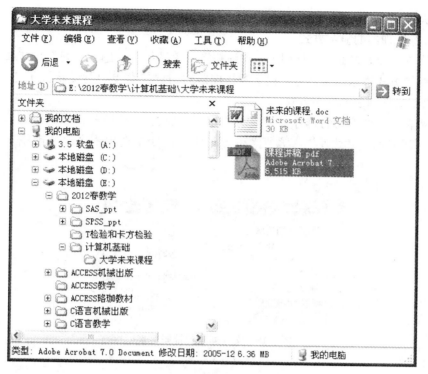

图 2-16　多级文件夹构成的树状结构

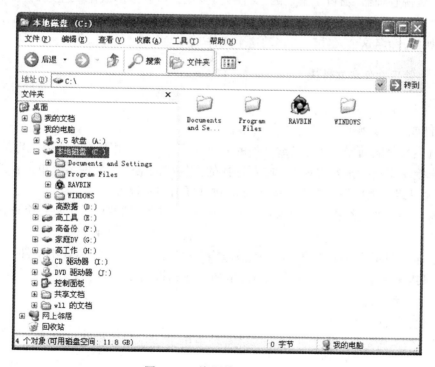

图 2-17　"资源管理器"窗口

右窗格的大小。

（2）资源管理器的显示方式。

右窗格有 5 种方式显示文件列表，即缩略图、大图标、小图标、列表、详细信息。图 2-17 以大图标方式表示。用户可以在资源管理器的"查看"菜单中设置显示方式。

（3）改变文件列表的排序方式。

文件列表有四种不同的排序方式，即按名称、大小、类型和修改时间排序。在"查看"菜单下有"名称"、"大小"、"类型"和"修改时间"四个选项用来改变排序方式。如图 2-18 所示。

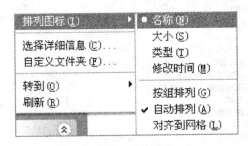

图 2-18　文件列表的排序方式

（4）任务列表。

单击"资源管理器"窗口工具栏的"文件夹"按钮，可以显示或隐藏左边的"文件夹"窗格。隐藏"文件夹"窗格时，左边窗格会显示任务列表，里面列出了当前选中对象可执行的操作，如"重命名这个文件"、"移动这个文件"等。

2.3.3　管理文件和文件夹

1. 选定驱动器、文件夹和文件

对文件或文件夹操作之前，通常要先选定它们。

（1）选定某个驱动器、文件夹或文件的方法很简单，只需用鼠标单击要选定的目标。

（2）选定一组连续排列的对象。在要选择的文件组的第一个文件名上单击，然后把鼠标指向该文件组的最后一个文件，按下 Shift 键并同时单击鼠标。

（3）选定一组非连续排列的对象在按下 Ctrl 键的同时，用鼠标单击每一个要选择的文件或文件夹。

（4）选定多组不连续排列的文件，先选定第一组文件。对于其他各组文件，按下 Ctrl 键并单击某组第一个文件，再按下 Ctrl+Shift 键，单击该组最后一个文件。

2. 创建新文件夹

新建文件夹的步骤如下：

（1）在"资源管理器"左边的"文件夹"窗格中单击要在其中创建新文件夹的驱动器或文件夹。

（2）右击右边窗格的空白处，从弹出的快捷菜单中选取"新建"子菜单下的"文件夹"选项。如图 2-19 所示。这时右边窗格的底部将出现一个名为"新建文件夹"的文件夹图标。

(3)键入新文件夹的名字，按回车键或用鼠标点击其他地方确认。

3. 创建新文件

创建新的空文件的方法是：

(1)在"资源管理器"左边的"文件夹"窗格中选中要在其中创建新文件的驱动器或文件夹。

(2)右击右边窗格的空白处，从弹出的快捷菜单中选取"新建"子菜单中选择文件类型，如果想创建一个文本文件，就选取"文本文件"选项，如图 2-19 所示。这时右边窗格的底部将出现一个名为"新建文本文件"的文本文件图标。

(3)键入新的文件名，按回车键或用鼠标点击其他地方确认。

4. 移动/复制文件或文件夹

移动与复制的不同在于：移动时文件或文件夹从原位置被删除并被放到新位置，而复制时文件或文件夹在原位置仍然保留，仅仅是将副本放到新位置。移动/复制文件或文件夹的方法是：

(1)用鼠标右键移动和复制文件或文件夹。

①在"资源管理器"的右窗格中选定要移动或复制的文件或文件夹。

②然后用鼠标右键将它们拖放到"资源管理器"左窗格的目标文件夹上，这时出现如图 2-20 所示的快捷菜单。

③移动操作选择"移动到当前位置"菜单选项。复制操作选择"复制到当前位置"菜单选项。

图 2-19　"新建"子菜单

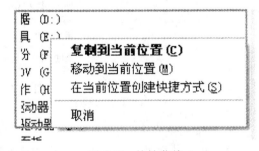

图 2-20　快捷菜单

(2)用鼠标左键移动和复制文件或文件夹。

1)在"资源管理器"的右窗格中选定要操作的文件或文件夹。

2)然后用鼠标左键将它们拖放到"资源管理器"左窗格的目标文件夹上。

系统判断是执行移动操作还是复制操作的规则如下：

①先检查用户拖动鼠标的同时是否按下了 Ctrl 键或 Shift 键，按下 Ctrl 键则执行复制操作，按下 Shift 键则执行移动操作。

②如果用户没有按键，再判断目标文件夹和被拖动对象是否在同一驱动器上，若不在就执行复制操作。复制操作时，拖动对象图标的左下角有一个"+"号标记。

③如果用户没有按键，并且目标文件夹和被拖动对象在同一驱动器上，再判断对象是否全部为类型是 COM 或 EXE 的文件，若是，系统将在目标文件夹上为所有的被拖动对象创建其快捷方式(快捷方式将在后面作详细介绍)，否则系统将移动被拖动对象。

(3)用剪贴板移动和复制文件或文件夹。

①在"资源管理器"的右窗格中选定要操作的文件或文件夹。右击鼠标，要复制文件或文件夹则在快捷菜单上选择"复制"，要移动文件或文件夹选择快捷菜单上的"剪切"。

②在目标驱动器或文件夹上右击鼠标，在弹出的快捷菜单上选择"粘贴"。

(4)用快捷菜单复制文件或文件夹。

①选择要复制的对象。

②用鼠标右击选定的对象，弹出快捷菜单，如图 2-21 所示，单击"发送到"菜单下的"我的文档"，或"可移动磁盘"等目的地。

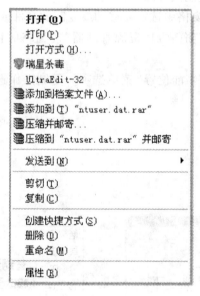

图 2-21　快捷菜单

5. 删除文件

选定删除的文件，直接按 Del 键，或在选定的文件上右击鼠标，在弹出的快捷菜单上选择"删除"命令。出现确认窗口，如果确定要删除，选择"是"，否则选择"否"。需要说明的是，这里的删除并没有把该文件真正删除掉，而只是将文件移到了"回收站"中，这种删除是可以恢复的。

6. 文件的更名

选定要更名的文件，单击其文件名或者从选择快捷菜单中的"重命名"命令，这时文件名呈可修改状态，输入新的文件名，按回车键或用鼠标点击其他地方确认。

7. 显示和修改文件属性

文件的属性有 4 种：只读、隐藏、存档和系统。

(1)只读：只能查看其内容，不能修改。如果要保护文件或文件夹以防被改动，就可以将其标记为"只读"。

(2)存档：表示是否已存档该文件或文件夹。某些程序用该选项来确定哪些文件需作备份。

(3)隐藏：表示该文件或文件夹是否被隐藏，隐藏后如果不知道其名称就无法查看或使用该文件或文件夹。通常为了保护某些文件或文件夹不轻易被修改或复制才将其设为"隐藏"。

(4)系统：系统文件。系统文件是自动隐藏的。

要显示和修改文件的属性，具体操作如下：

(1)右击要显示和修改的文件。

(2)从快捷菜单中选取"属性"命令，这时出现文件属性表，如图 2-22 所示。

(3)若要修改属性，单击相应的属性复选框。当复选框带有选中标记时，表示对应的属性被选中。

(4)单击"确定"按钮。

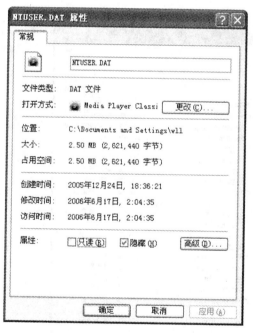

图 2-22　设置文件的属性

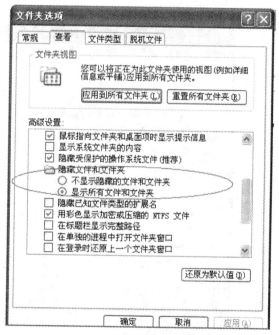

图 2-23　"查看"选项卡

8. 显示或隐藏系统文件及隐藏文件

如果文件或文件夹具有"系统"或"隐藏"属性，那么浏览文件夹时要看到这类文件或文件夹需要进行以下设置：

(1)打开"文件夹选项"有两种方法。方法一：打开"资源管理器"，选择"工具"菜单下的"文件夹选项"；方法二：单击"开始"按钮，选择"开始菜单"→"控制面板"→"文件夹选项"。

（2）切换到"查看"选项卡，如图 2-23 所示。

（3）如果要看到被隐藏的文件，则选择"显示所有文件和文件夹"单选按钮。

（4）单击"确定"按钮。

9. 搜索文件或文件夹

在使用计算机的过程中，用户会不断创建新的文件或文件夹。当文件或文件夹越来越多时，有时很难准确知道某个文件或文件夹到底存放在磁盘的哪个地方。因此，利用工具来查找某个文件或文件夹就显得十分必要。Windows XP 内置有功能强大的查找工具，可以帮助用户查找文件、文件夹、计算机甚至 Web 站点。

在 Windows XP 中，可以按以下几种方法来执行"搜索"命令。

①选择"开始菜单"→"搜索"，输入要查找的对象。

②从"Windows 资源管理器"中，单击"工具"菜单，选择"查找"菜单项，输入要查找的对象。

③如果想在文件夹中查找某个文件，从"我的电脑"或"资源管理器"中右击文件夹，然后从弹出的快捷菜单中选择"搜索"命令，输入要查找的对象。选择查找文件或文件夹时，Windows XP 会弹出"搜索结果"窗口，如图 2-24 所示。

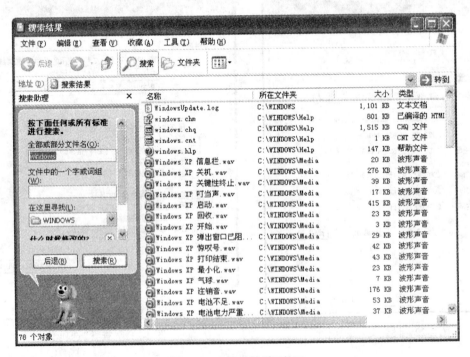

图 2-24　"搜索结果"窗口

（1）可以在"全部或部分文件名"文本框中键入待查找文件的名称。

如果不知道文件的全称，或者想查找所有类似名称的文件，那么可以使用通配符（ *

和?)。其中，"*"通配多个字符，如"win*s"，可以找到"Winabcs"和"Windows"等文件；而"?"通配一个字符，如"Doc?"只能找到"Doc1"、"Doca"和"Doc5"等文件。

如果要查找包含某些内容的文件，可以在"文件中的一个字符或词组"文本框中键入文件包含的文字。

"在这里搜索"文本框用来确定查找的范围。单击右边的向下箭头可以从下拉列表中选择在哪个磁盘或文件夹中查找。如果要指定一个特殊的文件夹，单击"浏览"按钮，然后从弹出的对话框中指定一个文件夹。若不想在磁盘或文件夹下的所有子文件夹中查找，将"包含子文件夹"复选框取消选中。

(2)"什么时候修改的"选项卡：查找在一个指定日期范围内，或者在前几天到前几个月中创建或修改的文件。

(3)"大小是"选项卡：根据文件大小范围来查找文件。

(4)"高级"选项卡：根据文件其他更复杂的条件来查找文件。设置查找条件后，单击"搜索"按钮即开始查找。搜索结束后，将在窗口中显示所有与条件符合的文件或文件夹。

2.3.4　"回收站"的使用

从 Windows XP 中删除文件或文件夹时，所有被删除的文件或文件夹并没有真正删除。而是临时存放在"回收站"中。利用"回收站"，可以对偶然误删除的文件或文件夹进行恢复。要打开"回收站"窗口，双击桌面上的"回收站"图标。

1. 恢复文件或文件夹

要恢复文件或文件夹，其方法为：

(1)从"回收站"窗口中找到要恢复的文件或文件夹，选中它们。

(2)选择"文件"菜单中的"还原"命令，文件或文件夹就恢复到原来的位置。

2. 清空"回收站"

如果要永久性删除所有的文件或文件夹，可以选择"文件"菜单的"清空回收站"命令。还可以选择某个或某些文件，然后选择"文件"菜单的"删除"命令来加以删除。文件被永久性删除后，就不可能再恢复。

3. 改变"回收站"大小

要改变"回收站"的大小，可以右击桌面上的"回收站"图标，从弹出的快捷菜单中选择"属性"命令。出现如图 2-25 所示的对话框。可以通过拖动滑块改变"回收站"空间的大小。

2.3.5　快捷方式

快捷方式使得用户可以快速启动程序和打开文档。在 Windows XP 中，许多地方都可以创建快捷方式，例如桌面上或文件夹中。快捷方式图标和应用程序图标几乎是一样的，只是左下角有一个小箭头。快捷方式可以指向任何对象，如程序、文件、文件夹、打印机或磁盘等。灵活掌握快捷方式是熟练掌握 Windows XP 的诀窍之一。

创建快捷方式的方法有以下几种：

1. 右击对象，再从快捷菜单中选择"创建快捷方式"命令，此时会在对象的当前位置创建一个快捷方式，如图 2-26 所示。如果选择快捷菜单中的"发送到"，"桌面快捷方式"

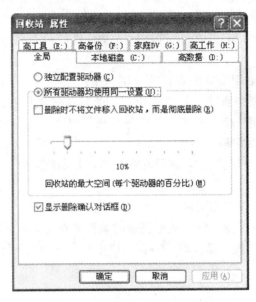

图 2-25 "回收站 属性"对话框

命令，则将快捷方式创建在桌面上。

2. 使用拖放的方法。例如，要在桌面上创建指向"控制面板"的快捷方式，先打开"我的电脑"窗口，用鼠标右键点中"控制面板"图标不放，拖动鼠标到桌面上，释放鼠标右键，然后在快捷菜单中单击"在当前位置创建快捷方式"命令。

3. 用"创建快捷方式"向导。这种方法只能创建程序或文件的快捷方式，对于文件夹等其他对象不合适。例如，要在桌面上创建一个快捷方式，在桌面的空白处右击鼠标，在弹出的快捷菜单中选择"新建"，"快捷方式"命令，再根据向导的提示完成创建工作。快捷方式可以被删除和更名，其方法与一般文件相同。

2.3.6 文件和应用程序相关联

Windows XP 打开文件时，使用扩展名来识别文件类型，并建立与之关联的程序。

1. 新建文件与应用程序的关联

如果某个文件没有与之关联的应用程序，双击打开该文件时则会出现"打开方式"对话框，如图 2-27 所示。"选择要使用的程序"列表框中列出了所有已经在系统中注册的应用程序，可以在列表框中选择用来打开该文件的应用程序。如果想每次都使用该程序打开这类文件，可以选择"始终使用该程序打开这种类型的文件"复选框。这样这类文件和该程序建立了关联。

2. 修改文件与应用程序的关联

打开资源管理器"查看"菜单中的"选项"，在出现的对话框中单击"文件类型"选项卡，在这个选项卡中，用户可以对文件的关联进行删除、修改和添加等操作。

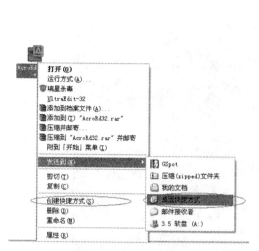

图 2-26　快捷菜单中的创建快捷方式命令

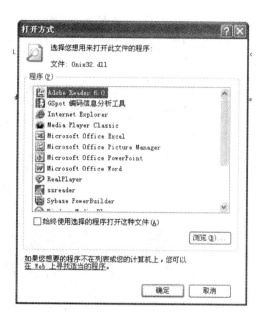

图 2-27　"打开方式"对话框

2.4　Windows XP 控制面板

"控制面板"是一个包含了大量工具的文件夹。用户可以用其中的工具来调整和设置系统的各种属性。例如：改变硬件的设置，安装新的软件和硬件，时间、日期的设置等。打开"开始"菜单，将鼠标指向"设置"中的"控制面板"，单击后便进入了"控制面板"窗口。用户也可以通过"我的电脑"中的"控制面板"图标进入，如图 2-28 所示。单击左边的任务窗格，还可以在控制面板的经典视图和分类视图之间切换。

2.4.1　显示属性的调整

对于一个显示器，衡量其性能的主要技术标准有：

（1）分辨率：分辨率是指屏幕上共有多少行扫描线、每行有多少个像素点。例如分辨率为 800×600，表示屏幕上共有 800×600 个像素点，分辨率越高，图像的质量越好。

（2）颜色数：颜色数是指一个像素点可显示成多少种颜色。颜色数越多，图像越逼真。

（3）刷新率：显示器是通过电子束射向屏幕，从而使屏幕内磷光体发光。电子束扫过之后，发光亮度在几十毫秒后就会消失。为了使图像在屏幕上保持稳定，就必须在图像消失之前使电子束不断地重复扫描整个屏幕，这个过程称为刷新。刷新率是指屏幕刷新的频率。例如，刷新率为 75Hz（赫兹），则每秒钟可以进行 75 次的刷新。刷新率越高，屏幕看起来晃动的感觉越少。

显示属性的调整中可以设置屏幕墙纸、屏幕外观、屏幕保护等，要打开"显示属性"对话框有两种方法：在桌面上的空白区域右击鼠标，从弹出的快捷菜单中选择"属性"项；或者，双击"控制面板"分类视图窗口中的"显示"图标。

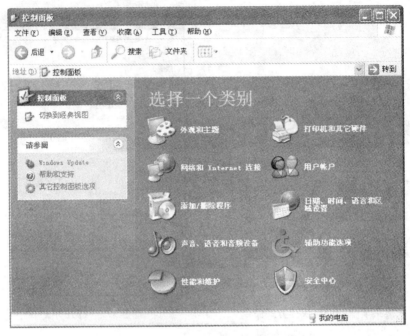

图 2-28 控制面板

1. 背景

"背景"列表框，如图 2-29 所示，主要设置 Windows 桌面的墙纸。在 Windows 中墙纸是用来装饰桌面用的。墙纸文件可以是图像文件或 HTML 文件。当在列表框中单击任一种墙纸名称，该墙纸的预览效果立即显示在列表上面的监视器图形中。

图 2-29 "背景"列表框

　　"浏览"按钮：从计算机中查找图像文件或 HTML 文件作为墙纸。还可以设定墙纸的显示方式，"位置"框下的"平铺"选项将图像重复排列；"居中"选项将图像放在桌面的中央；"拉伸"选项将图像缩放成适合屏幕的大小。

　　2. 屏幕保护程序

　　屏幕保护程序有两个作用，一是防止屏幕长期显示同一个画面，造成显像管老化。二是屏幕保护程序显示一些运动的图像，隐藏计算机屏幕上显示的信息。当用户在一定时间内没有按键盘或移动鼠标后，屏幕保护程序会自动运行。"屏幕保护程序"选项卡，如图 2-30 所示。

　　"屏幕保护程序"下拉列表中提供了各种风格的屏幕保护程序。单击"等待"数值选择框右端的上下箭头，改变其中的等待时间。如果在等待时间内没有鼠标或键盘操作，Windows XP 就自动启动屏幕保护程序。用户可以将屏幕保护程序设置为恢复时使用密码保护。

　　3. 显示器设置

　　"设置"选项卡，如图 2-31 所示，可以对显示器显示的颜色数、分辨率等进行设置。"颜色质量"框中若选择"最高(32 位)"，表示每一个像素点可以有 2^{32} 种颜色。

图 2-30　"屏幕保护程序"选项卡

图 2-31　"设置"选项卡

2.4.2　添加新硬件

　　Windows XP 支持 PnP(即插即用)，对于即插即用的设备其安装是自动完成的，只要根据生产商的说明将设备连接到计算机上，然后打开计算机并启动 Windows，Windows 将自动检测新的"即插即用"设备，并安装所需的软件，必要时插入含有相应驱动程序的软盘或 CD—ROM 光盘就可以了。对于非即插即用的设备安装也很简单，可以通过使用控制面板中的"添加新硬件"工具。添加新硬件步骤如下：

　　1. 关闭电源，装上新硬件。

　　2. 启动 Windows XP，双击"控制面板"中"添加硬件"图标。屏幕上出现对话框。

3. 根据提示，单击"下一步"。

4. 系统开始搜索所有新的即插即用型设备。若找到，将列表显示所有找到的设备，单击"下一步"按钮，然后按向导的提示完成安装即可。若没找到则出现如图 2-32 所示的窗口。

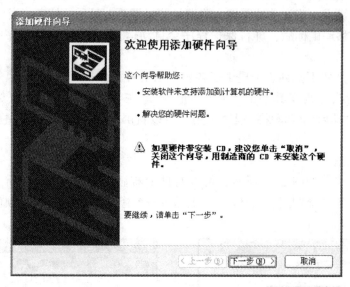

图 2-32　"添加新硬件"对话框

5. 一般选择系统推荐的选项，让系统检测即插即用兼容的设备。

6. 如果找到新硬件，系统会显示检测到的新设备，再进行安装。

7. 如果检测不到新的硬件设备，则必须手工安装，需要用户选择硬件类型、产品厂商和型号，如图 2-33、图 2-34 所示。

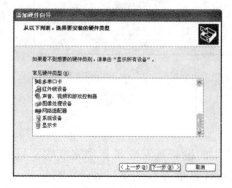

图 2-33　"添加新硬件向导"中选择硬件类型　　图 2-34　"添加新硬件向导"中选择产品厂商和型号

8. 单击"从磁盘安装"按钮，在指定磁盘处找到设备的驱动程序并安装，完成添加新硬件操作。

2.4.3　系统

使用"系统属性"对话框可以更改系统配置。要显示系统属性，可以在"控制面板"中双击"系统"图标，或者选择"我的电脑"右键菜单的"属性"命令，出现如图 2-35 所示的对话框。在"系统属性"对话框中查看修改计算机硬件设置，查看设备属性及硬件配置文件。

图 2-35　"常规"选项卡

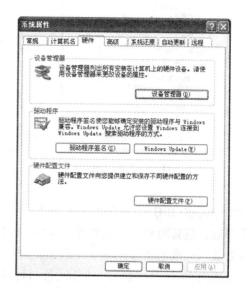

图 2-36　"硬件"选项卡

在"系统属性"对话框中有以下选项卡：

(1)常规。这里给出了计算机中装的是什么系统，计算机是什么类型等信息。

(2)计算机名。这里可以维护计算机的名称、描述和所在的工作组。

(3)硬件。用户通过"设备管理器"按钮维护硬件，如图 2-36、图 2-37 所示。

(4)性能。在"性能"窗口可以看到系统的执行状态、计算机内存、系统可以用资源、文件系统、虚拟内存等信息。在"设备管理器"选项卡的设备列表中，如果某个设备上有黄色感叹号，则表明发生了资源冲突等配置问题。如果设备种类中有一个用问号图标标识的，表明其中的设备没有安装设备驱动程序或其他问题。如果某个设备图标上有一红色的叉号，则表明该设备无效。用户如果要配置某个设备，应选定该设备，再单击"属性"按钮属性，打开"设备属性"，如图 2-38 所示。

资源冲突是因为基本上所有的设备都要占用计算机的中断请求(IRQ)、I/O(输入/输出)地址与 DMA(直接内存访问)通道等硬件资源，但是硬件资源是有限的，如果不同的设备占用相同的资源就会发生冲突。

I/O 地址：I/O 地址(设备地址或端口地址)是一种专用编码。外部设备或控制卡与 CPU 之间的连接是通过 I/O 地址来实现的。有些设备有固定的地址，而有些则有多种可选的 I/O 地址。

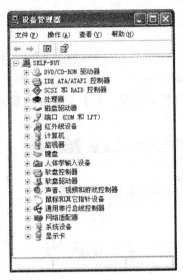

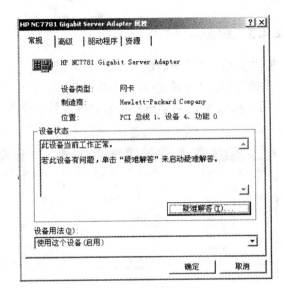

图 2-37 设备管理器   图 2-38 "设备属性"对话框

中断请求(IRQ)：中断请求实际上是由外部设备送给 CPU 的一个信号，CPU 接到这个信号后，就暂时停止正在处理的工作，而转去处理外部设备的请求。做完这项工作后再继续处理未完成的工作。每个设备都使用自己的中断号。

直接内存访问(DMA)：外部设备与计算机之间的数据传输通常有两种方式：一是通过 CPU 将数据从存储器/外部设备读出来或写数据到存储器/外部设备。二是利用专门的 DMA 控制器。CPU 启动 DMA 控制器后，就将控制权交给 DMA 控制器，存储器与外部设备之间的数据传输由 DMA 控制器来负责，不用 CPU 介入。数据处理结束后告诉 CPU，让 CPU 处理传输结果。因此，DMA 是高速的数据传输方式。

2.4.4 打印机

1. 打印机的安装和使用

如果用户需要使用打印机，便需要安装打印机。单击"开始"菜单，选择"设置"/"打印机和传真"。也可以通过"控制面板"上的打印机图标进入"打印机和传真"对话框，如图 2-39 所示。

"打印机和传真"对话框的左边任务窗格中，单击"添加打印机"选项，弹出"添加打印机向导"对话框，然后按照向导提示，一步步完成安装工作。

2. 打印机状态

双击"打印机和传真"对话框中已安装好的打印机的图标，如 LQ-1600KII，便弹出如图 2-40 所示的窗口。

如果计算机中安装了多个打印机的驱动程序，可以选择"打印机"菜单中的设为"默认值"项，将该打印机的设置，作为系统的当前设置。通过如图 2-40 所示的窗口，用户可以观察打印作业的队列，对于不想打印的作业可以从打印作业队列中清除掉，也可以将某个打印机作业暂停打印。

图 2-39　"打印机和传真"对话框

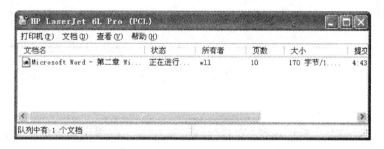

图 2-40　打印机任务列表窗口

2.4.5　安装和删除应用程序

Windows XP 提供了一个添加和删除应用程序的工具。该工具能自动对驱动器中的安装程序进行定位，简化用户安装。对于安装后在系统中注册的程序，该工具能彻底快捷地删除这个程序。

在控制面板中，双击"添加/删除程序"图标，就会弹出如图 2-41 所示的对话框，缺省选项卡是"安装/卸载"。

1. 安装应用程序

安装应用程序的步骤如下：

(1)在"添加/删除程序属性"对话框中，选择"安装/卸载"选项卡。

(2)单击"安装"按钮。

(3)插入含有安装程序的软盘或 CD-ROM，然后选择"下一步"按钮，安装程序将自动检测各个驱动器，对安装盘进行定位。

(4)如果自动定位不成功，将弹出"运行安装程序"对话框。此时，既可以在"安装程序的命令行"文本输入框中输入安装程序的路径和名称，也可以单击"浏览"按钮定位安装程序。选定安装程序后，单击"完成"按钮，就开始应用程序的安装。

（5）安装结束后，单击"确定"按钮退出。

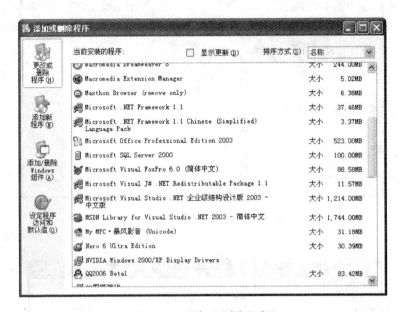

图 2-41　添加和删除程序

2. 删除应用程序

删除应用程序的方法是：选择"安装/卸载"选项卡。在程序列表框中选择要删除的应用程序，然后单击"添加/删除"按钮，Windows 开始自动删除该应用程序。

3. 添加/删除 Windows 组件

Windows XP 提供了丰富的组件。在安装 Windows XP 的过程中，因为用户的需求和其他限制条件，往往没有把组件一次性安装完全。在使用过程中，用户可以根据需求再来安装某些组件。同样，当某些组件不再需要时，可以删除这些组件。

添加/删除 Windows 组件步骤如下：

（1）选中"添加/删除 Windows 组件"选项卡，如图 2-42 所示。

（2）在组件列表框中，选定要安装的组件复选框，或者清除要删除的组件复选框。如果要添加或删除一个组件的一部分程序，则先选定该组件，然后单击"详细资料"按钮，选择添加的部分的组件复选框或清除要删除部分的组件复选框即可。

（3）选择"确定"按钮，开始安装或删除应用程序。

2.4.6　中文操作处理

要在中文 Windows XP 中输入汉字，先要选择一种汉字输入法，再根据相应的编码方案来输入汉字。在 Windows XP 中使用 Ctrl+Space 键来启动或关闭中文输入法。用户也可以使用 Ctrl+Shift 键在英文及各种中文输入法之间进行切换。

使用鼠标进行操作的步骤为：

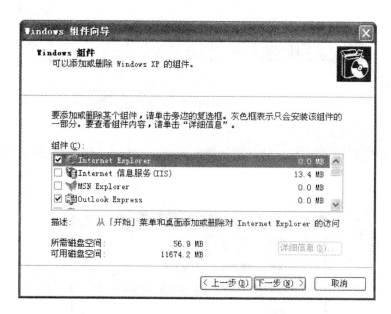

图 2-42　"Windows 组件向导"对话框

1. 单击"任务栏"上的"语言栏"(屏幕右下角的键盘图标)。
2. 在弹出的"语言"菜单窗口中，单击要选用的输入法，如图 2-43 所示。

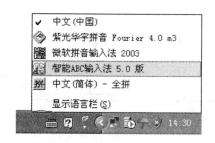

图 2-43　输入法选择

图 2-44 显示了中文输入时的标点、全角/半角等信息，用鼠标点击图中的标识可以实现全角/半角，中文标点/英文标点的转换。

英文字母、数字字符和键盘上出现的其他非控制字符有全角和半角之分。全角字符占用一个汉字的宽度，半角字符只占有一个汉字的一半宽度。

Windows XP 为用户提供了多种中文输入法，用户可以使用 Windows XP 缺省的输入法，如全拼、双拼、智能 ABC、微软拼音、郑码输入法和表形码输入法，也可以根据需要添加新的输入法，如极品五笔、搜狗拼音输入法等。

双击"控制面板"中"输入法"图标，出现"输入法属性"对话框，如图 2-45 所示。点击"添加"按钮，在弹出的对话框中有一个"输入法"列表框，选择输入法，最后选择"确定"按钮。如果要安装非 Windows 提供的输入法，可以直接运行这种输入法的安装程序，并按

图 2-44 输入法状态转换

提示完成安装。

在"已安装的服务"列表框中选择需删除的输入法，单击"删除"按钮，即删除选中的输入法。

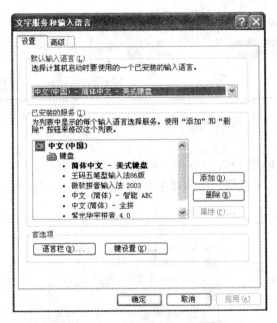

图 2-45 "输入法属性"对话框

2.5 多 媒 体

多媒体(Multimedia)实际上是文字、声音、图像、视频动画等多种媒体的集合。计算机技术的不断进步与完善，使其本身从提供文字和简单图形，发展到提供声音、图像和视频等多种媒体，增加了人机界面的友好性。

要使用 Windows XP 的多媒体特性，用户的计算机中一般应安装声卡和 CD-ROM 驱动器。用户还可以根据自己的需要配置 DVD、数字照相机、数字摄像机、视频捕捉卡等多媒体设备。

2.5.1 多媒体属性设置

多媒体使电脑具有了听觉、视觉和发音的能力，使其变得更加亲切自然、更具人性化，赢得了大多数用户的喜爱。要想充分发挥 Windows XP 的多媒体功能，用户就需要先对各种多媒体设备进行设置，使其可以发挥最佳的性能。

1. 设置声音和音频设备

设置声音和音频设备的音频、语声、声音及硬件等可以执行以下操作：

(1) 单击"开始"按钮，选择"控制面板"命令，打开"控制面板"对话框。

(2) 双击"声音和音频设备"图标，打开"声音和音频设备属性"对话框，选择"音量"选项卡，如图 2-46 所示。

在该选项卡中，用户可以在"设备音量"选项组中拖动滑块调整音频设备的音量。若选中"静音"复选框，则不输出声音；若选中"在任务栏通知区域放置音量图标"复选框，则在任务栏的通知区域中将出现"音量"图标，单击该图标可以弹出音量调整框，拖动滑块可以调整输出的音量。在"扬声器设置"选项组中单击"扬声器音量"按钮，可以打开"扬声器音量"对话框，调整扬声器的音量。

(3) 选择"声音"选项卡，如图 2-47 所示。

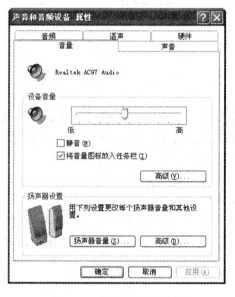

图 2-46　"音量"选项卡图

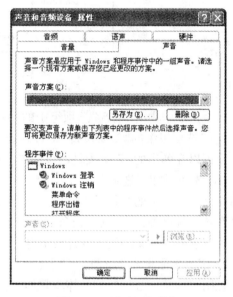

图 2-47　"声音"选项卡

在该选项卡中的"声音方案"下拉列表中可以选择一种声音方案。在"程序事件"列表框中将显示该声音方案的各种程序事件声音。选择一种程序事件声音，单击"浏览"按钮，可以为该程序事件选择另一种声音。单击"应用"按钮，即可应用设置。

(4) 选择"音频"选项卡，如图 2-48 所示。

在该选项卡中的"声音播放"选项组中的"默认设备"下拉列表中可以选择声音播放的设备；在"录音"选项组中的"默认设备"下拉列表中可以选择录音的设备；在"MIDI 音乐播放"选项组中的默认设备下拉列表中可以选择播放 MIDI 音乐的设备。设置完毕后，单击"确定"按钮即可应用设置。

(5) 选择"语声"选项卡。

图 2-48 "音频"选项卡

在该选项卡中的"播音"选项组中的"默认设备"下拉列表中可以选择播音的默认设备；在"录音"选项组中的"默认设备"下拉列表中可以选择录音的默认设备。单击"语音测试"按钮，可以在弹出的"声音硬件测试向导"对话框中进行录音及播音的测试。

(6)选择"硬件"选项卡。

在该选项卡中的"设备"列表框中显示了所有声音和音频设备的名称和类型。单击一种声音和音频设备，可以在"设备属性"选项组中看到该设备的详细信息。单击"属性"按钮，可以查看该设备的属性及详细信息、驱动程序等。单击"应用"和"确定"按钮即可。

2. 控制音量及录音控制

控制音量及录音控制的具体步骤如下：

(1)双击任务栏通知区域中的"音量"图标。

(2)打开"主输出"对话框，如图 2-49 所示。

(3)在该对话框中的"主输出"选项组中可以调整主输出的平衡、音量；在"波形"、"软件合成器"、"CD 音频"、"路线输入"等选项组中可以分别调整其平衡及音量。

(4)单击"选项"→"属性"命令，可以弹出"属性"对话框，如图 2-50 所示。

(5)在"属性"对话框中的"混音器"下拉列表中可以选择混音器。在"调节音量"选项组中选择"播放"选项，出现如图 2-49 所示的控制播放音量的"主输出"对话框；若选择"录音"选项，则弹出"录音控制"对话框，可以调整录音的各种音频效果的平衡及音量。

(6)在"属性"对话框中的"显示下列音量控制"列表框中选中各选项前的复选框，单击"确定"按钮，即可在"主输出"或"录音控制"对话框中显示该选项。

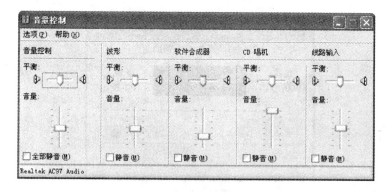

图 2-49　"主输出"对话框

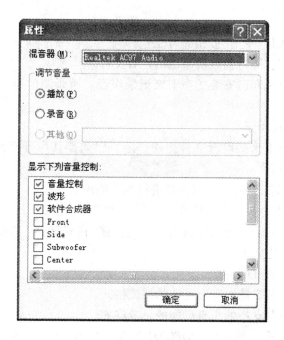

图 2-50　"属性"对话框

2.5.2　多媒体附件程序

1. 录音机

使用"录音机"可以录制、混合、播放和编辑声音文件(.wav 文件)，也可以将声音文件链接或插入到另一文档中。

(1)使用"录音机"进行录音的操作。

①单击"开始"按钮，选择"程序"→"附件"→"娱乐"→"录音机"命令，打开"声音-录音机"窗口，如图 2-51 所示。

②单击"录音"按钮，即可开始录音。最多录音长度为 60s，如果要增加录音时间可以

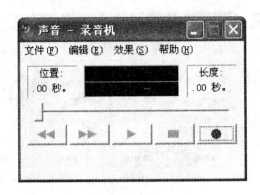

图 2-51 "声音–录音机"窗口

再次单击"录音"按钮。

③录制完毕后，单击"停止"按钮即可。

④单击"播放"按钮，即可播放所录制的声音文件。

"录音机"通过麦克风和已安装的声卡来记录声音。所录制的声音以波形(．wav)文件保存。

(2)调整声音文件的质量。

用"录音机"所录制下来的声音文件，用户还可以调整其声音文件的质量。调整声音文件质量的具体操作如下：

①选择"文件"→"打开"命令，双击要进行调整的声音文件。

②单击"文件"→"属性"命令，打开"声音的属性"对话框。

③在该对话框中显示了声音文件的具体信息，在"格式转换"选项组中单击"选自"下拉列表，其中各选项功能如下：

全部格式：显示全部可用的格式。

播放格式：显示声卡支持的所有可能的播放格式。

录音格式：显示声卡支持的所有可能的录音格式。

④选择一种所需格式，单击"立即转换"按钮，打开"声音选定"对话框，如图 2-52 所示。

⑤在该对话框中的"名称"下拉列表中可以选择"无题"、"CD 音质"、"电话质量"等选项。在"格式"和"属性"下拉列表中可以选择该声音文件的格式和属性。

⑥调整完毕后，单击"确定"按钮即可。

"录音机"还可以实现混和声音文件、插入声音文件、为声音文件添加回音等功能。"录音机"不能编辑压缩的声音文件。更改压缩声音文件的格式可以将文件改变为可编辑的未压缩文件。

2. 媒体播放器

使用 Windows Media Player 可以播放、编辑和嵌入多种多媒体文件，包括视频、音频和动画文件。Windows Media Player 不仅可以播放本地的多媒体文件，还可以播放来自 Internet 的流式媒体文件。

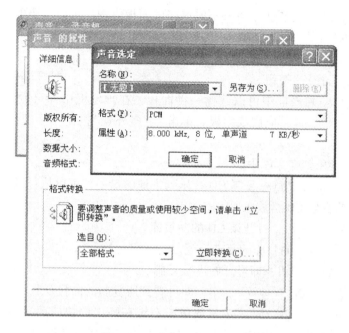

图 2-52　"声音选定"对话框

要打开媒体播放器，可以单击"开始"按钮，选择"程序"→"附件"→"娱乐"→"Windows Media Player"命令，打开"Windows Media Player"窗口，如图 2-53 所示。

图 2-53　媒体播放器

（1）播放多媒体文件、CD 唱片。

若要播放本地磁盘上的多媒体文件，可以选择"文件"→"打开"命令，选中该文件，单击"打开"按钮或双击即可播放。若要播放 CD 唱片，可以先将 CD 唱片放入 CD-ROM 驱动器中，单击"CD 音频"按钮，再单击"播放"按钮即可。

（2）更换 Windows Media Player 面板。

Windows Media Player 提供了多种不同风格的面板供用户选择。要更换 Windows Media Player 面板，可以执行以下操作：

①打开 Windows Media Player 窗口。

②单击"外观选择器"按钮。

③在"面板清单"列表框中可以选择一种面板，在预览框中即可看到该面板的效果。单击"应用外观"按钮，即可应用该面板。单击"更多外观"按钮，可以在网络上下载更多的面板。

（3）复制 CD 音乐到媒体库中。

利用 Windows Media Player 复制 CD 音乐到本地磁盘中，可以执行以下操作：

①将要复制的音乐 CD 盘放入 CD-ROM 中。

②单击"CD 音频"按钮，打开该 CD 的曲目库。

③清除不需要复制的曲目库的复选标记。

④单击"复制音乐"按钮，即可开始进行复制。

⑤复制完毕后，单击"媒体库"按钮，即可看到所复制的曲目及其详细信息。

⑥选择一个曲目，单击"播放"按钮或单击右键在弹出的快捷菜单中选择播放，即可播放该曲目，也可以在弹出的快捷菜单中选择将其添加到播放列表中，或将其删除。

3. Windows Movie Maker

Windows Movie Maker 是进行多媒体的录制、组织、编辑等操作的应用程序。使用该应用程序，用户可以自己当导演，制作出具有个人风格的多媒体，并且可以将自己制作的多媒体通过网络传给朋友共同分享。

单击"开始"按钮，选择"程序"→"Windows Movie Maker"命令，即可打开 Windows Movie Maker 窗口，如图 2-54 所示。

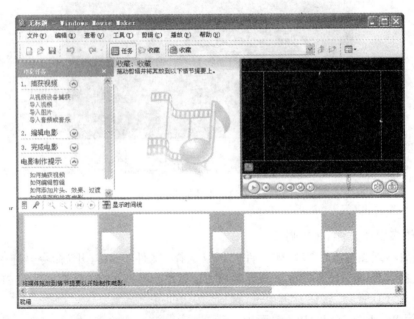

图 2-54　Windows Movie Maker 窗口

在该窗口中各项的功能如下：

①菜单栏：包含了所有的 Windows Movie Maker 命令。

②工具栏：包含了一些经常使用的命令的按钮。

③收藏目录区：存放了所有打开或导入的多媒体文件。

④拍摄剪辑 | 时间表工具栏：拍摄剪辑 | 时间表的命令按钮。

⑤状态栏：显示了当前的状态。

⑥拍摄剪辑 | 时间表：显示剪辑的多媒体文件的剪辑片断或时间表。

⑦多媒体显示区：在该显示区中可以播放选取的多媒体文件。

（1）录制多媒体。

制作个性化多媒体的前提是录制了可供加工的多媒体文件素材。录制多媒体文件可以执行以下操作：

①选择"文件"→"录制"命令，或单击工具栏上的"录制"按钮。

②打开"录制"对话框。

③在该对话框中的"录制"下拉列表中可以选择"视频和音频"、"只限视频"或"只限音频"选项。若选择"视频和音频"选项，可以同时进行视频和音频的录制；若选择"只限视频"或"只限音频"选项，则只可以录制视频或音频。

④在"视频设备"和"音频设备"中显示了所使用的视频和音频设备。单击"更改设备"按钮，可以进行更改或配置设备。

⑤选定"录制时限"复选框，在其后的文本框中可以设定录制的时间；选定"创建剪辑"复选框，可以为录制的多媒体文件创建剪辑。

⑥在"设置"下拉列表中可以选择"低质量"、"中等质量"、"高质量"或"其他"选项，设定录制的视频品质。

⑦设置完毕后，单击"录制"按钮，即可开始进行录制。这时"录制"按钮会变成"停止"按钮，单击该按钮可以停止录制。

⑧若想在录制中间撷取影像，可以单击"拍照"按钮，将其存储成图片文件。

⑨结束录制后，会弹出"保存 Windows 媒体文件"对话框。

⑩在"文件名"文本框中输入要保存的文件名，单击"保存"按钮即可。

（2）分割剪辑。

打开、导入或录制的多媒体文件及导入的图片、录制的声音文件等，还需要进行分割剪辑，以使其可以配合影像的播放。分割剪辑的具体操作如下：

①打开要进行分割剪辑的文件。

②拖动"媒体显示区"中的时间表滑块到要建立分割点的位置，单击"分割剪辑"按钮，即可建立分割点，按该步骤将文件分割为若干个剪辑。

③选择所需要的剪辑及要和多媒体剪辑文件同时播放的声音文件，单击"剪辑"→"添加到情节提要/时间线"命令，将需要的剪辑和声音文件添加到"拍摄剪辑栏/时间表"中。

④调整多媒体文件剪辑和声音文件的长度，使其可以同步。

2.6　磁　盘　管　理

Windows XP 中有关磁盘格式化、复制和重命名等操作，可以在"我的电脑"或"资源管理器"窗口中完成。

2.6.1　磁盘格式化

新磁盘在使用前必须先格式化(当然有些磁盘出售前已被格式化过了)。格式化磁盘是对磁盘的存储区域进行一定的规划，以便计算机能够准确地在磁盘上记录或提取信息。格式化磁盘还可以发现磁盘中损坏的扇区，并标识出来，避免计算机向这些损坏了的扇区上记录数据。

格式化磁盘的步骤如下：

1. 从桌面上打开"我的电脑"窗口。

2. 右击将要格式化的磁盘(如 D 盘)。

3. 从快捷菜单中选择"格式化"命令，弹出"格式化"对话框，如图 2-55 所示。

图 2-55　磁盘格式化

4. 从"容量"下拉选单中选择要格式化的磁盘大小。

5. 从"格式化选项"中选择要格式化的类型。格式化类型有以下两种：

(1)快速格式化：不对磁盘坏扇区进行扫描的情况下格式化磁盘，主要是为了加快格式化的速度，执行的操作类似于把磁盘中的文件全部删除。这种方法不能用于未被格式化过的磁盘。

(2)压缩：可以压缩磁盘，或使用磁盘的可用空间创建新的压缩驱动器。

6. 如果要命名驱动器，在"卷标"文本输入框中输入驱动器名称。

7. 选择磁盘的文件系统。

8. 单击"开始"按钮，系统开始进行磁盘格式化。

2.6.2　磁盘属性

要浏览和改变磁盘的设置，在"我的电脑"窗口中右击磁盘(如 D 盘)，从弹出的快捷菜单中选择"属性"命令，弹出如图 2-56 所示的对话框。"磁盘属性"对话框包含四个选项卡(如果计算机没有安装网卡，将没有"共享"选项卡)：

(1)"常规"选项卡：从中可以查看磁盘有多少存储空间，使用字节数，剩余字节数。如果要改变或设置磁盘卷标，在"卷标"文本框中键入卷标的名称。

(2)"工具"选项卡：从中可以进行磁盘的诊断检查、备份文件或整理磁盘碎片以提高访问速度。

(3)"硬件"选项卡：可以设置或查看磁盘硬件属性。

(4)"共享"选项卡：设置磁盘、文件夹在网络中的共享方式。

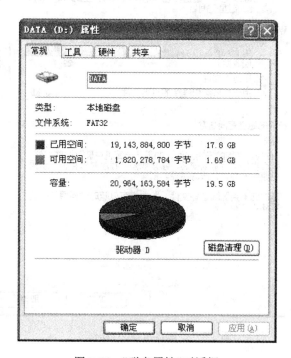

图 2-56　"磁盘属性"对话框

2.6.3　磁盘清理

磁盘清理程序可以对一些临时文件、已下载的文件等进行清理，以释放磁盘空间。如果要对磁盘进行整理，执行"程序"→"附件"→"系统工具"→"磁盘清理"命令，或磁盘属性对话框(参见图 2-56)的"常规"选项卡下，单击"磁盘清理"按钮，弹出"磁盘清理"对话框之一，如图 2-57 所示，系统计算可以释放的空间后，接着打开"磁盘清理"对话框之二，如图 2-58 所示，选择要删除的文件，从而释放和清理磁盘空间。

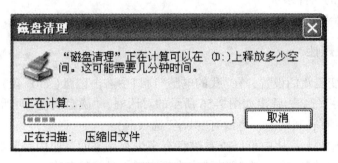

图 2-57 "磁盘清理"对话框之一

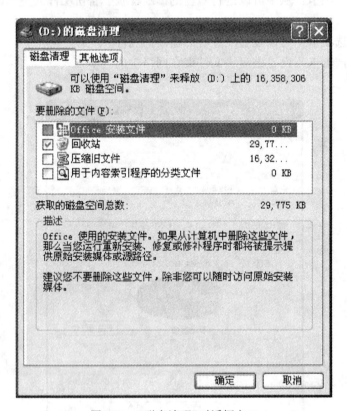

图 2-58 "磁盘清理"对话框之二

2.6.4 磁盘碎片整理

存储在磁盘中的文件有时不是连续保存在一个磁盘空间上，而是被分散地存放在多个地方，这些零散的文件就是磁盘碎片，也可以称为文件碎片。随着文件、程序的安装和删除，磁盘碎片会越来越多，从而降低系统性能。需要对这些碎片进行整理，尽可能地将文件移至一个连续的空间存放，提高读写磁盘速度。

　　若执行磁盘碎片整理程序，选择"程序"→"附件"→"系统工具"→"磁盘碎片整理程序"命令，或磁盘属性对话框(参见图 2-56)下，"工具"选项卡下，单击"开始整理"按钮，都可以打开"磁盘碎片整理程序"对话框，如图 2-59 所示。

　　一般在整理碎片前，可以先分析该磁盘是否需要进行磁盘碎片整理。单击对话框中的"分析"按钮，系统会检查该磁盘碎片的比例，给出是否需要进行碎片整理的报告，用户可以根据报告，选择是否整理碎片。

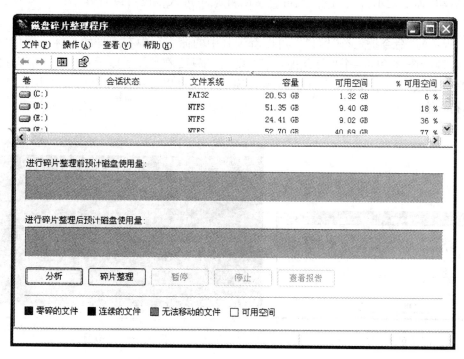

图 2-59　"磁盘碎片整理程序"对话框

2.7　附件程序

　　Windows XP 的"附件"程序为用户提供了许多使用方便且功能强大的工具，当用户要处理一些要求不是很高的工作时，可以利用附件中的工具来完成，比如使用"画图"工具可以创建和编辑图画，以及显示和编辑扫描获得的图片；使用"计算器"来进行基本的算术运算，如果在"查看"菜单中选择"科学型"，还可以进行二进制的运算；使用"写字板"进行文本文档的创建和编辑工作。

　　附件中的工具都是非常小的程序，运行速度比较快，这样用户可以节省许多的时间和系统资源，有效地提高工作效率。可以从"开始菜单"→"所有程序"→"附件"中运行这些程序。

2.7.1 命令提示符

Windows 图形界面的诞生，大大地增加了操作计算机的直观性和趣味性，使人们摆脱了 DOS 命令行的枯燥工作方式。但围绕 DOS 操作系统已经开发了数量巨大的应用程序，其中不乏优秀之作，如何继续使这些程序充分利用，是微软公司开发 Windows 类产品时必须考虑的问题。Windows XP 提供了对 DOS 程序的完美支持。"命令提示符"也就是 Windows 95/98 下的"MS-DOS 方式"。

要启动"命令提示符"窗口，既可以从附件菜单进入，也可以打开"开始"菜单，单击"运行"命令，在弹出的"运行"对话框中输入"cmd"命令，如图 2-60 所示。此时就弹出如图 2-61 所示的"命令提示符"窗口。可以看到其中的命令行中有闪烁的光标，用户可以直接输入各种命令。关闭一个"命令提示符"窗口，只要在"命令提示符"窗口中直接输入"exit"命令并按下回车键就关闭了。在窗口模式下还可以按关闭程序窗口的方法退出"命令提示符"窗口。

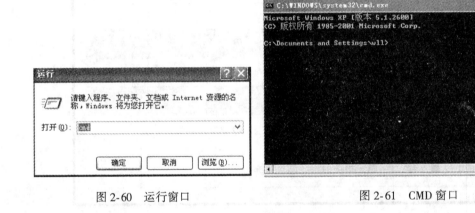

图 2-60 运行窗口   图 2-61 CMD 窗口

可以通过按下"Alt+Enter"快捷键在会话窗口和全屏幕显示方式之间切换。在"命令提示符"窗口可以输入各种系统命令，也可以运行程序。

2.7.2 记事本程序

附件中的记事本(notepad)为纯文本编辑器，其创建的文件以 .txt 作为默认的扩展名，文档内不包括任何特殊格式码。记事本的优点是程序小、运行快、可以被其他应用程序调用，通用性强。记事本窗口如图 2-62 所示。

使用记事本的文本区输入字符时，系统可以实现自动换行，只要单击"格式"菜单，选择"自动换行"命令即可。

输入完毕后，单击"文件"菜单，选择"保存"命令，选择文件的保存位置，输入文件名等信息进行文件保存。

2.7.3 写字板程序

附件中的写字板(wordpad)可以编辑较为复杂的文档。对于有特定格式、文件较大，

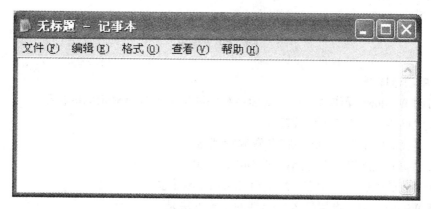

图 2-62　记事本窗口

文字之间可能还穿插有图形的文档文件，可以使用写字板程序，如图 2-63 所示。

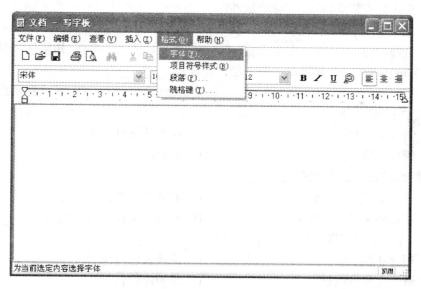

图 2-63　写字板窗口

　　写字板窗口中，虽然提供了编辑图文并茂、设置文字格式等菜单和命令，但是功能不像 Word、WPS 等专业文字处理软件那么完整。下一章将详细介绍 Word 文字处理软件。

本 章 小 结

　　本章首先概述了常用的 Windows XP 操作系统，介绍了 Windows XP 下鼠标指针、桌面和窗口、应用程序、剪贴板、任务管理器等对象，重点讲解了文件和文件夹的选择、移动、复制、删除、查找等常用操作。分别介绍了控制面板下若干个设置工具，了解了多媒体及其设置、认识了媒体播放器，最后，对格式化等磁盘管理和附件下的记事本程序和写字板程序作了介绍。

练 习 题 2

一、单项选择题

1. 启动 Windows 操作系统后，桌面系统的屏幕上肯定会显示的图标是_____。

    A. "回收站"和"开始"按钮

    B. "我的电脑"、"回收站"和资源管理器

    C. "我的电脑"、"回收站"和"Office 2000"

    D. "我的电脑"、"开始"按钮和"Internet 浏览器"

2. 在 Windows 中，设置任务栏属性的正确方法是_____。

    A. 单击"我的电脑"，选择"属性"

    B. 右击"开始"按钮

    C. 单击桌面空白区，选择"属性"

    D. 右击任务栏空白区，选择"属性"

3. "开始"菜单包含了使用 Windows 的_____。

    A. 全部功能　　　B. 主要功能　　　C. 部分功能　　　D. 初始化功能

4. 在 Windows 中，被删除的程序一般首先放入_____。

    A. 剪贴板　　　B. 我的电脑　　　C. 回收站　　　D. 资源管理器

5. "我的电脑"用于_____。

    A. 管理文件打印　　　　　　　　B. 管理计算机资源

    C. 管理删除文件　　　　　　　　D. 管理网络

6. "回收站"用于暂存用户_____。

    A. 删除的文件、文件夹　　　　　B. 创建的文件、文件夹

    C. 移动的文件、文件夹　　　　　D. 复制的文件、文件夹

7. 当一个应用程序最小化后，该应用程序将_____。

    A. 被终止执行　　　　　　　　　B. 被转入后台执行

    C. 继续在前台执行　　　　　　　D. 被暂停执行

8. 关于 Windows 操作系统中剪贴板的功能叙述正确的是_____。

    A. 剪贴板是 Windows 为传递信息在外存中开辟的临时存储区

    B. 剪贴板是 Windows 为传递信息在内存中开辟的临时存储区

    C. 关闭计算机系统后剪贴板中的信息不会消失

    D. Windows 操作系统可以同时开辟多个剪贴板

9. 在 Windows 的任务栏快捷菜单中，选择层叠命令，则_____。

    A. 所有正在运行的应用程序，将平铺在资源管理器窗口中

    B. 所有正在运行的应有程序，将层叠在资源管理器窗口中

    C. 所有正在运行的应用程序窗口，将层叠在整个桌面上

    D. 所有正在运行的应用程序，将平铺在整个桌面上

10. 在 Windows 中，要移动当前窗口，可以_____。

    A. 拖拽窗口左上角按钮　　　　　　　B. 拖拽窗口边框

    C. 拖拽窗口的标题栏　　　　　　　　D. 拖拽窗口底部滚动条

11. 在 Windows 中，若某一菜单项右侧有一个三角符号，则表示_____。

    A. 有下级对话框　B. 有下一级菜单

    C. 当前不可使用　D. 快捷操作

12. 关闭一个活动应用程序窗口，可以按快捷键_____。

    A. Alt+F4　　　　　　B. Ctrl+F4　　　　　　C. Alt+F5　　　　　　D. Ctrl+F5

13. 某一菜单项后带有省略符号，则表示_____。

    A. 有下级对话框　B. 有下一级菜单　　C. 不可使用　　　　D. 快捷操作

14. 在 Windows 中，选中三个不连续文件的方法是_____。

    A. 使用鼠标依次单击这三个文件

    B. 按住 Alt 键，使用鼠标左键依次单击这三个文件

    C. 按住 Ctrl 键，使用鼠标左键单击这三个文件

    D. 依次双击这三个文件

15. 下列叙述中正确的是_____。

    A. 在软盘上删除的文件，可以从回收站中救回

    B. 放在回收站中的文件已经不占用磁盘空间

    C. 如果在删除文件的同时按住 Shift 键，则文件无法救回

    D. 以上皆是

16. 要重新排列桌面上的图标，应该使用_____。

    A. "我的电脑"中查看菜单下的"排列图标"

    B. 资源管理器中文件菜单下的"重命名"

    C. 桌面快捷菜单中的"排列图标"

    D. 资源管理器中查看菜单下的"排列图标"

17. 在任务栏属性对话框中不能完成的设置是_____。

    A. 任务栏自动隐藏　　　　　　　　B. 任务栏总在最前

    C. 显示输入法指示器　　　　　　　D. 显示时钟

18. 将整个屏幕复制到剪贴板的操作是_____。

    A. Shift+PrintScreen　　　　　　　　B. PrintScreen

    C. Ctrl+PrintScreen　　　　　　　　D. Tab+PrintScreen

19. 下列关于"回收站"的叙述中，正确的是_____。

    A. 从外存储器上删除的文件，均先放入回收站里

    B. 回收站里的文件可以一次性全部清空，也可以有选择地删除部分文件

    C. 在 DOS 环境下被删除的文件也放入回收站里

    D. 硬盘上被删除的所有文件先放入回收站里，恢复时只能全部恢复所有的文件

20. 关于磁盘扫描程序，下列描述中不正确的是_____。

    A. 磁盘扫描程序可以检测并修复 CD-ROM 上的任何问题

    B. 磁盘扫描程序可以检测并修复网络驱动器上的任何问题

    C. 磁盘扫描程序可以检测并修复硬盘上的问题

D. 磁盘扫描程序只能检测并修复软盘上的任何问题

21. 关于快捷方式，下列叙述中正确的是_____。

    A. 快捷方式是指向一个程序或文档的指针

    B. 快捷方式包括了指向对象的信息

    C. 快捷方式可以删除、复制和移动

    D. 快捷方式包括了对象本身

22. 在 Windows 中，按下鼠标右键在同一驱动器的不同文件夹内拖动某一对象，不能实现的操作是_____。

    A. 移动该对象   B. 复制该对象

    C. 删除该对象   D. 在目标文件夹创建快捷键方式

23. 下面关于 Windows 文件名的叙述中错误的是_____。

    A. 文件名中允许使用汉字   B. 文件名中允许使用多个圆点分隔符

    C. 文件名中允许出现空格   D. 文件名中允许使用竖线(｜)

24. 在 Windows 中，下列错误的文件名是_____。

    A. My Program Group. TXT   B. file1+file2

    C. A_B.C   D. A? B. DOC

25. 下列关闭"资源管理器"的操作中，错误的是_____。

    A. 单击"资源管理器"标题栏最右边的"关闭"按钮

    B. 双击"资源管理器"标题栏最左边的控制按钮

    C. 选择"资源管理器"中"文件"菜单中的"关闭"命令

    D. 单击"资源管理器"标题栏最左边的控制按钮

26. 在 Windows 的"资源管理器"窗口中，选取对象的正确操作是_____。

    A. 单击鼠标左键至多可以选取两个对象

    B. 先单击鼠标左键选取一个对象，然后按住 Ctrl 键，再单击其他对象，可以选取多个对象

    C. 按住 Alt 键，连续移动光标，可以连续选取对象

    D. 按住 Ctrl 键，连续移动光标，可以连续选取对象

27. 在 Windows"资源管理器"中，用户可以使用以下_____操作(而不需做任何其他操作)，就可以将文件直接复制到不同的盘中。

    A. 将该文件拖放到目标盘符

    B. 按住 Shift 键，将该文件拖放到目标盘符

    C. 将该文件右拖放到目标盘符

    D. 按住 Shift 键，将该文件右拖放到目标盘符

28. 在"资源管理器"文件夹内容框中，显示的内容是_____。

    A. 所有打开的文件夹

    B. 系统的树型文件夹结构

    C. 当前被打开文件夹下的子文件夹及文件

    D. 所有已打开的文件夹

29. 在"资源管理器"中，不能将文件删除的操作是_____。

    A. 将要删除的文件拖动到"回收站"中

    B. 将要删除的文件选中,从"编辑"菜单中选择"删除"命令

    C. 将要删除的文件选中,按住鼠标右键,选择"删除"命令

    D. 将要删除的文件选中,按下"Delete"键

30. 在"资源管理器"中,复制文件夹的正确操作是_____。

    A. 当源文件夹与目标文件夹在同一磁盘上时,用鼠标直接拖动文件夹

    B. 当源文件夹与目标文件夹不在同一磁盘上时,用鼠标直接拖动文件夹

    C. 无论源文件夹与目标文件夹是否在同一磁盘上时,用鼠标直接拖动文件夹

    D. 无论源文件夹与目标文件夹是否在同一磁盘上时,用鼠标双击文件夹

31. 在"资源管理器"中,选定多个不连续的对象需使用的功能键是_____。

    A. Shift   B. Ctrl   C. Alt   D. Tab

32. 菜单中"文件(F)"表示可以用_____键激活文件菜单。

    A. Shift+F   B. Ctrl+F   C. Alt+F   D. Tab+F

33. 删除文件时,如果想直接从磁盘中清除而不进入回收站,则需按_____键。

    A. Ctrl   B. Shift   C. Alt   D. Tab

34. 利用 Windows 资源管理器不能进行的操作是_____。

    A. 文件复制   B. 文件夹的创建

    C. 连接 Internet   D. 关闭 Windows 系统

35. 下列组合键中能实现中/英文输入法切换的是_____。

    A. Ctrl+Ins   B. Ctrl+Space   C. Alt+Tab   D. Shift+Space

36. 在"显示"属性对话框中不能完成的操作是_____。

    A. 设置屏幕保护程序   B. 设置桌面背景

    C. 更改桌面图标   D. 添加字体

37. 在 Windows 中,删除一个应用软件的正确操作是_____。

    A. 打开"资源管理器",然后在其中进行删除操作

    B. 打开"我的电脑",然后在其中进行删除操作

    C. 进入 MS-DOS 方式,然后在其中用 DEL 命令删除应用程序对应的文件

    D. 打开"控制面板",使用其中的"添加/删除程序"图标

38. 以下各组中,不全是多媒体技术的媒体是_____。

    A. 图像、文字、声音   B. 声音、图像、动画

    C. 声音、光盘、文字   D. 文字、动画、图形

39. 在 Windows 中,若鼠标指针变成"I"形状,表示_____。

    A. 系统正在访问磁盘   B. 可以改变窗口大小

    C. 可以改变窗口位置   D. 在插入点处可以接收键盘输入

40. 在 Windows 的附件中,用户进行简单图画绘制的工具是_____。

    A. 写字板   B. 画图   C. 记事本   D. 映像

41. 下面各程序中,不属于附件的是_____。

    A. 记事本   B. 计算器

    C. 磁盘整理程序   D. 添加新硬件

42. Windows 自带的"画图"程序的用途是_____。
    A. 文字编辑和处理　　　　　　　B. 幻灯片的制作
    C. 绘制一些简单的图形　　　　　D. 系统自带的游戏软件

43. 下列不是 Windows 内置的多媒体应用程序的是_____。
    A. CD 播放器　　B. 录音机　　C. 媒体播放器　　D. 超级解霸

44. 在 Windows 中，当新硬件安装到计算机后，计算机启动后能够自动检测到该硬件，为了在 Windows 中正常使用该硬件，需要_____。
    A. 根据系统的提示一步一步地进行"添加新硬件"的操作
    B. 在 DOS 下安装该硬件的驱动程序后，再回到 Windows 系统中
    C. Windows 支持即插即用，所有的硬件都可以直接使用
    D. 以上说法都不对

45. 对软盘进行"格式化"操作时，"快速"和"完全"格式化的区别是_____。
    A. 除了格式化的速度以外，其他没有什么区别
    B. 完全格式化时要检查磁盘是否有坏扇区，而快速格式化不检查
    C. 完全格式化后软盘中带有系统文件
    D. 快速格式化后软盘中带有系统文件

46. 在 Windows 中，不能设置磁盘卷标的操作为_____。
    A. "快速"格式化　　　　　　　　B. "完全"格式化
    C. "只复制系统文件"格式化　　　D. 磁盘"属性"对话框

47. 关于"网上邻居"不正确的说法是_____。
    A. "网上邻居"是 Windows 的新功能
    B. 通过"网上邻居"可以浏览局域网中的计算机
    C. 通过"网上邻居"可以浏览局域网中的打印机
    D. 通过"网上邻居"可以访问多个网络上的计算机

48. Windows 中"磁盘碎片整理程序"的主要作用是_____。
    A. 修复损坏的磁盘　　　　　　　B. 缩小磁盘空间
    C. 提高文件访问速度　　　　　　D. 扩大磁盘空间

49. 在 Windows 中，下面不属于"控制面板"操作的是_____。
    A. 改变显示器和打印机的设置　　B. 定义串行端口的参数
    C. 调整鼠标器的设置　　　　　　D. 创建"快捷方式"

50. 在 Windows 中，下面叙述正确的是_____。
    A. 写字板是字处理软件，不能进行图形处理
    B. 写字板和画图均可以进行文字和图形处理
    C. 画图是绘图工具，不能进行文字处理
    D. 以上说法都不对

二、操作题

1. 完成如下操作：
(1)查找 C 盘上第一级子目录 Windows 文件夹下所有的 TXT 文件；
(2)对查出的文件按名称排列且显示文件的详细信息；

(3)复制这些 TXT 文件到 D：\ 下；

(4)将任务栏设置为隐藏。

2. 试在 D 盘建立一个你自己姓名为名的文件夹，并进行如下的操作：

(1)在该文件夹下，创建一文本文件，取名为"work. txt"；

(2)将 work. txt 文件设置为只读属性；

(3)打开画图程序，任意绘制一图画，命名为"picture. bmp"，保存在该文件夹中；

(4)将 picture. bmp 画面以"拉伸"的方式设置为桌面背景；

(5)将该文件夹创建在桌面上的快捷方式。

第3章　Word 文字编辑

计算机作为信息处理的工具已经渗透到了社会的各个领域，文字处理是计算机应用的一个很重要的方面。本章介绍的 Word 是目前最广泛应用于各领域办公自动化方面的文字处理软件。

Word 2003 是 Microsoft(微软)公司推出的办公自动化套装软件 Office 2003 中的一个组件，主要用于创建、编辑、排版、打印各类用途的文档。该软件以其集成性、智能性、易用性等特点深受广大用户青睐，为办公自动化提供了快速便捷的工作方式。

3.1　Word 2003 的基本知识与操作

制作 Word 文档，需要了解 Word 窗口等基本知识。本节介绍：Word 2003 的启动与退出、Word 2003 的窗口组成、创建、打开和保存 Word 文档的操作方法以及文本输入和基本编辑的一些常用操作。

3.1.1　Word 2003 的启动与退出

1. 启动 Word 2003

启动 Microsoft Office2003 应用程序与启动其他应用程序的方法基本相同。在正确安装了 Microsoft Office2003 之后，其中启动各组件应用程序的快捷方式自动装入到 Windows"开始"菜单的"程序"组中。可以按以下步骤启动 Word2003：

(1)单击"开始"按钮，弹出"开始"菜单；

(2)将鼠标指针指向"开始"菜单中的"所有程序"，弹出"所有程序"级联菜单，如图3-1 所示；

(3)单击"所有程序"级联菜单中的"Microsoft Word2003"命令，即可启动 Word2003。

说明：为了更便捷地启动 Word2003，可以在桌面上建立一个启动 Word2003 应用程序的快捷方式。

2. 退出 Word2003

若要退出 Word2003，可以使用以下方法之一：

(1)单击 Word2003 窗口右上角的"关闭"按钮；

(2)选择"文件"菜单中的"退出"命令；

(3)按 Alt+F4 组合键；

(4)右单击标题栏，在打开的菜单中选择"关闭"命令；

(5)双击标题栏最左端的 Word2003 窗口控制按钮图标；

(6)单击标题栏最左端的 Word2003 窗口控制按钮图标，打开控制菜单，选择"关闭"

图 3-1 启动 Word2003

命令。

3.1.2 Word2003 的窗口

成功启动 Word2003 之后，屏幕显示 Word2003 的主窗口，如图 3-2 所示。Word2003 主窗口主要由标题栏、菜单栏、工具栏、标尺、编辑区、滚动条、状态栏等组成。

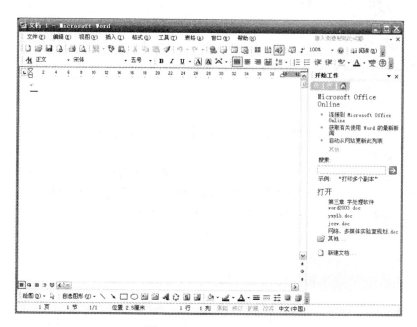

图 3-2 Word2003 主窗口

1. 标题栏

标题栏位于屏幕窗口的顶部，显示当前正在编辑的文档名和应用程序名称"Microsoft Word"。标题栏的最左端是 Word2003 窗口的控制菜单按钮，标题栏的右端有三个按钮："最小化"按钮、"最大化"/"还原"按钮和"关闭"按钮。

2. 菜单栏

菜单栏位于标题栏的下方。Word2003 提供了"文件"、"编辑"、"视图"、"插入"、"格式"、"工具"、"表格"、"窗口"和"帮助"9 个菜单，这些菜单中包含了操作 Word 的绝大多数命令。可以使用鼠标单击菜单栏上的菜单，然后在弹出来的下拉菜单中选择相应的命令；也可以使用键盘，用按 Alt 键和菜单后带下划线的字母键来打开相应的菜单。例如，按 Alt+F 键可以打开"文件"菜单，然后再用方向键选择菜单中的命令。

3. 工具栏

工具栏位于菜单栏的下方，是为了方便用户使用鼠标直接选择命令而设计的一系列按钮，是执行菜单命令的一种快捷方式。利用鼠标单击工具栏上的小图标按钮就可以执行一条 Word 命令。

Word 提供了多种工具栏，启动 Word 后窗口中显示"常用"工具栏和"格式"工具栏，用户也可以根据需要打开其他的工具栏。

打开和关闭工具栏的方法：

方法一：单击"视图"菜单，选择"工具栏"菜单项，在弹出的级联菜单中列出了 Word 的所有工具栏列表。工具栏名称前面有"√"标记的表示该工具栏已经打开，单击这个标记就会关闭该工具栏；单击一个前面没有"√"标记的工具栏名称，就会打开相应的工具栏。

方法二：在窗口工具栏空白处单击鼠标右键，也会出现工具栏列表。选择其中的某项，将打开或关闭一个工具栏。

4. 标尺

标尺位于编辑区的上方(水平标尺)和左侧(垂直标尺)。利用标尺可以查看或设置页边距、表格的行高、列宽及插入点所在的段落缩进等。通过单击菜单栏中的"视图"选择"标尺"命令可以打开或关闭标尺。

5. 滚动条

滚动条分为水平滚动条和垂直滚动条。通过滚动条来滚动文档，从而将那些未出现在编辑区中的内容显示出来。

垂直滚动条的顶端有一短框，称为"分隔框"。拖动分隔框或双击分隔框可以将窗口分成两个窗格，分别显示同一文档的两个不同部分。当需要在文档的两个不同部分频繁交替操作时，分隔窗口后在两个窗格之间切换比滚动文档更为方便，便于对照编辑文档。拖动窗格分隔线到窗口顶部或底部，或双击窗格分隔线即可关闭一个窗格。

6. 任务窗格

任务窗格位于 Word 主窗口的右侧，是 Word2003 新增的一个选择面板，该面板将多种任务集成在一个统一的窗格中。窗格右上角有两个按钮："其他任务窗格"按钮和"关闭"按钮。单击"其他任务窗格"按钮，选择下拉菜单中的任意一个命令，即可切换到相应命令的任务窗格。

启动 Word 时首先打开的是"开始工作"任务窗格。打开和关闭任务窗格可以选择"视图"菜单中的"任务窗格"命令。

7. 编辑区

编辑区是输入文本和编辑文本的区域，位于标尺的下方。编辑区中闪烁的光棒称为"插入点"，该光棒表示输入时文字出现的位置。编辑区也称为文档窗口。

8. 状态栏

状态栏位于 Word 窗口底部，用于显示当前编辑的各种状态以及相应的提示信息，如：所在页数、节数、当前页数/总页数、插入点位置、行和列等信息。在状态栏的右侧有 4 个按钮："录制"、"修订"、"扩展"和"改写"，每个按钮表示一种 Word 工作方式，双击这些按钮可以进入或退出这种方式。按钮呈黑色字时表示正处于该工作方式。

3.1.3 Word 文档的基本操作

1. 创建一个新文档

在启动 Word 时，Word 自动新建一个空文档，缺省的文件名为"文档 1"。如果用户想建立一个新的文档，可以使用如下方法：

(1)单击"文件"菜单中的"新建"命令，在弹出的"新建文档"任务窗格中选择新建"空白文档"、"XML 文档"、"网页"或"根据现有文档"命令；也可以选择一种特定的模板来创建一个新文档。

(2)单击"常用"工具栏中的"新建空白文档"按钮，快速创建一个空白文档。

2. 保存 Word 文档

当文档中输入了内容之后，必须将其以文件的形式保存在磁盘上，便于今后存档、查看和修改。保存文档是一项重要的工作，因为人们的编辑工作都是在内存中进行的，一旦遇到断电或系统发生意外而非正常退出 Word2003 时，内存中的信息就会全部丢失，致使用户造成重大损失。

Word 文档的默认文件扩展名为 .doc。用户可以保存正在编辑的活动文档，也可以保存打开的所有文档，还可以用不同的名称或在不同的位置保存文档的副本。另外还可以以不同文件格式保存文档，以便在其他的应用程序中使用。

(1)保存新的、未命名的文档。

操作步骤如下：

①单击"文件"菜单中的"保存"命令或"常用"工具栏上的"保存"按钮，打开"另存为"对话框，如图 3-3 所示；

②选择"保存位置"框中的驱动器、文件夹，确定保存位置；

③在"文件名"框输入文档的文件名称，中文、英文名称都可以；

④如果要将 Word 文档保存为其他文件类型，先选择"保存类型"框中的其他类型，再在"文件名"框中输入文档的文件名称；

⑤单击"保存"按钮保存文件。

(2)保存当前打开的活动文档。

为了防止机器故障、停电等意外事件导致文档内容的丢失，在文档编辑过程中经常要保存文档。可以单击"文件"菜单中的"保存"命令或"常用"工具栏上的"保存"按钮，或者

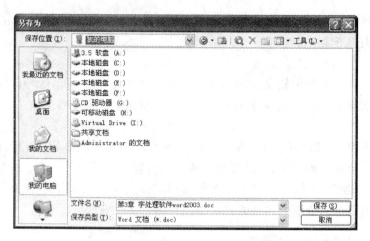

图 3-3　"另存为"对话框

按 Ctrl+S 快捷键都可以保存当前的活动文档。

　　另外，Word 还提供了"自动保存"功能。启动这项功能需要进行预设置。可以通过"工具"菜单中的"选项"命令，在"选项"对话框中选择"保存"选项卡，并设定"自动保存时间间隔"时间，Word 将以此为周期定时保存文档。

　　3. 文档密码的设置

　　为了不让自己创建的文档被其他人查看，可以为文档设置一个密码，以后只有输入正确的密码才能打开文档。

　　为文档设置密码的操作步骤如下：

　　(1) 单击"文件"菜单的"另存为"命令，打开"另存为"对话框；

　　(2) 单击"另存为"对话框中的"工具"按钮，从弹出的下拉菜单中选择"安全措施选项"命令，打开"安全性"对话框，如图 3-4 所示；

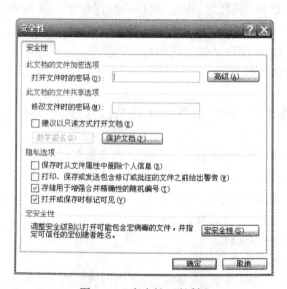

图 3-4　"安全性"对话框

（3）在"打开文件时的密码"文本框中输入密码，单击"确定"按钮，出现一个"确认密码"对话框（密码可以使用大小写字母、数字和符号，输入的字符均以星号显示）；

（4）在"确认密码"对话框中再次输入密码，单击"确定"按钮，返回到"另存为"对话框；

（5）单击"保存"按钮，即可将设有密码的文档保存起来。

设有密码的文档在打开时会先弹出一个"密码"对话框，如图 3-5 所示。只有在"密码"对话框中的"请输入打开文件所需的密码"文本框中正确地输入了密码之后才能打开文档。

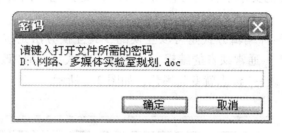

图 3-5　"密码"对话框

要撤销文档的密码，可以先打开设有密码的文档，选择"工具"菜单中的"选项"命令，点击"安全性"选项卡，按 Del 键，单击"确定"按钮，即可撤销密码。

4. 打开文档

对于一个已经保存在磁盘上的文档，要进行查看和编辑等操作时，需要先打开该文档。所谓打开文档，就是将文档内容从磁盘文件中读入内存，并显示在 Word 窗口中。

可以有以下几种方法打开一个文档：

方法一：单击"文件"菜单中的"打开"命令或"常用"工具栏上的"打开"按钮，在弹出的"打开"对话框中选择文档所在的驱动器、文件夹及文件名。

方法二：单击"文件"菜单底部或任务窗格中"打开"栏中最近使用过的文档文件名。

方法三：找到文档所在的驱动器、文件夹和文件名，双击。

3.1.4　文本输入和基本编辑

1. 输入文本

（1）插入点与中/英文输入法的切换。

启动 Word2003 之后，就可以直接在空文档中输入文本。输入文本出现在"插入点"的位置。随着文本的不断输入，插入点也不断的向右移动。当插入点移动到一行的右边界时，会自动将插入点移到下一行的起始位置，而不需要用 Enter 键产生换行。当一个段落输入完毕时，应按 Enter 键产生一个换行标记，表示一段的结束。Word 是以一个 Enter 键产生一个段落的。

有时，在某个段落的录入过程中并没有达到段落的尾部就换行，而又不想开始一个新的段落，可以使用 Shift+Enter 键实现换行操作而不至于产生新的段落。

英文字符直接从键盘输入，中文字符的输入要选择一种中文输入法，在某种中文输入法状态下才能输入中文字符。

Word 还提供了即点即输功能。"即点即输"能在文档的空白区域方便地插图文本、图形、表格和其他内容。要实现即点即输的功能，可以选择"工具"菜单中的"选项"命令，在"选项"对话框中选择"编辑"选项卡，选中启动"即点即输"复选框，单击"确定"按钮。启动了即点即输功能之后，可以用鼠标在文档的空白区域内双击，插入即可移动到鼠标指针所在的位置。

（2）插入方式和改写方式。

"插入"和"改写"是 Word 的两种编辑方式。"插入"是指将输入的文本添加到插入点所在位置，插入点后面的文本依次往后移动；"改写"是指输入的文本将替换插入点所在位置的文本。

"插入"和"改写"两种编辑方式是可以互换的，其互换方法是按 Ins 键或用鼠标双击状态栏上的"改写"标志。通常缺省的编辑方式为插入方式，此时"改写"标志为灰色；如果处于"改写"状态，"改写"标志就变为黑色，如图 3-6 所示。

图 3-6 处于改写状态时的状态栏

如果要在文档中进行编辑，用户可以使用鼠标或键盘找到文本的修改处。若文本较长，可以使用滚动条将插入点移到编辑区内，将鼠标指针移到插入点处单击，这时插入点移到指定位置。

常用（快速）移动插入点的按键及其功能如表 3-1 所示。

表 3-1   移动插入点的快捷方式

按　键	功　能	按　键	功　能
→	向右移动一个字符	Home	移动到当前行首
←	向左移动一个字符	End	移动到当前行尾
↑	向上移动一行	PgUp	移动到上一屏
↓	向下移动一行	PgDn	移动到下一屏
Ctrl+→	向右移动一个单词	Ctrl+PgUp	移动到屏幕的顶部
Ctrl+←	向左移动一个单词	Ctrl+PgDn	移动到屏幕的底部
Ctrl+↑	向上移动一个单词	Ctrl+Home	移动到文档的开头
Ctrl+↓	向下移动一个单词	Ctrl+End	移动到文档的末尾

（3）插入符号及特殊符号。

用户在处理文档时可能需要输入一些键盘上没有的符号，如希腊字母、俄文字母、数字序号等。这些符号不能直接从键盘键入，用户可以使用"插入"菜单中的"符号"或"特殊符号"命令，也可以使用中文输入法提供的"软键盘"功能。

使用菜单方式插入符号的步骤为：

①将插入点移到要插入符号的位置；

②单击"插入"菜单中的"符号"命令，弹出"符号"对话框，如图 3-7 所示；

③单击"符号"选项卡，选择"字体"下拉式列表中的项目，将出现不同的符号集；

④单击要插入的符号或字符，再单击"插入"按钮，或双击要插入的符号或字符；

⑤插入多个符号可以重复步骤④。最后单击"关闭"按钮，关闭"符号"对话框；

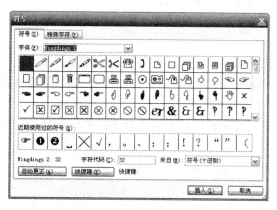

图 3-7　"符号"对话框

使用软键盘插入符号的步骤：

当选择某种中文输入法后，在屏幕左下角会显示该输入法状态栏。这里以"全拼"输入法为例，说明如何用软键盘实现特殊字符的输入。

①用鼠标右键单击输入法状态栏右端的"软键盘"按钮，弹出如图 3-8(a) 所示的菜单；

②用鼠标单击"特殊符号"，屏幕将显示如图 3-8(b) 所示的"软键盘"。单击软件盘某个键位上的符号，即可完成特殊字符的输入；

③输入完毕后，再次单击输入法状态栏右端的"屏幕小键盘"按钮，软键盘即可关闭。

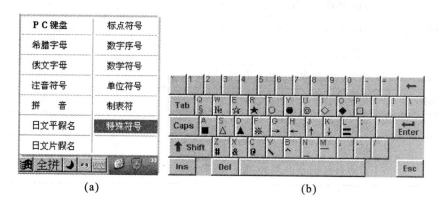

(a)　　　　　　　　　　(b)

图 3-8　"软键盘"的选择

2. 选定文本

用户如果需要对某段文本进行移动、复制、删除等操作时，必须先选定这段文本，然后对选定的部分进行相应的处理。当文本被选中后，所选文本呈反相显示。如果想要取消选择，可以将鼠标移至选定文本之外的任何区域单击即可。

选定文本的操作方式有：

(1)用鼠标选定文本。

方法：将鼠标指针移到要选定文本的首部，按下鼠标左键并拖曳到所选文本的末端，然后松开鼠标。选定的文本可以是一个字符、一个句子、一行文字、一个段落、多行文字甚至是整篇文档。

①选定一个句子：按住 Ctrl 键，然后在句子的任何地方单击。

②选定一行文字：将鼠标指针移动到该行的左侧，当鼠标指针变成一个指向右上角的箭头时，单击鼠标。

③选定一个段落：将鼠标指针移动到该段落的左侧，当鼠标指针变成一个指向右上角的箭头时，双击鼠标。

④选定整篇文档：将鼠标指针移动到文档正文的左侧，当鼠标指针变成一个指向右上角的箭头时，三击鼠标。

⑤选定列块(矩形块)：按住 Alt 键后，将光标移至所选文本的起始处，按住鼠标左键并拖曳到所选文本的末端，然后松开鼠标和 Alt 键。

(2)用组合键选定文本。

先将光标移到要选定的文本之前，然后用组合键选择文本。常用组合键及功能如表3-2所示。

表 3-2　　　　　　　　　　常用组合键及其功能

组合键	功　　能
Shift+→	向右选取一个字符或一个汉字
Shift+←	向左选取一个字符或一个汉字
Ctrl+Shift+→	向右选取一个单词
Ctrl+Shift+←	向左选取一个单词
Shift+Home	由光标处选取至当前行行首
Shift+End	由光标处选取至当前行行尾
Shift+↑	选取至上一行
Shift+↓	选取至下一行
Ctrl+A	选取整篇文档

(3)用扩展功能键 F8。

扩展选定方式是使用定位键选定文字。当这种方式活动时，在状态栏会出现"扩展"字样。表3-3列出了使用功能键 F8 选定文字的方式。若要取消扩展选定方式，可以按 Esc 键。

表 3-3　　　　　　　　　　　　　　　　使用功能键 **F8** 选定文字

按 F8 的次数	作　　用
1	进入扩展模式，然后使用方向键进行文本的选取
2	选取一个单词或汉字
3	选取一句
4	选取一段
5	选取一节(若文档未分节，则选取整篇文档)
6	选取(多节)整篇文档

3. 删除、复制和移动

一篇文章不是一次就能写得非常好，而总是需要反复修改，删去一句或一段，或者一个自然段被移到另一个地方。那么，用计算机处理文档时，也需要进行删除、移动等操作。

(1) 删除。

删除是将字符或图形从文档中去掉。

每次删除单个字符或图形的方法是：使用 Backspace 键删除插入点左侧的一个字符或图形；使用 Del 键删除插入点右侧的一个字符或图形。

一次删除多个连续的字符或成段文本，可以用以下方法：

方法一：选定要删除的文本块后，按"Del"键。

方法二：选定要删除的文本块后，选择"编辑"菜单中的"剪切"命令。

方法三：选定要删除的文本块后，单击"常用"工具栏上的"剪切"按钮。

删除和剪切操作都能将选定的文本从文档中去掉，但功能不完全相同。它们的区别是：使用剪切操作时删除的内容会保存到"剪贴板"上，使用删除操作时则不会保存到"剪贴板"上。

(2) 复制。

在编辑过程中，当文档出现重复内容或段落时，使用复制命令进行编辑可以提高工作效率。用户可以在同一文档内或不同文档之间进行复制，还可以将内容复制到其他应用程序的文档中。

使用菜单复制文本块的操作方法为：

①选定要复制的文本块。

②单击"常用"工具栏上的"复制"按钮或选择"编辑"菜单中的"复制"命令，此时选定的文本块被放入剪贴板中。

③将插入点移到想粘贴的位置，单击"常用"工具栏上的"粘贴"按钮或选择"编辑"菜单中的"粘贴"命令，此时剪贴板中的内容就复制到了新的位置。

④如果要做同一内容的多次复制，只需重复第③步。

使用鼠标拖曳复制文本块的操作方法为：

①选定要复制的文本块。

②按下 Ctrl 键，用鼠标拖曳选定的文本块到新位置，同时放开 Ctrl 键和鼠标左键。

注：用鼠标拖曳的方法复制的文本块不被放入剪贴板。

（3）移动。

移动是将字符或图形从原来的位置删除，移动到一个新位置。

使用菜单移动文本块的操作方法为：

①选定要移动的文本块；

②单击"常用"工具栏上的"剪切"按钮或选择"编辑"菜单中的"剪切"命令，此时选定的文本块被放入剪贴板中；

③将插入点移到想粘贴的位置，单击"常用"工具栏上的"粘贴"按钮或选择"编辑"菜单中的"粘贴"命令，此时剪贴板中的内容就移动到了新的位置；

④如果要做同一内容移动到多个位置，只需重复第③步。

使用鼠标拖曳移动文本块的操作方法为：

①选定要移动的文本块；

②直接用鼠标拖曳选定的文本块到新位置，然后放开鼠标左键。

复制和移动操作还可以用以下快捷键完成：

①剪切命令的快捷键：Ctrl+X；

②复制命令的快捷键：Ctrl+C；

③粘贴命令的快捷键：Ctrl+V。

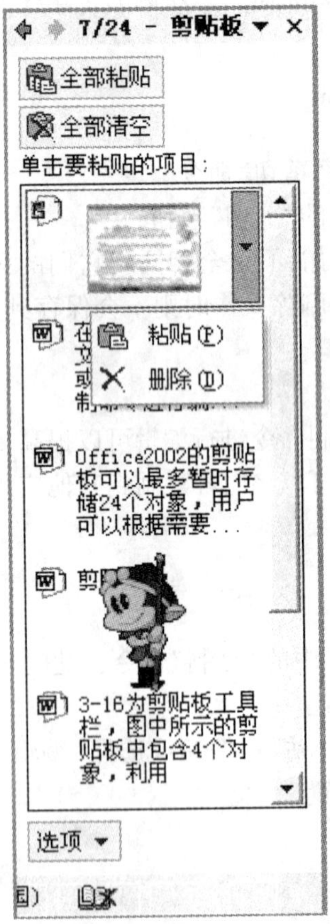

在操作时可以根据具体情况和习惯使用菜单、工具栏或快捷键方式，灵活完成复制、剪切和粘贴操作。

4. 剪贴板

Office2003 的剪贴板可以最多暂存 24 个对象，用户可以根据需要粘贴剪贴板中的任意一个对象。剪贴板中包含多个对象时，系统弹出剪贴板窗格，如图 3-9 所示。

利用剪贴板进行复制操作，只需将插入点移到要复制的位置，鼠标移到剪贴板窗格中某对象上，智能标记自动出现，然后用鼠标单击并选粘贴，该对象就会被复制到插入点所在的位置。

5. 撤销和恢复

在编辑过程中不免会出现误操作，Word2003 提供的撤销功能，用于取消最近对文档进行的误操作。撤销最近一次的误操作可以直接单击工具栏上的"撤销"按钮或执行"编辑"菜单中的"撤销"命令。如果想撤销多次误操作，其步骤如下：

①单击"常用"工具栏上"撤销"按钮旁边的小三角，查看最近进行的可撤销操作列表；

②单击要撤销的操作。如果该操作不可见，可滚动列表。撤销某操作的同时，也撤销了列表中所有位于该操作之前的所有操作。

图 3-9 剪贴板窗格

恢复功能用于恢复被撤销的操作，其操作方法与撤销操作基本类似。

6. 查找与替换

在编辑文档时，有些工作可以让计算机自动完成会更加方便、快捷、准确。例如，当编辑的文档很长，要在其中查找某个词和字符时，用人工查找就十分困难，利用 Word 提供的"查找"功能就十分方便了；如果文档中多次重复出现某个词和字符，需要将它们修改为别的词和字符时，利用 Word 提供的"替换"功能会十分方便和准确。

（1）查找文本。

操作步骤如下：

①单击"编辑"菜单中的"查找"命令，弹出"查找和替换"对话框，如图 3-10 所示；

②在"查找内容"框内键入要搜索的文本，例如："计算机"；

③单击"查找下一处"按钮，则开始在文档中查找。

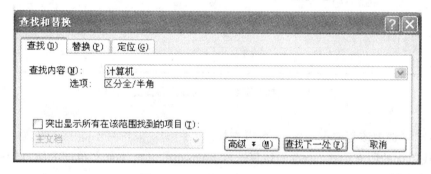

图 3-10　"查找和替换"对话框

此时，Word 按默认设置从当前光标处开始向下搜索文档，查找"计算机"字符串，如果直到文档结尾没有找到"计算机"字符串，则继续从文档开始处查找，直到当前光标处为止。如果查找到"计算机"字符串，则光标会停在找到的字符串位置，并使其置于选中状态，这时在"查找"对话框外单击鼠标，就可以对该字符串进行编辑。

另外，在查找时可以根据具体的情况进行一些高级的设置，以提高查找效率。单击图 3-10 中的"高级"按钮后，对话框如图 3-11 所示。

在"搜索"列表框中可以指定搜索的方向，包括三个选项：

"全部"：在整个文档中搜索用户指定的查找内容，这一操作是指从插入点处搜索到文档末尾后，再继续从文档开始处搜索到插入点位置。

"向上"：从插入点位置向文档头部进行搜索。

"向下"：从插入点位置向文档尾部进行搜索。

在对话框的下方有六个复选框：

"区分大小写"：选中该复选框，Word 只能搜索到与在"查找内容"框中输入文本的大、小写完全匹配的文本。

"全字匹配"：选中该复选框，Word 仅查找整个单词，而不是较长单词的一部分。

"使用通配符"：选中该复选框，可以在"查找内容"框中使用通配符、特殊字符或特殊操作符；若不选中该复选框，Word 会将通配符和特殊字符视为普通文字（通配符、特殊字符的添加方法是，单击"特殊字符"按钮，然后从弹出的列表中单击所需的符号）。

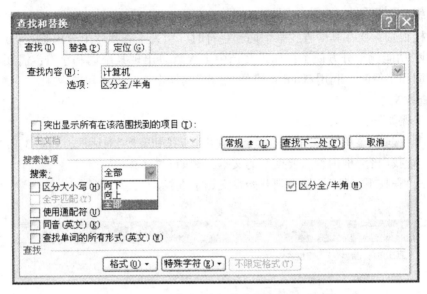

图 3-11　选择"高级"按钮的查找和替换对话框

"同音"：选中该复选框，Word 可以查找发音相同，但拼写不同的单词。

"查找单词的所有形式"：选中该复选框，Word 可以查找英文单词的所有形式（复数、过去时、现在时等）。

"区分全/半角"：选中该复选框，Word 会区分全角或半角的数字和英文字母。

"格式"按钮：单击该按钮，会出现一个菜单让用户选择所需的命令，以便设置"查找内容"文本框与"替换为"文本框中内容的字符格式、段落格式以及样式等。

"特殊字符"按钮：用于在"查找内容"文本框与"替换为"文本框中插入一些特殊字符，例如，段落标记和制表符等。

"不限定格式"按钮：用于取消"查找内容"文本框与"替换为"文本框中指定的格式。只有利用"格式"按钮设置格式之后，"不限定格式"按钮才变为可选。

（2）查找特定格式的文本。

操作步骤如下：

①单击"编辑"菜单中的"查找"命令；

②若当前是如图 3-10 所示的常规格式对话框，则单击其中的"高级"按钮，出现如图 3-11 所示的对话框；

③在"查找内容"框内输入要查找的文字，例如："计算机"；

④单击"格式"按钮，在弹出菜单中选择"字体"命令，在"查找字体"对话框中设置所需的格式，例如"楷体，四号"，单击"确定"；

⑤单击"查找和替换"对话框中的"查找下一处"按钮，则开始在文档中查找。找到后光标会停在找到字符的位置，如果文档中没有所找的字符，则显示"Word 已完成对文档的搜索，未找到搜索项。"

（3）查找特定符号。

有时用户可能需要查找一些诸如段落标记、制表符、图形等特殊的符号，这些符号是不便在"查找内容"输入框中输入的。查找特定符号的方法是：在图 3-11 对话框中单击"特殊字符"按钮，在出现的特殊字符列表中选择需查找的符号，这样，被选定的字符会显示在"查找内容"输入框中。单击"查找下一处"按钮，则开始查找。

（4）替换文本。

替换用于在当前文档中搜索并修改指定的文本或特殊字符。"替换"对话框与"查找"对话框内容基本相同，只是"替换"对话框中多了一个"替换为"输入框。

操作步骤如下：

①单击"编辑"菜单中的"替换"命令，出现"查找和替换"的对话框，如图 3-12 所示；

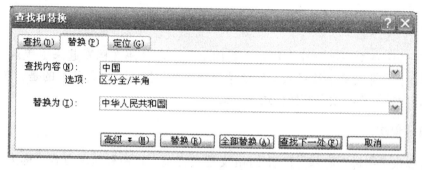

图 3-12　查找和替换对话框（替换选项卡）

②在"查找内容"框内输入字符，例如："中国"；

③在"替换为"框内输入要替换的字符，例如："中华人民共和国"。

如果确定要将查找到的全部字符串进行替换，按"全部替换"按钮，计算机会为查找到的字符串自动进行替换。

值得注意的是，有时查找到的字符串并不都要进行替换，例如有以下句子：

"中国是一个社会主义国家，中国也是一个发展中国家。"

现在要将这句话中的"中国"替换成"中华人民共和国"。很明显，应该替换两个地方。如果在替换时，选择了"全部替换"按钮，替换后的结果是"中华人民共和国是一个社会主义国家，中华人民共和国也是一个发展中华人民共和国家。"

可以看出"发展中国家"中的"中国"也被替换了。所以，在进行文本替换时，如果有类似的情况，就不能使用"全部替换"功能了，而应单击"查找下一处"按钮。如果查找到的字符串需要替换，则按"替换"按钮进行替换。

如果"替换为"框为空，操作后的实际效果是将查找的内容从文档中删除。若是替换特殊格式的文本，其操作步骤与特殊格式文本的查找类似。

（5）文本定位。

Word 提供的"定位"功能允许在文档中按照定制内容进行快速定位，使插入点移到文档中的某个特定位置，如特定页、特定节、表格、图形等。使用定位功能的具体操作如下：

①单击"编辑"菜单中的"定位"命令，出现"查找和替换"对话框，"定位"选项卡被自动打开；

②单击"定位目标"框中定位项的类型，如"页"、"节"等；

③在"请输入"框中输入该定位项的名称或编号，然后单击"定位"按钮，即可定位到指定位置；

④要继续定位相同类型的下一项或前一项，应先清除"请输入"框中的内容，然后单击"下一处"或"前一处"按钮。

快速定位下一处或前一处，还可以单击垂直滚动条下端的"选择浏览对象"按钮，然后单击浏览对象的类型，如：脚注、页、图形等。单击"下一个"或"前一个"按钮可以根据光标所在的位置在整个文档中快速定位到相同类型的下一项或前一项。

3.2　文档的编辑

通过设置丰富多彩的文字、段落、页面格式，可以使文档看起来更美观、更舒适。Word 的排版操作主要有字符排版、段落排版和页面设置等。值得注意的是，在进行任何格式化操作之前，都必须先选择格式化对象。

3.2.1　视图

Word 提供了多种在屏幕上显示 Word 文档的方式。每一种显示方式，称为一种视图。使用不同的显示方式，用户可以把注意力集中到文档的不同方面，从而提高查看和编辑文档的效率和效果。Word 提供的视图有：普通视图、页面视图、大纲视图、Web 版式视图、阅读版式视图。其中普通视图和页面视图是最常用的两种方式。

1. 普通视图

在普通视图中可以输入、编辑文字，并设置文字的格式以及对图形和表格进行一些基本的操作。普通视图简单、方便，在编排和显示长文档内容时可以使阅读连贯，以提高处理速度，节省时间。但是当需要编辑页楣和页脚、调整页边距，以及剪切图片时，普通视图就无能为力了，这时应该使用页面视图。

2. 页面视图

页面视图是 Word 的缺省视图，启动 Word 后，文档的显示方式就是页面视图方式。页面视图可以显示整个页面的分布情况和文档中的所有元素，例如正文、图形、表格、图文框、页楣、页脚、脚注、页码等。并能对它们进行编辑。在页面视图方式下，显示效果反映了打印后的真实效果，即页面视图方式是一种"所见即所得"的方式。

3. 大纲视图

大纲视图可以使文档能够按标题大小分级显示，使得查看文档的结构变得非常容易。在大纲视图中，可以很方便地修改标题内容，通过拖动标题来移动、复制或重新组织正文。利用"大纲"工具栏中"标题级别"下拉列表框中的选项，可以显示 1~9 级或所有级别的标题内容。

4. Web 版式视图

在 Web 版式视图中，Microsoft Word 能优化 Web 页面，使其外观与在 Web 或 Internet

上发布时的外观一致。

5. 阅读版式视图

为阅读文档方便可以使用阅读版式视图。当切换到该视图时会隐藏除"阅读版式"和"审阅"工具栏以外的所有工具栏。设置阅读版式视图的目的是为了增强文档的可读性。文本以双页面显示，采用 Microsoft ClearType 技术，可以方便地增大或减小文本显示区域的尺寸，而不会影响文档中的字体大小。

普通视图、页面视图、大纲视图、Web 版式视图、阅读版式视图之间可以很方便地进行切换。通过选择"视图"菜单中的"普通"、"页面"、"大纲"、"Web 版式"、"阅读版式"命令来切换到相应的视图方式，或单击编辑区左下方的"视图切换"按钮进行视图切换。

3.2.2　字符格式编辑

对字符的字体、大小、颜色、显示效果等格式进行设置，通常使用"格式"工具栏按钮完成一般的字符排版，对格式要求较高的文档，则使用"格式"菜单进行设置。

1. 字符格式设置

(1) 使用工具栏按钮设置格式。

对字符进行格式设置时，必须先选择操作对象。对象可以是几个字符、一句话、一段文字或整篇文章。

设置字体：选定要设置或改变字体的字符，单击"格式"工具栏的"字体"下拉按钮，从列表中选择所需的字体名称。

设置字号：汉字的大小用字号表示，字号从初号、小初号……直到八号字，对应的文字越来越小。一般书籍、报刊的正文为五号字。英文的大小用"磅"的数值表示，一磅等于 $\frac{1}{12}$ 英寸。数值越小表示的英文字符越小。选定要设置或改变字号的字符，单击"格式"工具栏的"字号"下拉按钮，从列表中选择所需的字号。

设置字符的其他格式：利用"格式"工具栏还可以设置字符的"加粗"、"斜体"、"下划线"、"字符底纹"、"字符边框"、"字符缩放"等格式。其中"下划线"、"字符缩放"具有下拉框，可以从中选择一项。

(2) 使用菜单设置字符格式。

选定要进行格式设置的字符，单击"格式"菜单，选择"字体"命令，出现"字体"对话框，如图 3-13 所示。在"字体"对话框中有三个选项卡："字体"、"字符间距"和"文字效果"。

"字体"选项卡："中文字体"和"西文字体"分别用来对中、英文字符设置字体；"字号"用来设置字符大小；"下划线"给选定的字符添加各种下划线；"字体颜色"为选定的字符设置不同的颜色；"效果"给选定的字符设置特殊的显示效果；"预览"窗口可以随时观察设置后的字符效果；"默认"按钮是将当前的设定值作为默认值保存。

"字符间距"选项卡："缩放"是指字符在屏幕上显示的大小与真实大小之间的比例；"间距"是指字符间的距离；"位置"是指字符相对于基准线的位置。

"字体效果"选项卡：用来设置字符的动态效果。字体效果是 Word 提供的一种文字修

图 3-13　"字体"对话框

饰方法，该方法主要是为了在 Web 版式或用计算机演示文档时增加文档的动感和美感。字符的动态效果无法打印出来。

(3)使用格式刷复制字符格式。

在格式化文本时，常常需要将某些文本、标题的格式复制到文档中的其他地方。例如，用户精心设置了文档中一个标题的格式(如字型、字号等)，还有一些其他标题也需要设置成此格式。这时，使用格式刷复制格式就会很方便，不用再对每个标题重复做相同的格式设置工作。

具体方法是：先选定已定义好格式的文本，然后单击或双击"常用"工具栏上的"格式刷"按钮，这时鼠标指针变成一个小刷子，这个小刷子代表已设置的字符格式信息。用这个小刷子刷过一段文本(即用鼠标选取一段文本)后，被刷过的文本就会设置成与选定的文本相同的格式。单击"格式刷"按钮只能进行一次格式复制；双击"格式刷"按钮后，可以进行多次格式复制，直到再次单击"格式刷"按钮使之复原为止。

2. 设置字符间距和水平位置

首先打开"字体"对话框中的"字符间距"选项卡。如图 3-14 所示。

单击"缩放"列表框中的下拉按钮，显示缩放比例，即按当前尺寸的百分比拉伸或压缩文本。用户也可以手工修改百分比。

单击"间距"列表框中的下拉按钮，选择"加宽"或"紧缩"，用来增加或减少字符之间的距离，在右侧的"磅值"框中键入或选择一个距离值。缺省是"标准"间距。

单击"位置"列表框中的下拉按钮，选择"提升"或"降低"，基于水平基线提升或降低选中文本的显示位置。在右侧的"磅值"框中键入或选择提升或降低的磅值。

3. 设置动态效果

单击"字体"对话框中的"文字效果"选项卡，可以在选中文本上应用动态效果。取消

图 3-14　"字符间距"选项卡

动态效果选择"(无)"。动态效果只能在屏幕上显示,不可以打印。

4. 设置首字下沉

在许多报刊、杂志或文档编辑中,有时为了突出文章的起点,会在第一段文字的首行设置"首字下沉"效果。

单击要使用首字下沉开头的段落。该段落必须含有文字。

单击"格式"菜单中的"首字下沉"命令,打开"首字下沉"对话框,如图 3-15 所示。

图 3-15　"首字下沉"对话框

在"位置"选项区中可以选择一种文字下沉方式:"下沉"或"悬挂"。设置首字的字体、下沉行数以及首字与正文之间的距离。单击"确定"按钮完成。

5. 文字边框和底纹

边框和底纹能增加对文本不同部分的兴趣和注意程度，可以通过添加边框来将文本与文档中的其他部分区分开来，也可以通过应用底纹来突出显示文本。

除了使用"格式"工具栏上的"字符边框"、"字符底纹"按钮为文本设置简单的边框和底纹之外，还可以使用"格式"菜单中的"边框和底纹"命令，给文本设置更加复杂的边框和底纹。

选中需要添加边框的文本块。单击"格式"菜单中的"边框和底纹"命令，打开"边框和底纹"对话框，如图 3-16 所示。

图 3-16 "边框和底纹"对话框

单击"边框"选项卡，此时在"边框和底纹"对话框的右下角的"应用于"下拉框中显示"文字"，表示给文字设置边框。设置要添加的边框的类型、线型、颜色以及框线宽度，单击"确定"按钮。单击边框的类型中的"无"可以取消文字边框。

单击"边框和底纹"对话框的"底纹"选项卡，如图 3-17 所示。选择底纹的颜色以及样式，单击"确定"按钮。

3.2.3 段落格式编辑

Word 中，段落是指以段落标记作为结束符的文字、图形或其他对象的集合。Word 在输入回车键的地方插入一个段落标记，可以通过"常用"工具栏上的"显示/隐藏"按钮查看段落标记。段落标记不仅表示一个段落的结束，还包含了该段的段落格式信息。当按下Enter 键结束一段开始另一段时，生成的新段落会具有与前一段相同的特征。例如，要使论文正文中的所有段落都为左对齐并具有双倍行距，只需为第一段设置这些属性。然后，按 Enter 键便可以将所设置的格式带到下一段。段落格式主要包括段落对齐、段落缩进、行距、段间距、段落的修饰等。

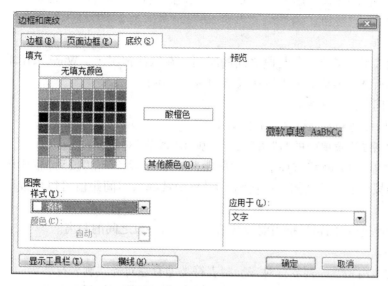

图 3-17　"底纹"选项卡

1. 段落对齐

在 Word 中，段落的对齐方式包括两端对齐、左对齐、居中对齐、右对齐、分散对齐。

两端对齐是 Word 的默认设置；左对齐可以用于书信的开头；居中对齐常用于文章的标题、页楣、诗歌等的格式设置；右对齐适合于书信、通知等文稿落款、日期的格式设置；分散对齐可以使段落中的字符等距排列在左右边界之间，在编排英文文档时可以使左右边界对齐，使文档整齐、美观。

段落对齐方式的设置：选定要进行设置的段落（可以多段），单击"格式"工具栏上的相应按钮（如"居中"按钮），或单击菜单"格式"→"段落"，在打开的"段落"对话框下的"缩进和间距"选项卡中可以选择一种段落的对齐方式。

2. 段落缩进

段落缩进是指文本与页边距之间的距离。段落缩进包括左缩进、右缩进、首行缩进、悬挂缩进。用水平标尺设置左、右缩进的步骤为：

（1）将光标移到需要设置缩进的段落中；

（2）如果看不到水平标尺，可以单击"视图"菜单中的"标尺"命令；

（3）拖动水平标尺上的缩进按钮，可以改变段落的缩进方式。

其中，"首行缩进"是指段落的第一行缩进方式；"悬挂缩进"是指段落中除第一行之外的所有行的缩进方式；"左缩进"是指段落中所有行的左边界向右缩进一定距离，段落的首行与其他行的相对距离不变；"右缩进"是指段落中所有行的右边界向左缩进一定距离。

用菜单设置缩进的方法为：

（1）在需要调整缩进的段落中单击；

（2）打开"格式"菜单，选择"段落"命令，打开"段落"对话框；

(3)选择"缩进和间距"选项卡，按需要设置左、右、悬挂、首行缩进中的某一项；

(4)单击"确认"按钮。

3. 段落间距

段落间距表示行与行、段与段之间的距离。在默认情况下，Word 采用单倍行距。所选行距将影响所选段落或插入点所在段落的所有文本行。

改变段落间距的方法为：

(1)将光标移到需要进行缩进的段落中；

(2)单击"格式"菜单中的"段落"命令，弹出"段落"对话框；

(3)单击"缩进和间距"选项卡，在"间距"选项的"段前"和"段后"框中键入所需间距值，可以调节段前和段后的间距；在"行距"框中选择所需间距值可以修改段落内各行之间的距离。

"段前"和"段后"间距是指当前段与前一段或后一段之间的距离。

4. 制表位

制表位的作用是使一列数据对齐。制表符类型有左对齐式制表符、居中式制表符、右对齐式制表符、小数点对齐式制表符、竖线对齐式制表符，如图 3-18 所示。

使用鼠标设置制表位：

(1)将光标移到需要设置制表位的段落中；

(2)单击水平标尺最左端的制表符按钮，直到出现所需制表符；

(3)将鼠标移到水平标尺上，在需要设置制表符号的位置单击；

(4)在一段中，需要设置多个制表符时，重复步骤(2)，步骤(3)。

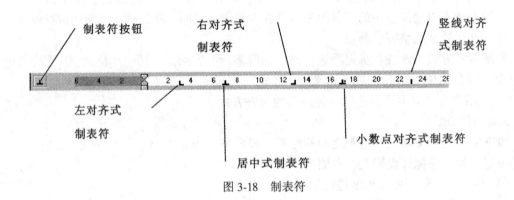

图 3-18　制表符

使用"格式"菜单设置制表位：

(1)将光标移到需要设置制表位的段落中；

(2)单击"格式"菜单中的"制表位"命令，弹出"制表位"对话框；

(3)在"制表位位置"框中键入新制表位的位置，或选择已有的制表位；

(4)在"对齐方式"下选择制表位文本的对齐方式；

(5)如果需要设置导符字符，单击"前导符"下的某个字符，然后单击"设置"按钮。

前导符字符是填充制表符所在的空白的实线、虚线或点划线。前导符字符经常用在目录中，引导读者的视线穿过章节名称和开始页的页码之间的空白。

在段落中设置了制表位后，需要在文字中插入分隔符 Tab 键(→)。

删除或移动制表位的方法：将光标移到需要删除或移动制表位的段落中，单击制表位并拖离水平标尺即可删除该制表位；在水平标尺上左右拖动制表位标记即可移动该制表位。

5. 项目符号和编号

项目符号和编号是编排文档时在某些段落前添加的某种特定的符号或编号，起到强调作用。合理使用项目符号和编号，可以使文档条理清楚、重点突出。

(1)添加项目符号和编号。

选定要添加项目符号的几个段落，单击"格式"菜单中的"项目符号和编号"命令，在打开的"项目符号和编号"对话框中选择"项目符号"选项卡，如图 3-19(a)所示。

(a)"项目符号"选项卡   (b)"编号"选项卡

图 3-19

在"项目符号"列表中选择一种项目符号，单击"确定"退出。选定的每一个段落前便会添加指定的项目符号。在图 3-19(a)中，选择"编号"选项卡，如图 3-19(b)所示。在"编号"列表中选择一种编号形式，单击"确定"退出。选定的每一个段落前便会添加指定的升序排列编号。

也可以使用"格式"工具栏上的"项目符号"按钮 ≣ 和"编号"按钮 ≣ 设置段落的项目符号和编号。

(2)删除项目符号和编号。

先将插入点移到相应的段落，或选择多个段落，然后单击"格式"工具栏上的"项目符号"按钮或"编号"按钮即可。

6. 分栏

分栏版式是报纸、杂志常用的排版形式，后一栏的文本和前一栏的文本相连接。Word 提供了分栏的功能，具体操作如下：

(1)切换到页面视图；

(2)选定要设置为分栏格式的文本；

(3)单击"格式"菜单中的"分栏"命令，弹出"分栏"对话框；

（4）如果栏数不大于3，可以直接在"预设"选项区内选择分栏方案；当栏数大于3时，可以在"栏数"数值框中输入所需的数值；

（5）单击"确认"按钮。

在设置分栏时，如果选定的是文档的一部分，选定的文本内容自动成为一节。在"分栏"对话框中，还可以设置栏宽、栏与栏的间距、各栏的宽度、分栏的应用范围等。在进行设置的同时，预览框中可以显示分栏的效果。

删除分栏实际上是对文档重新进行设置，将栏数设置为"一栏"。

3.2.4 文档样式与模板

1. 样式和样式类型

样式是专门制作的格式包，一种样式就是一组字体、字号、颜色、对齐方式和缩进等格式设置特性的集合。给这个集合起的名字就是样式名称。对选定的文本或插入点所在段落应用某种样式时，将同时将该样式中所有的格式设置赋予相应的文本或段落。使用样式的目的就是迅速改变文档的外观，而不必单独地设置其中的每个格式。样式常用于较长文档的排版。

在"格式"工具栏上，左边第一个下拉列表就是"样式"列表，可以从中选择应用某种样式。

通过"样式和格式"任务窗格不仅可以应用样式，还可以查看、创建、修改和删除样式。选择"格式"菜单下的"样式和格式"命令，或单击"格式"工具栏最左边的"格式窗格"按钮 ，就打开了"样式和格式"任务窗格。

例如：打开一个新建空白文档的"样式和格式"任务窗格，如图 3-20 所示。

图 3-20 "样式和格式"任务窗格　　图 3-21 "正文"样式包含的所有格式

"样式和格式"任务窗格中列出了新建空白文档的常用样式列表，包括三种内置标题样式和默认的段落样式。在上例中，"正文"样式呈选中状态，说明文档中插入点所在位置的文字默认为"正文"样式。点击"显示"下拉框中的"所有样式"，可以选择其他的许多种样式。

值得说明的是，当光标指向(注意不是单击)任务窗格中的某种样式时，Word 会提示该样式的详细格式信息。如图 3-21 所示为"正文"样式包含的所有格式。

样式列表中的每一种样式右侧都有一个小图标，表示该样式的类型。Word 中有四种样式类型。了解这些样式类型有助于理解各类样式对文档中内容的影响。

(1)段落样式。

段落样式右侧有一个段落图标⏎。段落样式的格式将应用于插入点所在段落中的所有文本。段落样式不仅可以包含字体、字号等文本格式，还包含了段落的缩进和间距等格式。一种段落样式可以应用于一个或多个段落。

(2)字符样式。

字符样式右侧有一个字符图标ⓐ。字符样式可以应用于单词或文本块，而不必是整个段落。例如，可以对段落中需要重点突出的单词应用"强调"样式，这些单词将以带下划线和斜体的格式显示。

应用段落样式的同时可以应用字符样式。例如，应用段落样式为"正文"，则字体为宋体，再对其中的某些单词应用"强调"样式，那么这些单词的字体仍为宋体，但同时还具有斜体和下划线格式。

以上两种样式类型为常用的样式类型。

(3)列表样式。

列表样式右侧有一个列表图标▤，为列表提供一致的外观。

(4)表格样式。

表格样式右侧有一个表格图标⊞，为表格提供一致的外观。

2. 应用样式

根据要应用的样式类型，选择相应的文本块或在段落内单击，然后在"样式和格式"任务窗格中单击某种样式以应用该样式。也可以在以后的排版过程中修改该样式，具有该样式的所有内容会立即得到更新。

3. 创建新样式

如果找不到具有所需特征的样式，可以手工创建新的样式，然后再应用。

例如：创建一个名为"小标题"的新样式，样式的格式包括"隶书、四号、蓝色、带下划线"。并将"小标题"样式应用于如图 3-22 中的第二段。

首先选中第二段文本，然后使用"格式"工具栏上的格式按钮分别设置字体为"隶书"、字号为"四号"、字体颜色为"蓝色"、带下划线。

单击"样式和格式"任务窗格中的"新样式"按钮，打开"新建样式"对话框，如图 3-23 所示。在"名称"输入栏键入"小标题"，然后单击"确定"按钮。此时在"样式和格式"任务窗格的样式列表中出现了新建的蓝色"小标题"样式。

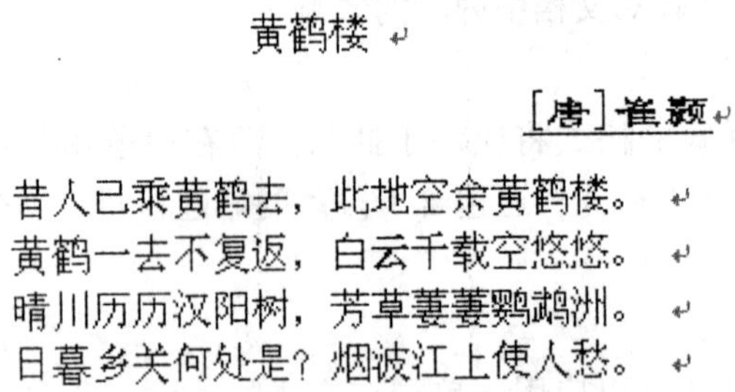

黄鹤楼

[唐]崔颢

昔人已乘黄鹤去，此地空余黄鹤楼。
黄鹤一去不复返，白云千载空悠悠。
晴川历历汉阳树，芳草萋萋鹦鹉洲。
日暮乡关何处是？烟波江上使人愁。

图 3-22　应用"小标题"样式

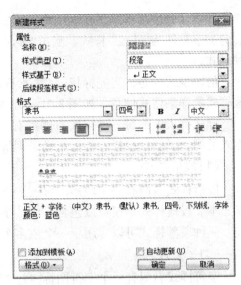

图 3-23　"新建样式"对话框

也可以先不对第二段文本进行格式设置，直接点击"样式和格式"任务窗格中的"新样式"按钮，然后在"新建样式"对话框中输入新样式名称"小标题"，选择"段落"样式类型，样式基于"正文"，后继段落样式为"正文"，设置字符格式为"隶书、四号"，再单击"格式"下拉按钮，选择"字体"，设置字体颜色为"蓝色"，最后点击"确定"。

这样，同样创建了新样式"小标题"，接着操作将新样式应用到第二段文本上。

4. 修改样式

如果对 Word 内置样式或手工创建的样式不满意，还可以对样式进行修改。样式修改后，文档内任何应用了该样式的文本或段落的格式都将随之更改。

例如，在图 3-23 建立的新样式"小标题"没有设置为居中，修改样式方法如下：

(1) 直接修改样式。

点击"样式和格式"任务窗格的样式列表中"小标题"样式右侧的下拉按钮，选择下拉菜单中的"修改样式"命令，打开"修改样式"对话框。"修改样式"对话框中的内容与"新建样式"对话框类似，单击格式选项区的"居中"按钮，然后点击"确定"使修改生效。

(2) 使用更新匹配修改样式。

鼠标点击文档中的第二段，然后单击"格式"工具栏上的"居中"按钮，使文本"[唐]崔颢"居中显示。此时点击样式列表中"小标题"样式右侧的下拉按钮，选择下拉菜单中的"更新以匹配选择"命令更新样式。

5. 删除样式

在"样式和格式"任务窗格的样式列表中点击要删除的样式右侧的下拉按钮，选择下拉菜单中的"删除"命令即删除该样式。当前文档中任何应用了该样式的文本或段落都将清除该样式，文本内容不变。

Word 内置的样式(如样式"标题 1"至"标题 9"、"正文"样式等)可以被修改，但不能被删除，此时"删除"命令为灰色不可选状态。

如果仅仅希望删除选定文本的格式，可以选择"编辑"菜单下的"清除"→"格式"

命令。

6．替换样式

还可以将文档中应用的某种样式替换为另一种样式形式，如：将某个文档中所有的子标题的样式"标题 2"替换为"标题 3"。下面将图 3-22 所示的文档中的样式"小标题"替换为"标题 3"。

选择"编辑"菜单中的"替换"命令，打开"查找和替换"对话框的"替换"选项卡。单击"高级"按钮扩展显示对话框。

将插入点移至"查找内容"输入框，点击"格式"按钮，选择"样式"命令，打开"查找样式"对话框，如图 3-24 所示。

在"查找样式"列表中选择"小标题"样式，然后单击"确定"。

再将插入点移至"替换为"输入框，点击"格式"按钮，选择"样式"命令，打开"替换样式"对话框，选择"标题 3"样式，然后单击"确定"。

此时的"查找和替换"对话框如图 3-25 所示。点击"全部替换"按钮，实现样式的替换。

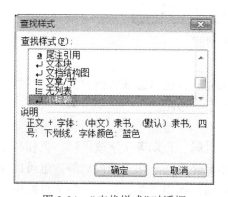

图 3-24　"查找样式"对话框

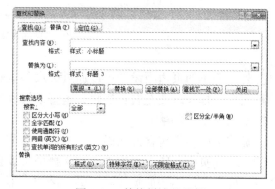

图 3-25　替换样式的示例

7．模板

模板是 Word 中以 ＊.dot 为扩展名的特殊文档，模板是由多个特定的样式组合而成，能为用户提供一种预先设置好的最终文档外观框架，也允许用户加入自己的信息。新建一个文档时，用户可以选择系统提供的模板建立文档。用户也可以创建新的模板。

3.2.5　页面排版

1．页面设置

一篇文档在准备打印之前应进行页面设置。打开"文件"菜单，选择"页面设置"命令，弹出"页面设置"对话框，如图 3-26 所示。

在"页面设置"对话框中单击"页边距"选项卡，页边距指正文与纸张边缘的距离。在相应的框中输入数值即可。若只修改文档中一部分文本的页边距，可以在"应用于"框中选择"所选文字"选项。Word 会自动在设置了新页边距的文本前后插入分节符。如果文档已划分为若干节，用户可以单击某节中的任意位置或选定多个节，然后修改页边距。

图 3-26 "页面设置"对话框

另外，简单的页边距设置可以通过标尺和鼠标来完成，这时必须转换到页面视图方式下。使用水平标尺改变左右页边距，垂直标尺改变上下页边距。

2. 设置页楣/页脚

页楣或页脚通常包含公司徽标、书名、章节名、页码、日期等文字或图形，页楣打印在顶边上，而页脚打印在底边上。在文档中可以自始至终用同一个页楣或页脚，也可以在文档的不同部分用不同的页楣和页脚。例如，第一页的页楣用徽标，而在以后的页面中用文档名做页楣。

在普通视图方式下，不显示页楣/页脚。编辑页楣/页脚应在页面视图下，单击菜单"视图"中的"页楣和页脚"命令，Word 会自动转换到页面视图方式，显示页楣、页脚，同时显示"页楣和页脚"工具栏，如图 3-27 所示。

图 3-27 "页楣和页脚"工具栏

要创建一个页楣，可以在页楣区输入文字或图形，也可以单击"页楣和页脚"工具栏上的按钮插入页数、日期等。创建一个页脚，则单击"页楣和页脚"工具栏上的"在页楣和页脚之间切换"按钮，以便插入点移到页脚区。

在某一页设置了页楣和页脚后，观察文档可以发现，虽然只在文档资料的某页中设置了页楣和页脚，但是相同的页楣和页脚显示在文档的每一页。如果编辑文档时，要求奇数页与偶数页具有不同的页楣或页脚，步骤如下：

(1)单击"视图"菜单中的"页楣和页脚"命令；

(2)单击"页楣和页脚"工具栏上的"页面设置"按钮，打开如图 3-26 所示的"页面设置"对话框；

(3)单击"页面设置"对话框下的"版式"选项卡；

(4)选中"奇偶页不同"复选框，然后单击"确定"按钮，应注意右下角"应用于"列表框中范围的选定；

(5)定义奇数页页楣后，选择"页楣/页脚"工具栏上的"下一项"按钮，光标切入"偶数页页楣"定义偶数页页楣。

同样，可以定义奇偶页不同的页脚。

3. 插入分隔符

Word 允许将文档分为若干节，每一节具有不同的页面设置，如不同的页楣、页脚、页码格式等。为文档的不同部分建立不同的页楣或页脚，只需将文档分成多节，然后断开当前节和前一节页楣或页脚之间的连接。

为文档分节要在新节处插入一个分节符，分节符是表示节结束而插入的标记。在普通视图下，分节符显示为含有"分节符"字样的双虚线，用删除字符的方法可以删除分节符。

插入一个分节符的步骤为：

(1)将光标移到需要分节的位置；

(2)选择"插入"菜单中的"分隔符"命令，弹出"分隔符"对话框，如图 3-28 所示；

(3)在"分节符类型"选择框中，选择下一节的起始位置："下一页"表示从分节线处开始分页；"连续"表示从上、下节内容紧接；"偶数页"表示从下一个偶数页开始新节；"奇数页"表示从下一个奇数页开始新节；

(4)单击"确认"按钮。

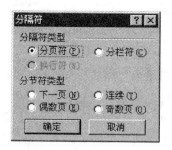

图 3-28 插入"分隔符"对话框

4. 设置页码

可以使用"插入"菜单中的"页码"命令或"页楣和页脚"工具栏上的"插入页码"按钮来插入页码。无论哪一种情况，页码均添加于页面的上部(页楣)或下部(页脚)。如果在页楣或页脚中只需要包含页码，则"页码"命令是最简单的方法，而且"页码"对话框中的"格式"按钮提供了多种自定义页码的格式。例如，可以使用罗马数字作为目录的页码，而使用阿拉伯数字作为文档其余部分的页码。

插入页码的操作步骤为：

(1)单击"插入"菜单中的"页码"命令，弹出"页码"对话框；

(2)用"位置"框指定是将页码置于页面的页楣还是页面的页脚；

(3)用"格式"按钮设置页码的格式，是采用罗马数字还是阿拉伯数字等；

(4)单击"确定"按钮。

5．创建目录

目录是文档中标题的列表。通过目录可以浏览和定位文档中讨论的主题。对于书稿、杂志、手册等的编辑，制作目录的工作是不可缺少的。

最常用的方法是根据文档中的标题样式和大纲级别来创建目录。

(1)用标题样式创建目录。

①将插入点置于要创建目录的地方，一般位于文档的最前面；

②单击"插入"菜单的"引用"命令，在弹出的级联菜单中选择"索引和目录"命令，在打开的"索引和目录"对话框中单击"目录"选项卡，如图3-29所示；

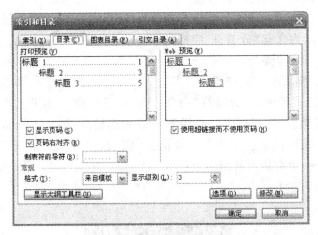

图3-29 "索引和目录"对话框

③在"格式"列表框中选择目录内置格式，如"来自模板"；

④在"显示级别"框中选择标题的最低级别，如"3"级；

⑤单击"确定"按钮。此时Word自动创建的目录就出现在光标定位处。

创建目录后，将鼠标指针移动到目录的页码上，可以看到鼠标指针变成了手形，单击鼠标左键就可以快速跳转到相应的标题和页码上。

(2)用大纲视图创建目录。

对于较长的文档，在普通视图、页面视图下弄清文档的结构是不容易的。为了了解一篇长文档的结构，可以使用大纲视图方式查看。

在大纲视图下，文档的标题和正文文字可以分级显示，一部分标题和正文可以被隐藏，以突出文档的总体结构。

通常在文档编辑阶段，可以先用大纲视图建立文档的题纲和各级标题，再根据标题扩充内容。

要显示文档的大纲，应切换到大纲视图。切换到大纲视图后，会出现"大纲"工具栏。

在大纲视图中，可以将文档大纲折叠起来，仅显示所需标题和正文，而将不需要的标题和正文隐藏起来。这样使文档结构看起来一目了然。

（3）更新目录。

当文档的内容发生变化时，则需要更新目录。

更新目录的操作方法为：将鼠标指针移至目录中，右击鼠标，快捷菜单中选择"更新域"命令，打开"更新目录"对话框，如图 3-30 所示。

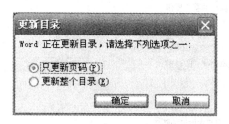

图 3-30　"更新目录"对话框

如果选择"只更新页码"单选钮，则只变化页码；选择"更新整个目录"单选钮，则重新创建目录，再单击"确定"按钮，便可更新目录。

3.3　表格创建与编辑

表格是一种简明、扼要的数据组织和显示形式。表格由行和列的单元格组成，横向为行，行号为 1，2，3，…；纵向为列，列号为 A，B，C，…；单元格的编号表示为"列号+行号"，如"C2"表示第 2 行第 3 列的单元格。可以在单元格中输入文本和插入图片。

在 Word 中，使用表格不仅可以创建成绩表、工资表等信息，还可以利用数据统计功能对表格中的数据进行简单的求和等计算。此外，还可以使用表格来控制页面的版式，使布局更加灵活、合理，如创建个人简历等。

3.3.1　新建表格和输入内容

Word 提供了多种创建表格的方法，使用时可以根据所要创建的表格的难易程度灵活选择。

1．自动创建简单、规则的表格

首先单击文档中要建立表格的位置。

在"常用"工具栏上，单击"插入表格"按钮 ▦，然后拖动鼠标，选定所需的行数和列数，如选择 4 行、5 列，就在当前位置插入了一个简单的表格，如图 3-31 所示。

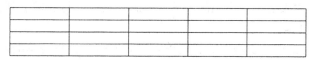

图 3-31　新建表格示例

也可以使用"表格"菜单下的"插入"→"表格"命令，或者单击"表格和边框"工具栏上的"插入表格"按钮，打开"插入表格"对话框，如图 3-32 所示。在"表格尺寸"选项区分别为表格选择行数和列数，然后单击"确定"创建表格。

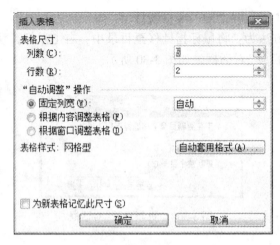

图 3-32　"插入表格"对话框

在"插入表格"对话框还可以设置表格的列宽，以及为表格应用一种内置表格样式。

2. 手工绘制表格

在 Word 中还可以手工绘制复杂的表格，例如，表格中每行包含的列数不同或单元格的高度不同。

单击文档中要建立表格的位置。

选择"表格"菜单的"绘制表格"命令，或单击"表格和边框"工具栏上的"绘制表格"按钮，指针变为笔形。

先拖动鼠标绘制表格的外围边框矩形，然后在矩形内绘制行、列框线；如果要擦除一条或一组框线，单击"表格和边框"工具栏上的"擦除"按钮，指针变为橡皮擦形，单击要擦除的框线。

如图 3-33 所示为一个手工绘制的表格示例。

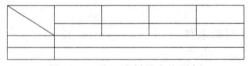

图 3-33　手工绘制的表格示例

此外，斜线表头的绘制还可以单击"表格"菜单中的"绘制斜线表头"命令，打开"插入斜线表头"对话框，为表格选择不同的表头样式，并可输入行标题、列标题等。

3. 输入表格的内容

表格创建完毕后，要向表格中的任何单元格添加内容，只需单击该单元格，便可输入文字或插入图片（"插入"菜单下的"图片"命令），并且可以设置表格中文本的格式。

输入完毕，按 Tab 键，光标移到下一个单元格。按 Shift+Tab 键移到上一个单元格。

3.3.2 表格的基本编辑

1. 选定表格和单元格

（1）选定整个表格。

将鼠标移至要选择的表格的任意位置，表格左上角出现表格移动控点⊞时，在该控点上单击左键。或者将插入点移至表格内的任意位置，选择"表格"菜单上的"选择"→"表格"命令。

（2）选定行、列。

将鼠标指针移至行的左侧，当光标变为向右的空心箭头↗时，单击左键选定该行。

将鼠标指针移至列的最上边，当光标变为向下的黑色实心箭头↓时，单击左键选定该列。

或者使用"表格"菜单下的"选择"→"行"或"列"命令进行选定。

（3）选定单元格。

将鼠标指针移至要选择的单元格的左侧，当光标变为向右的黑色斜向箭头时，单击左键选定该单元格。或者将插入点移至单元格内，使用"表格"菜单下的"选择"→"单元格"命令。

也可以使用鼠标拖动的方法，选定表格中的多行、多列和多个单元格。

要选定不连续的多行或多个单元格，单击所选的第一个单元格、行或列，按下 Ctrl 键，再单击下一个单元格、行或列。

2. 插入和删除单元格

（1）插入行和列。

将插入点移至当前行最右侧的表格边框之外的行结束标记处（回车符），按回车键即在当前行下方插入一个空行。

在表格最后一行的最后一个单元格中按 Tab 键，将自动在表格末尾追加一个空行。

或者将插入点移至当前行（列），或选定多行（列），选择"表格"菜单下的"插入"→"行"或"列"命令，即可在当前行的上方或下方（当前列的左侧或右侧）插入一个空行（列）。如果先选定多行（列），则将插入相应的多个空行（列）。

此外，还可以先选定行或列，然后右击鼠标，选择"插入行（列）"。

（2）插入单元格。

首先将插入点移至要插入单元格的位置。单击"表格"菜单中"插入"→"单元格"命令，弹出"插入单元格"对话框，如图 3-34 所示。选择一种单元格插入方式，然后按"确定"。

（3）删除行和列。

选定要删除的行或列，然后单击"表格"菜单中"删除"→"行"或"列"命令，或选择右键快捷菜单中的"删除行"或"删除列"命令。

（4）删除单元格。

选定要删除的单元格，选择"表格"菜单中"删除"→"单元格"命令，或选择右键快捷菜单中的"删除单元格"命令。

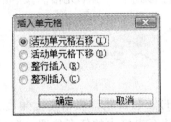

图 3-34　"插入单元格"对话框

　　值得注意的是，选定行、列或单元格，按 Delete 键只是清除了行、列或单元格中的内容，行、列或单元格并没有被删除掉。

　　3. 合并和拆分单元格

　　(1) 合并单元格。

　　合并单元格是指将连续的两个或多个单元格合并为一个单元格。

　　首先选定要合并的单元格区域，选择"表格"菜单下的"合并单元格"命令；或使用右键快捷菜单中的"合并单元格"命令；或单击"表格和边框"工具栏上的"合并单元格"按钮。

　　(2) 拆分单元格。

　　拆分单元格是指将一个单元格拆分为两个或多个单元格。

　　首先将插入点移至要进行拆分的单元格，选择"表格"菜单下的"拆分单元格"命令；或使用右键快捷菜单中的"拆分单元格"命令；或单击"表格和边框"工具栏上的"拆分单元格"按钮。

　　这三种操作方式都将打开"拆分单元格"对话框，在对话框内输入要拆分成的列数和行数，然后单击"确定"。

　　(3) 拆分表格。

　　可以将一个表格拆分成上、下两个表格。先将光标定位于要拆分成新表格的行，然后选择"表格"菜单下的"拆分表格"命令，Word 将在光标所在处插入一个空白的文本行，把表格拆分成两个独立的表格。

　　删除两个表格之间的内容和段落标记，即可将两个表格合并。

　　4. 调整行高、列宽

　　(1) 调整行高。

　　将指针光标停留在要更改高度的行的框线上，当指针变为"￦"形状时，上下拖动框线即可调整行高；也可以上下拖动垂直标尺上的表格行标记进行调整；拖动鼠标时若按下 Alt 键则将在标尺上显示行高的数值。

　　如果需要将行高设定为精确的数值，使用"表格"菜单中的"表格属性"命令，打开"表格属性"对话框，选择"行"选项卡进行设置。"行"选项卡如图 3-35 所示。

　　"行"选项卡的"尺寸"选项区用来设定每一行的行高的最小值或固定值。

　　选中"允许跨页断行"复选框，表示允许表格中的行在分页符处断开，即表格分两页或多页显示。如果不希望表格跨页显示，则取消该复选框。

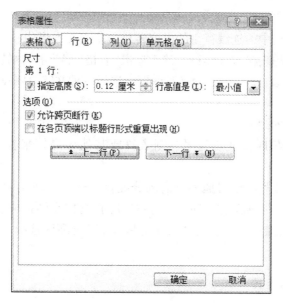

图 3-35　"行"选项卡

当同一表格中各行的行高不相同时，可以通过单击"表格和边框"工具栏上的"平均分布各行"按钮使所有行具有相同的行高。

（2）调整列宽。

调整列宽的操作类似于调整行高的操作，只需将其中的"行"改为"列"，不再赘述。

5. 移动表格或调整表格的大小

（1）表格的复制和移动。

表格可以像文本块一样进行复制或移动。

首先，选择要复制或移动的表格（也可以是表格的一部分）。然后，选择"编辑"菜单下的"复制"或"剪切"命令，再在目标位置使用"粘贴"命令，即可实现表格的复制或移动。

（2）调整表格的大小。

将鼠标指针移入表格内，在表格右下角将出现一个小方块，称为表格缩放控点，鼠标拖动表格缩放控点即可调整表格的大小。

6. 标题行重复

表格的标题行通常位于表格的第一行，也可以是包括第一行的连续多行。

有时表格的内容较多，超过了一页，这时可能希望在下一页的续表顶端显示表格的标题行。操作如下：

打开"表格属性"对话框的"行"选项卡，其中"在各页顶端以标题行形式重复出现"复选框只对表格的第一行或包含第一行的多行有效，选中复选框，则当表格横跨多页时，第一行或选定的多行在后续页面中以标题行形式重复出现。

也可以先选定标题行，然后使用"表格"菜单下的"标题行重复"命令。

7. 转换表格和文本

(1)将表格转换成文本。

可以将表格或表格中的连续行中的内容转化为正文文本形式。

首先选中要转换的表格或连续行。然后单击"表格"菜单下的"转换"→"表格转换成文本"命令。在打开的"表格转换成文本"对话框中选择一种文字分隔符，然后单击"确定"进行转换。

(2)将文本转换成表格。

将文本转换成表格时，使用逗号、制表符或其他分隔符来标识新行或新列的起始位置。

首先在要划分行或列的位置插入所需的分隔符，选中要转换的文本。单击"表格"菜单下的"转换"→"文本转换成表格"命令，在打开的"将文字转换成表格"对话框中给出要转换成的表格的默认行数和列数，在"文字分隔位置"选项区选择一种分隔符，然后单击"确定"进行转换。

3.3.3 设置表格格式

1. 表格自动套用格式

就像字符和段落可以应用样式一样，Word 也内置了一套表格样式，表格样式中包括了对表格的字体、边框、底纹等格式的设置，使用表格样式可以更改表格的外观，使表格更加专业和美观。

首先将插入点移至表格。单击"表格"菜单下的"表格自动套用格式"命令，打开"表格自动套用格式"对话框，如图 3-36 所示。

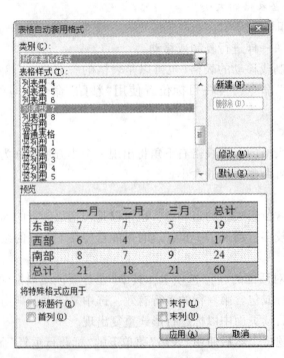

图 3-36　"表格自动套用格式"对话框

在"表格样式"列表框中选择一种表格样式，该样式的效果出现在"预览"窗口，如果要对该样式进行修改，单击"修改"按钮，在打开的"修改样式"对话框中进行修改。单击"确定"按钮。将选定的样式应用于当前表格。

要取消自动套用格式，可以在"表格样式"列表框选择"普通表格"。

此外，单击"表格自动套用格式"对话框中的"新建"按钮，还可以创建一种新的表格样式。

2. 单元格的格式设置

可以手工对表格中的单元格内容设置字符格式和段落格式，如字体、字号、颜色以及段间距、缩进和对齐方式等。单元格中的格式设置方法与对文档正文文本的格式设置方法类似。

与正文对齐方式有所区别的是，将插入点移至某个单元格内，然后点击鼠标右键，在快捷菜单的"单元格对齐方式"中有多种选项："中部两端对齐"、"中部居中"等 9 种不同的单元格对齐方式供选择。

3. 表格的对齐方式和文字环绕方式

新建一个表格时，默认的表格对齐方式是"左对齐"。用户可以根据排版需要调整表格的对齐方式。

首先将插入点移至表格内任意位置。选择"表格"菜单下的"表格属性"命令，打开"表格属性"对话框。单击"表格"选项卡，在"对齐方式"选项区选择一种对齐方式，同时可以设置表格的左缩进。在"文字环绕"选项区可以选择是否应用文字环绕方式。设置完毕，单击"确定"按钮即可。

4. 设置边框和底纹

为了美化表格，还可以给表格设置边框和底纹。

使用"边框与底纹"对话框，不仅可以设置文本和段落的边框和底纹，还可以为表格和单元格设置边框和底纹。

选定表格或单元格后，单击"格式"菜单下的"边框和底纹"命令，或使用右键快捷菜单中的"边框和底纹"命令，打开"边框和底纹"对话框，单击"边框"选项卡。

单击"边框"选项卡，"边框和底纹"对话框的右下角的"应用于"下拉框中显示"表格"或"单元格"，表示给表格或单元格设置边框。设置要添加的边框的类型、线型、颜色以及框线宽度，单击"确定"按钮。单击边框的类型中的"无"可以取消边框。

单击"边框和底纹"对话框的"底纹"选项卡，选择表格或单元格的底纹颜色及样式，单击"确定"按钮。

3.3.4 数据的计算和排序

Word 可以对表格中的数据进行一些简单的计算，如求和、求平均值等，同时支持数据的排序功能。如果要对数据进行更加复杂的计算或处理，最好先在 Excel 中进行操作，然后在 Word 中插入相应的 Excel 工作表或图表。

1. 计算

如图 3-37 所示给出一个 Word 表格的例子，下面使用 Word 提供的公式计算总分。

学生姓名	大学英语	计算机导论	总分
张三	88	80	
李四	69	78	
王五	72	78	

图 3-37　原始表格

　　首先将插入点移至张三的"总分"单元格，单击"表格"菜单下中的"公式"命令，打开"公式"对话框，如图 3-38 所示。

图 3-38　"公式"对话框

学生姓名	大学英语	计算机导论	总分
张三	88	80	168
王五	72	78	150
李四	69	78	147

图 3-39　表格的计算结果

　　"公式"输入框显示"=SUM（LEFT）"，表示计算左边数据的累加和。单击"确定"。对应的单元格中显示求和以后的数值。也可以在"公式"输入框输入计算式"=B2+C2"，计算结果是一致的。

　　按同样的方式，求出另外两位学生的总分。需要注意的是，如果选定的单元格位于一列数值的下面，Word 默认采用公式"=SUM（ABOVE）"进行计算。因此需要手工将公式修改为"=SUM（LEFT）"，然后单击"确定"。表格计算的结果如图 3-39 所示。

　　如果表格最后一列是"平均分"，则此时要修改"公式"输入框中的内容，在"粘贴函数"下拉列表框中选择"AVERAGE"函数，修改"公式"输入框中的内容为"=AVERAGE（LEFT）"，然后单击"确定"按钮即可。

　　2. 排序

　　下面使用 Word 提供的排序功能对三位学生按"总分"进行降序排序，如果出现"总分"相同的情况，则按"计算机导论"的分数进行降序排序。

　　首先将插入点移至表格内。单击"表格"菜单下中的"排序"命令，打开"排序"对话框，如图 3-40 所示。

　　在"主要关键字"下拉框中选择"总分"，类型为"数字"，"降序"排列。在"次要关键字"下拉框中选择"计算机导论"，类型为"数字"，"降序"排列。在"列表"选项区选择"有标题行"。然后单击"确定"。表格的排序结果，如图 3-41 所示。

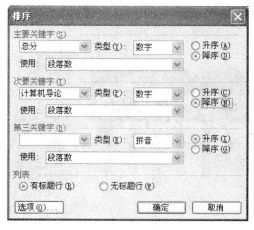

图 3-40　"排序"对话框

产品名称	第 1 季度	第 2 季度	总销售额
产品 C	12.2	14.9	27.1
产品 A	12.4	14.7	27.1
产品 B	11.8	13.5	25.3

图 3-41　表格的排序结果

3.4　图 文 混 排

　　在文档中加入图片可以增强文档的直观性和说服力。图文混排是 Word 提供的一种特色功能，在 Word 文档中可以插入剪贴图、图形文件、自选图形、艺术字以及其他对象，使文档更加赏心悦目。

3.4.1　插入图片及图片处理

1. 插入图片
Office 剪辑库中提供了许多剪贴画图片(.wmf)供用户选择使用。除此之外，用户也可以将自己的图片资料插入到文档中。
　　(1)插入剪贴画。
　　在文档中插入剪贴画的操作步骤如下：
　　①将插入点置于要插入图片的位置；
　　②单击选择"插入"菜单中的"图片"→"剪贴画"命令，弹出"剪贴画"任务窗格；
　　③在"搜索文字"输入框内，输入图片的主题关键字；在"搜索范围"下拉列表中选择要搜索的剪贴画的收藏集；在"结果类型"下拉框中选择要搜索的文件类型为"剪贴画"；
　　④点击"搜索"按钮，将显示系统已搜索到的所有符合主题的剪贴画的预览样式，单击要插入的图片(或选择图片下拉菜单中的"插入"命令)即可。
　　(2)插入图片文件。
　　在文档中插入其他图片文件的操作步骤如下：
　　①将插入点置于要插入图片的位置；
　　②单击选择"插入"菜单中的"图片"→"来自文件"命令，打开"插入图片"对话框；
　　③选择要插入的图片文件，双击该图片文件或单击"插入"按钮。
2. 设置图片格式
如果对插入图片的外观不太满意，可以通过图片编辑调整图片的显示效果。

选定要编辑的图片，弹出"图片"工具栏，如图 3-42 所示，图 3-42 中说明了各个按钮的功能。

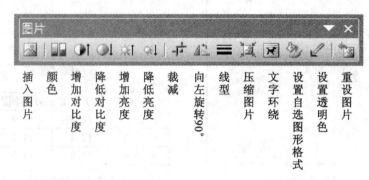

图 3-42　"图片"工具栏

(1)改变图片大小。

单击选定图片，图片的边缘上将出现 8 个控点，拖动其中任何一个控点即可放大或缩小图片。

也可以选择"格式"菜单下的"图片"命令，打开"设置图片格式"对话框，在"大小"选项卡中对图片尺寸作精确设定。

(2)裁减图片。

选定图片，单击"图片"工具栏上的"裁减"按钮，此时鼠标形状变成裁减工具，用鼠标拖动图片上的控点对图片进行裁减。

(3)添加边框和背景。

给图形添加边框和背景，可以突出显示插入的图片。首先选定图片，选择右键快捷菜单中的"设置图片格式"命令，打开"设置图片格式"对话框，如图 3-43 所示。在"颜色与线条"选项卡的"填充"选项区中设定背景的颜色、纹理和图案，在"线条"选项区中设定边框的颜色、线型、虚实和粗细，单击"确定"，为图片添加边框和背景。

也可以使用"绘图"工具栏上的"线条颜色"按钮 和"填充颜色"按钮 ，分别为图形添加边框和背景。

值得注意的是，当图片的环绕方式为"嵌入型"时，以上两种方式都无法给图片添加边框，此时应使用"格式"菜单下的"边框和底纹"命令给图片添加边框。

(4)改变图片的亮度和对比度。

选定图片，在"图片"工具栏上，单击"增加对比度"、"降低对比度"、"增加亮度"以及"降低亮度"按钮，可以调整图片的对比度和亮度。例如，当选择一幅图片做背景时，通常需要调整其对比度和亮度，使之淡化，从而不影响正文的显示。

(5)重设图片。

如果在图片编辑过程中不小心设定错误，希望还原图片，单击"图片"工具栏上的"重设图片"按钮，将撤销对图片对比度、颜色、亮度、边框或大小进行的所有更改。

(6)图片的移动、删除和复制。

可以使用鼠标拖动的方式移动图片，拖动鼠标到新位置，放开鼠标即可。

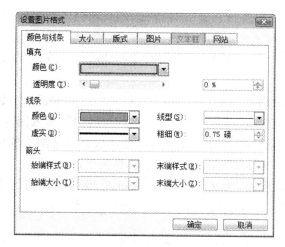

图 3-43　"设置图片格式"对话框

使用"常用"工具栏上的"剪切"、"复制"和"粘贴"按钮，或使用相应的菜单命令，或相应的快捷键，都可以对图片进行删除和复制。

(7)设置图片的文字环绕方式。

图片的文字环绕方式决定了图片与周围文字之间的显示方式。Word 中提供的文字环绕方式包括"嵌入型"、"四周型环绕"、"紧密型环绕"、"衬于文字下方"、"浮于文字上方"、"上下型环绕"和"穿越型环绕"。Word 默认为"嵌入型"，可以通过选择"工具"菜单的"选项"命令，在"编辑"选项卡中修改"图片插入/粘贴方式"列表框的选项，来改变 Word 默认的文字环绕方式。

选定图片，单击"图片"工具栏上的"文字环绕"按钮，在下拉列表中选择一种环绕方式。

值得注意的是，如果图片或对象在绘图画布上，则应选定绘图画布，对绘图画布设置文字环绕方式。

3. 设置背景图片

可以给文档中的页面或页面中部分文本添加图片背景，增强视觉效果。

(1)在正文中设置背景图片。

在正文中设置背景图片，一般步骤如下：

①首先在文档中插入图片文件。

②调整图片到适合的大小，并设置图片的文字环绕方式为"衬于文字下方"。

③调整图片的对比度和亮度：单击"降低对比度"、"增加亮度"按钮，可以根据显示效果决定点击按钮的次数。

④将背景图片移置适当的位置。这样，背景图片就设置好了。

(2)在页楣/页脚中添加图片。

如果希望一篇文档中的页楣/页脚处有图片显示，例如，将企业的 LOGO 作为文档的页楣。操作的方法也与正文插入图片的方法一样，不同的是，在页楣编辑区中插入图片对象。

（3）文档的所有页面设置背景图片。

选择菜单"格式"→"背景"→"填充效果"命令，打开"填充效果"对话框，如图 3-44 所示。选择其中的"图片"选项卡，单击"选择图片"按钮，可以选择一个图片文件作为整个文档的背景图片。这样的背景图片满铺当前文档的所有页面。

（4）设置背景水印。

选择菜单"格式"→"背景"→"水印"命令，打开"水印"对话框，如图 3-45 所示。

选中"图片水印"单选项，点击"选择图片"按钮，打开"插入图片"对话框，选择作为水印的图片文件，单击"插入"回到"水印"对话框。根据所选图片的尺寸决定是否缩放及缩放的比例，选择图片是否以"冲蚀"效果显示，然后单击"确定"。

在"水印"对话框中还可以为文档设置文字水印，例如对一份保密文档设置文字水印"公司绝密"，则该文档的所有页面背景都将显示该文字水印。

图 3-44　"填充效果"对话框

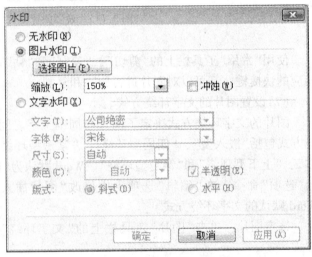

图 3-45　"水印"对话框

（5）设置主题。

主题是一套统一的设计元素和颜色方案。选择"格式"菜单下的"主题"命令，可以为文档设置一种主题。主题中的背景也随之应用到了文档中。

3.4.2　绘制图形

在编辑文档时，还可以利用 Word 提供的自选图形和绘图功能绘制一些简单的图形。单击"常用"工具栏中的"绘图"按钮，或选择菜单"视图"→"工具栏"→"绘图"命令，打开"绘图"工具栏，如图 3-46 所示。使用该工具栏，填充图形颜色、添加文字、三维处理、增加修饰等，可以达到很好的效果。

1. 绘制图形

单击工具栏上"自选图形"下拉列表框，选择一种自选图形，此时在编辑区出现一块画布，且鼠标指针变为十字形。按住鼠标左键并拖动到结束处，松开鼠标左键，即可绘制出所选图形。在画布外任意处单击或按 Esc 键，退出绘图状态。

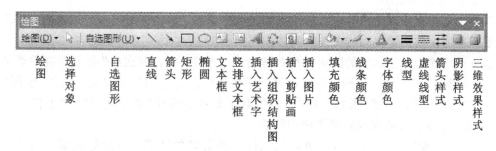

图 3-46 "绘图"工具栏

绘图画布是一个图形编辑区域，可以在该区域上绘制多个图形。绘制图形时，最好使用绘图画布。其优点是：所有的形状都将包含在绘图画布内，因此它们可以作为一个整体移动和调整大小。如果不想将多个图形包含在画布中，可以取消"自动创建画布"功能，方法是：选择菜单"工具"→"选项"命令，打开"选项"对话框，在"常规"选项卡中清除"插入'自选图形'时自动创建画布"复选框即可。

2. 编辑图形

绘制图形之后，可以对其进行编辑，使图形更加符合文档需要或更加美观。以下简单介绍几种编辑功能：

(1)在图形中添加文字和设置文字格式。

①选定图形，单击鼠标右键打开快捷菜单，选择"添加文字"命令。

②输入相应的文字内容，进行文字格式设置。

③然后在图形外任意处单击，退出添加文字。为所有的图形添加文字，并统一设置文字的格式。

(2)对齐图形。

如果希望将多个图形整齐排列，可以使用"绘图"工具栏中的快速对齐功能，操作方法如下：

①单击"绘图"工具栏中的"选择对象"按钮，选定需要对齐的多个图形对象。

②再单击"绘图"工具栏中的"绘图"按钮，弹出的下拉菜单中选择"对齐或分布"命令。

③选择所需的对齐方式即可。

(3)组合图形。

可以把多个图形组合成一个大图形，这项功能在绘制流程图时很有用。

如果绘制的多个图形不在绘图画布中，而又需要将这些对象作为整体作移动、旋转或缩放等操作时，便需要将这些图形组合成一个图形对象。操作方法如下：

首先选定所有的对象：单击"绘图"工具栏中的"选择对象"按钮，将鼠标移动到所有图形的左上角，然后按住左键拖动鼠标到所有图形的右下角，使所有图形对象均被选中。

此时鼠标指针为四向箭头，单击鼠标右键，选择快捷菜单中"组合"命令级联菜单下的"组合"子命令，或选择"绘图"工具栏中的"绘图"按钮下的"组合"命令，将所有图形组合成一个整体；选择"取消组合"子命令则取消组合操作。

(4)图形的叠放次序。

当多个图形对象发生重叠时，后生成的图形总是置于其他图形之上，可以通过修改图形的叠放次序调整图形之间的关系。具体操作如下。

首先选中希望置于顶层的图形，在右键快捷菜单中的“叠放次序”命令的级联菜单中选择“置于顶层”子命令，所选图形就调整到了最顶层，完整的显示出来。选择“绘图”工具栏中的“绘图”按钮下的“叠放次序”，在级联子菜单中选择“置于底层”、“上移一层”、“下移一层”命令，也能完成叠放次序的调整。

利用 Word 提供的绘图工具栏可以绘制许多种类型的图形，如绘制椭圆、箭头、星形、旗帜、标注等，并可以对绘制的图形设置图形的填充颜色、线条(边框)颜色、线型等细致的格式设置，此处不再一一介绍。

3.4.3 插入其他对象

1. 插入文本框

有时文档中的某些内容可能希望放置在页边距之外，此时可以利用 Word 提供的文本框将对象定位到页面的任意位置。文本框可以理解为一种可移动、可调大小的文字或图形容器。使用文本框，可以在一页上放置数个文字块；或使文字按与文档中其他文字不同的方向排列。

在“绘图”工具栏上，单击“文本框”(或“竖排文本框”)。此时鼠标指针变为十字形。在文档中需要插入文本框的位置单击或拖动，就插入了一个矩形的文本框。此时插入点在文本框中闪动，可以输入文本、复制文本或插入图形对象，如图 3-47 所示为向文本框内复制文本块的示例。

可以使用“绘图”工具栏上的工具按钮来增强文本框的效果，例如更改其填充颜色、边框等，对文本框的设置与处理其他图形对象是一样的。

需要指出的是，利用文本框进行页面布局时，有时不希望显示出文本框的边框，此时先选中文本框，然后打开“绘图”工具栏上的“线条颜色”按钮的下拉列表，选择“无线条颜色”。

黄鹤楼

[唐]崔颢

昔人已乘黄鹤去，此地空余黄鹤楼。
黄鹤一去不复返，白云千载空悠悠。
晴川历历汉阳树，芳草萋萋鹦鹉洲。
日暮乡关何处是？烟波江上使人愁。

图 3-47 文本框示例

2. 插入艺术字

使用“绘图”工具栏上的“插入艺术字”按钮，可以插入装饰文字。可以创建带阴影的、扭曲的、旋转的和拉伸的文字，或按预定义的形状创建艺术字。艺术字通常作为文本中的标题。需要指出的是，艺术字属于图形对象。

插入艺术字的操作方法如下：

(1) 首先定位插入点到要插入艺术字的位置；

(2) 选择"绘图"工具栏上的"插入艺术字"按钮，或使用"插入"菜单中的"图片"→"艺术字"命令，打开"艺术字库"对话框，如图 3-48 所示。

图 3-48　"艺术字库"对话框

(3) 选择所需的艺术字效果，单击"确定"按钮，在打开的"编辑'艺术字'文字"对话框中，键入要显示的文字，并设定字体、字号等格式。单击"确认"按钮。

插入艺术字后，如果对生成的效果不满意，可以利用"艺术字"工具栏对艺术字进行修改。

3.5　打印预览及打印

3.5.1　打印预览

在正式打印之前，通常应按照设置好的页面格式进行打印预览，以查看最后的打印效果，这样做可以节省时间和纸张。单击工具栏上的"打印预览"按钮，或选择"文件"菜单中的"打印预览"命令，文档转入预览窗口，同时出现"打印预览"工具栏，如图 3-49 所示。打印预览窗口中的工具栏上按钮的功能说明如下：

打印：以设定方式打印当前文档；

放大镜：单击该按钮后，将鼠标指针移到需要查看的文档处，指针变为一个放大镜，单击鼠标可以将文档的内容放大显示；

单页：在屏幕中每次显示一页；

多页显示：在屏幕中每次显示多页；

图 3-49 "打印预览"工具栏

显示比例：选择预览文档的显示比例；

标尺：单击该按钮，可以显示或隐藏标尺；

缩至整页：将文档放在同一页内，以免最后一页内容很短；

全屏显示：在全屏显示和正常显示两种状态间切换；

关闭：关闭打印预览状态。

3.5.2 打印

一篇文档编辑后，除了将其保存在磁盘上，还可以将其打印输出。打印的方法有四种：

(1)单击常用工具栏上的"打印"按钮，打印整个文档。

(2)在打印预览窗口中，单击"打印"按钮直接打印整个文档。

(3)按 Ctrl+P 键，弹出"打印"对话框，如图 3-50 所示。

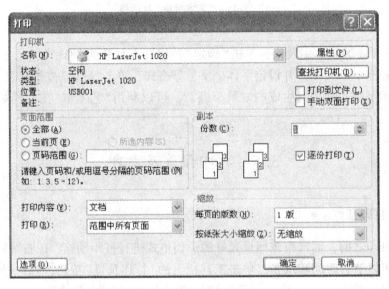

图 3-50 "打印"对话框

(4)单击菜单"文件"→"打印"命令，出现"打印"对话框。

如果不想将整个文档都打印出来，就只能使用后两种方法。在打印对话框中进行相关的设置，可以设置各种打印方式：

(1)在打印机"名称"框中选择用于打印操作的打印机名称。打印机的名称必须与实际使用的打印机类型相符。

（2）在"页面范围"下指定文档需打印的范围。如果选择"当前页"，则打印出光标所在页；如果只要打印文档中被选择的内容，可以选择"选定的内容"；如果要打印指定页码中的内容，则单击"页码范围"选项，然后输入页码或页码范围。

（3）在"副本"框内可以指定打印的"份数"及是否"逐份打印"。在"份数"栏中输入或选择份数就可以打印多份。如果选择逐份打印，在多份打印时，打印顺序为第一份的第一页，第一份的第二页，……，第二份的第一页，第二份的第二页，……，如果不设置逐份打印，打印顺序为所有份的第一页，所有份的第二页，……，依次类推。

（4）在"打印内容"下拉列表框中可以选择需要打印的内容。

（5）在"打印"列表框中有 3 个选项：范围中所有页面、奇数页和偶数页。

（6）在"缩放"下的"按纸张大小缩放"，可以选择将文档内容缩放到指定的纸张大小。

本 章 小 结

本章介绍的是 Microsoft Office2003 中用于文字编辑的 Word 组件。首先，介绍 Word 窗口等基本知识，文档的建立、保存、打开等常用操作，详细讲解了文档内文本的输入和不同的编辑方法；叙述了视图的概念和种类，编辑字符格式、编辑段落格式的常用操作；介绍了样式与模板、以及页面排版的具体操作；举例讲解了创建表格的方法以及编辑表格；借用图文混排的效果来美化文档；最后，介绍了打印预览工具栏和打印对话框。通过本章的学习，读者可以在 Word 下完成创建文档，输入表格，图文混排，页面设置及打印一系列的任务。

练 习 题 3

一、单项选择题

1. Word 的文档以文件形式存放于磁盘中，其文件的默认扩展名为＿＿＿＿＿＿＿＿＿。

A. TXT　　　　　　B. EXE　　　　　　C. DOC　　　　　　D. SYS

2. 在 Word 中，选定文档内容之后，单击工具栏中的"复制"按钮，是将选定的内容复制到＿＿＿＿＿＿＿＿＿。

A. 指定位置　　　B. 另一个文档中　C. 剪贴板　　　　D. 磁盘

3. 在 Word 中，如果要选定较长的文档内容，可以先将光标定位于其起始位置，再按住＿＿＿＿＿＿＿＿＿键，单击其结束位置即可。

A. Ctrl　　　　　　B. Shift　　　　　　C. Alt　　　　　　D. Ins

4. 如果 Word 表格中某行单元格的高度不合适，可以利用＿＿＿＿＿＿＿＿进行调整。

A. 水平标尺　　　B. 滚动条　　　　　C. 垂直标尺　　　　D. 表格自动套用格式

5. 在 Word 中，与打印机输出完全一致的显示视图称为＿＿＿＿＿＿＿＿视图。

A. 普通　　　　　　B. 大纲　　　　　　C. 页面　　　　　　D. 主控文档

6. 下面选项中说法不正确的是＿＿＿＿＿＿＿＿＿。

A. Word 文件存为文本文件格式，原来文件中的格式将丢失

B. 可以通过单击 Word 工具栏中的"保存"按钮，把 Word 文件存盘为其他格式

文件

    C. 可以通过 Word 菜单项"文件"中的"另存为"，把 Word 的文件另存成其他格式的文件

    D. 在 Word 中也可以对打印机进行设置

7. 在 Word 的编辑状态，共新建了两个文档，没有对这两个文档进行"保存"或"另存为"操作，则_____。

    A. 两个文档名都出现在"文件"菜单中

    B. 两个文档名都出现在"窗口"菜单中

    C. 只有第一个文档名出现在"文件"菜单中

    D. 只有第二个文档名出现在"窗口"菜单中

8. 对于打印预览，下面说法错误的是_____。

    A. 并不能完全显示打印后的效果

    B. 可以一次查看多页

    C. 可以全屏显示以便更好查看文档效果

    D. 可以在打印预览时编辑原文档

9. 用户可以利用"表格"菜单的"排序"命令对表格中的数据按_____关键字进行排序。

    A. 列   B. 行   C. 标题   D. 单元格

10. 在 Word 的编辑状态，文档窗口只显示出水平标尺，则当前的视图方式_____视图。

    A. 一定是普通   B. 一定是页面

    C. 一定是普通视图或 Web 版式   D. 一定是大纲

11. 用快捷键退出 Word 的方法有_____。

    A. Ctrl+F4   B. ALT+F4   C. SHIFT+F4   D. ESC

12. 下面关于 Word 中表格操作的说法不正确的是_____。

    A. 可以通过标尺调整表格的行高和列宽

    B. 可以将表格中的一个单元格拆分成若干个单元格

    C. Word 提供了绘制斜线表头的功能

    D. 不能用鼠标调整表格的行高和列宽

13. 在 Word 中制作表格，其列宽可以使用_____进行调整。

    A. 平均分布列宽   B. 根据窗口大小

    C. 根据内容   D. 以上选项均可以

14. 在 Word 的编辑状态，执行编辑菜单中"复制"命令后，_____。

    A. 所选择的内容被复制到插入点处

    B. 所选择的内容被复制到剪贴板

    C. 插入点所在的段落内容被复制到剪贴板

    D. 光标所在的段落内容被复制到剪贴板

15. 在 Word 的编辑状态，执行编辑命令"粘贴"后_____。

    A. 将文档中所选择的内容复制到当前插入点处

　　B. 将文档中所选择的内容移到剪贴板

　　C. 将剪贴板中的内容移到当前插入点处

　　D. 将剪贴板中的内容拷贝到当前插入点处

16. 在 Word 中"打开"文档的作用是_____。

　　A. 将指定的文档从内存中读入，并显示出来

　　B. 为指定的文档打开一个空白窗口

　　C. 将指定的文档从外存中读入，并显示出来

　　D. 显示并打印指定文档的内容

17. 在 Word 的编辑状态，设置了标尺，可以同时显示水平标尺和垂直标尺的视图方式是_____。

　　A. 普通方式　　　　B. 页面方式　　　　C. 大纲方式　　　　D. 全屏显示方式

18. 设定打印纸张大小时，应当使用_____命令。

　　A. 文件菜单中的"打印预览"　　　　　B. 文件菜单中的"页面设置"

　　C. 视图菜单中的"工具栏"　　　　　　D. 视图菜单中的"页面"

19. 如果想在 Word 主窗口中显示图片工具栏，应当使用_____菜单。

　　A. "工具"　　　　B. "视图"　　　　C. "格式"　　　　D. "窗口"

20. 在 Word 编辑状态，包括能设定文档行间距命令的菜单是_____菜单。

　　A. "文件"　　　　B. "窗口"　　　　C. "格式"　　　　D. "工具

21. 在 Word 的编辑状态，文档窗口显示出水平标尺，拖动水平标尺上沿的"首行缩进"滑块，则_____。

　　A. 文档中各段落的首行起始位置都重新确定

　　B. 文档中被选择的各段落首行起始位置都重新确定

　　C. 文档中各行的起始位置都重新确定

　　D. 插入点所在行的起始位置被重新确定

22. 在 Word 的编辑状态，被编辑文档中的文字有"四号"、"五号"、"16"磅、"18"磅四种，下列关于所设定字号大小的比较中，正确的是_____。

　　A. "四号"大于"五号"　　　　　　　　B. "四号"小于"五号"

　　C. "16"磅大于"18"磅　　　　　　　　D. 字的大小一样，字体不同

23. 在 Word 编辑状态，可以使插入点快速移到文档首部的组合键是_____。

　　A. Ctrl+Home　　　B. Alt+Home　　　C. Home　　　　D. PageUp

24. 在 Word 编辑状态中，实现粘贴操作的组合键是_____。

　　A. Ctrl+A　　　　B. Ctrl+C　　　　C. Ctrl+P　　　　D. Ctrl+V

25. 在 Word 编辑状态，选择了一段落并设置段落的"首行缩进"为 1cm，则_____。

　　A. 该段落的首行起始位置距页面的左边距 1cm

　　B. 文档中所有段落的首行起始位置距页面的左边距 1cm

　　C. 该段落的首行起始位置距段落的"左缩进"位置的右边 1cm

　　D. 该段落的首行起始位置在段落"左缩进"位置的左边 1cm

26. 在 Word 编辑状态下，对于选定的文字不能进行的设置是_____。

　　A. 加下划线　　　B. 加着重号　　　C. 动态效果　　　D. 自动版式

27. 在 Word 中创建表格不应该使用的方法是_____。

    A. 用绘图工具画一个   B. 使用工具栏按钮创建

    C. 使用菜单命令创建   D. 使用"表格和边框"工具栏绘制表格

28. 关于分栏操作的说法，正确的是_____。

    A. 可以将指定的段落分成指定宽度的两栏

    B. 任何视图下均可以看到分栏效果

    C. 设置的各样宽度和间距与页面宽度无关

    D. 栏间不可以设置分隔线

29. 在 Word 的文档中要插入复杂的数学公式，在"插入"菜单中应选择的命令是_____。

    A. 符号   B. 图片   C. 文件   D. 对象

30. 在 word 的编辑状态，可以显示页面四角的视图方式是_____。

    A. 普通视图方式   B. 页面视图方式   C. 大纲视图方式   D. 任意视图方式

31. 在 Word 中，如果要使文档内容横向打印，在"页面设置"中选择的标签是_____。

    A. 文档网格   B. 纸张   C. 版式   D. 页边距

32. 在 Word 的编辑状态，按先后顺序依次打开了 d1.doc、d2.doc、d3.doc、d4.doc 四个文档，当前的活动窗口是_____文档的窗口。

    A. d1.doc   B. d2.doc   C. d3.doc   D. d4.doc

33. 在 Word 的编辑状态，执行两次"剪切"操作，则剪贴板中_____。

    A. 仅有第一次被剪切的内容   B. 仅有第二次被剪切的内容

    C. 有两次被剪切的内容   D. 内容被清除

34. 在 Word 的编辑状态，选择了当前文档中的一个段落，进行"清除"操作（或按 Del 键），则_____。

    A. 该段落被删除且不能恢复

    B. 该段落被删除，但能恢复

    C. 能利用"回收站"恢复被删除的该段落

    D. 该段落被移到"回收站"内

35. 在 Word 中，选定文档内容之后，单击工具栏中的"复制"按钮，是将选定的内容复制到_____。

    A. 指定位置   B. 另一个文档中   C. 剪贴板   D. 磁盘

36. 在 Word 中，选定文档某行内容后，使用鼠标拖动方法将其移动时，配合的键盘操作是_____。

    A. 按住 Ctrl 键   B. 按住 Shift 键   C. 按住 Alt 键   D. 不做操作

37. 下面能准确选定一个句子的是_____。

    A. 按住 Ctrl 键单击句子   B. 从句首拖动鼠标到句尾

    C. 双击句子   D. 利用 Shift 键和光标键选定

38. 以下_____关于 Word 查找功能的描述是错误的。

    A. 可以查找指定格式的文字

    B. 不能查找类似回车符等一些特殊字符

    C. 支持通配符功能

D. 可以选择在全篇文档中查找

39. 在 Word 的编辑状态，连续进行两次"插入"操作，再单击一次"撤销"按钮后，则_____。

A. 两次"插入"的内容全部取消

B. 将第一次"插入"的内容取消

C. 将第二次"插入"的内容取消

D. 两次"插入"的内容都不取消

40. 进入 Word 后，打开了一个已有文档 w1.doc，又进行了"新建"操作，则_____。

A. w1.doc 被关闭　　　　　　　B. w1.doc 和新建文档均处于打开状态

C. "新建"操作失败　　　　　　D. 新建文档被打开但 w1.doc 被关闭

41. 在 Word 表格中，如果将两个单元格合并，原有两个单元格的内容_____。

A. 不合并　　　B. 完全合并　　　C. 部分合并　　　D. 有条件地合并

42. 下列关于制表符的描述中，_____是正确的。

A. 按"Tab"键，光标移动到下一个制表位

B. 制表位符号出现在状态栏中

C. 单击水平标尺左端的制表符按钮可以改变其类型

D. 在 Word2000 中有五种制表位

43. 在 Word 的编辑状态，要在文档中添加符号"≥"，应该使用_____菜单中的命令。

A. "文件"　　　B. "编辑"　　　C. "格式"　　　D. "插入"

44. 在 Word 的编辑状态，对已经输入的文档设置首字下沉，需要使用的菜单是_____。

A. "文件"　　　B. "编辑"　　　C. "格式"　　　D. "插入"

45. 在 Word 的编辑状态，文档窗口显示出水平标尺，拖动水平标尺上沿的"左缩进"滑块，则_____。

A. 文档中各段落的左边界位置都重新确定

B. 文档中被选择的各段落左边界位置都重新确定

C. 文档中各行的左边界都重新确定

D. 插入点所在行的左边界被重新确定

46. 在 Word 的编辑状态，选择了整个表格，执行了表格菜单中的"删除行"命令，则_____。

A. 整个表格被删除　　　　　　B. 表格中一行被删除

C. 表格中一列被删除　　　　　D. 表格中没有被删除的内容

47. 关于"表格自动套用格式"命令，说法正确的是_____。

A. 光标必须在表格中"表格自动套用格式"命令才有效

B. "表格自动套用格式"命令在"格式"菜单中

C. "表格自动套用格式"命令在"表格"菜单中

D. 一旦应用了"表格自动套用格式"命令，表格的格式就不能被其他命令修改

48. 在 Word 的编辑状态，选择了文档全文，若将行距设置为 20 磅的格式，应当选择"行距"列表框中的_____。

A. 单倍行距　　　B. 1.5 倍行距　　C. 固定值　　　　D. 多倍行距

49. 在 Word 的表格操作中，计算求和的函数是_____。

A. Count　　　　　B. Sum　　　　　C. Total　　　　　D. Average

50. 以下关于 Word 的打印功能，描述不正确的是_____。

A. 打印时，不能切换到其他窗口

B. 打印时，可以切换到其他窗口

C. 可以选择打印文档的一部分

D. 可以选择按纸型进行缩放

二、操作题

1. 将以下素材按要求排版。

(1)将标题段(珍爱生命)设置为小二号、蓝色、阴影、黑体、倾斜、居中、字符间距加宽 2 磅，并为文字添加黄色边框；

(2)将其他段落分为等宽的两栏，栏宽为 18 个字符，栏间加分隔线；

(3)选择一幅图片，设置为文档背景图片。

素材：

珍爱生命：

珍爱生命，要学会善待自己，学会放飞自己，让自己更贴近自然。生活中有许多有趣的事，生命中有许多美好的东西，我们完全可以尝试着去做自己喜欢的事。踢踢球、上上网，与朋友去郊游，去大海里游泳，去小溪边钓鱼，去看看喜剧片，去爬喜欢的山，去看看飞瀑，去听听涛声，……，那么多的事等着我们去做，那么多开心的活动需要我们参与。我们奔跑，我们跳跃，我们欢笑，我们歌唱，这一份美好，皆因有了生命。

珍爱生命，要让自己的生命有所价值。充实自己、提高自己，为了人生的充实，为了生命的完美，你没有理由不努力，让生命因奋斗而精彩。

珍爱生命，还要学会以一颗平常心对待生活，适时调整自己的心态，平静地面对生活中的一切。

2. 按要求创建表格。

(1)在新文档中建立如表 3-4 所示表格：

表 3-4

书　　名	作　　者	出版社
ASP 应用大全	廖信彦	清华大学出版社
网页制作简介	张　明	电子工业出版社
电子商务实践	李　华	中国金融出版社
实用公关英语	王明强	海南出版社
英语语法教程	杨依莛	学苑出版社

（2）在表格第四行的后面插入一新行，内容如下：

计算机应用基础	张靖	电子工业出版社

（3）在表格最后一列的后面再增加一个单价列，数据如下：

单价
65
20
30
25
26
40

（4）删除表格的第二行；

（5）将位于表格第三行第二列和单元格的内容改为"赵平平"；

（6）交换表格中第三和第四行的内容；

（7）将表格行高设为 22 磅，列宽设为最适合的宽度；

（8）使表格各单元格中文字在水平方向、垂直方向都居中；

（9）使整个表格在页面上水平居中；

（10）将表格的第二列改为如下的内容，行高仍为 22 磅，列宽仍为最适合的宽度。

第4章　电子表格软件 Excel

4.1　概　　述

Excel 是 Office 组件中的电子表格软件，用于创建和维护电子表格，处理数据和制作报表。用户只要将数据输入到按规律排列的单元格中，便可以依据数据所在单元格的位置，利用公式进行算术和逻辑运算，分析汇总各单元格中的数据信息，并且可以把相关数据用各种统计图的形式直观地表示出来。

本章以 Excel2003 为操作平台，向读者介绍 Excel 的主要特点、窗口的组成、对表格的基本操作以及数据清单、数据透视表等操作。

4.1.1　Excel 的启动、退出

1. Excel 的启动

在 Windows 系统下启动 Excel 电子表格软件，有多种方法。

(1)在 Windows 平台下，依次单击"开始"→"所有程序"→"Microsoft Office Excel 2003"选项，可以启动 Excel2003，系统打开 Excel 工作窗口，如图 4-1 所示。

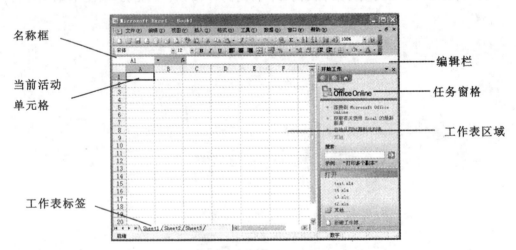

图 4-1　Excel2003 窗口界面

(2)在 Windows 平台下，依次单击"开始"→"运行"，系统弹出"运行"对话框，在"运行"对话框的"打开"文本框中，输入要运行的程序名"Excel"，按下确定按钮，系统启动

Excel2003，打开 Excel 工作窗口。

（3）若在一个文件夹内存在一个扩展名为".xls"的电子表格文件，这类文件又称为 Excel 的工作簿，双击该工作簿文件，系统将启动 Excel 并在 Excel 的工作窗口打开该工作簿。

（4）若 Windows 操作系统的桌面上或其他文件夹中存在 Excel 的快捷方式图标，双击该图标也可以完成启动 Excel 的操作。

2. Excel 的退出

Excel 的退出方式与 Windows 中其他应用程序的退出方式基本相同，常见的退出方法如下：

（1）在 Excel 2003 的操作界面中选择"文件"→"退出"命令；

（2）单击 Excel 2003 操作界面中标题栏右侧的"关闭"按钮；

（3）按下 Alt+F4 键；

（4）双击标题栏左侧的图标，或单击该图标在弹出的快捷菜单中选择"关闭"命令。

若正在编辑的工作簿中数据已被修改，退出前系统将提示是否保存修改的内容，用户可以根据实际需要来回答。

4.1.2　Excel 窗口的结构

启动 Excel 后，标题栏、菜单栏、工具栏、编辑区、滚动条、状态栏与 Word 窗口的组成部分基本相同，以下介绍 Excel2003 窗口中特有的元素。

1. 编辑栏

编辑栏是用来输入或编辑单元格或图表的值或公式，编辑栏可以显示或修改活动单元格使用的数据或公式。编辑栏左边的名称框，显示活动单元格的名称。

2. 工作表区域

工作表区域位于编辑栏下方，占据窗口的大部分，用来记录和显示数据。

3. 工作表标签

工作表标签用来标识工作簿中不同的工作表，用鼠标点击可以快速进行工作表之间的切换。

4. 任务窗格

像所有的 Office 程序一样，Excel 使用任务窗格来帮助用户更有效地工作。任务窗格总有一个能描述其中内容的标题。任务窗格将最常用的任务组与工作簿一起显示在窗格中，可以随时关闭。许多 Excel 命令都自动调用任务窗格，因此任务窗格经常会自动出现。

4.1.3　工作簿、工作表、单元格

启动 Excel 后，系统打开 Excel 工作窗口并自动建立一个名为 Book1 的工作簿文件，同时生成三个工作表，工作表名依次为 Sheet1、Sheet2 和 Sheet3，其中 Sheet1 为当前活动工作表，工作表由若干单元格组成。在 Excel 中，最基本的概念是工作簿、工作表和单元格。

1. 工作簿

所谓工作簿是指在 Excel 中用来保存并处理工作数据的文件，工作簿的扩展名是 XLS。一个工作簿通常包含若干个工作表，最多可达 255 个。Excel 启动后，在默认情况下，用户看到的是名称为"Book1"的工作簿。

2. 工作表

工作簿中的每一张表称为工作表。如果把一个工作簿比做一个账簿，一张工作表就相当于账簿中的一页。每张工作表都有一个名称，显示在工作表标签上，在前面的图 4-1 中可以看到，新建的工作簿文件会同时新建三张空工作表，默认的名称依次为 Sheet1、Sheet2、Sheet3，用户可以根据需要增加或删除工作表。每张工作表最多可达 65 536 行和 256 列，行号的编号自上而下从"1"到"65 536"，列号则由左到右采用字母"A"，"B"，…，"Z"，"AA"，"AB"，…，"AZ"，…，"IA"，"IB"，…，"IZ"作为编号。

3. 单元格

工作表中的每个格子称为一个单元格，单元格是工作表的最小单位，也是 Excel 用于保存数据的最小单位。每一个单元格的位置（坐标）由交叉的列名、行号表示，称为单元格地址，如 A1，D2，X20，…。单元格中输入的各种数据，可以是一组数字、一个字符串、一个公式，也可以是一个图形或一个声音等。

用户单击单元格，可以使其成为活动单元格。活动单元格四周有一个粗黑框，右下角有一黑色填充柄，如图 4-2 所示。

图 4-2　填充柄

Excel 具有连续填充的性质，利用填充柄可以填充一连串有规律的数据而不必一个一个地输入这些数据。

4.2　Excel 的基本操作

Excel 的功能十分强大，其一个基本功能就是对电子表格的处理与运算。在日常工作和生活中经常能够见到许多报表，用以对各种业务数据进行统计、汇总。图 4-3 显示了一个常见的数据表。

在使用 Excel 制作表格前，首先应了解 Excel 的数据类型和格式，掌握 Excel 的基本操作。

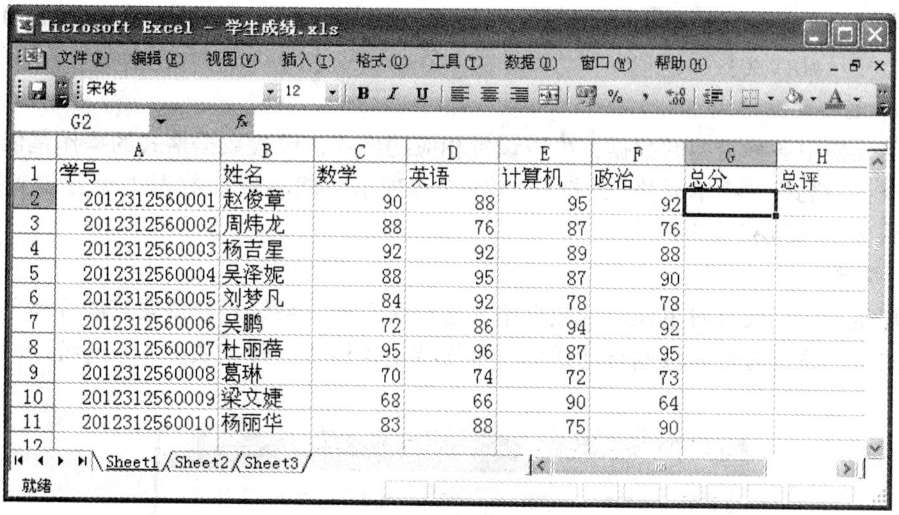

	A	B	C	D	E	F	G	H
1	学号	姓名	数学	英语	计算机	政治	总分	总评
2	2012312560001	赵俊章	90	88	95	92		
3	2012312560002	周炜龙	88	76	87	76		
4	2012312560003	杨吉星	92	92	89	88		
5	2012312560004	吴泽妮	88	95	87	90		
6	2012312560005	刘梦凡	84	92	78	78		
7	2012312560006	吴鹏	72	86	94	92		
8	2012312560007	杜丽蓓	95	96	87	95		
9	2012312560008	葛琳	70	74	72	73		
10	2012312560009	梁文婕	68	66	90	64		
11	2012312560010	杨丽华	83	88	75	90		
12								

图 4-3　学生成绩表

4.2.1　数据类型与格式

Excel 2003 中，单元格可以存储的数据有不同的类型，根据对数字格式设置的不同，又可以表示为数值、日期与时间、百分比、货币、科学记数等形式。

1. 单元格数据类型

单元格中保存的数据有四种类型，它们是文本、数字、逻辑值和出错值。

(1)文本。

单元格中的文本可以是键盘上的西文字符、数字、汉字等的组合，这类值称为字符型数据。字符型数据在单元格中自动左对齐。

(2)数字。

数字值可以是日期、时间、货币、百分比、分数、科学计数等形式，这些数据可以由数字字符 0~9、+、-、(、)、E、e、%、.、$、¥ 组成，这类数据称为数值型数据。数值型数据可以是整数、分数或小数。数值型数据在单元格中自动右对齐。

日期和时间也是数字。输入日期时，可以使用斜杠“/”或连字符“-”作分隔符，其格式有“月-日-年等数种；输入时间时，使用冒号“:”作分隔符。其格式有“时、分、秒”等数种。

24 小时时钟是 Excel 的缺省时间显示方式，例如：18：10。如果要使用 12 小时时钟显示时间，则需键入 am 或 pm。例如：6：10pm。若使用 a 或 p 来替代 am 或 pm，则在时间与字母之间必须包括一个空格。

可以在同一单元格中既输入日期又输入时间。日期和时间用空格分隔。

(3)逻辑值。

在单元格中可以输入逻辑值 True 和 False。逻辑值经常用于书写条件公式，一些公式也返回逻辑值。

（4）出错值。

在使用公式时单元格中可能给出出错的结果。例如，在公式中让一个数除以 0，单元格中就会显示#DIV/0！出错值。

2. 单元格数据格式

对单元格中各种类型的数据，可以设置相应的格式，设置数据格式的操作是依次单击菜单命令："格式"→"单元格"，打开"数字"选项卡，然后选择数据类型并设置数据格式，最后单击"确定"按钮即可。

（1）常规。

常规是当用户没有对单元格的数据格式进行设定时，系统对数据采用的处理方法。在常规形式下，系统对输入数据自动适配，不做特定的格式处理。如图 4-4 所示。

图 4-4　单元格格式（常规）

（2）货币。

货币型数据与数值型数据的区别在于前者可以自动在输入的数值前冠上货币符号，而各种不同的货币符号可以由用户选择，并且，同一列上的货币型数据 Excel 会自动给予小数点对齐。如图 4-5 所示。

（3）日期与时间。

如果对单元格中的数值设定为日期型或时间型，那么，数值 XY 的整数部分 X 表示为从 1900 年 1 月 1 日起算的第 X 天的日期，小数部分 Y 则表示从午夜 0：00 开始（不足一天）所对应的时刻。例如，数值为 3655 时，表示日期是 1900 年 12 月 31 日（1900 年为 365 天），表示时间则是中午 12：00：00（12 点 0 分 0 秒）。如此，在 Excel 中是很容易计算出两个日期之间相隔的天数的，只需将它们相减，再把结果定义为数值，则显示出来的就是天数了。如图 4-6 所示。

（4）百分比。

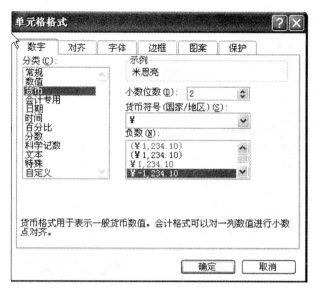

图 4-5　单元格格式(货币)

图 4-6　单元格格式(日期与时间)

在表格的数值处理中，有时用户希望将计算出来的值表示为百分数，如合格率 095 应显示为 95%；有时在输入数据时，需要输入一串百分数，如果都要临时换算成小数输入，不仅影响速度，也容易出错。这时，只要用户把单元格数据格式设置为"百分比"，上述两个问题就都可以解决了。当把单元格格式定义为"百分比"后，单元格格式所存储的数值在显示时将自动转换为百分数，如把 035 自动转换成 35%；同样，如果需要向其输入 35%，则只需键入 35 即可。如图 4-7 所示。

(5)分数。

图 4-7   单元格格式(百分比)

与百分比类似，设置分数可以将小数以分数的形式表示，如"02"表示成"1/5"等。在设置时可以设定分母是几位数(不超过)或取什么常用值(如 100 等)。要注意的是，如果分母的位数太小，显示出来的分数会不准确。如图 4-8 所示。

图 4-8   单元格格式(分数)

(6)科学记数。

科学记数就是用浮点数显示数值，如"1234567"表示成"1.234567E+06"，其中"E+06"表示"乘以 10 的正 6 次方"。注意这里的指数总是两位数，"+"号不能省去。如果输入一个 13 位(与操作系统字长有关)整数以上数值时，Excel 会自动将其显示为"科学记数"。所以，如果表格中需要处理如学号等长串数字时，应该将其定义为文本格式或自定义格式。否则将以科学计数方式显示。

（7）文本。

单元格中的文本可以是键盘上的西文字符、数字、汉字等的组合，这类值称为字符型数据。字符型数据在单元格中自动左对齐。

当用户向单元格输入带有字母(且不以"＝"作为前导)的内容时，Excel 默认将数据当做文本处理。因此，文本的设置主要应用于对长串整数数字或前置"0"号码的处理，使这些号码能正确显示。如需保存武汉市电话的区号 027，为了不丢失号码前面的"0"，应先设定单元格数字为"文本"，这样显示就正确了。

（8）特殊。

邮政编码等前置"0"号码的处理可以用特殊格式解决。如在特殊格式中设置区域为"中国"(邮政编码 6 位数)，那么，输入 52822，就会自动显示成 6 位的 052822。特殊格式还能自动将数值转化成大写或小写中文数字。例如，账册的某栏需要显示大写金额，设定为"大写中文数字"后，只需在单元格里输入"123"，Excel 就会自动将其转换为"壹佰贰拾叁"，这对财务工作十分便利。

（9）自定义。

自定义格式就是用户可以自行定义数值的表现形式，如图 4-9 所示。

图 4-9　单元格格式(自定义)

例如，某高校学生学号是 13 位编号，2012 级某班 10 人的学号依次是 2012312560001～2012312560010，如果在工作表上逐个输入这 10 个学号显然很麻烦，而且会出现系统自动将其用科学记数法表示的错误。为此，先使用以下方法对单元格数字格式设置为自定义：

选定需要输入学号的单元格区域，在"格式"菜单中选择"单元格"命令，在图 4-9 所示的单元格格式对话框中，选择"数字"选项卡，在"分类栏"选择"自定义"；在"类型"文本框内输入"201231256000"，然后单击"确定"按钮。

这样，只需在该单元格区域中依次输入 1、2、3，显示出来的却是 2012312560001、2012312560002、2012312560003、……，大大减少了工作量。

4.2.2 数据输入

单元格是保存数据的最小单位，所以在工作表中输入数据实际上是在单元格中输入，输入的方法有多种，可以在各单元格中逐一输入，也可以利用 Excel 的功能在单元格中自动填充数据或在多张工作表中输入相同数据，如在相关的单元格或区域之间建立公式或引用函数。在工作表的一个单元格内输入数据时，正文后有一条闪烁的垂直线，这条垂直线表示正文的当前输入位置。当一个单元格的内容输入完毕后，可以按方向键或回车键或 Tab 键使相邻的单元格成为活动单元格。

1. 单元格、单元格区域的选定

在输入和编辑单元格内容之前，必须先选定单元格，选定的单元格称为活动单元格。当一个单元格成为活动单元格时，单元格的边框变成黑线，其列名、行号会突出显示，用户可以看到其坐标，也可以在编辑栏左侧的名称框中看到单元格的地址。选定单元格、区域、行或列的操作如表 4-1 所示。

表 4-1　　　　　　　　　　　选定单元格、区域、行或列的操作

选定内容	操作
单个单元格	单击相应的单元格，或用方向键移动到相应的单元格。
连续单元格区域	单击选定该区域的第一个单元格，然后拖动鼠标直至选定最后一个单元格。
工作表中所有单元格	单击"全选"按钮。
不相邻的单元格或单元格区域	选定第一个单元格或单元格区域，然后按住 Ctrl 键再选定其他的单元格或单元格区域。
较大的单元格区域	选定第一个单元格，然后按住 Shift 键再单击区域中最后一个单元格，通过滚动可以使单元格可见。
整行	单击行号。
整列	单击列号。
相邻的行或列	沿行号或列标拖动鼠标。或者先选定第一行或第一列，然后按住 Shift 键再选定其他的行或列。
不相邻的行或列	先选定第一行或第一列，然后按住 Ctrl 键再选定其他的行或列。
增加或减少活动区域中的单元格	按住 Shift 键并单击新选定区域中最后一个单元格，在活动单元格和所单击的单元格之间的矩形区域将成为新的选定区域。
取消单元格选定区域	单击工作表中其他任意一个单元格。

2. 数据的输入

在 Excel 中，向单元格输入数据时，可以将输入的数据分为两种类型：常量和公式。常量是指非"="开头的单元格数据，包括数字、文字、日期、时间等；公式以等号"="开头，公式是由常量值、单元格引用、名字、函数或操作符组成的序列。若公式中引用的值发生改变，由公式产生的值也随之改变。在单元格中输入公式后，单元格将公式计算的结果显示出来。输入过程中应注意以下事项：

(1)输入汉字：当在一个单元格内输入的内容需要分段时，按 Alt+Enter 键。

(2)负数的输入可以用"−"开始，也可以用( )的形式，如(34)表示-34。

(3)日期的输入可以用"/"分隔，如1/2 表示 1 月 2 日。

(4)分数的输入为了与日期的输入加以区别，应先输入"0"和空格，如输入 0 1/2 可以得到1/2；

(5)当输入的数字长度超过单元格的列宽或超过 11 位时，数字将以科学记数的形式表示，例如(7.89E+08)，若不希望以科学记数的形式表示，则应将超过宽度的数字的格式进行定义；当科学记数形式仍然超过单元格的列宽时，屏幕上会出现"###"的符号，可以通过列宽进行调整。

(6)可用自动填充功能输入有规律的数据。当某行或某列为有规律的数据时，如 1，2，3，…，或星期一，星期二，…，可以使用自动填充功能。

数据输入的步骤如下：

(1)选中需要输入数据的单元格使其成为活动单元格；

(2)输入数据并按 Enter 键或 Tab 键；

(3)重复步骤(2)直至输入完所有数据。

3. 自动填充数据

Excel 的自动填写功能是非常方便实用的，例如表格中需要星期序列，那么只要在一个单元格中输入"星期一"，然后拖动填充柄，即可自动填上星期二，星期三，等。而且用户可以根据自己的需要来自定义序列。自定义序列可以通过单击菜单栏"工具"中的"选项"，选择"自定义序列"来实现。通过拖动单元格填充柄填充数据，可以将选定单元格中的内容复制到同行或同列中的其他单元格；也可以通过"编辑"菜单上的"填充"命令按照指定的"序列"自动填充数据。

(1)填充相同的数据。

选定同一行(列)上包含复制数据的单元格或单元格区域，对单元格区域来说，如果是纵向填充应选定同一列，否则应选定同一行；

将鼠标指针移到单元格或单元格区域填充柄上，将填充柄向需要填充数据的单元格方向拖动，然后松开鼠标，复制来的数据将填充在单元格或单元格区域内。

(2)按序列填充数据。

通过拖动单元格区域填充柄填充数据，Excel 还能预测填充趋势，然后按预测趋势自动填充数据。例如要建立学生登记表，在 A 列相邻两个单元格 A2、A3 中分别输入学号 2012312560001 和 2012312560002(注意，由于数据宽度超过了 11 位，所以要进行数据宽度的定义)，选中 A2、A3 单元格区域往下拖动填充柄时，Excel 在预测时认为这个数列满足等差数列，因此会在下面的单元格中依次填充 2012312560003、2012312560005 等值，如图 4-10 所示。

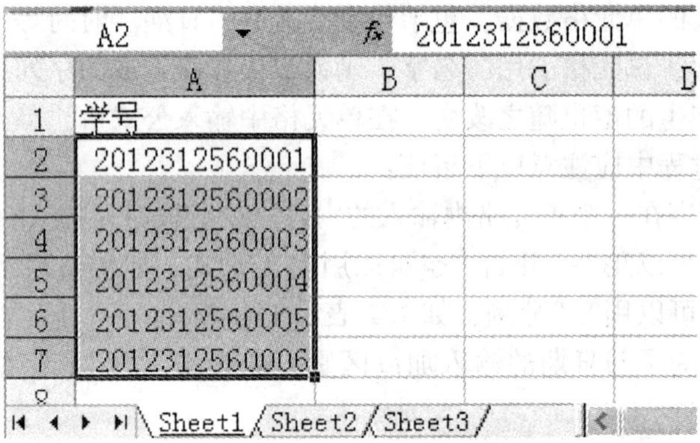

图 4-10   通过拖动单元格填充柄填充数据

在填充时还可以精确地指定填充的序列类型，其方法是：先选定序列的初始值，然后按住鼠标右键拖动填充柄，在松开鼠标按键后，会弹出快捷菜单，快捷菜单上有"复制单元格"、"以序列方式填充"、"紧填充格式"、"不带格式填充"、"等差序列"、"等比序列"、"序列"等不同序列类型，在快捷菜单上选择所需要的填充序列即可自动填充数据。

（3）使用填充命令填充数据。

通过使用填充命令填充数据，可以完成复杂的填充操作。当选择"编辑"菜单上的"填充"命令时会出现如图 4-11 所示的级联菜单，级联菜单上有"向下填充"、"向右填充"、"向上填充"、"向左填充"以及"序列"等命令，选择不同的命令可以将内容填充至不同位置的单元格，如果选定"序列"则以指定序列进行填充，"序列"对话框如图 4-12 所示。

图 4-11   "填充"级联菜单

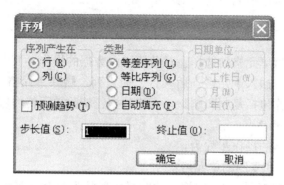

图 4-12　自定义填充序列

（4）自定义序列。

虽然 Excel 自身带有一些填充序列，但用户还可以通过工作表中现有的数据项或自己输入一些新的数据项来创建自定义序列。其操作步骤如下：

①如果已输入了将要作为填充序列的数据序列，则先选定工作表中相应的数据区域。

②在"工具"菜单上单击"选项"命令，出现选项窗口，在选项窗口上单击"自定义序列"选项卡，打开的选项卡如图 4-13 所示。

③单击"导入"按钮，即可使用选定的数据序列。如果要创建新的序列列表，应选择"自定义序列"列表框中的"新序列"选项，然后在"输入序列"编辑列表框中从第一个序列元素开始输入新的序列，每键入一个元素后，按 Enter 键，整个序列输入完毕后，单击"添加"按钮。

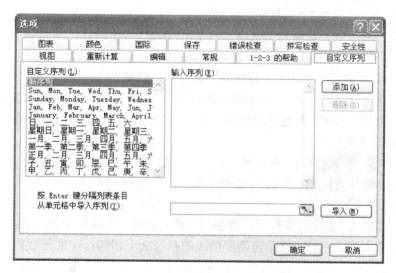

图 4-13　创建和导入自定义序列

如果要更改或删除自定义序列，则在"自定义序列"列表框中选择要更改或删除的序列。如果是更改选中的序列，则在"输入序列"编辑列表框中进行改动，然后单击"添加"

按钮。如果是要删除所选中的序列，则单击"删除"按钮。

4.2.3　编辑单元格

编辑单元格包括对单元格的选择、对单元格内数据的操作。其中，对单元格的操作包括移动和复制单元格、插入单元格、插入行、插入列、删除单元格、删除行、删除列等；对单元格内数据的操作包括复制和删除单元格数据，清除单元格内容、格式等。

1. 移动和复制单元格

移动和复制单元格的操作步骤为：

(1)选定需要移动和复制的单元格；

(2)将鼠标指向选定区域的选定框，此时鼠标形状为向上方前头；

(3)如果要移动选定的单元格，则用鼠标将选定区域拖到粘贴区域的左上角单元格，然后松开鼠标，Excel 将以选定区域替换粘贴区域中现有数据。如果要复制单元格，则需要按住 Ctrl 键，再拖动鼠标进行随后的操作。如果要在已有单元格之间插入单元格，则需要按住 Shift 键，复制则需要按住 Shift+Ctrl 键，再进行拖动。这里要注意的是：必须先释放鼠标再松开按键。如果要将选定区域拖动到其他工作表上，再按住 Alt 键，然后拖动到目标工作表标签上。

2. 选择性粘贴

除了复制整个单元格区域外，Excel 还可以通过"选择性粘贴"命令实现对所选单元格中的特定内容如数值、格式等进行移动或复制。其步骤如下：

(1)选定需要移动或复制的单元格；

(2)单击"常用"工具栏中的"剪切"或"复制"按钮；

(3)选定粘贴区域的左上角单元格；

(4)单击"编辑"菜单上"选择性粘贴"命令；

(5)单击"粘贴"选项区中所需选项，再单击"确定"按钮即可。

3. 插入单元格、行或列

可以根据需要插入空单元格、行或列，并对其进行填充。

插入单元格：利用"插入"菜单上的"单元格"命令可以插入空单元格，具体操作如下：

(1)在需要插入空单元格处选定相应的单元格区域，选定的单元格数量应与待插入的空单元格的数量相等；

(2)在"插入"菜单上单击"单元格"命令，出现如图 4-14 所示的对话框；

(3)在对话框中选定相应的插入方式选项；

(4)单击"确定"按钮。

插入行："插入"菜单上单击"行"命令可以插入新行，其操作步骤如下：

(1)如果需要插入一行，则单击需要插入的新行之下相邻行中的任意单元格；如果要插入多行，则选定需要插入的新行之下相邻的若干行，选定的行数应与待插入空行的数量相等；

(2)在"插入"菜单上单击"行"命令。

可以用类似的方法在表格中插入列，其方法是：如果要插入一列，则单击需要插入的新列右侧相邻列中的任意单元格；如果要插入多列，则选定需要插入的新列右侧相邻的若

图 4-14　插入单元格、行或列

干列，选定的列数应与待插入的新列数量相等。

4. 删除单元格、行或列

删除单元格、行或列：是指将选定的单元格从工作表中移走，并自动调整周围的单元格填补删除后的空格。其操作步骤如下：

(1)选定需要删除的单元格、行或列；

(2)执行"编辑"菜单上"删除"命令即可。

5. 清除单元格、行或列

清除单元格、行或列：是指将选定的单元格中的内容、格式或批注等从工作表中删除，单元格仍保留在工作表中。其操作步骤如下：

(1)选定需要清除的单元格、行或列；

(2)选中"编辑"菜单上的"清除"命令，出现级联菜单，在菜单中选择相应命令执行即可。

6. 对单元格中数据进行编辑

首先使需要编辑的单元格成为活动单元格，如果重新输入内容，则直接输入新内容；若只是修改部分内容，按 F2 功能键或用鼠标双击活动单元格，在单元格内或在编辑栏右边的编辑框中利用→、←键移动光标或按 Del 键删除不需要的数据以完成对数据的修改，按 Enter 键或 Tab 键表示修改结束。

4.2.4　使用公式和函数

公式和函数是 Excel 的核心。在单元格中输入正确的公式或函数后，会立即在单元格中显示计算出来的结果，如果改变了工作表中与公式有关或作为函数参数的单元格里的数据，Excel 会自动更新计算结果。实际工作中往往会有许多数据项是相关联的，通过规定多个单元格数据之间关联的数学关系，能充分发挥电子表格的作用。

1. 单元格地址

当 Excel 的公式中需要引用某单元格一个或一组数值时，无特别说明，均使用相对地址来引用单元格的位置。单元格相对地址简称单元格地址，是指单元格工作表中的位置，单元格地址由单元格所在行和列组成，列号在前，行号在后。例如，第 1 行单元格的地址分别是 A1、B1、C1 等，而 E7 则表示 E 列 7 行的单元格。

单元格区域地址是指"左上角单元格地址：右下角单元格地址"，例如，左上角单元格是 C4，右下角单元格是 F8 的单元格区域，该区域的地址用"C4：F8"表示。

在单元相对地址前加"$"符号，称为单元格绝对地址。例如，A4 的绝对地址写成"A4"，表示 A 列 4 行单元格的绝对地址。

当一个单元格地址中既有相对地址又有绝对地址称为混合地址。

由于一个工作簿文件可以有多个工作表，为了区分不同的工作表中的单元格，要在地址前面增加工作表的名称，有时不同工作簿文件中的单元格之间要建立连接公式，前面还需要加上工作簿的名称，例如：[Book1]Sheet1! B6 指定的就是"Book1"工作簿文件中的"Sheet1"工作表中的"B6"单元格。

2. 公式

公式是用户为了减少输入或方便计算而设置的计算式子，公式可以对工作表中的数据进行加、减、乘、除等运算。公式可以由值、单元格引用、名称、函数或运算符组成，公式可以引用同一个工作表中的其他单元格，同一个工作簿不同工作表中的单元格，或其他工作簿的工作表中的单元格。运算符对公式中的元素进行特定类型的运算，是公式中不可缺少的组成部分。Excel 包含 4 种类型的运算符：

算术运算符：+、−、*、/、%、^(乘幂)。用于连接数字并产生计算结果，计算顺序为先乘除后加减。

比较运算符：=、>、<、>=、<=、<>。用于比较两个数值并产生一个逻辑值 TRUE 或 FALSE。

文本运算符：文本运算符"&"将两个文本值连接起来产生一个连续的文本值。

引用运算符：冒号、逗号、(空格)。

引用运算符包括：冒号、逗号、空格，用于将单元格区域合并运算。其中"："为区域运算符，如 C2：C11 是对单元格 C2 到 C11 之间(包括 C2 和 C11)的所有单元格的引用；"，"为联合运算符，可以将多个引用合并为一个引用，如 SUM(B5，C2：C11)是对 B5 及 C2 至 C11 之间(包括 C2 和 C11)的所有单元格求和；空格为交叉运算符，产生对同时隶属于两个引用的单元格区域的引用，如 SUM(B5：E11 C2：D8)是对 C5：D8 区域求和。

运算符的优先级：Excel 中运算符的优先级如表 4-2 所示。

表 4-2 运算符的优先级

运算符	说　明	运算符	说　明
：，空格	引用运算符	*　？	乘除
−	负号	+　−	加减
%	百分比	&	连接两段文本
^	乘幂	=<　<=>=　><>	比较运算符

如果要改变运算的顺序，可以使用括号( )把公式中优先级低的运算括起来，但不能将负号括起来，在 Excel 中，负号应放在数值的前面。

使用公式有一定的规则，即必须以"="开始，在单元格中输入公式的步骤如下：

(1)选定要输入公式的单元格；

（2）在单元格中或编辑栏中输入"＝"；

（3）输入设置的公式，按 Enter 键。

例如，在图 4-15 所示表格的总分列中利用公式自动计算每个学生的总分，可以在单元格 G2 中输入"＝（C2+D2+E2+F2）/4"表示将 C2、D2、E2、F2 四个单元格中的数值求和并除以 4，把结果放入当前单元格中，再拖曳填充柄，将该公式填充到 G3：G11 单元格区域中，如图 4-15 所示。

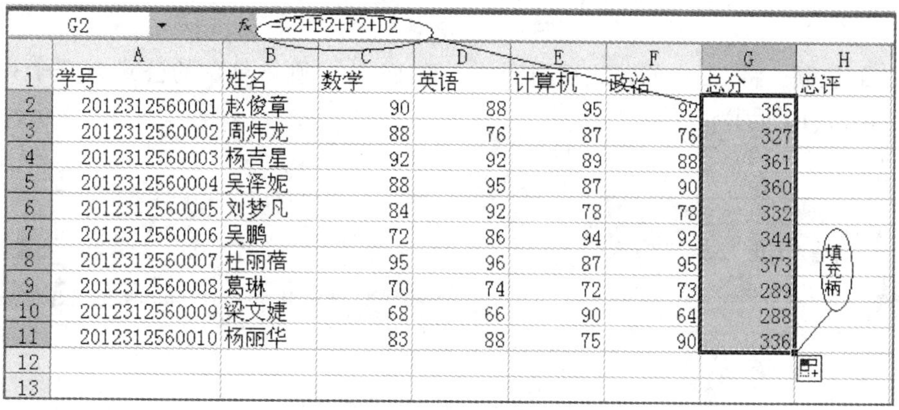

	A	B	C	D	E	F	G	H
1	学号	姓名	数学	英语	计算机	政治	总分	总评
2	2012312560001	赵俊章	90	88	95	92	365	
3	2012312560002	周炜龙	88	76	87	76	327	
4	2012312560003	杨吉星	92	92	89	88	361	
5	2012312560004	吴泽妮	88	95	87	90	360	
6	2012312560005	刘梦凡	84	92	78	78	332	
7	2012312560006	吴鹏	72	86	94	92	344	
8	2012312560007	杜丽蓓	95	96	87	95	373	
9	2012312560008	葛琳	70	74	72	73	289	
10	2012312560009	梁文婕	68	66	90	64	288	
11	2012312560010	杨丽华	83	88	75	90	336	
12								
13								

G2 ▼ f𝑥 ＝C2+E2+F2+D2

填充柄

图 4-15　利用公式求总分

3. 公式中单元格的引用

通过引用，可以在一个公式中使用工作表不同部分的数据，或在几个公式中使用同一单元格中的数值。同样，可以对工作簿的其他工作表中的单元格进行引用，甚至其他工作簿或其他应用程序中的数据进行引用。单元格的引用可以分为相对地址引用和绝对地址引用；对其他工作簿中的单元格的引用称为外部引用，对其他应用程序中的数据的引用称为远程引用。

（1）相对引用。

相对引用是指用单元格地址或名称引用单元格数据的一种方式，即引用相对于公式位置的单元格。引用形式为 C2、D2、E2、F2 等，在 G2 单元格中的公式显示为"＝C2+D2+E2+F2"。采用填充柄填充的方式把 G3：G11 区域给填充数据。

在复制公式时，目标单元格公式中被引用的单元格和目标单元格始终保持这种相对位置。如图 4-16（a）所示，如果将单元格 D2 中的公式"＝C2 * B2"复制到单元格 D3 中，则被粘贴的公式会变为"＝C3 * B3"，如图 4-16（b）所示。

（2）绝对引用。

绝对引是指在公式中引用的单元格地址固定不变，而不考虑包含该公式的单元格位置。绝对引用形式为 E2、G2 等，即行号和列标前都有"$"符号。单元格 E2 中的公式"＝D2 * G1"，可以计算出 CPU 的税额，将 E2 中的公式复制到单元格 E3 中，则被粘贴的公式为"＝D3 * G2"，此时计算出的硬盘税额值为 0，显然不是所需要的结果。在某些情况下，单元格地址的绝对应用是很需要的，比如公式中需要引用特定位置上的单元格，可以使用绝对引用。如图 4-17（a）所示，将单元格 E2 中的公式改为"＝D2 * G1"，可以计

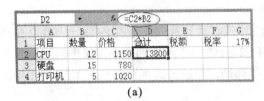
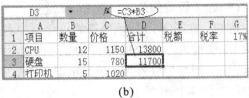

图 4-16   单元格地址的相对引用

算出 CPU 的税额，将 E2 中的公式复制到单元格 E3 中，则被粘贴的公式为"＝D3＊＄G＄1"，如图 4-17(b)所示。

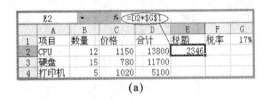
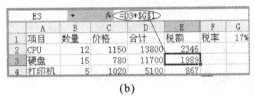

图 4-17   单元格地址的绝对引用

(3)混合引用。

混合引用具有绝对列和相对行，或是绝对行和相对列。如果公式所在单元格的位置改变，则相对引用部分改变，而绝对引用部分不变。如果多行或多列地复制公式，相对引用部分自动调整，而绝对引用部分不作调整。如图 4-18(a)所示，将单元格 B2 中的公式"＝＄A2＊B＄1"复制后，粘贴到如图 4-18(b)所示的单元格区域，可以得到九九乘法表。

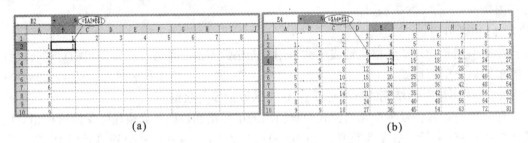

图 4-18   单元格地址的混合引用

4. 函数

在 Excel 中，函数就是预定义的内置公式，函数使用参数并按特定的顺序进行计算。函数的参数是函数进行计算所必须的初始值。用户把参数传递给函数，函数按特定的指令对参数进行计算，把计算的结果返回给用户。Excel 含有大量的函数，可以帮助进行数学、文本、逻辑、在工作表内查找信息等计算工作，使用函数可以加快数据的录入和计算速度。Excel 除了自身带有的内置函数外还允许用户自定义函数。

函数的一般格式为：函数名(参数 1，参数 2，参数 3，…)

在函数的输入中，对于比较简单的函数，在单元格中先输入"="号，然后按函数的格式输入即可。较复杂的函数，可以利用公式选项板输入。如果需要，函数可以嵌套使用，即函数中的参数为另一函数。

公式选项板的使用方法为：

(1)选取要插入函数的单元格。

(2)单击"插入"→"函数"，或单击常用工具栏中的"插入函数"按钮，显示公式选项板，并同时打开"插入函数"对话框，如图 4-19 所示。

图 4-19　插入函数对话框

(3)在"选择函数"列表框中选择所需的函数名。

(4)单击"确定"按钮，将打开所选函数的公式选项板对话框，该对话框显示了该函数的函数名，函数的每个参数，以及参数的描述和函数的功能，如图 4-20 所示为函数 SUM的函数参数对话框。

(5)根据提示输入每个参数值。为了操作方便，可以单击参数框右侧的"暂时隐藏对话框"按钮，将对话框的其他部分隐藏，再从工作表上单击相应的单元格，然后再次单击该按钮，恢复原对话框。

(6)单击"确定"按钮，完成函数的使用。

下面介绍几个 Excel 中常用的函数：

(1)逻辑与运算函数 AND。

功能：所有参数的逻辑值为真时返回 TRUE；只要一个参数的逻辑值为假即返回FALSE。

格式：AND(logical1，logical2，…)

参数说明：logical1，logical2，…为被检测的条件，各条件的值应为逻辑值 TRUE 或FALSE。

(2)逻辑或运算函数 OR。

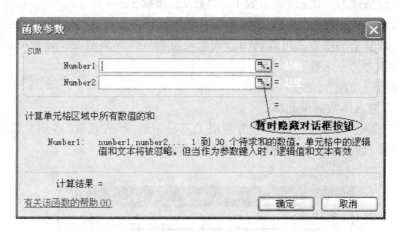

图 4-20　SUM 函数参数对话框

功能：在其参数组中，只要有任何一个参数逻辑值为 TRUE，即返回 TRUE。

格式：OR(logical1，logical2，…)

参数说明：logical1，logical2，…为被检测的条件，各条件的值应为逻辑值 TRUE 或 FALSE。

例如，假设 A1=6、A2=8，则公式"=OR(A1+A2>A2，A1=A2)"返回 TRUE；而公式"=OR(A1>A2，A1=A2)"返回 FALSE。

(3)逻辑非运算函数 NOT。

功能：对参数的逻辑值求反，参数为 TRUE 时返回 FALSE，参数为 FALSE 时返回 TRUE。

格式：OR(logical)

参数说明：logical 为被检测的条件，各条件的值应为逻辑值 TRUE 或 FALSE。

(4)求和函数 SUM。

功能：对所划定的单元格或区域进行求和。

格式：SUM(number1，number2，…)。

参数说明：number1、number2，…为 1 到 30 个数值(包括逻辑值和文本表达式)、区域或引用，各参数之间必须用逗号加以分隔。

例如，在图 4-15 所示表格的总分列中利用函数计算每个学生的总分，可以在单元格 G2 中输入"=SUM(C2，D2，E2，F2)"或"=SUM(C2：F2)"。

使用 SUM 函数在同一工作表中求和比较简单，如果需要对不同工作表的多个区域进行求和，可以用公式选项板进行操作：选中 Excel"插入函数"对话框中的函数，"确定"后打开"函数参数"对话框。切换至第一个工作表，鼠标单击"number1"框后选中需要求和的区域。如果同一工作表中的其他区域需要参与计算，可以单击"number2"框，再次选中工作表中要计算的其他区域。上述操作完成后切换至第二个工作表，重复上述操作即可完成输入。"确定"后公式所在单元格将显示计算结果。

实际工作中可能会遇到更复杂的情况，比如，参数中的数字、逻辑值及数字的文本表达式可以参与计算，其中逻辑值被转换为 1，文本则被转换为数字。如果参数为数组或引用，只有其中的数字参与计算，数组或引用中的空白单元格、逻辑值、文本或错误值则被忽略。

例如，假设 A1＝1、A2＝2、A3＝3，则公式"＝SUM(A1：A3)"返回 6；＝SUM("3"，2，TRUE)返回 6，因为"3"被转换成数字 3，而逻辑值 TRUE 被转换成数字 1。

(5)平均值函数 AVERAGE。

功能：求出所有参数的算术平均值。

格式：AVERAGE(number1，number2，…)。

参数说明：number1，number2，…是需要计算平均值的 1~30 个参数。

例如，在图 4-15 所示表格的 A12 单元格中输入"平均分"，然后利用函数计算每门课的平均分，可以在单元格 C12 单元格中输入"＝AVERAGE(C2：C11)"。

如果需要跨表求平均值，例如，某工作簿中有 3 张工作表，标签名为"一班"、"二班"和"三班"的工作表存放各班学生的成绩，则它们的总平均分计算公式为"＝AVERAGE(一班！C1：C36，三班！C1：C32，三班！C1：C45)"。式中的引用输入方法与 SUM 跨表求和时相同。

注意：参数可以是数字、包含数字的名称、数组或引用。数组或单元格引用中的文字、逻辑值或空白单元格将被忽略，但单元格中的零则参与计算。如果需要将参数中的零排除在外，则要使用特殊设计的公式。

假设 A1：A200 随机存放包括零在内的 48 个数值，在 AVERAGE 参数中去掉零引用很麻烦，这种情况可以使用公式"＝AVERAGE(IF(A1：A200<>0，A1：A200，""))"。公式输入结束后按住 Ctrl+Shift 回车，即可对 A1：A200 中的数值(不包括零)计算平均值。

(6)取整函数 INT。

功能：返回不大于参数的最大整数值。

格式：INT(number)。

参数说明：number 是需要取整的实数。

(7)条件函数 IF。

功能：执行真假值判断，根据逻辑测试的真假值，返回不同的结果。

格式：IF(logical_test，value_if_true，value_if_false)。

参数说明：

logical_test 计算结果为逻辑值的表达式。

value_if_true 当 logical_test 为 TRUE 时函数的返回值。

value_if_false 当 logical_test 为 FALSE 时函数的返回值。

例如，在图 4-15 所示表格的总评列中，将总分大于或等于 360 分的同学，总评评为优秀，可以在 H2 单元格中输入"＝IF(G2>＝360，"优秀"，"")"，公式中的 IF 语句是逐次计算的，如果逻辑判断 G2>＝360 成立，则公式所在单元格被填入"优秀"；如果逻辑判断式不成立，公式所在的单元格中被填入空字符。

IF 函数可以嵌套，如果在 H2 单元格中输入"＝IF(G2<240，"不合格"，IF(G2<320，"合格"，IF(G2<360，"良好"，"优秀")))"，可以根据学生的总分将总评分为"不合格"、"合格"、"良好"和"优秀"4 个等级。

公式中的 IF 语句是逐次计算的，如果第一个逻辑判断 G2<240 成立，公式所在单元

格被填入不合格；如果第一个逻辑判断式不成立，则计算第二个 IF 语句，如果第二个逻辑判断 G2<320 成立，公式所在单元格被填入合格；如果第二个逻辑判断式不成立，则计算第三个 IF 语句；如果第三个逻辑判断 G2<360 成立，公式所在单元格被填入良好；如果第三个逻辑判断 G2<360 不成立，公式所在单元格被填入优秀。

(8)计数函数 COUNT。

功能：计算包含数字的单元格以及参数列表中的数字的个数。

语法：COUNT(value1，value2，…)。

参数说明：value1，value2，…是包含或引用各类数据的 1~30 个参数。

注意：COUNT 函数计数时数字、日期或文本表示的数字会参与计数，错误值或其他无法转换成数字的文字被忽略。如果参数是一个数组或引用，那么只有数组或引用中的数字参与计数；其中的空白单元格、逻辑值、文字或错误值均被忽略。

例如，假设 A1＝90、A2＝人数、A3＝″″、A4＝54、A5＝36，则公式"＝COUNT(A1：A5)"返回 3。

(9)计数函数 COUNTA。

功能：计算参数列表中所包含的的数值个数及非空单元格的数目。

语法：COUNTA(value1，value2，…)。

参数说明：value1，value2，…是包含或引用各类数据的 1~30 个参数。

注意：利用函数 COUNTA 可以计算单元格区域或数组中包含数据的单元格个数。如果不需要统计逻辑值、文字或错误值，可以使用函数 COUNT。

例如，假设 A1＝6.28、A2＝3.74，其余单元格为空，则公式"＝COUNTA(A1：A7)"的计算结果等于 2。

(10)条件计数函数 COUNTIF。

功能：计算某个区域中满足条件的单元格的数目。

语法：COUNTIF(range，criteria)。

参数说明：range 为需要统计的符合条件的单元格数目的区域；Criteria 为参与计算的单元格条件，其形式可以为数字、表达式或文本(如 36、">160" 和"男"等)。其中数字可以直接写入，表达式和文本必须加引号。例如，假设 A1：A5 区域内存放的文本分别为女、男、女、男、女，则公式"＝COUNTIF(A1：A5，"女")"返回 3。

如图 4-15 所示表格的总评列中，H2：H11 区域内存放着学生的总评等级，则公式"＝COUNTIF(H2：H11，″优秀″)"统计其中总评为优秀的数量，"＝COUNTIF(H2：H11，″良好″)"统计其中总评为良好的数量。

(11)最大值函数 MAX、最小值函数 MIN。

功能：返回一组数值中的最大值或最小值。

语法：MAX(number1，number2，…)，MIN(number1，number2，…)。

参数说明：number1，number2，…是需要找出最大值(最小值)的 1~30 个数值、数组或引用。

注意：函数中的参数可以是数字、空白单元格、逻辑值或数字的文本形式，如果参数是不能转换为数字的内容将导致错误。如果参数为数组或引用，则只有数组或引用中的数字参与计算，空白单元格、逻辑值或文本则被忽略。

假如 C1：G11 存放着 10 名学生的数学考试成绩，则选中一个空白单元格，在编辑栏输入公式"=MAX(C1：C11)"，回车后即可计算出其中的最高分是多少。

如果将上述公式中的函数名改为 MIN，其他不变，就可以计算出 C1：G11 区域中的最低分。

Excel 中还有 MAXA 与 MINA 函数，与上述最大值和最小值函数的区别在于文本值和逻辑值(如 TRUE 和 FALSE)作为数字参与计算。

例如，假设 A1：A5 包含 0、0.2、0.5、0.4 和 TRUE，则：MAXA(A1：A5)返回 1；假设 A1=71、A2=83、A3=76、A4=49、A5=92、A6=88、A7=FALSE，则公式"=MINA(A1：A7)"返回 0。

(12)条件求和函数 SUMIF。

功能：对满足条件的单元格求和。

语法：SUMIF(range，criteria，sum_range)。

参数说明：range 是用于条件判断的单元格区域，criteria 是由数字、逻辑表达式等组成的判定条件，sum_range 为需要求和的单元格、区域或引用。

假如 A1：A36 单元格存放某班学生的考试成绩，若要计算及格学生的平均分，可以使用公式"=SUMIF(A1：A36,″>=60″，A1：A36)/COUNTIF(A1：A36,″>=60″)。公式中的"=SUMIF(A1：A36,″>=60″，A1：A36)"计算及格学生的总分，式中的"A1：A36"为提供逻辑判断依据的单元格引用，">=60"为判断条件，不符合条件的数据不参与求和，A1：A36 则是逻辑判断和求和的对象。公式中的 COUNTIF(A1：A36,″>=60″)用来统计及格学生的人数。

(13)四舍五入函数 ROUND。

功能：按指定的位数对数值进行四舍五入。

语法：ROUND(number，num_digits)。

参数说明：number 是需要四舍五入的数字；num_digits 为指定的位数，number 将按此位数进行四舍五入。

注意：如果 num_digits 大于 0，则四舍五入到指定的小数位；如果 num_digits 等于 0，则四舍五入到最接近的整数；如果 num_digits 小于 0，则在小数点左侧按指定位数四舍五入。

例如，假设 A1=65.25，则公式"=ROUND(A1，1)"返回 65.3；=ROUND(82.149，2)返回 82.15；=ROUND(21.5，−1)返回 20。

(14)取整函数 TRUNC。

功能：将数字截为整数或保留指定位数的小数。

语法：TRUNC(number，num_digits)。

参数说明：number 是需要截去小数部分的数字，num_digits 则指定保留到几位小数。

例如，假设 A1=78.652，则公式"=TRUNC(A1，1)"返回 78.6，=TRUNC(A1，2)返回 78.65，=TRUNC(−8.963，2)返回−8.96。

(15)取整函数 INT。

功能：将任意实数向下取整为最接近的整数。

语法：INT(number)

参数说明：Number 为需要处理的任意一个实数。

例如，假设 A1 = 16. 24、A2 = -28. 389，则公式"=INT(A1)"返回 16，=INT(A2)返回 -29。

(16) 取绝对值函数 INT。

功能：返回某一参数的绝对值。

语法：ABS(number)

参数说明：number 是需要计算其绝对值的一个实数。

例如，假设 A1 = -16，则公式"=ABS(A1)"返回 16。

(17) 余弦函数 COS。

功能：返回某一角度的余弦值。

语法：COS(number)

参数说明：number 为需要求余弦值的一个角度，必须用弧度表示。如果 number 的单位是度，可以乘以 PI( )/180 转换为弧度。

例如，假设 A1 = 1，则公式"=COS(A1)"返回 0. 540302；若 A2 = 60，则公式"=COS(A2 * PI( )/180)"返回 0. 5。

(18) 正弦函数 SIN。

功能：返回某一角度的正弦值。

语法：SIN(number)

参数说明：Number 是待求正弦值的一个角度(采用弧度单位)，如果它的单位是度，则必须乘以 PI( )/180 转换为弧度。

例如，假设 A1 = 60，则公式"=SIN(A1 * PI( )/180)"返回 0. 866，即 60 度角的正弦值。

其余三角函数可查 Excel 公式选项板中的说明。

(19) 左提取字符串函数 LEFT 或 LEFTB。

功能：根据指定的字符数返回文本串中的第一个或前几个字符。此函数用于双字节字符。

语法：LEFT(text, num_chars)或 LEFTB(text, num_bytes)。

参数说明：Text 是包含要提取字符的文本串；Num_chars 指定函数要提取的字符数，它必须大于或等于 0。Num_bytes 按字节数指定由 LEFTB 提取的字符数。

例如，假设 A1 = 电脑爱好者，则 LEFT(A1, 2)返回"电脑"，LEFTB(A1, 2)返回"电"。

(20) 右提取字符串函数 RIGHT 或 RIGHTB。

功能：RIGHT 根据所指定的字符数返回文本串中最后一个或多个字符；RIGHTB 根据所指定的字节数返回文本串中最后一个或多个字符。

语法：RIGHT(text, num_chars)，RIGHTB(text, num_bytes)。

参数说明：Text 是包含要提取字符的文本串；Num_chars 指定希望 RIGHT 提取的字符数，它必须大于或等于 0。如果 num_chars 大于文本长度，则 RIGHT 返回所有文本。如果忽略 num_chars，则假定其为 1。Num_bytes 指定欲提取字符的字节数。

例如，假设 A1 = 学习的革命，则公式"=RIGHT(A1, 2)"返回"革命"，=RIGHTB

（A1，2）返回"命"。

（21）提取字符串函数 MID 或 MIDB。

功能：MID 返回文本串中从指定位置开始的特定数目的字符，该数目由用户指定。MIDB 返回文本串中从指定位置开始的特定数目的字符，该数目由用户指定。MIDB 函数可以用于双字节字符。

语法：MID(text，start_num，num_chars)或 MIDB(text，start_num，num_bytes)。

参数说明：Text 是包含要提取字符的文本串。Start_num 是文本中要提取的第一个字符的位置，文本中第一个字符的 start_num 为 1，以此类推；Num_chars 指定希望 MID 从文本中返回字符的个数；Num_bytes 指定希望 MIDB 从文本中按字节返回字符的个数。

例如假设 a1 = 电子计算机，则公式" = MID(A1，3，2)"返回"计算"， = MIDB(A1，3，2)返回"子"。

Excel 中更多的函数，读者可查阅 Excel 的帮助信息。限于篇幅，不再赘述。

4.3 工作表的管理和格式化

新建一个工作簿时，系统会同时新建三个空工作表，其名称为默认名"Sheet1"、"Sheet2"、"Sheet3"，一个工作簿可以包含多个工作表。由于实际需要有时要增添工作表，有时要删除多余的工作表，有时还需要对工作表重命名。当工作表中的数据基本正确后，还要对工作表的格式进行设置，以使工作表版面更美观、更合理。

4.3.1 工作表的添加、删除和重命名

Excel 具有很强的工作表管理功能，能够根据用户的需要十分方便地添加、删除和重命名工作表。

1. 工作表的添加

在已存在的工作簿中可以添加新的工作表，添加有两种方法：

方法一：单击"插入"菜单，选择"工作表"菜单项命令，将在当前工作表前添加一个新的工作表。

方法二：在工作表标签栏中，用鼠标右键单击工作表名字，出现一个弹出式菜单，选择"插入"菜单项，就可以在当前工作表前插入一个新的工作表。

2. 工作表的删除

用户可以在工作簿中删除不需要的工作表，工作表的删除一般也有两种方法：

方法一：选定要删除的工作表，单击"编辑"菜单，在下拉菜单中选择"删除工作表"命令，Excel 会弹出一个对话框，在对话框中单击"确定"按钮，将永久性地删除该工作表；如果单击"取消"按钮，将取消删除工作表的操作。

方法二：在工作表标签栏中，用鼠标右键单击工作表名字，出现一个弹出式菜单，再选择"删除"菜单项，就可以将当前工作表永久性删除。

3. 工作表的重命名

工作表的初始名称为 Sheet1、Sheet2……为了方便工作，用户需将工作表命名为自己易记的名字，因此，需要对工作表重命名。

方法一：选定要重命名的工作表，单击"格式"菜单，选择"工作表"菜单项命令，出现级联菜单，单击"重命名"选项，工作表标签栏的当前工作表名称将会反相显示，此时即可直接修改工作表的名字。

方法二：在工作表标签栏中，用鼠标右键单击工作表名字，出现弹出式菜单，选择"重命名"菜单项，工作表名字反相显示后就可对当前工作表进行重命名。

方法三：双击需要重命名的工作表标签，键入新的名称覆盖原有名称。

4.3.2 工作表的移动或复制

实际应用中，有时需要将一个工作簿上的某个工作表移动到其他的工作簿中，或需要将同一工作簿的工作表顺序进行重排，这时就需要进行工作表的移动或复制。在 Excel 中，用户可以灵活地将工作表进行移动或复制。移动或复制工作表的步骤如下：

（1）若需将工作表移动或复制到已有的工作簿上，要先打开用于接收工作表的工作簿。

（2）切换到需移动或复制的工作表上，在"编辑"菜单上，单击"移动或复制工作表"命令，系统会弹出对话框，如图 4-21 所示。

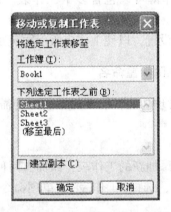

图 4-21　移动或复制工作表对话框

（3）在"工作簿"下拉菜单中，选择用来接收工作表的工作簿。若单击"新工作簿"，即可将选定工作表移动或复制到新工作簿中。

（4）在"下列选定工作表之前"列表框中，单击以选择需要在其前面插入移动或复制的工作表。如果需要将工作表添加或移动到目标工作簿的最后，则选择"移到最后"列表项。

（5）如果只是复制而非移动工作表，应选中对话框中的"建立副本"复选框。如果用户是在同一个工作簿中复制工作表，可以按下 Ctrl 键并用鼠标单击要复制的工作表标签将其拖动到新位置，然后同时松开 Ctrl 键和鼠标。在同一个工作簿中移动工作表只需用鼠标拖动工作表标签到新位置。

（6）按"确定"按钮。

4.3.3　工作表窗口的拆分和冻结

工作表窗口的拆分：由于屏幕较小，当工作表很大时，往往只能看到工作表部分数据的情况，如果希望比较对照工作表中相距较远的数据，则可以将工作表窗口按照水平方向或垂直方向分割成若干个部分。其方法是：选中某一单元格，再单击"窗口"菜单中的"拆分"命令，则系统自动将窗口拆分，先前选定的单元格所在的列及右侧的所有列在垂直拆分线的右侧，其余的列在垂直拆分线的左侧，同样，先前选定的单元格所在的行及下面的所有行在水平拆分线的下边，其余的行在水平拆分线的上边。

要撤销已建立的窗口拆分，直接单击"窗口"菜单中的"撤销拆分窗口"即可。

窗口的冻结：为了在工作表滚动时保持行列标志或其他数据可见，可以"冻结"窗口顶部和左侧区域。窗口中被冻结的数据区域不会随工作表的其他部分一同移动，并始终保持可见。如果数据很多，在屏幕上一次显示不完，可以将第一行全部"冻结"以便数据在屏幕上垂直滚动时，始终能看得见第一行的数据，其操作步骤如下：

(1)在第二行上选中一个单元格作为活动单元格；

(2)在"窗口"菜单上单击"冻结窗格"命令，就在所选定的单元格的左侧和上边分别出现一条黑色的垂直冻结线和水平冻结线，将所选定的单元格左侧的列和上边的行全部冻结。

以后通过垂直滚动条滚动屏幕查看数据时，第一行的列提示标志始终冻结在屏幕上，通过水平滚动条滚动屏幕查看数据时，冻结线左侧的列提示标志始终冻结在屏幕上。

要撤销已建立的窗口冻结，单击"窗口"菜单中的"撤销窗口冻结"即可。

4.3.4　工作表的格式化

用户建立一张工作表后，需要对工作表进行格式设置，以便形成格式清晰、内容整齐、样式美观的工作表，通过设置工作表格式可以建立不同风格的数据表现形式。工作表格式的设置包括单元格中数据格式的设置和单元格格式的设置。

1. 工作表中数据的格式化

在进行数据格式化以前，通常要先选定需格式化的区域，再单击"格式"菜单，单击"单元格"后出现"单元格格式"设置对话框，如图 4-22 所示，该对话框包括六个选项卡，然后可以在各选项卡中分别指定数据格式。

对于"数字"数据而言，Excel 为用户提供了丰富的格式，这些格式包括：常规、数值、货币、会计专用、日期、时间、百分比、分数、科学记数、文本和特殊等。此外，用户还可以自定义数据格式，使工作表中的内容更加丰富。在上述数据格式中，数值格式可以选择小数点的位数；会计专用可以对一列数值设置所用的货币符号和小数点对齐方式；在文本单元格格式中，数字作为文本处理；自定义则提供了多种数据格式，用户可以通过"格式选项"框选择定义，而每一种选择都可以通过系统即时提供的说明和实例来了解。

2. 条件格式

Excel 条件格式功能可以根据单元格内容有选择地自动应用格式。如，对图 4-15 中的学生成绩数据，将 90 分及以上的分数所在的单元格用灰色底纹并将数据用兰色显示出来。在进行条件格式的设置之前，要先选定需要应用条件格式的单元格区域，在此例中为 C2：

图 4-22　设置单元格数字格式

F11，选择"格式"菜单中的"条件格式"命令，系统弹出条件格式对话框，如图 4-23 所示。

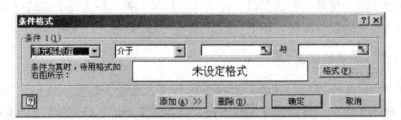

图 4-23　条件格式对话框

在其中的条件 1 框中输入相应的条件，并设置字体和底纹的格式，如图 4-24 所示。

图 4-24　条件格式的设置

3. 单元格中数据的对齐

Excel 中设置了缺省的数据对齐方式，在新建的工作表中进行数据输入时，文本自动左对齐，数字自动右对齐。单元格中的数据在水平方向和垂直方向都可以选择不同的对齐方向，Excel 还为用户提供了单元格内容的缩进及旋转等功能。

在水平方向，系统提供了左对齐、右对齐、居中对齐等功能，默认的情况是文字左对齐，数值右对齐，还可以使用缩进功能使内容不紧贴表格。垂直对齐具有靠上对齐、靠下对齐及居中对齐等方式，默认的对齐方式为靠下对齐。在"方向"框中，可以将选定的单元格内容完成从−90 度到+90 度的旋转，这样就可以将表格内容由水平显示转换为各个角度的显示。在"文本控制栏"还允许设置为自动换行、合并单元格等功能。可以通过"格式"对话框中的"对齐"选项卡或"格式"工具栏中的相关按钮设置或改变对齐方式。

4. 表格内容字体的设置

为了使表格的内容更加醒目，可以对一张工作表的各部分内容的字体作不同的设定。其方法是：先选定要设置字体的单元格或区域，然后在"单元格格式"对话框中打开"字体"选项卡，该选项卡同 Word 的字体设置选项卡类似，再根据报表要求进行各项设置，设置完毕后按"确定"按钮。

5. 表格边框的设置

在编辑电子表格时，显示的表格线是利用 Excel 本身提供的网格线，但在打印时 Excel 并不打印网格线。因此，用户需要自己给表格设置打印时所需的边框，使表格打印出来具有所设定的边框线，从而使表格更加美观。

设置边框的步骤为：选定所要设置的区域，单击"格式"菜单中的"单元格"命令，在"单元格格式"对话框中选中"边框"选项卡，如图 4-25 所示。可以通过"边框"设置单元格边框线，还可以在单元格中添加斜线，边框线的线形可以在右边的"样式"窗口中选定，边框的颜色可以在右边的"颜色"下拉列表框中进行选定。

图 4-25 边框设置对话框

6. 底纹的设置

为了使表格各个部分的内容更加醒目、美观，Excel 提供了在表格的不同部分设置不同的底纹图案或背景颜色的功能。

首先选择需要设置底纹的表格区域，然后单击"格式"菜单的"单元格"命令，再在"单元格格式"对话框中选中"图案"选项卡，在"颜色"列表中选择背景颜色，还可以在"图案"下拉列表框中选择底纹图案，按"确定"按钮即可。

7. 表格列宽和行高的设置

由于系统会对表格的行高进行自动调整，一般不需人工干预。但当表格中的内容的宽度超过当前的列宽时，可以对列宽进行调整，其步骤如下：

（1）把鼠标移动到要调整宽度的列的标题右侧的边线上；

（2）当鼠标的形状变为左右双箭头时，按住鼠标左键；

（3）在水平方向上拖动鼠标调整列宽；

（4）当列宽调整到满意的时候，释放鼠标左键。

8. 自动套用格式和样式

对工作表的格式化也可以通过 Excel 提供的自动套用格式或样式功能，从而快速设置单元格和数据清单的格式，为用户节省大量的时间，制作出优美的报表。

自动套用格式：是指内置的表格方案，在方案中已经对表格中的各个组成部分定义了特定的格式。自动套用格式使用方法如下：

（1）选择要格式化的单元格区域。

（2）在"格式"菜单中单击"自动套用格式"命令，出现如图 4-26 所示的对话框。

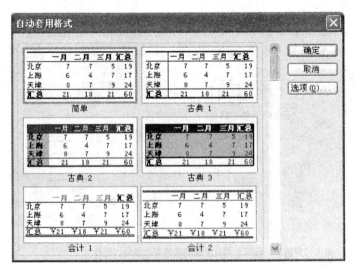

图 4-26　自动套用格式

（3）单击选择一种所需要的套用格式。如果不需要自动套用格式中的某些格式，单击"选项"按钮打开"自动套用格式"选项设置对话框，单击"应用格式种类"栏中的复选框可以清除不需要的格式类型。

（4）单击"确定"按钮。如果工作表中的某些单元格已经设置好格式，则可以将该格式复制到其他的单元格。

样式：是保存多种已定义格式的集合，如字体大小、对齐方式、图案等。Excel 自身带有许多已定义的样式，用户也可以根据需要自定义样式。要一次应用多种格式，而且要保证单元格格式一致，就应该使用样式。应用样式的操作步骤如下：

（1）选择要格式化的单元格；

（2）单击"菜单"中的"样式"命令，出现一个对话框；

（3）在对话框中单击"样式名"框中所需的样式，单击"确定"按钮即可。

4.4　数据的图表化

将工作表以图形方式表示，能够快速理解与说明工作表数据，图表能将工作表中的一行行的数字变为非常直观的图形格式，并且从图表上很容易看出结果。使工作表更加生动直观。

4.4.1　创建图表

Excel 的图表分嵌入式图表和工作表图表两种。嵌入式图表是置于工作表中的图表对象，保存工作簿时该图表随工作表一起保存；工作表图表是工作簿中只包含图表的工作表。若在工作表数据附近插入图表，应创建嵌入式图表，若在工作簿的其他工作表上插入图表，应创建工作表图表。无论哪一种图表都与创建图表的工作表数据相连接，当修改工作表数据时，图表会随之更新。

生成图表，首先必须有数据源。这些数据要求以列或行的方式存放在工作表的一个区域中，若以列的方式排列，通常要以区域的第一列数据作为 X 轴的数据；若以行的方式排列，则要求区域的第一行数据作为 X 轴的数据。下面以图 4-3 中的数据为数据源来创建柱形图表。

（1）单击"插入"菜单，选择"图表"选项，或单击工具栏中的"图表"按钮，就可以启动图表向导。如图 4-27 所示。

（2）选择图表类型。在"标准类型"选项卡中的"图表类型"窗口中选择柱形图，在"子图表类型"复选框中选择第一种子图表，然后单击"下一步"按钮，屏幕显示"图表向导-4 步骤之 2-图表数据源"对话框。

（3）选择图表数据源。在"数据区"选项卡的"数据区域"编辑框中输入图表数据源的单元格区域，或直接由鼠标在工作表中选取数据区域"＄B＄2：＄F＄5"，选择"系列产生在"选项为"行"然后再按"下一步"按钮。

（4）在对话框的"图表标题"框中输入该图表的标题。另外，除了"标题"选项卡外，还有坐标轴、网格线、图例、数据标志、数据表等选项卡，其中，"坐标轴"选项卡可以选择 X 轴的分类；"图例"选项卡可以重新放置图例的位置；"数据标志"选项卡可以在图表的柱形上添加相应的数据标志；"数据表"选项卡，将在图表下添加一个完整的数据表，就像工作表的数据一样。

图 4-27　图表向导

（5）按"下一步"按钮，屏幕会显示"图表向导-4 步骤之 4-图表位置"对话框，如图 4-28 所示。

图 4-28　设置图表位置

单击"作为其中的对象插入"，按"完成"按钮，那么系统会将图表自动附加到工作表中，若按"作为新工作表插入"，则系统会将生成的图表另外单独作为一个图表工作表。

4.4.2　图表的编辑与格式化

图表的编辑与格式化是指按用户的要求对图表内容、图表格式、图表布局和外观进行编辑和设置的操作，使图表的显示效果满足用户的需求。图表的编辑与格式化大多是针对图表的某个项或某些项进行的，图表项特点直接影响到图表的整体风格。

要对图表进行编辑与格式化，必须从工作表切换到图表即启动图表。嵌入式图表的启动只需在图表区任意处双击鼠标左键即可；工作表图表的启动只需单击图表工作表标签。启动图表以后就可以更改其中的图表项，如编辑或修改图表标题、为图表加上数据标志、把单元格的内容作为图表文字、删除图表文字等。图表的格式化包括图表文字的格式化、坐标轴刻度的格式化、数据标志的颜色改变、网格线的设置、图表格式的自动套用等。还可以对图表中的图例进行添加、删除和移动，对图表中的数据系列或数据点进行添加和删除等。可以改变当前的图表类型，或改变数据源，以及图表的位置等，通过选择相应的命令，执行后进行对应的取值，就可以作出期望的改变。

如果想对图表中的其他组成部分加以改变，可以使用"图表区格式"命令进行修改。例如，重新设置图表标题格式：先将光标移动至标题区域，单击鼠标右键，会弹出一个菜单如图 4-29 所示，单击"图表标题格式"命令，也可以选择"图案"、"字体"、和"对齐"选项卡，然后分别选择用户需要的设置，使图表标题更加美观。同样，将鼠标移至"坐标轴"和"图例"区域，单击鼠标右键，也可以得到一个类似的弹出式菜单，选择"坐标轴格式"和"图例格式"，会出现相应的对话框，选取适当的项后，就能达到编辑和格式化图表的目的。

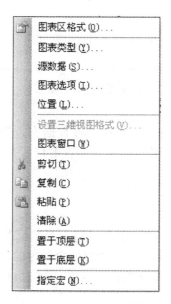

图 4-29　图表编辑菜单

4.5　数据的管理

Excel 在数据管理和分析方面具有一定的数据库功能。在 Excel 中可以对工作表数据进行排序、筛选、分类和汇总等操作。

4.5.1　数据导入

在 Excel 中，获取数据的方式有许多种，除了前面所讲的直接输入方式外，还可以通过导入方式获取外部数据。Excel 能够访问的外部数据库有 Access、Foxbase、Foxpro、ORACLE、Paradox、SQL Server、文本数据库等。无论是导入的外部数据库，还是在 Excel 中建立的数据库，都是按行和列组织起来的信息的集合，每一行称为一个记录，每一列称为一个字段，可以利用 Excel 提供的数据库工具对这些数据库的记录进行查询、排序、汇总等工作。

下面介绍一下如何获取外部数据：

(1)激活"数据"菜单，选择"导入外部数据"命令，单击"新建数据库查询"下一级菜单命令，就会出现如图 4-30 的对话框。

图 4-30　选取数据源

(2)在图 4-30"数据库"选项卡中选择一种数据库，如"Visual FoxPro Tables＊"，按"确定"按钮，然后确定要导入的数据库文件所在的位置，可以将所选中的数据库文件中的记录导入到 Excel 工作表中。

4.5.2　添加、删除记录

在 Excel 中，只要在工作表的某一行键入每一列的标题，在标题下面逐行输入每一个记录，一个数据库就建好了。可以利用前面已经介绍过的数据输入方法向数据库中添加数据，这里也可以通过记录单向已定义的数据清单中添加数据，同时还可以通过记录单查找数据。

对于如图 4-31 所示的数据，进行数据的管理操作。

1. 添加记录

添加记录的步骤如下：

(1)单击数据清单中的任一单元格；

(2)激活"数据"菜单，单击"记录单"命令后，出现如图 4-32 所示的对话框；

(3)单击"新建"按钮，出现一个空白记录；

(4)键入新记录所包含的信息。如果要移到下一个字段，按 Tab 键；如果要移到上一个字段，则按 Shift+Tab 组合键；

(5)当数据输入完毕后，按下 Enter 键，表示添加记录，单击"关闭"按钮完成新记录的添加并关闭记录单。

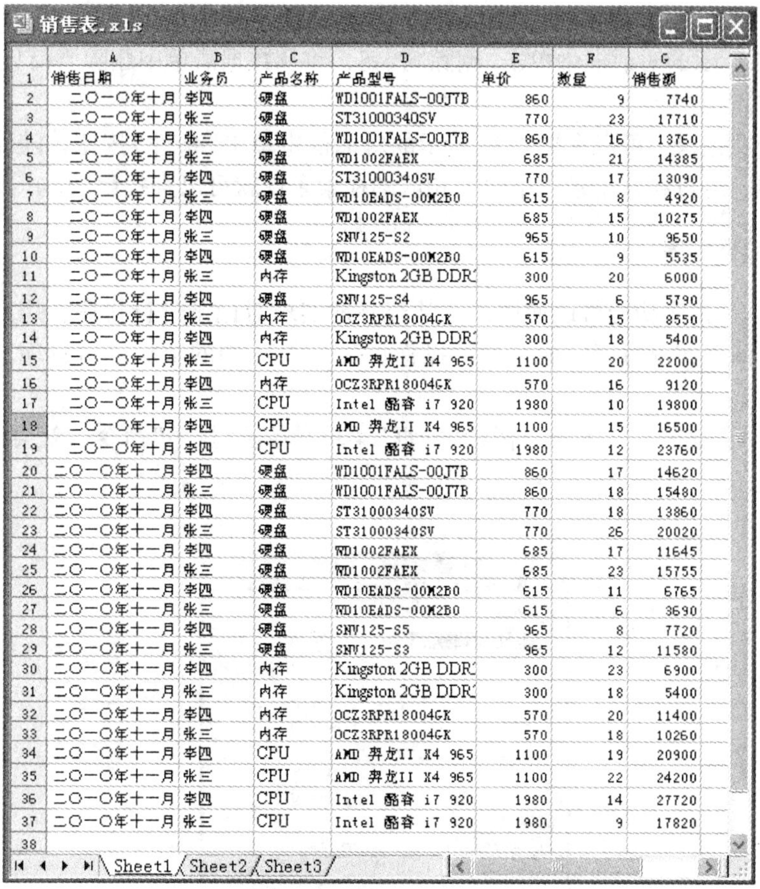

	A	B	C	D	E	F	G
1	销售日期	业务员	产品名称	产品型号	单价	数量	销售额
2	二〇一〇年十月	李四	硬盘	WD1001FALS-00J7B	860	9	7740
3	二〇一〇年十月	张三	硬盘	ST31000340SV	770	23	17710
4	二〇一〇年十月	张三	硬盘	WD1001FALS-00J7B	860	16	13760
5	二〇一〇年十月	张三	硬盘	WD1002FAEX	685	21	14385
6	二〇一〇年十月	李四	硬盘	ST31000340SV	770	17	13090
7	二〇一〇年十月	张三	硬盘	WD10EADS-00M2B0	615	8	4920
8	二〇一〇年十月	李四	硬盘	WD1002FAEX	685	15	10275
9	二〇一〇年十月	张三	硬盘	SNV125-S2	965	10	9650
10	二〇一〇年十月	李四	硬盘	WD10EADS-00M2B0	615	9	5535
11	二〇一〇年十月	张三	内存	Kingston 2GB DDR	300	20	6000
12	二〇一〇年十月	李四	硬盘	SNV125-S4	965	6	5790
13	二〇一〇年十月	张三	内存	OCZ3RPR18004GK	570	15	8550
14	二〇一〇年十月	李四	内存	Kingston 2GB DDR	300	18	5400
15	二〇一〇年十月	张三	CPU	AMD 羿龙II X4 965	1100	20	22000
16	二〇一〇年十月	李四	内存	OCZ3RPR18004GK	570	16	9120
17	二〇一〇年十月	张三	CPU	Intel 酷睿 i7 920	1980	10	19800
18	二〇一〇年十月	李四	CPU	AMD 羿龙II X4 965	1100	15	16500
19	二〇一〇年十月	李四	CPU	Intel 酷睿 i7 920	1980	12	23760
20	二〇一〇年十一月	李四	硬盘	WD1001FALS-00J7B	860	17	14620
21	二〇一〇年十一月	张三	硬盘	WD1001FALS-00J7B	860	18	15480
22	二〇一〇年十一月	李四	硬盘	ST31000340SV	770	18	13860
23	二〇一〇年十一月	张三	硬盘	ST31000340SV	770	26	20020
24	二〇一〇年十一月	李四	硬盘	WD1002FAEX	685	17	11645
25	二〇一〇年十一月	张三	硬盘	WD1002FAEX	685	23	15755
26	二〇一〇年十一月	李四	硬盘	WD10EADS-00M2B0	615	11	6765
27	二〇一〇年十一月	张三	硬盘	WD10EADS-00M2B0	615	6	3690
28	二〇一〇年十一月	李四	硬盘	SNV125-S5	965	8	7720
29	二〇一〇年十一月	张三	硬盘	SNV125-S3	965	12	11580
30	二〇一〇年十一月	李四	内存	Kingston 2GB DDR	300	23	6900
31	二〇一〇年十一月	张三	内存	Kingston 2GB DDR	300	18	5400
32	二〇一〇年十一月	李四	内存	OCZ3RPR18004GK	570	20	11400
33	二〇一〇年十一月	张三	内存	OCZ3RPR18004GK	570	18	10260
34	二〇一〇年十一月	李四	CPU	AMD 羿龙II X4 965	1100	19	20900
35	二〇一〇年十一月	张三	CPU	AMD 羿龙II X4 965	1100	22	24200
36	二〇一〇年十一月	李四	CPU	Intel 酷睿 i7 920	1980	14	27720
37	二〇一〇年十一月	张三	CPU	Intel 酷睿 i7 920	1980	9	17820
38							

图 4-31　销售表

含有公式的字段将公式的结果显示为标志，这种标志不能在记录单中修改。如果添加了含有公式的记录，直到按下 Enter 键或单击“关闭”按钮添加记录之后，公式才被计算。

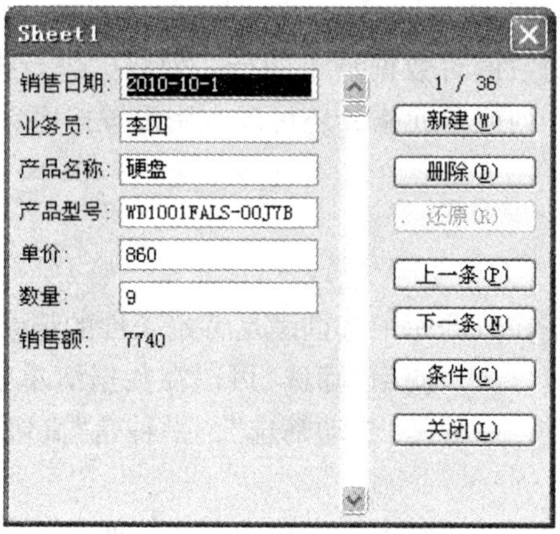

图 4-32　记录单

2. 删除记录

在图 4-32 所示的对话框中单击"删除"按钮，将从数据清单中删除当前显示的记录。

3. 查找记录

如果要查找记录，可以在图 4-32 所示的对话框中单击"条件"按钮，随即会出现类似的空白记录单，通过在该记录单中输入相应的检索条件就可以查找记录。

4.5.3 数据排序

Excel 数据的排序功能可以使用户非常容易地实现对记录进行排序，用户只要分别指定关键字及升降序，就可以完成排序的操作。对图 4-31 中的数据进行排序。其操作步骤如下：

（1）单击数据区任一单元格，激活"数据"菜单，单击"排序"命令，就会出现如图4-33 的排序对话框。

图 4-33 排序对话框

（2）在该对话框中的"主要关键字"下拉列表框中选定"产品型号"，系统默认排序方向为"升序"，也可以选择"递减"排序，然后单击"确定"按钮，就可以出现如图 4-34 的根据"产品型号"降序排列的数据表。

可以根据数据清单中的数值对数据清单的行、列数据进行排序，排序时，Excel 将利用指定的排序重新排列行、列或单元格，还可以利用设置排序选项对销售日期、业务员等字段进行排序。

4.5.4 数据筛选

对数据进行筛选，就是在数据库中查询满足特定条件的记录，这项工作是一种用于查找数据清单中的数据的快速方法。使用"筛选"可以在数据清单中显示满足条件的数据行。对记录进行筛选有两种方式，一种是"自动筛选"，一种是"高级筛选"。

1. 自动筛选

使用自动筛选功能，一次只能对工作表中的一个数据清单使用筛选命令，对同一列数据最多可以应用两个条件。其操作步骤如下：

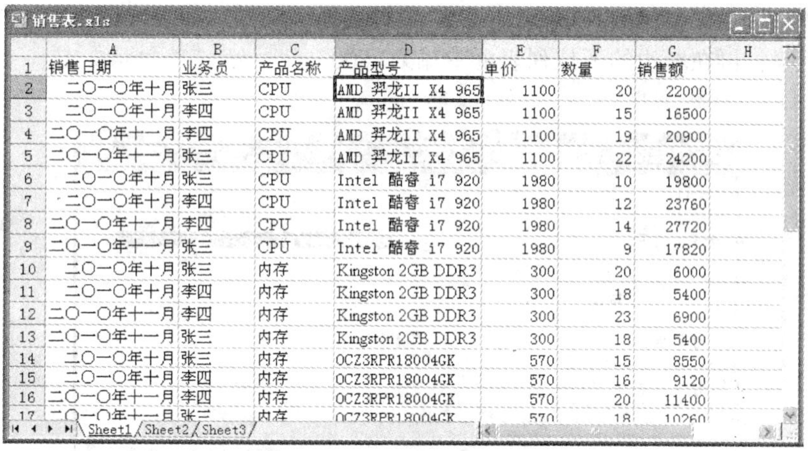

	A	B	C	D	E	F	G	H
1	销售日期	业务员	产品名称	产品型号	单价	数量	销售额	
2	二〇一〇年十月	张三	CPU	AMD 羿龙II X4 965	1100	20	22000	
3	二〇一〇年十月	李四	CPU	AMD 羿龙II X4 965	1100	15	16500	
4	二〇一〇年十一月	李四	CPU	AMD 羿龙II X4 965	1100	19	20900	
5	二〇一〇年十一月	张三	CPU	AMD 羿龙II X4 965	1100	22	24200	
6	二〇一〇年十月	张三	CPU	Intel 酷睿 i7 920	1980	10	19800	
7	二〇一〇年十月	李四	CPU	Intel 酷睿 i7 920	1980	12	23760	
8	二〇一〇年十一月	李四	CPU	Intel 酷睿 i7 920	1980	14	27720	
9	二〇一〇年十一月	张三	CPU	Intel 酷睿 i7 920	1980	9	17820	
10	二〇一〇年十月	张三	内存	Kingston 2GB DDR3	300	20	6000	
11	二〇一〇年十月	李四	内存	Kingston 2GB DDR3	300	18	5400	
12	二〇一〇年十一月	李四	内存	Kingston 2GB DDR3	300	23	6900	
13	二〇一〇年十一月	张三	内存	Kingston 2GB DDR3	300	18	5400	
14	二〇一〇年十月	张三	内存	OCZ3RPR18004GK	570	15	8550	
15	二〇一〇年十月	李四	内存	OCZ3RPR18004GK	570	16	9120	
16	二〇一〇年十一月	李四	内存	OCZ3RPR18004GK	570	20	11400	
17	二〇一〇年十一月	张三	内存	OCZ3RPR18004GK	570	18	10260	

图 4-34 按给定字段排序后的工作表

(1)单击工作表中数据区域的任一单元格。

(2)激活“数据”菜单，选择“筛选”命令项，再选取“自动筛选”命令，这时在每一个字段上会出现一个筛选按钮，点击下拉按钮，结果如图 4-35 所示。

(3)若只显示含有特定值的数据行，可以单击含有待显示数据的数据列上端的下拉箭头筛选按钮，然后选择所需的内容或分类。

(4)如果要使用基于另一列中数值的附加条件，可以在另一列中重复步骤(3)。

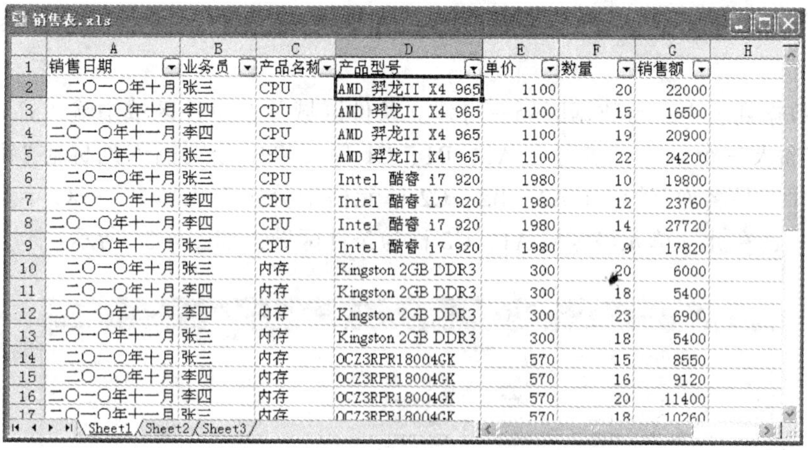

	A	B	C	D	E	F	G	H
1	销售日期	业务员	产品名称	产品型号	单价	数量	销售额	
2	二〇一〇年十月	张三	CPU	AMD 羿龙II X4 965	1100	20	22000	
3	二〇一〇年十月	李四	CPU	AMD 羿龙II X4 965	1100	15	16500	
4	二〇一〇年十一月	李四	CPU	AMD 羿龙II X4 965	1100	19	20900	
5	二〇一〇年十一月	张三	CPU	AMD 羿龙II X4 965	1100	22	24200	
6	二〇一〇年十月	张三	CPU	Intel 酷睿 i7 920	1980	10	19800	
7	二〇一〇年十月	李四	CPU	Intel 酷睿 i7 920	1980	12	23760	
8	二〇一〇年十一月	李四	CPU	Intel 酷睿 i7 920	1980	14	27720	
9	二〇一〇年十一月	张三	CPU	Intel 酷睿 i7 920	1980	9	17820	
10	二〇一〇年十月	张三	内存	Kingston 2GB DDR3	300	20	6000	
11	二〇一〇年十月	李四	内存	Kingston 2GB DDR3	300	18	5400	
12	二〇一〇年十一月	李四	内存	Kingston 2GB DDR3	300	23	6900	
13	二〇一〇年十一月	张三	内存	Kingston 2GB DDR3	300	18	5400	
14	二〇一〇年十月	张三	内存	OCZ3RPR18004GK	570	15	8550	
15	二〇一〇年十月	李四	内存	OCZ3RPR18004GK	570	16	9120	
16	二〇一〇年十一月	李四	内存	OCZ3RPR18004GK	570	20	11400	
17	二〇一〇年十一月	张三	内存	OCZ3RPR18004GK	570	18	10260	

图 4-35 数据筛选

有时候，用户为了特定的目的，会进行一些有条件的筛选，那么就需要在图 4-35 所示的筛选下拉列表框中选择“自定义”选项。例如要查看 500≤单价≤800 之间的产品的情况，就要用到这种筛选方法。其操作步骤如下：

(1)单击“单价”字段的筛选按钮，选择“自定义”选项，系统会出现如图 4-36 所示的“自定义自动筛选方式”对话框。

(2)在对话框中，单击左上第一个下拉列表框下拉键头，选择“大于或等于”，在其右边的下拉列表框中输入“500”，再点击“与”逻辑选择。同样，在下面的下拉列表框中选择“小于或等于”，再在右边的下拉列表框中输入“800”。

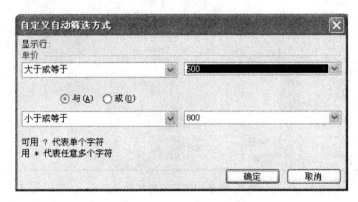

图 4-36　条件筛选对话框

(3)单击“确定”按钮，屏幕就会出现筛选的结果。

2. 高级筛选

使用自动筛选，可以在数据库表格中筛选出符合特定条件的值。但有时所设的条件较多，再用自动筛选就有些麻烦，这时，就可以使用高级筛选来筛选数据。使用高级筛选，应在工作表的数据清单上方或下方先建立至少有三个空行的区域，作为设置条件的区域，且数据清单必须有列标志。

如果要查询上例中业务员张三在 2010 年 10 月内存的销售的记录，就可以采取下面的方法：

(1)在数据列表中，与数据区隔一行建立条件区域并在条件区域中输入筛选条件，即在第一行前插入三个空行，接着在 A1、B1、C1 单元格中分别输入列标志“销售日期”、“业务员”、“产品名称”然后在 A2、B2、C2 单元格中分别输入“二○一○年十月”、“张三”、“内存”，在此，单元格区域 A1：C2 称为条件区域，如图 4-37 所示。

	A	B	C	D	E	F	G
27	二○一○年十月	张三	硬盘	WD1001FALS-00J7B	860	16	13760
28	二○一○年十一月	李四	硬盘	WD1001FALS-00J7B	860	17	14620
29	二○一○年十一月	张三	硬盘	WD1001FALS-00J7B	860	18	15480
30	二○一○年十月	张三	硬盘	WD1002FAEX	685	21	14385
31	二○一○年十月	李四	硬盘	WD1002FAEX	685	15	10275
32	二○一○年十一月	李四	硬盘	WD1002FAEX	685	17	11645
33	二○一○年十一月	张三	硬盘	WD1002FAEX	685	23	15755
34	二○一○年十月	张三	硬盘	WD10EADS-00M2B0	615	8	4920
35	二○一○年十月	李四	硬盘	WD10EADS-00M2B0	615	9	5535
36	二○一○年十一月	李四	硬盘	WD10EADS-00M2B0	615	11	6765
37	二○一○年十一月	张三	硬盘	WD10EADS-00M2B0	615	6	3690
38							
39	销售日期	业务员	产品名称				
40	二○一○年十月	张三	内存				
41							

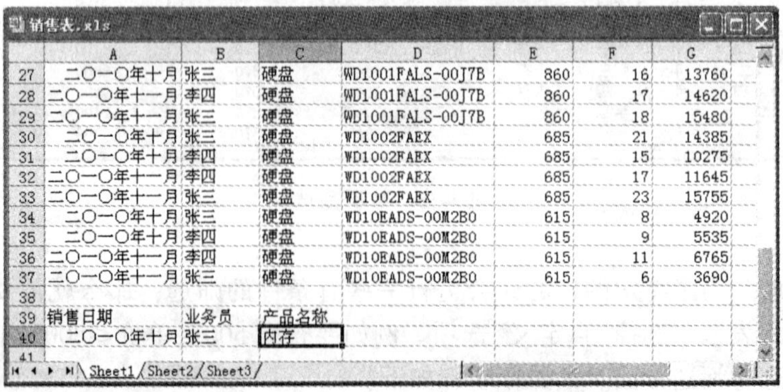

图 4-37　确定筛选条件

上例是对"销售日期"为二〇一〇年十月、"业务员"张三和"产品"为内存三条件"与"操作。若要对所给条件执行"或"操作，可以将条件分别写在不同的行中，以便实现字段时间的"或"操作。

需要注意的是，条件区域与数据列表区域之间至少要有一个空行。

（2）单击"数据"菜单，选择"筛选"→"高级筛选"命令项，屏幕会出现如图 4-38 所示的对话框。

如果想保留原始的数据列表，就必须将符合条件的记录复制到其他位置，应在图 4-38 所示的对话框"方式"选项中选择"将筛选结果复制到其他位置"，并在"复制到"框中输入欲复制的位置。

图 4-38　高级筛选对话框

将"数据区域"和"条件区域"分别选定，再按"确定"按钮，就会在原数据区域显示出符合条件的记录，如图 4-39 所示。

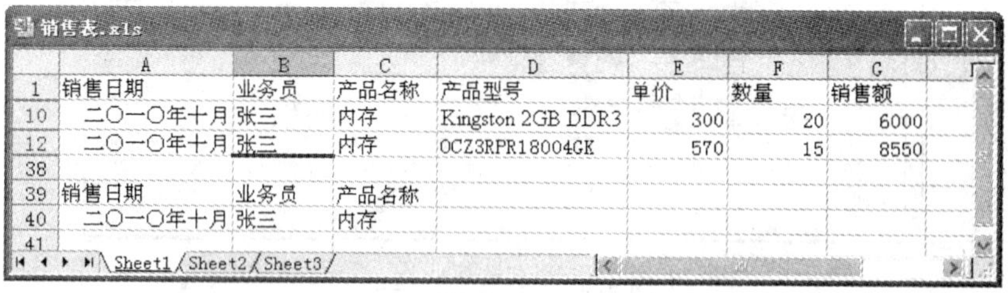

图 4-39　高级筛选结果

4.5.5　分类汇总

Excel 具备很强的分类汇总功能，使用分类汇总工具，可以分类求和、求平均值等。当然，也可以很方便地移去分类汇总的结果，恢复数据表格的原形。要进行分类汇总，首先要确定数据表格的最主要的分类字段，并对数据表格进行排序。如，要按业务员分类求销售额，需要先按业务员字段进行排序。然后再按如下的步骤进行汇总操作。

单击"数据"菜单，选择"分类汇总"命令，屏幕出现如图 4-40 的对话框。

图 4-40　分类汇总对话框

在"分类汇总"对话框中，系统自动设置"分类字段"为"业务员"，"汇总方式"下拉列表中显示为求和，在"选定汇总项"中选择"销售额"复选框，最后，按"确定"按钮，就会得到如图 4-41 所示的分类汇总表。

	A 销售日期	B 业务员	C 产品名称	D 产品型号	E 单价	F 数量	G 销售额
2	二〇一〇年十月	李四	硬盘	WD1001FALS-00J7B	860	9	7740
3	二〇一〇年十月	李四	硬盘	ST31000340SV	770	17	13090
4	二〇一〇年十月	李四	硬盘	WD1002FAEX	685	15	10275
5	二〇一〇年十月	李四	硬盘	WD10EADS-00M2B0	615	9	5535
6	二〇一〇年十月	李四	硬盘	SNV125-S4	965	6	5790
7	二〇一〇年十月	李四	内存	Kingston 2GB DDR3	300	18	5400
8	二〇一〇年十月	李四	内存	OCZ3RPR18004GK	570	16	9120
9	二〇一〇年十月	李四	CPU	AMD 羿龙II X4 965	1100	15	16500
10	二〇一〇年十月	李四	CPU	Intel 酷睿 i7 920	1980	12	23760
11	二〇一〇年十一月	李四	硬盘	WD1001FALS-00J7B	860	17	14620
12	二〇一〇年十一月	李四	硬盘	ST31000340SV	770	18	13860
13	二〇一〇年十一月	李四	硬盘	WD1002FAEX	685	17	11645
14	二〇一〇年十一月	李四	硬盘	WD10EADS-00M2B0	615	11	6765
15	二〇一〇年十一月	李四	硬盘	SNV125-S5	965	8	7720
16	二〇一〇年十一月	李四	内存	Kingston 2GB DDR3	300	23	6900
17	二〇一〇年十一月	李四	内存	OCZ3RPR18004GK	570	20	11400
18	二〇一〇年十一月	李四	CPU	AMD 羿龙II X4 965	1100	19	20900
19	二〇一〇年十一月	李四	CPU	Intel 酷睿 i7 920	1980	14	27720
20		李四 汇总					218740
21	二〇一〇年十月	张三	硬盘	ST31000340SV	770	23	17710
22	二〇一〇年十月	张三	硬盘	WD1001FALS-00J7B	860	16	13760
23	二〇一〇年十月	张三	硬盘	WD1002FAEX	685	21	14385
24	二〇一〇年十月	张三	硬盘	WD10EADS-00M2B0	615	8	4920
25	二〇一〇年十月	张三	硬盘	SNV125-S2	965	10	9650
26	二〇一〇年十月	张三	内存	Kingston 2GB DDR3	300	20	6000
27	二〇一〇年十月	张三	内存	OCZ3RPR18004GK	570	15	8550
	二〇一〇年十月	张三	CPU	AMD 羿龙II X4 965	1100	20	22000

图 4-41　分类汇总结果

用鼠标单击分类汇总数据左边的折叠按钮，可以将业务员的具体数据折叠，如图4-42所示。

	A 销售日期	B 业务员	C 产品名称	D 产品型号	E 单价	F 数量	G 销售额
20		李四 汇总					218740
39		张三 汇总					240980
40		总计					459720

图 4-42　折叠具体数据

如果用户要回到未分类汇总前的状态，只需在图 4-40 所示的对话框中单击"全部删除"按钮，屏幕就会回到未分类汇总前的状态。

4.5.6 数据透视表及数据透视图

数据透视表是一种可以对大量数据快速汇总和建立交叉列表的交互式表格。数据透视表能够对行和列进行转换以查看源数据的不同汇总结果，并显示不同页面以筛选数据，还可以根据需要显示区域中的明细数据。数据透视表是一种动态工作表，提供了一种以不同角度观看数据清单的简便方法。

1. 数据透视表的组成

数据透视表一般由以下几个部分组成：

页字段：是数据透视表中指定为页方向的源数据清单或表单中的字段。单击页字段的不同项，在数据透视表中会显示与该项相关的汇总数据。源数据清单或表单中的每个字段或列条目或数值都将成为页字段列表中的一项。

数据字段：是指含有数据的源数据清单或表单中的字段，数据字段通常汇总数值型数据，数据透视表中的数据字段值来源于数据清单中同数据透视表行、列、数据字段相关的记录的统计。

数据项：是数据透视表中的分类，数据项代表源数据中同一字段或列中的单独条目。数据项以行标或列标的形式出现，或出现在页字段的下拉列表框中。

行字段：数据透视表中指定为行方向的源数据清单或表单中的字段。

列字段：数据透视表中指定为列方向的源数据清单或表单中的字段。

数据区域：是数据透视表中含有汇总数据的区域。数据区中的单元格用来显示行字段和列字段中数据项的汇总数据，数据区每个单元格中的数值代表源记录或行的一个汇总。

2. 创建数据透视表

以图 4-22 的销售数据作为源数据，汇总不同的日期、业务员的个人产品销售额。在工作表中单击"数据"菜单项，选择其中的"数据透视表和数据透视图"命令，屏幕出现如图 4-43 所示的"数据透视表和数据透视图向导-3 步骤之 1"对话框。

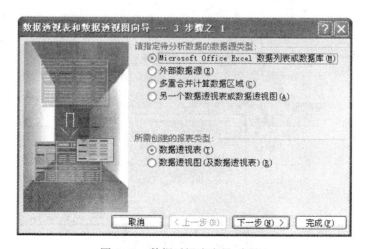

图 4-43　数据透视表向导-步骤 1

使用的源数据是工作表中的数据，因此选择"Microsoft Office Excel 数据列表或数据库"选项，按"下一步"按钮后，屏幕就会出现"数据透视表和数据透视图向导-3 步骤之 2"对话框，如图 4-44 所示。

图 4-44　选定数据透视表数据源

在"选定区域"中输入源数据所在的区域范围后，单击"下一步"按钮，屏幕会显示"数据透视表和数据透视图向导-3 步骤之 3"对话框，如图 4-45 所示，在该对话框中可以按"布局"按钮进行版式设置，也可以按"选项"按钮对透视表进行格式设置。

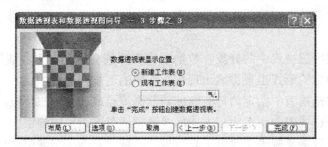

图 4-45　确定数据表显示位置

单击"布局"按钮，可以看到如图 4-46 所示的对话框，在该对话框中，将"销售日期"移动到"页字段"，将"产品名称"移动到列字段，将"业务员"移动到行字段，将"销售额"移动到数据区域中，系统会自动显示为"求和项：销售额"。

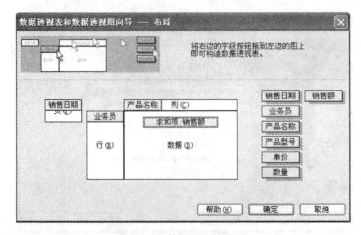

图 4-46　数据透视表版式

如果对移动到数据区域中的字段不是求和，可以在数据区域中双击"求和项：销售额"，系统弹出如图 4-47 所示的对话框。

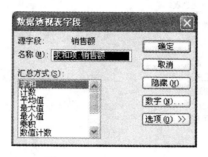

图 4-47　更改汇总方式

用户可以根据需要，在汇总方式列表框中选择计数、平均值、最大值、最小值等，按"确定"按钮可以返回至图 4-46 中，再按"确定"按钮返回到图 4-45 所示的对话框中，一般选择其默认的"新建工作表"项，最后单击"完成"按钮，系统就会在原工作表之前添加一个工作表，这个工作表就是源数据的数据透视表。如图 4-48 所示。

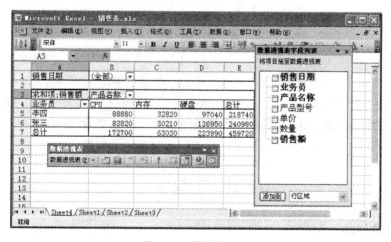

图 4-48　数据透视表

3. 在数据透视表中设置格式

用户还可以对数据透视表设置格式来使数据透视表变得更加美观。如果是在创建透视表过程中进行格式化，则可以在图 4-45 所示的对话框中单击"选项"按钮，出现如图 4-49 所示的格式设置对话框；如果是在透视表建立后进行格式设置，则单击"数据透视表"工具栏中的"数据透视表"菜单，选择"表选项"命令即出现格式设置对话框。用户可以根据自己的需要对数据透视表的格式进行设置。

在完成各项设置后，单击"确定"按钮就可以得到满意的格式了。

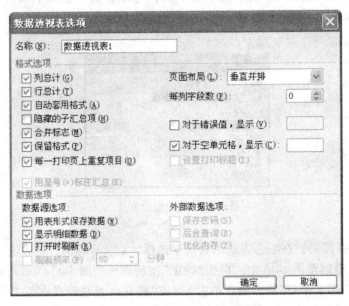

图 4-49　数据透视表选项

本 章 小 结

　　本章首先介绍了 Excel 2003 的一些基本操作，然后详细介绍了 Excel 中的公式和函数的使用，使用这些公式和函数，可以轻松地完成对表格数据的一些操作；接下来介绍了 Excel 工作表的编辑与格式化，Excel 中数据的图表化，最后结合实例详细介绍了 Excel 的数据管理与分析，如何对数据分类汇总以及如何创建数据透视表。

练 习 题 4

一、单项选择题

　　1. 在 Excel 工作表中，可以选择一个或一组单元格，其中活动单元格的数目是_____。

　　　　A. 1 个单元格　　　　　　　　　　B. 1 行单元格

　　　　C. 1 列单元格　　　　　　　　　　D. 等于选中的单元格数

　　2. 在 A2 和 B2 单元格中分别输入数值 7 和 6，再选定 A2：B2 区域，将鼠标指针放在该区域右下角填充句柄上，拖动至 E2，E2 单元格中的值为_____。

　　　　A. 4　　　　　B. 6　　　　　C. 3　　　　　D. 7

　　3. 在 Excel 的公式中无可用的数值或缺少函数参数，返回的错误值为_____。

　　　　A. #####!　　　B. #NAME?　　　C. #DIV/0!　　　D. #N/A

　　4. 在系统默认情况下，输入到单元格中的数值或日期，将自动_____对齐。

　　　　A. 居中　　　　B. 填充　　　　C. 右　　　　D. 左

5. 在电子表格中输入分数 1/4 时，其正确的输入格式为_____。

    A. 01/4　　　　　B. 0 1/4　　　　　C. 1/4 0　　　　　D. 1/4

6. 在 Excel 中，函数可以作为其他函数的_____，称为函数嵌套。

    A. 变量　　　　　B. 参数　　　　　C. 公式　　　　　D. 表达式

7. 如果只清除单元格中的内容，而保留其格式和附注，可以在选择了单元格之后_____。

    A. 直接按 Del 键

    B. 右击单元格，在快捷菜单中选清除内容项

    C. 按 Backspace 键

    D. 选择菜单项编辑/清除/内容

8. Excel 编辑栏中的"√"表示_____。

    A. 公式栏中的编辑有效，且接收　　　B. 公式栏中的编辑无效，不接收

    C. 不允许接收数学公式　　　　　　　D. 允许接收数学公式

9. 在 Excel 中，将 3、4 两行选定，然后进行插入行操作，下面正确的表述是_____。

    A. 在行号 2 和 3 之间插入两个空行

    B. 在行号 3 和 4 之间插入两个空行

    C. 在行号 4 和 5 之间插入两个空行

    D. 在行号 3 和 4 之间插入一个空行

10. 在 Excel 工作表中，A1 单元格中的内容是"1 月"，若要用自动填充序列的方法在 A 列生成序列 1 月、3 月、5 月……，则_____。

    A. 在 A2 中输入"3 月"，选中区域 A1：A2 后拖曳填充柄

    B. 选中 A1 单元格后拖曳填充柄

    C. 在 A2 中输入"3 月"，选中区域 A2 后拖曳填充柄

    D. 在 A2 中输入"3 月"，选中区域 A1：A2 后双击填充柄

11. 下列 Excel 的表示中，属于绝对地址引用的是_____。

    A. $A2　　　　　B. C$　　　　　C. E8　　　　　D. G9

12. 在 Excel 中，若单元格引用随公式所在单元格位置的变化而改变，则称之为_____。

    A. 相对引用　　　B. 绝对引用　　　C. 混合引用　　　D. 高级引用

13. 在如下 Excel 运算符中，优先级最高的是_____。

    A. ：　　　　　　B. ^　　　　　　C. &　　　　　　D. 〈〉

14. 在如下 Excel 运算符中，优先级最低的是_____。

    A. 空格　　　　　B. ^　　　　　　C. %　　　　　　D. *

15. Excel 中公式 SUM(A1，F1)引用的单元格是_____。

    A. 从 A1 到 F1 的所有单元格　　　　B. A1 与 F1 单元格

    C. A1 单元格　　　　　　　　　　　D. F1 单元格

16. 在 Excel 中若想把输入的数字作为文本处理，必须在其前面增加一个_____。

    A. 撇号（'）　　　B. 逗号（,）　　　C. 空格　　　　　D. 分号（;）

17. 在 Excel 中负数的输入可以用"–"，也可以用_____。

    A. !　　　　　　　B. ( )　　　　　　　C. [ ]　　　　　　　D. #

18. 在 Excel 中，分数的输入为了与日期的输入加以区别，应先输入"0"和_____。

    A. 括号　　　　　　B. &　　　　　　　C. [ ]　　　　　　　D. 空格

19. 在同一工作簿中要引用其他工作表的某个单元格的数据(如 Sheet4 中 D2 单元的数据)，下面表达方式中正确的是_____。

    A. =D2(Sheet4)　　　　　　　　　B. =Sheet4！D2

    C. +Sheet4！d2　　　　　　　　　D. $Sheet4>$D2

20. 在 Excel 中，与"=AVERAGE(D3：D5)"等价的公式是_____。

    A. =(D3+D5)/2　　　　　　　　　B. =D3+D4+D5/3

    C. =(D3+D4+D5)/3　　　　　　　D. =D3+D5/2

21. 在 Excel 中，关于函数 COUNT( ) 与函数 COUNTA( ) 的叙述中，错误的是_____。

    A. COUNT( )函数统计数值单元的个数，COUNTA( )函数统计非空单元个数

    B. 引用区域中有数值、字符和空单元时，COUNT( )与 COUNTA( )的计算结果不同

    C. 引用区域中只有数值和空单元，COUNT( )与 COUNTA( )的计算结果相同

    D. 引起 COUNT( )和 COUNTA( )函数值不同的是含空格的单元

22. 在 Excel 中，公式：=1+2*(if(not("A"&"B">"A"&"C"),3,4))的值是_____。

    A. 7　　　　　　　B. 9　　　　　　　C. #VALUE!　　　　D. #N/A

23. 在 Excel 中，区域 A1：A4 的值分别是 1、2、3、4，B1：B4 单元的值分别是 50、100、150、200，则函数=SUMIF(A1：A4,">2.5",B1：B4)的值是_____。

    A. 350　　　　　　B. 450　　　　　　C. 9　　　　　　　D. 7

24. 函数=COUNT(1，TRUE,,"2","GH")的结果为_____。

    A. 2　　　　　　　B. 3　　　　　　　C. 4　　　　　　　D. 5

25. 函数=COUNT(1，TRUE,,"2","1")的结果为_____。

    A. 2　　　　　　　B. 3　　　　　　　C. 4　　　　　　　D. 5

26. 函数=SUM("3"，2，TRUE，FALSE)的结果为_____。

    A. 5　　　　　　　B. 2　　　　　　　C. 6　　　　　　　D. 3

27. 函数=AVERAGE(-1，0，1，2，TRUE，FALSE,"007","-3")的结果为_____。

    A. 0.875　　　　　B. 1　　　　　　　C. 1.17　　　　　　D. 1.4

28. 当 C1 单元取值为_____时，函数=AND(C1>=0，C1<=12)取值为 TRUE 并且函数=OR(C1<0，C1>=12)取值为 TRUE。

    A. -6　　　　　　B. 0　　　　　　　C. 6　　　　　　　D. 12

29. 已知 A1 单元中的内容为数值 3，B1 单元中的内容为文字 8，则取值相同的一组公式是_____。

A. =AVERAGE(A1：B1)，=AVERAGE(3,"8")

B. =COUNT(A1：B1)，=COUNT(3,"8")

C. =MAX(A1：B1)，=MAX(3,"8")

D. =MIN(A1：B1)，=MIN(3,"8")

30. 在 Excel 数据库中，如 B2：B10 区域中是某单位职工的工龄，C2：C10 区域中是职工的工资，求工龄大于 5 年的职工工资之和，应使用公式_____。

A. =sumif(b2：b10,">5"，c2：c10)

B. =sumif(c2：c10,">5"，b2：b10)

C. =sumif(c2：c10，b2：b10,">5")

D. =sumif(b2：b10，c2：c10,">5")

31. 在 Excel 工作表中，要从字符串的指定位置开始取指定长度的子字符串应使用函数_____。

A. LEFT　　　　　B. MOD　　　　　C. MID　　　　　D. RIGHT

32. 在 Excel 工作表中，设 A1 单元中的数据为"湖北省武汉市"，则下列公式取值为 FALSE 的是_____。

A. =LEFT(RIGHT(A1，6)，2)="武汉"

B. =MID(A1，FIND("武"，A1)，2)="武汉"

C. =MID(A1，4，2)="武汉"

D. =LEFT(RIGHT(A1，3)，2)="武汉"

33. 在 Excel 工作表中，已知 A1 单元中的公式为=AVERAGE(C1：E5)，将 C 列删除之后，A1 单元中的公式将调整为_____。

A. =AVERAGE(#REF!)　　　　　　　B. =AVEBAGE(D1：E5)

C. =AVERAGE(C1：D5)　　　　　　　D. =AVERAGE(C1：E5)

34. 在 Excel 工作表中，将 C1 单元中的公式=＄A＄1 复制到 D2 单元后，D2 单元中的值将与_____单元中的值相等。

A. B2　　　　　B. A2　　　　　C. A1　　　　　D. B1

35. 在 Excel 工作表中，向 A1 单元输入数值 3、A2 单元输入文字 5('5)，则取值相同的一组公式是_____。

A. =AVERAGE(A1：A2)，=AVERAGE(3,"5")

B. =MIN(A1：A2)，=MIN(3,"5")

C. =MAX(A1：A2)，=MAX(3,"5")

D. =COUNT(A1：A2)，=COUNT(3,"5")

36. 在 Excel 工作表中，在 A2 和 B2 单元中分别输入数值 7 和 6.3，再选定 A2：B2 区域并将鼠标指针放在该区域右下角的填充柄上，拖曳至 E2，则 E2 单元和函数 INT(D2)的值为_____。

A. 4.2，4　　　B. 4.2，5　　　C. 6.3，6　　　D. 9.1，9

37. 在 Excel 的数据排序中，允许用户最多指定_____个关键字。

A. 2　　　　　B. 3　　　　　C. 4　　　　　D. 5

38. 在 Excel 中，产生图表的数据发生变化后，图表_____。

    A. 会发生相应的变化   B. 会发生变化，但与数据无关

    C. 不会发生变化   D. 必须进行编辑后才会发生变化

39. 在 Excel 中，最适合反映单个数据在所有数据构成的总和中所占比例的一种图表类型是_____。

    A. 散点图   B. 折线图   C. 柱形图   D. 饼图

40. 下列关于一个字段的分类汇总的说法中，正确的是_____。

    A. 分类汇总是指按某一字段中相同记录，将其他某些字段的数据汇总起来

    B. 分类汇总前，一般应按分类字段对清单排序，使相同主关键字值的记录集中在一起

    C. 分类汇总的分类字段不能作为汇总项参与汇总

    D. 除了选择 Excel 提供的汇总方式外，用户还可以直接自定义汇总方式

41. 在 Excel 中，关于"筛选"的正确叙述是_____。

    A. 自动筛选和高级筛选都可以将结果筛选至另外的区域中

    B. 不同字段之间进行"或"运算的条件必须使用高级筛选

    C. 自动筛选的条件只能是一个，高级筛选的条件可以是多个

    D. 如果所选条件出现在多列中，并且条件之间有"与"的关系，必须使用高级筛选

42. 在 Excel 中，对数据库进行条件筛选时，下面关于条件区域的叙述中错误的是_____。

    A. 字符型字段的条件中可以使用通配符

    B. "相等"比较时，"="可以省略

    C. 辅助条件字段名可以与数据库中的字段名相同

    D. 条件区域必须有字段名行

43. 在 Excel 中，下面关于分类汇总的叙述错误的是_____。

    A. 分类汇总前必须按关键字段排序数据库

    B. 汇总方式只能是求和

    C. 分类汇总的关键字段只能是一个字段

    D. 分类汇总可以被删除，但删除汇总后排序操作不能撤销

44. Excel 图表是动态的，当在图表中修改了数据系列的值时，与图表相关的工作表中的数据_____。

    A. 自动修改   B. 不变

    C. 出现错误值   D. 用特殊颜色显示

45. 在 Excel 中，图表中的_____会随着工作表中数据的改变而发生相应的变化。

    A. 图例   B. 系列数据的值

    C. 图表类型   D. 图表位置

46. 在 Excel 中，下面关于图表的叙述错误的是_____。

    A. 一个图表可以分为 3 大部分：图表区域、绘图区、坐标轴

    B. 关于图表标题、图例等图表元素，用户可以直接在图标上编辑

    C. 对于折线图，"系列产生在行"是指每行数据绘制一条折线

　　D. X 轴标注必须是字符型的数据

　47. 在 Excel 中，进行自动分类汇总之前。必须对数据清单进行_____。

　　A. 筛选　　　　　　　　B. 排序　　　　　　C. 建立数据库　　D. 有效计算

　48. 在 Excel 中，在处理学生成绩单时，对不及格的成绩用醒目的方式表示(如用红色下划线表示)，当要处理大量的学生成绩时，利用_____ B 命令最为方便。

　　A. 查找　　　　　　　　B. 条件格式　　　　C. 数据筛选　　　D. 定位

　49. Excel 中有一书籍管理工作表，数据清单字段名有书籍编号、书名、出版社名称、出库数量、入库数量、出库日期、入库日期。若要统计各出版社书籍的"出库数量"总和及"入库数量"总和，应对数据进行分类汇总，分类汇总前要对数据排序，排序的主要关键字应是_____。

　　A. 入库数量　　　　　　B. 出库数量　　　　C. 书名　　　　　D. 出版社名称

　50. 保存工作簿出现"另存为"对话框，说明_____。

　　A. 该文件已经保存过　　　　　　　　　　　B. 该文件未保存过

　　C. 该文件未作过修改　　　　　　　　　　　D. 该文件作了修改

二、操作题

　1. 对如图 4-50 所示的工作簿文件，试在 B5 单元格中利用 RIGHT 函数取 C4 单元格中字符串右 3 位；利用 INT 函数求出门牌号为 101 的电费的整数值，其结果置于 C5 单元格。

	A	B	C	D
1	门牌号	水费	电费	煤气费
2	101	71.2	102.1	12.3
3	201	68.5	175.5	32.5
4	301	68.4	312.4	45.2
5				

图 4-50　一个工作簿

　2. 根据表 4-3 中的基本数据，试按下列要求建立 Excel 表。

表 4-3　　　　　　　　　　　　　　　　产品销售表　　　　　　　　　　　　　　（单位：万元）

月　份	MP4	笔记本电脑	数码相机	总　计
一月	21.3	205	105.4	
二月	22.3	206	106.4	
三月	23.3	207	107.4	
四月	24.3	208	108.4	
五月	25.3	209	100.4	
六月	26.3	210	110.4	
平均				
合计				

（1）利用公式计算表中的"总计"值；

（2）利用函数计算表中的"合计"值；

（3）利用函数计算表中的"平均"值；

（4）用图表显示 MP4 在 1—6 月的销售情况变化。

3. 根据表 4-4 中的基本数据，试按下列要求建立 Excel 表。

表 4-4   **工资表**   （单位：元）

部　门	工资号	姓　名	性　别	工　资	补　贴	应发工资	税　金	实发工资
销售部	0003893	王　前	男	2432	1890			
策划部	0003894	于大鹏	男	2540	1990			
策划部	0003895	周　彤	女	2577	1102			
销售部	0003896	程国力	男	3562	2102			
销售部	0003897	李　斌	男	2614	2102			
策划部	0003898	刘小梅	女	4485	2190			

（1）删除表中的第 5 行记录；

（2）利用公式计算应发工资、税金及实发工资（应发工资＝工资＋补贴）（税金＝（应发工资－3000）×10%）（实发工资＝应发工资－税金）（精确到元）；

（3）将表格中的数据按"部门"、"工资号"升序排列；

（4）用图表显示该月上述 6 人的实发工资，以便能清楚地比较工资情况。

第 5 章　PowerPoint 电子演示文稿

PowerPoint 是用来制作演示文稿的工具软件，也是 Office 2003 办公套件中的重要成员。PowerPoint 主要用于学术交流等场合的幻灯片制作和演示，可以制作出图文并茂、绚丽多彩、具备专业水平的演示文稿。

5.1　PowerPoint 基本知识

PowerPoint 2003 是微软公司推出的套装办公软件 Office 的组成部分之一，利用该软件可以快捷的制作各种具有专业水准的演示文稿、彩色幻灯片及投影胶片，并可以动态的展现出来。在 Office 97 中，PowerPoint 只具有简单幻灯片的编辑和制作功能。随着办公软件 Office 在当今各行各业的广泛普及，推出了全新的 PowerPoint 2000。在 PowerPoint 2000 中提供了全新的三框式工作界面以及自动调整显示画面等功能。特别是在多媒体功能上的改进，使 PowerPoint 不仅是演示文稿制作专业软件，更主宰了制作多媒体的市场。以后推出的 PowerPoint 2002 系列，为人们提供了更加方便高效的演示文稿制作平台。增强了向导功能，特别是新增加的任务窗格将版式、设计模板和配色方案组织在幻灯片旁边的虚拟库中，并且可以将多个设计模板应用到演示文稿中。目前推出的 PowerPoint 2003，不但继承了旧版本的优良特点，在外观、信息检索、协作、多媒体演示、网络和服务上还增加了一些新的内容。

5.1.1　PowerPoint 的编辑环境

在学习 PowerPoint 2003 的基本操作命令之前，首先了解一下该软件的工作界面，如图 5-1 所示。其主界面包括：

（1）标题栏：包括"窗口控制菜单"、"应用程序名称"、"演示文稿名称"和"窗口控制"等按钮。

（2）菜单栏：包括"文件"、"编辑"、"视图"、"插入"、"格式"、"工具"、"幻灯片放映"、"窗口"、"帮助"等菜单项。这些菜单包含了 PowerPoint 2003 的全部控制功能。

（3）工具栏：与菜单功能相对应，包含了 PowerPoint 2003 中的所有控制按钮。

（4）演示文稿编辑区域：包含"幻灯片编辑"窗格、"大纲"窗格、"备注"窗格和"任务"窗格 4 个窗格。

演示文稿编辑区域是 PowerPoint 2003 工作界面中最重要的部分，所有幻灯片的制作都在这个区域中完成。在演示文稿的编辑区域中包括以下 4 个窗格：

（1）"幻灯片编辑"窗格：在工作界面正中间的区域称为"幻灯片编辑"窗格。其主要任务是负责幻灯片中对象的编辑、复制、插入、删除等。

图 5-1　工作环境

（2）"大纲"窗格：在"幻灯片编辑"窗格的左侧。其主要任务是负责插入、复制、删除、移动整张幻灯片。

（3）"备注"窗格：位置在"幻灯片编辑"窗格的下方。其主要任务是为演讲者演讲时提供提示信息。

（4）"任务"窗格：位置在(幻灯片编辑)窗格的右侧。包括常用快捷工具和参数设置，可以节省工作时间，提高工作效率。

5.1.2　PowerPoint 的视图

幻灯片视图功能为演示文稿制作者提供了方便的浏览界面。其中包括普通视图、幻灯片浏览视图、幻灯片放映视图以及备注页视图。

1. 普通视图

普通视图是最常用的工作视图，可以编辑幻灯片及在幻灯片中插入各种对象，浏览文本信息、设计模板样式、备注信息等，左边的"大纲"窗格可以在"大纲"和"幻灯片"之间切换，如图 5-2 所示。

2. 幻灯片浏览视图

幻灯片浏览视图，可以编辑每张幻灯片的翻页效果，显示排练计时时间、动作设置等；用户可以使用"幻灯片浏览"工具栏中的按钮来对幻灯片进行设置。如图 5-3 所示。

3. 幻灯片放映视图

可以播放制作好的演示文稿，播放时一张幻灯片占满整个屏幕，这也是将来制成胶片后用幻灯放映出来的效果，如果用户要在放映完之前中断幻灯片的放映，可以按下 Esc

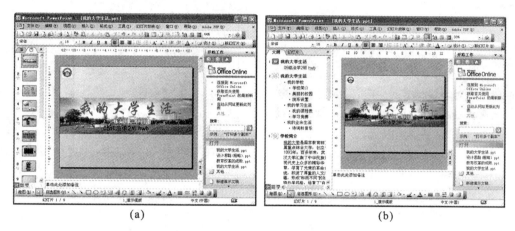

图 5-2　普通视图

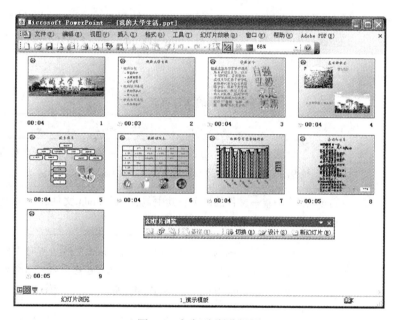

图 5-3　幻灯片浏览视图

键。如图 5-4 所示。

4. 备注页视图

备注页视图是为了配合演讲者解释幻灯片的内容，每一页的上半部分是当前幻灯片的缩图，下半部分是一个文本框，可以向其中输入对该幻灯片的较详细的解释，有些内容不会保存在该幻灯片上。若在普通视图的注释窗格中对幻灯片输入了注释，这些注释将会出现在这个文本框中。如图 5-5 所示。

图 5-4　幻灯片放映视图

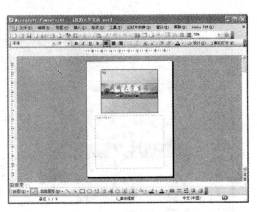

图 5-5　备注页视图

5.1.3　PowerPoint 文件的存储格式

演示文稿默认的文件存储格式为 .PPT(扩展名)。如果将演示文稿另存为直接播放的文件格式，则文件存储格式为 .PPS(扩展名)。PowerPoint 文件存储还可以选择多种格式，格式如表 5-1 所示。

表 5-1　　　　　　　　　　　　　　　　**演示文稿的文件格式**

保存类型	扩展名	用于保存
演示文稿	. ppt	默认值，典型的 Microsoft PowerPoint 演示文稿。可以使用 PowerPoint 97 或更高版本打开此格式的演示文稿。
单个文件网页	. mht . mhtml	作为单一文件的网页，其中包含一个 .mht 文件和适用于通过电子邮件发送的演示文稿。
网页	. htm . html	作为文件夹的网页，其中包含一个 .htm 文件和所有支持文件，例如图像、声音文件、级联样式表、脚本和更多内容。适合发布到网站上或者使用 FrontPage 或其他 HTML 编辑器进行编辑。
PowerPoint 95	. ppt	在 PowerPoint 2003 种创建的一种演示文稿，保留与 PowerPoint 95 的兼容。
PowerPoint 97—2003 & 95 演示文稿	. ppt	在 PowerPoint 2003 种创建的一种演示文稿，保留与 PowerPoint 95、PowerPoint 97 和更高版本的兼容(在 PowerPoint 97 和 PowerPoint 的更高版本中，图形式经过压缩的，而在 PowerPoint 95 中并不压缩，而该格式同时支持两种版本，结果导致文件较大)。
设计模板	. pot	作为模板的演示文稿，可用于对将来的演示文稿进行格式设置。
PowerPoint 放映	. pps	始终在"幻灯片放映"视图(而不是"普通"视图)中打开的演示文稿。
PowerPoint 加载宏	. ppa . pwz	存储自定义命令、Visual Basic for Applicationg(VBA)代码和指定的功能(例如加载宏)。

续表

保存类型	扩展名	用于保存
GIF(图形交换格式)	.gif	作为用于网页的图形的幻灯片。 GIF 文件格式最多支持 256 色，因此更适合扫描图像而不是彩色照片。GIF 也适用于直线图形、黑白图像。GIF 支持动画。
JPEG（文件交换格式）	.jpg	用作图形的幻灯片(在网页上使用)。 JPEG 文件格式支持 1600 万种颜色，最适于照片和复杂图像。
PNG(可移植网络图形格式)	.png	用作图形的幻灯片(在网页上使用)。 PNG 已获得 WWW 联合会(W3C)批准，作为一种替代 GIF 的标准。可以保存、还原和重新保存 PNG 图像，这不会降低起质量。PNG 不像 GIF 那样支持动画——某些旧版本得浏览器不支持此文件格式。
TIFF(Tag 图像文件格式)	.tif	用作图形的幻灯片(在网页上使用)。 TIFF 是受到最广泛支持的、在个人计算机上存储位映像图像的文件格式。TIFF 图像可以采用任何分辨率，可以使黑白、灰度或彩色。
大纲/RTF	.rtf	用作纯文本文档的演示文稿大纲。不包括备注区域的文本。

5.2　PowerPoint 基本操作

演示文稿制作的一般流程如图 5-6 所示。

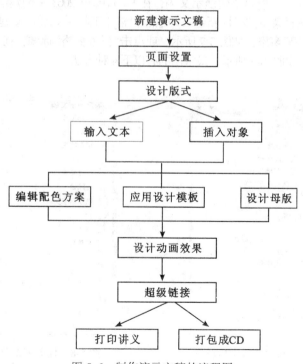

图 5-6　制作演示文稿的流程图

5.2.1 PowerPoint 2003 启动和退出

1. 常规方式启动

常规方式启动是最常用的 PowerPoint 2003 的启动方法，在任务栏上点击"开始"→"所有程序"→"Microsoft Office"→"Microsoft Office PowerPoint2003"即可启动 PowerPoint 2003。

2. 从桌面快捷方式启动

安装软件时如果已经将 PowerPoint 2003 的快捷图标复制到桌面上，可以用鼠标双击该快捷图标启动 PowerPoint 2003。否则用户可以先在桌面上为 PowerPoint 建立快捷图标，再用鼠标双击该快捷图标。

3. 通过演示文稿文件启动

用下拉菜单启动的操作是最快捷的方法。在桌面上或准备存储 PowerPoint 演示文稿的目录单击鼠标右键，在弹出的快捷菜单中选中"新建"→"Microsoft PowerPoint 2003 演示文稿"，新建了一个演示文稿文件，双击该文件或已经保存的演示文稿文件，亦可以启动 PowerPoint 2003。

4. 退出 PowerPoint 2003

采用各种退出 Windows 应用程序方法。

(1)选择菜单"文件/退出"；

(2)鼠标单击标题栏中的关闭按钮；

(3)鼠标双击窗口左上角控制菜单图标；

(4)用快捷键 Alt+F4。

5.2.2 创建演示文稿

制作演示文稿的第一步就是创建演示文稿，在 PowerPoint 2003 中创建演示文稿的方法很多。要创建演示文稿时，选择菜单"文件/新建..."或点击"常用工具栏"上的"新建"按钮，"任务窗格"会切换到"新建演示文稿"窗格，如图 5-7 所示。或点击"任务窗格"标题，在弹出的得快捷菜单中选择"新建演示文稿"，如图 5-8 所示。最常用的有以下 4 种方法。

图 5-7　新建演示文稿窗格

图 5-8　任务窗格菜单

1. 创建空白演示文稿

在"新建演示文稿"任务窗格中单击"空白演示文稿",打开一个空白演示文稿,且原来的"新建演示文稿"任务窗格变为"幻灯片版式"任务窗格,提供各种版式供用户选择。如图 5-9 所示。

空白演示文稿是界面最简单的演示文稿,没有设计模板、配色方案以及动画方案,在空白的幻灯片上只有版式。我们可以利用空白演示文稿建立本章开头的引例。

图 5-9　空白演示文稿

2. 根据设计模板创建演示文稿

用户可以使用 PowerPoint 2003 提供的一系列设计模板来创建演示文稿。每个模板都提供格式和配色方案,用户只需向其中加入文本,可以在刚开始写文稿时使用模板,也可以对已经建立的文稿选择新的模板。

单击"新建演示文稿"任务窗格中的"根据设计模板",打开一个空白演示文稿,并且在任务窗格中出现系统中自带的设计模板,用鼠标双击任何一种,该样式就立即应用到演示文稿中。如图 5-10 所示。

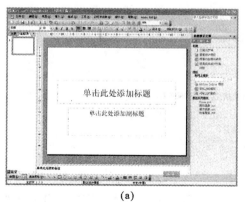
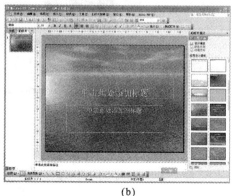

(a)　　　　　　　　　　　　　　　　　　　(b)

图 5-10　根据设计模板创建空演示文稿

3. 根据内容提示向导创建演示文稿

对于初学者要快速建立具有美丽外观的演示文稿可以使用以下方法。

PowerPoint 2003 的内容提示向导可以帮助用户创建各种不同类型主题的演示文稿内容。用内容提示向导生成的演示文稿通常包括 5~10 张幻灯片，这些幻灯片根据某一思路按照渐进的次序组织在一起，用户可以根据需要对文本进行编辑。

（1）单击"新建演示文稿"任务窗格中的"根据内容提示向导"，打开内容提示向导对话框。共有五个向导对话框。

（2）单击"下一步"按钮，屏幕出现"演示文稿类型"对话框，如图 5-11 所示。

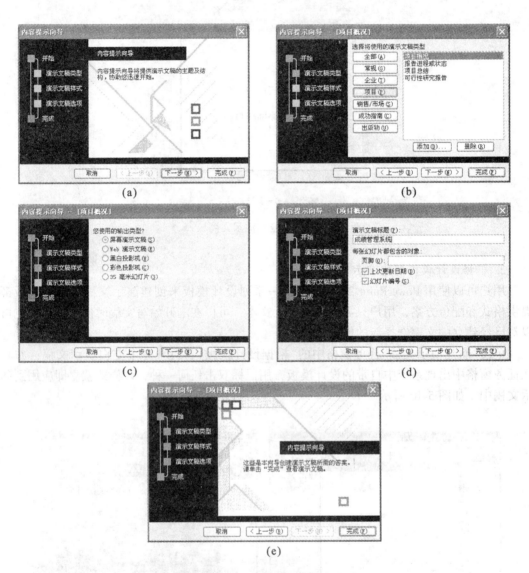

图 5-11　根据内容向导建立演示文稿

（3）根据需要选择一种文稿类型，在此选择"项目"中的"项目概况"，并单击"下一步"按钮，屏幕弹出输出类型对话框。

（4）在此选择"屏幕演示文稿"并单击"下一步"按钮。屏幕会弹出"演示文稿选项"对话框。

（5）输入演示文稿标题、页脚信息后，单击"下一步"，屏幕将弹出一些"提示语"对话框。

（6）单击"完成"按钮即可进入正式制作阶段。

这时，在 PowerPoint 2003 的工作窗口会出现一份系统自动制作的演示文稿，从屏幕底部状态栏左边的"幻灯片 1/11"中，可以知道，PowerPoint 2003 给出了 11 张幻灯片，这是其中的第一张，如图 5-12 所示。文稿中包含自动生成的模板样式和全文大纲，用户可以在其中添加自己的文本和图片。

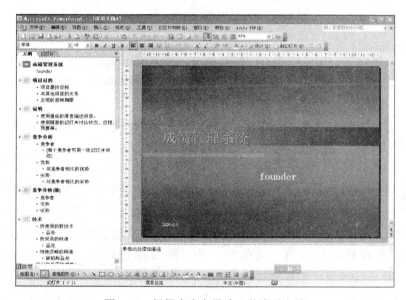

图 5-12　根据内容向导建立的演示文稿

4. 根据现有演示文稿创建演示文稿

还可以利用现有的演示文稿继续编辑其中的内容。

单击"新建演示文稿"任务窗格中的"根据现有演示文稿…"，打开"根据现有演示文稿新建"对话框，如图 5-13 所示。选择要继续编辑的演示文稿，单击"创建"按钮，以现有的演示文稿为样板新建一个演示文稿。

除此以外，还可以通过单击"新建演示文稿"任务窗格中的"相册…"建立相册演示文稿。

5.2.3　占位符和版式

1. 占位符

在 PowerPoint 的每张幻灯片中，都有一些虚线框，这些虚线框就是占位符。在占位符中可以插入文字信息、对象内容等。占位符有两种状态：

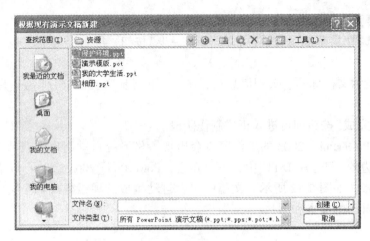

图 5-13　根据现有演示文稿新建对话框

（1）文本编辑状态：用鼠标在占位符中单击，进入文本编辑状态，此时出现一个插入符，用户可以进行文本输入、编辑、删除等操作。文字输入、编辑、删除等操作同 Microsoft Word 2003。

（2）占位符选中状态：在占位符的虚线框上单击鼠标，进入占位符选中状态。此时可以移动、复制、粘贴、删除占位符，还可以调整占位符的大小等。

2. 幻灯片版式

创建了空白演示文稿以后，在界面中只显示一张幻灯片，在这张幻灯片中有两个虚线框，其中文字标识有"单击此处添加标题"和"单击此处添加副标题"两项。这种只能够添加标题内容的幻灯片称为"标题幻灯片"，标题幻灯片所应用的版式为"标题版式"。一般情况下，标题版式只应用在第一张幻灯片中。除了标题版式这种特殊的版式外，在 PowerPoint 2003 中还为设计幻灯片提供了许多版式，这些版式分门别类的排列在幻灯片版式窗格中。其中包括文字版式、内容版式、文字和内容版式、其他版式等，如图 5-14 所示。利用这些版式可以创建各种要求的幻灯片。

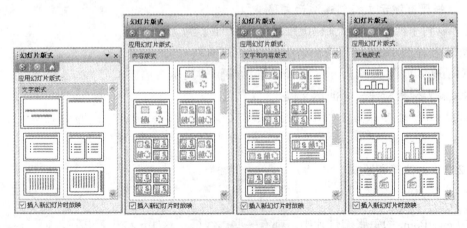

图 5-14　幻灯片版式

（1）文字版式。

在文字版式集合中包括标题版式、只有标题版式、标题和文本版式等。应用这些版式可以在幻灯片中输入文字信息。如图 5-15 所示，第一张幻灯片选择"标题幻灯片"、第二张选择"标题和文本幻灯片"，单击占位符输入相应的文字信息，

图 5-15　标题幻灯片和标题文本幻灯片

（2）内容版式。

在内容版式集合中包括空白版式、内容版式、标题和内容版式等。其中空白版式中没有任何占位符，需要添加文本框来输入和编辑文字信息。应用这些版式，在占位符中出现一个插入对象面板，选择其中的对象，可以在幻灯片中插入图片、图表、表格、组织结构图等。

（3）内容和文本版式。

在文字和内容版式集合中包括标题、文字和内容版式、标题和文字在内容之上等。应用这些版式既可以在幻灯片中输入文字，又可以插入图片、图表、表格、组织结构图等对象。

（4）其他版式。

在其他版式集合中包括垂直排列标题且文本在图表之上版式，标题、剪贴画与竖排文字版式，标题、文本与图表版式等。与内容版式不同，应用这些版式，没有插入对象的面板，只可以在幻灯片中插入版式中规定的对象。

5.2.4　对幻灯片进行编辑

1. 新建幻灯片

在演示文稿中新建幻灯片的方法很多，主要有以下几种：

（1）在大纲视图的结尾按回车键；

（2）单击"插入/新幻灯片"命令；

（3）单击常用工具栏的"新幻灯片"按钮。

用第一种方法，会立即在演示文稿的结尾出现一张新的幻灯片，该幻灯片直接套用前

面那张幻灯片的版式；用后两种方法，会在屏幕上出现一个"新幻灯片"对话框，可以非常直观地选择所需版式。

2. 编辑、修改幻灯片

选择要编辑、修改的幻灯片，选择其中的文本、图表、剪贴画等对象，具体的编辑方法和 Word 类似。

3. 插入、删除幻灯片

添加新幻灯片既可以在幻灯片浏览视图中进行，也可以在普通视图的大纲窗格中进行。

(1) 选择需要在其后插入新幻灯片的幻灯片；

(2) 单击常用工具栏上的"新幻灯片"按钮，或单击"插入／新幻灯片"命令；

(3) 从"新幻灯片"对话框中选择所需版式，单击"确定"按钮即可。

若要删除幻灯片，需进行如下操作：

(1) 在幻灯片浏览视图中或大纲视图中选择要删除的幻灯片；

(2) 单击"编辑"→"删除幻灯片"命令，或按 Delete 键；

(3) 若要删除多张幻灯片，需切换到幻灯片浏览视图，按下 Ctrl 键并单击要删除的各幻灯片，然后单击"删除幻灯片"按钮即可。

4. 调整幻灯片位置

可以在除"幻灯片放映"视图以外的任何视图进行。

(1) 用鼠标选中要移动的幻灯片；

(2) 按住鼠标左键，拖动鼠标；

(3) 将鼠标拖动到合适的位置后松手，在拖动的过程中，有一条横线指示幻灯片的位置。此外还可以用"剪切"和"粘贴"命令来移动幻灯片。

5. 为幻灯片编号

演示文稿创建完后，可以为全部幻灯片添加编号，其操作方法是：

(1) 单击"视图"→"页面和页脚"命令，出现如图 5-16 所示对话框；

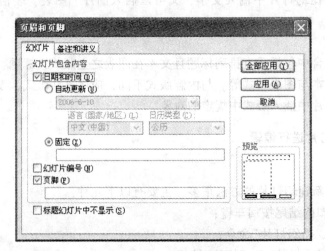

图 5-16 为幻灯片添加编号

（2）单击"幻灯片"选项卡，为幻灯片添加信息，单击"幻灯片编号"复选框，保证幻灯片信息被选中；

（3）根据需要，单击"全部应用"或"应用"按钮。

6. 隐藏幻灯片

用户可以把暂时不需要放映的幻灯片隐藏起来。

（1）单击要隐藏的幻灯片。

（2）单击"幻灯片浏览"工具栏上的"隐藏幻灯片"按钮，该幻灯片右下角的编号上出现一条斜杠，如图 5-17 所示，幻灯片 2 被隐藏起来。

（3）若想取消隐藏幻灯片，则选中该幻灯片，再单击一次"隐藏幻灯片"按钮即可。

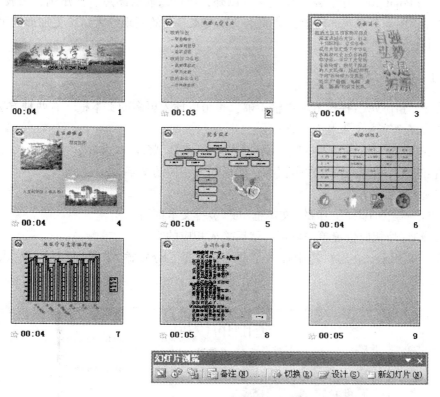

图 5-17　隐藏幻灯片

5.2.5　幻灯片放映和保存

制作演示文稿的最终目的就是要在计算机屏幕或投影仪上播放。

1. 简单放映

简单放映方式可以从指定的某张幻灯片开始放映。进行简单放映的操作方法如下：

在大纲编辑区域中或幻灯片浏览视图中，选中开始放映的第一张幻灯片，单击大纲编辑区域下方的幻灯片放映按钮，可以从当前选中的幻灯片开始播放。也可以单击菜单"视图"→"幻灯片放映"或菜单"幻灯片放映"→"观看放映"从第一张开始播放。

在播放时，幻灯片占满整个屏幕，对于连续播放的幻灯片，可以单击幻灯片视图中的任意位置，实现幻灯片的切换。

2. 保存

与 Office 套件中的其他软件相同，保存演示文稿可以用"常用工具栏"中的"存盘"，也可以选择菜单"文件/保存"或"文件/另存为…"。

演示文稿的默认扩展名为：PPT。

5.3　幻灯片元素操作

在 PowerPoint 2003 中，除了使用文本以外，还可以插入图片、剪贴画、图表、表格、声音和影片、图示等多媒体对象，使演示文稿图文并茂的展现给大家，更加形象生动地表现主题和中心。

5.3.1　插入文本框

如果"幻灯片版式"提供的文本框不够，也可以插入更多的文本框。有两种方法：

1. 通过菜单插入文本框

(1)选择菜单"插入/文本框"，选择是"水平"还是"竖直"文本框；

(2)在幻灯片相应的位置单击鼠标，然后输入相应的文字。

2. 通过"绘图工具栏"

(1)单击"绘图工具栏"中的"文本框"或"竖排文本框"；

(2)在幻灯片相应位置单击鼠标，然后输入相应的文字。

如图 5-18 所示，在幻灯片中插入了两个文本框，分别输入"樱花绽放"和"人文科学馆(逸夫楼)"。

图 5-18　添加文本框

3. 文本框格式设置

可以通过文本框格式设置对话框对文本框格式进行更详细的设置。其操作方法如下：

(1)选中需要设置格式的文本框；

(2)选择菜单"格式"→"自选图形…"，打开"设置自选图形格式"对话框，或在文本框边框上单击鼠标右键，在弹出的快捷菜单中选择"自选图形格式…"菜单项，打开"设置自选图形格式"对话框，如图 5-19 所示。其用法参见 Word 中设置文本框格式。

图 5-19　设置自选图形格式对话框

5.3.2　插入图片

在 PowerPoint 2003 中可以插入各种来源的图片。有三种方法插入图片：通过剪贴板、通过"插入"菜单、通过插入对象工具面板。

1. 通过剪贴板插入图片

通过剪贴板插入图片是 Windows 应用软件常用的方法，先将图片复制到剪贴板，然后再粘贴到幻灯片中。

2. 通过菜单插入图片

选择菜单"插入"→"图片"→"来自文件…"，打开"插入图片"对话框，如图 5-20 所示，选中要插入到幻灯片中的图片，单击"插入"按钮，可以将选中的图片文件插入到幻灯片中。

3. 通过插入对象工具面板插入图片

还可以利用插入对象工具面板来插入图片，其操作步骤如下：

(1)选中一个幻灯片或新建一个幻灯片，在"幻灯片版式"任务窗格中选择一种包含内容占位符的版式。此时幻灯片如图 5-21 所示。

图 5-20 插入图片对话框

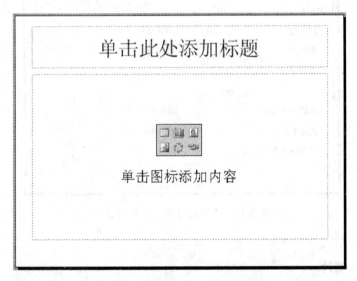

图 5-21 包含内容占位符的幻灯片

（2）在内容占位符中包括一个"插入对象"工具面板，"插入对象"工具面板中包含"插入图表"、"插入表格"、"插入图片"、"插入剪贴画""插入组织结构图"、"插入组织结构图"、"插入剪辑对象"。单击其中的"插入图片"按钮，与通过菜单插入图片一样，打开"插入图片"对话框，选中要插入到幻灯片中的图片，单击"插入"按钮，可以将选中的图片文件插入到幻灯片中。

4. 使用图片工具栏

如果要对图片进行进一步的设置，可以使用图片工具栏。其操作方法如下：

（1）在图片上单击鼠标右键，在弹出的快捷菜单中选择"显示图片工具栏"，出现"图片工具栏"；或选择菜单"视图 | 工具栏 | 图片"将显示"图片工具栏"，如图 5-22 所示。

（2）在保证需要设置的图片被选中的情况下，使用工具栏中相应的工具按钮对图片格式进行设置。工具按钮的使用参见 Word 中图片设置相关内容。

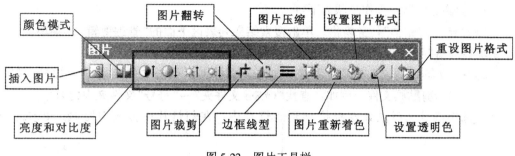

图 5-22　图片工具栏

5.3.3　插入剪贴画

除了可以插入图片，还可以插入剪贴画。在 Office 2003 系统中增加了大量剪贴画，并分门别类地归纳到剪辑管理器中，方便用户使用。PowerPoint 2003 中插入剪贴画有三种方法：通过剪贴画菜单项，通过剪辑管理器，通过插入对象工具面板。

1. 通过剪贴画菜单项

应用剪贴画菜单项的操作步骤如下：

（1）选择菜单"插入"→"图片"→"剪贴画…"菜单项，打开"剪贴画"任务窗格，如图 5-23 所示。

（2）"剪贴画"任务窗格的搜索结果列表区是空白的。在"搜索文字"区域中输入要搜索的剪贴画类型或空表示所有类型，选择"搜索范围"，然后单击"搜索"按钮，系统自动将符合条件的剪贴画搜索出来并列在搜索结果列表区中，搜索得到的剪贴画。

（3）单击需要的剪贴画，剪贴画就直接插入到幻灯片中。如图 5-24 所示。

图 5-23　剪贴画任务窗格

图 5-24　插入剪贴画

2. 通过剪辑管理器

应用剪辑管理器的操作步骤如下：

(1)打开"(剪贴画"任务窗格。单击搜索结果列表区下面的"管理剪辑…"菜单项，打开"剪辑管理器"对话框，如图5-25所示。

(2)在"收集到列表"列表区中选择 Office 文件夹，单击文件夹前面的加号，打开 Office 中自带的剪贴画文件。例如：查找"Office 文件夹"→"符号"文件夹中的符号。

(3)选中符号，用鼠标左键拖动到幻灯片中，在幻灯片中插入剪贴画。如图5-26所示。

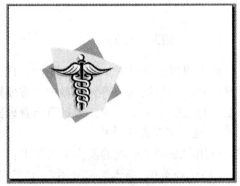

图 5-25　剪辑管理器　　　　　　　　　　　图 5-26　插入剪贴画

3. 通过插入对象工具面板插入剪贴画

与"通过插入对象工具面板插入图片"类似，通过插入对象工具面板插入剪贴画方法如下：

(1)在包含内容占位符的幻灯片中单击"插入剪贴画"按钮，打开"选择图片"对话框，如图5-27所示。

(2)选中需要插入到幻灯片中的剪贴画或图片，鼠标双击或单击"确定"按钮，将剪贴画插入幻灯片中。

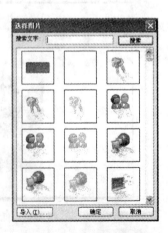

图 5-27　选择图片对话框

5.3.4　插入和编辑图表

在 PowerPoint 2003 中可以方便地插入各种图表。插入图表有两种方法：通过菜单，通过插入对象面板。

1. 通过菜单项插入图表

(1)选择菜单"插入"→"图表…"项，立即在幻灯片中建立一个图表，如图 5-28 所示，此时可以对图表中的数据进行编辑。

(2)在幻灯片中包含图表和数据表，数据表是图表的数据源，可以通过编辑数据表中的数据改变图表的显示结果，单击图表外的任意位置，数据表消失，完成图表的建立，如图 5-29 所示

也可以通过"常用"工具栏中的插入图表按钮，插入图表。

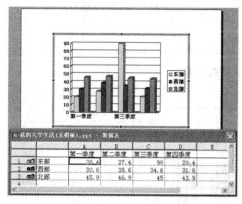

图 5-28　编辑状态下的图表

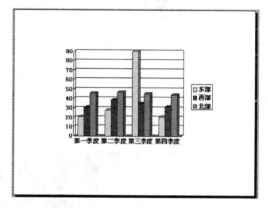

图 5-29　非编辑状态下的图表

2. 通过插入对象面板插入图表

与"通过插入对象工具面板插入图片"类似，通过插入对象工具面板插入图表的方法如下：

(1)在包含内容占位符的幻灯片中单击"插入图表"按钮，同样在幻灯片中产生建立如图 5-28 所示的图表和数据表。

(2)编辑数据表中的数据。

3. 编辑数据表

新建立的图表会自动打开相应的数据表供用户编辑；如果在非编辑状态下，可以用鼠标双击图表进入数据表编辑状态。

如果关闭了数据表窗口，可以选择菜单"视图 | 数据表"显示数据表窗口。数据表结构如图 5-30 所示。

由于新建立的数据表采用的是默认数据，在实际使用时都需要修改。首先就要修改数据表中的标签，即修改字段和记录的名称，然后输入实际数据。例如班级竞赛排行榜数据，如图 5-31 所示。标题和数据的修改和输入参照 Excel 的操作方法。数据输入后的图表如图 5-32 所示。

我的大学生活(无模板).ppt - 数据表

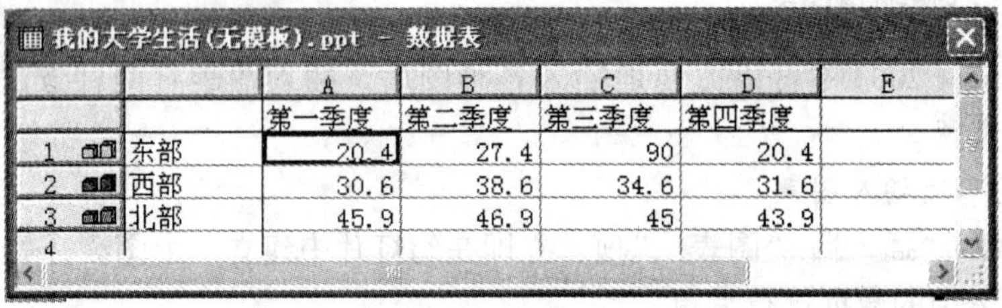

		A	B	C	D	E
		第一季度	第二季度	第三季度	第四季度	
1	东部	20.4	27.4	90	20.4	
2	西部	30.6	38.6	34.6	31.6	
3	北部	45.9	46.9	45	43.9	
4						

图 5-30 数据表结构

我的大学生活.ppt - 数据表

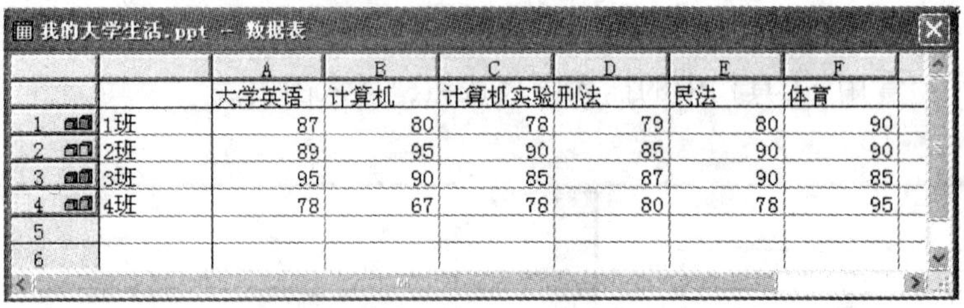

		A	B	C	D	E	F
		大学英语	计算机	计算机实验	刑法	民法	体育
1	1班	87	80	78	79	80	90
2	2班	89	95	90	85	90	90
3	3班	95	90	85	87	90	85
4	4班	78	67	78	80	78	95
5							
6							

图 5-31 班级竞赛排行榜数据表

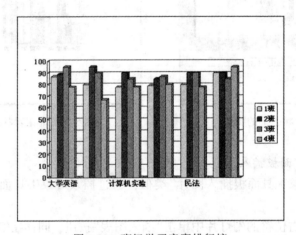

图 5-32 班级学习竞赛排行榜

4. 编辑图表格式

在图表编辑状态下，在图表所在区域点击鼠标右健，显示图表编辑快捷菜单，通过选择图表中不同的成分，可以对图表进行编辑和设置。其操作方法参见 Excel 中关于图表的编辑。编辑后的图表如图 5-33 所示。

5.3.5 插入媒体对象

为了使演示文稿具有多媒体效果，在 PowerPoint 2003 中还允许插入音乐、声音、影片和动画等。

声音是制作多媒体演示文稿的基本要素，在剪辑管理器中存放着一些声音文件，可以直接使用，用户还可以将自己喜欢的音乐插入到幻灯片中。但是要注意声音是为了用来烘

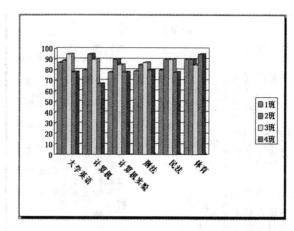

图 5-33　编辑后的班级学习竞赛排行榜

托气氛的，如果没有根据幻灯片的风格和中心思想选取，就会给幻灯片带来反面的效果。另外插入的声音不能影响演讲者的演讲和观众的收听。

1. 插入剪辑管理器中的声音

插入剪辑管理器中的声音方法有两种：通过菜单，通过插入对象面板。

第一种方法：通过菜单插入剪辑管理器中的声音，与通过剪辑管理器插入剪贴画方法相同。

第二种方法：通过插入对象面板插入剪辑管理器中的声音，与"通过插入对象面板插入图片"、"通过插入对象面板插入剪贴画"相同。

2. 插入文件中的声音

(1)选择菜单"插入 | 影片和声音 | 文件中的声音"菜单项，打开"插入声音"对话框，如图 5-34 所示。

(2)在上述对话框中选择合适的声音，单击"确定"按钮，将声音导入到幻灯片中。随后弹出播放声音对话框，询问声音播放的设置。如图 5-35 所示。

(3)选择"自动"会自动将声音的播放时间安排在幻灯片现有对象播放后，选择"单击时"则在放映幻灯片时鼠标单击声音图表开始播放声音。插入声音完成后幻灯片如图 5-36 所示，可以看出选择的是鼠标单击时播放声音。

图 5-34　插入声音对话框

图 5-35　播放声音对话框

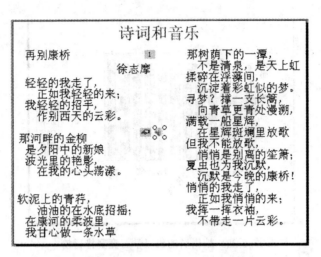

图 5-36　插入声音文件后的幻灯片

3. 声音属性的设置

当插入了声音文件后，可以对声音的一些简单属性进行设置。其操作步骤如下：

(1)在小喇叭图标上单击右键，选择下拉菜单中的"编辑声音对象"菜单项，打开"声音选项"对话框，如图 5-37 所示。

(2)在"播放选项"区域中，如果选择"循环播放，直到停止"，则表示声音循环播放，直到该张幻灯片放映结束。

(3)在"声音音量"的旁边单击"音量调节"按钮，打开音量调节面板，拖动滑动杆可以改变声音的大小。

(4)在"显示选项"区域中，如果选择"幻灯片放映时隐藏声音图标"，则表示在幻灯片放映时隐藏小喇叭图标。

图 5-37　声音选项设置对话框

5.3.6　插入其他对象

在 PowerPoint 2003 中还可以插入表格、组织结构图和艺术字，这些对象属性的修改与 Word 2003 基本相同。下面以引例中的幻灯片为例介绍插入其他对象的使用方法。

1. 组织结构图

(1)插入新幻灯片，选择"标题和内容"版式。

(2)单击插入对象面板中的"插入组织结构图或其他图示"按钮，弹出"图示库"对话框，如图 5-38 所示。

(3)选择左上角的组织结构图，单击"确定"按钮，将组织结构图插入幻灯片。如图 5-39所示。

图 5-38　图示库对话框

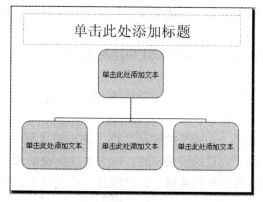

图 5-39　插入组织结构图

(4)在结构图顶层文本框中输入"我的大学"，下层三个文本框分别输入"法学院"、"水利水电学院"、"医学院"。为了加入更多的文本框，选中一个文本框，如"法学院"，单击鼠标右键，弹出快捷菜单，如图 5-40 所示。

(5)选择快捷菜单中的"同事"即在同级加入一个文本框，选择"下级"即在选中的文本框下加入一个下级文本框。选择一次"同事"，两次"下级"，组织结构图如图 5-41 所示。这样即可完成该幻灯片的设计。

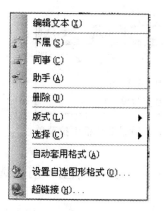

图 5-40　组织结构图快捷菜单

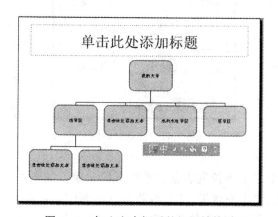

图 5-41　加入文本框后的组织结构图

2. 表格的创建

(1)插入新幻灯片，选择"标题和内容"版式。

（2）单击插入对象面板中的"插入表格"按钮，弹出"插入表格"对话框。设定标各行数、列数后，立即在幻灯片中插入表格。

（3）在单元各中输入数据，设置表格格式等操作与 Word 2003 中相同。

3. 插入艺术字

（1）插入新幻灯片，选择"标题和文本"版式，在文本框中输入简介文字，调整文本框尺寸，将幻灯片右边留出来。

（2）选择菜单"插入"→"图片"→"艺术字…"，弹出"艺术字库"对话框，选择艺术字类型，输入文字，方法与 Word 2003 中对艺术字的操作相同。

4. 自由绘制图形

操作方法与 Word 2003 中绘制图形相同。

5.4　PowerPoint 格式

要制作一套精美的演示文稿，首先需要统一幻灯片的外观，在 PowerPoint 2003 中为用户提供了大量的预设格式，应用这些预设格式，可以轻松地制作出具有专业水准的幻灯片。这些预设格式包括：设计模板、配色方案、母版。

5.4.1　背景设置

背景设置方法很多，应用设计模板编辑配色方案可以更改背景颜色。如果要把图案或图片作为幻灯片背景，应使用更改背景的方法，其步骤如下：

（1）选中需要更改背景的幻灯片，选择菜单"格式"→"背景…"，打开"背景"对话框，如图 5-42 所示。

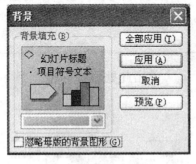

图 5-42　背景对话框

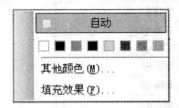

图 5-43　背景对话框下拉菜单

（2）单击下拉列表框，弹出下拉菜单，如图 5-43 所示。"其他颜色…"可以选择更多的颜色，"填充效果…"允许将各种图形作为背景

（3）单击"填充效果…"，打开"填充效果…"对话框，如图 5-44 所示。其中包含 4 个选项卡。

①"渐变"选项卡：允许设置两种颜色之间的渐变作为背景图案；

②"纹理"选项卡：允许使用各种材料的自然纹理作为背景图案；

③"图案"选项卡：允许使用各种图案作为背景图案；
④"图片"选项卡：允许使用其他图片作为背景图案。

图 5-44　填充效果对话框　　　　　　　图 5-45　选择图片对话框

（4）选择"图片"选项卡，单击"选择图片…"按钮，打开"选择图片"对话框，如图 5-45 所示。

（5）选择图片文件，单击"插入"按钮，返回"填充效果"对话框，此时选择的图片会显示在"图片"和"效果"显示区中

（6）单击"确定"按钮，返回"背景"对话框，此时可以选择"全部应用"将新背景应用于所有的幻灯片，还是"应用"将新背景仅应用于选中的幻灯片。

5.4.2　应用设计模板

在系统中自带了许多设计模板，这些设计模板是控制演示文稿统一外观最有力、最快捷的一种手段。一种设计模板包括一种配色方案、一种幻灯片母版和一个背景图案。有些设计模板中还预设了动画方案。

1. 应用设计模板步骤

（1）选择菜单"格式"→"设计模板…"，打开"设计模板"任务窗格，如图 5-46 所示。或在任务窗格显示的情况下，选择任务窗格菜单中的"幻灯片设计"切换到"设计模板"任务窗格。

在幻灯片设计任务窗格中有一个应用设计模板列表框，在该列表框中包含系统自带的设计模板。列表最后的"附加设计模板"和"Microsoft Office Online 设计模板"允许安装更多的设计模板。

（2）将鼠标放在这些模板上，模板右边出现下三角按钮，单击弹出下拉菜单如图 5-47 所示。

在下拉菜单中一般包含三个菜单：
①应用于所有幻灯片：将该设计模板应用于当前演示文稿中的每一个幻灯片中；
②应用于选定幻灯片：将该设计模板仅应用于选中的一张或几张幻灯片中；

③显示大型预览：应用设计模板列表框中的设计模板样式放大显示。

2. 应用统一的设计模板

在下拉菜单中选择"应用于所有幻灯片"，演示文稿如图 5-48 所示。

图 5-46　设计模板窗格　　　　　　图 5-47　设计模板上的下拉菜单

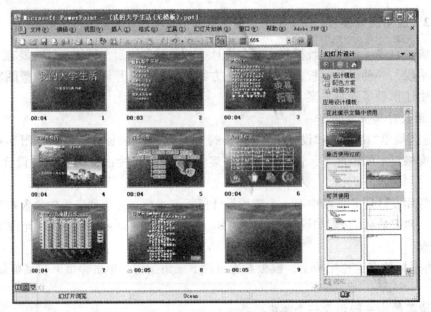

图 5-48　应用统一设计模板的演示文稿

3. 应用多个设计模板

PowerPoint 2003 允许在一个演示文稿中应用多个设计模板，选中需要应用其他设计模板的幻灯片，选择一种设计模板，在应用模板下拉菜单中选择"应用于选中幻灯片"，如图 5-49 所示，演示文稿中第 1、5、6、7 张幻灯片采用了不同的模板。

为了保证演示文稿所应用的模板样式能够与其他版本的 PowerPoint 兼容，在同一套演示文稿中应尽可能使用统一样式的模板。

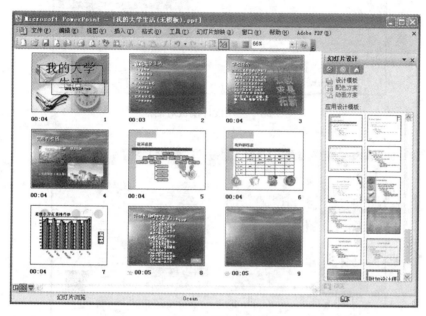

图 5-49　应用多个设计模板的演示文稿

4. 应用其他模板

在 PowerPoint 2003 中，除了使用系统提供的模板外还可以使用其他模板，例如自己编辑的模板。

（1）选择菜单"格式"→"幻灯片设计…"项，或在任务窗格菜单中选择"幻灯片设计"菜单项，打开"幻灯片设计"窗格。

（2）单击幻灯片窗格下部的链接"浏览…"，打开"应用设计模板"对话框，如图 5-50 所示。

（3）选择设计模板所在的目录以及文件名，单击"应用"按钮。新设计模板即可应用于演示文稿，注意：如果在演示文稿中应用了多个模板，新设计模板只替换当前选中的幻灯片所应用的模板，可以采用"应用统一设计模板"的方法，将新设计模板应用于全部幻灯片，全部应用新设计模板效果如图 5-51 所示。

5.4.3　应用配色方案

配色方案是各种颜色按照一定的规律搭配形成和谐的幻灯片，我们看到在更换版式时，不光是背景进行了更换，而且标题、正文等各种文字的颜色也相应的变化。这是因为

图 5-50　应用设计模板对话框

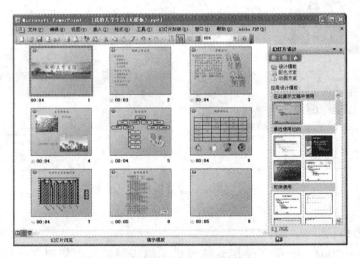

图 5-51　应用自定义设计模板

在版式中包含了用户自己的配色方案。

1. 应用配色方案

在 PowerPoint 2003 中，针对不同的设计模板提供了多种配色方案，应用配色方案的步骤如下：

（1）选中需要更改配色方案的幻灯片，在"设计模板"任务窗格中选择"配色方案"菜单项，或直接在任务窗格下拉菜单中选择"幻灯片设计—配色方案"，打开该幻灯片相应的配色方案列表，如图 5-52 所示。

（2）与设计模板窗格类似，将鼠标放在这些配色方案上，方案右边出现下三角按钮，单击弹出下拉菜单，在下拉菜单中包含三个菜单：应用于所有幻灯片、应用于选定幻灯片、显示大型预览。

（3）选择一种配色方案，会发现文字以及背景等发生了改变。

图 5-52　配色方案任务窗格

2. 编辑配色方案

除了应用系统提供的配色方案外，还可以自己编辑一种配色方案，并应用在幻灯片中。其操作步骤如下：

(1)单击"配色方案"窗格下部的链接"编辑配色方案…"，打开"编辑配色方案"对话框，如图 5-53 所示。其中包含两个选项卡，"标准"选项卡，列出系统当前提供的配色方案，也可以删除选中的配色方案；用户可以在"自定义"选项卡中编辑配色方案。

图 5-53　编辑配色方案对话框

(2)选择"自定义"选项卡，如图 5-54 所示。

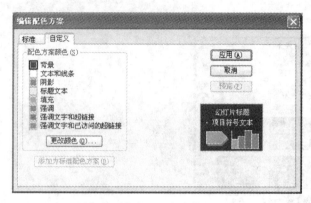
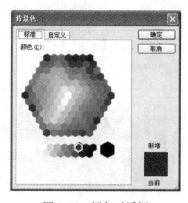

图 5-54　自定义配色方案选项卡　　　　　　　　　图 5-55　颜色对话框

选项卡左边"配色方案颜色"框中包含幻灯片中 8 种成分的颜色设置，用户可以选中其中任何一种成分，单击"更改颜色…"按钮，打开"颜色"对话框，如图 5-55 所示。

（3）选择要设置的颜色，单击"确定"按钮，关闭颜色对话框，返回"编辑配色方案"对话框，可以通过预览窗口看到调整后的颜色方案的效果。如果想将该效果添加到标准配色方案中，单击"添加为标准配色方案"，再单击"应用"按钮返回普通视图。

在 PowerPoint 2003 中提供了用于构成演示文稿各组成对象配色方案的 8 种颜色为：

①背景：规定了幻灯片的背景；

②文本和线条：规定了文本内容、线条、自选图形边框的颜色；

③阴影：规定了艺术字阴影、图形对象阴影的颜色等；

④标题文本：规定了标题和副标题的颜色；

⑤填充：规定了图形对象填充颜色、图表第一个系列颜色等；

⑥强调文字：规定了图表第二个系列的颜色；

⑦强调文字和超级链接：规定了超级链接颜色、图表的第三个系列的颜色；

⑧强调文字和尾随超级链接：规定了图表的第四个系列的颜色。

5.4.4　母版

应用设计模板是应用 PowerPoint 2003 自带的模板样式，不能重新编辑模板中的线条、字体、图形对象、背景等内容。配色方案用来配合应用模板改变对象的颜色设置，更改背景主要用来给演示文稿添加背景图案。如果想改变设计模板中的字体、字号、布局、背景中的对象，需要通过修改幻灯片母版来完成。

PowerPoint 2003 中包含三类母版：

（1）幻灯片母版：用于设计幻灯片中各个对象的属性，影响所有基于该母版的幻灯片样式；

（2）备注母版：用于设计备注页格式，主要用于打印；

（3）讲义母版：用于设计讲义的打印格式。

1. 幻灯片母版

一套完整的演示文稿包括标题幻灯片和普通幻灯片，幻灯片母版也包括两大类，标题幻灯片母版和普通幻灯片母版。标题幻灯片母版一般包含一个主标题占位符和一个副标题占位符；普通幻灯片母版一般包含一个标题占位符和一个文本占位符。

2．编辑幻灯片母版

（1）选中应用了设计模板的任意一张幻灯片，选择菜单"视图"→"母版"→"幻灯片母版"，进入幻灯片母版编辑状态。如图 5-56 所示。

在母版编辑状态下，出现一个"幻灯片母版视图"工具栏，在大纲视图区只有两张幻灯片，一张是标题幻灯片、另一张是普通幻灯片。可以选中其中任何一个母版进行编辑。

幻灯片母版的编辑方法与幻灯片的编辑方法相同，对幻灯片母版的修改结果将影响所有基于该母版的幻灯片。

（2）调整幻灯片母版格式：包括背景图片、占位符位置和大小、字体、字号等。幻灯片母版中包括标题、文字、日期、幻灯片编号和页脚等 5 个占位符，可以通过"幻灯片母版版式"对话框选择。方法：在"幻灯片母版视图"工具栏中单击"母版版式"按钮，打开"母版版式"对话框，如图 5-57 所示。

图 5-56　幻灯片母版

图 5-57　幻灯片母版版式

（3）调整好幻灯片母版格式后，可以单击"幻灯片母版视图"工具栏中"关闭母版视图"按钮，回到幻灯片视图。此时对母版的修改会影响幻灯片的样式。

3．存储设计模板

选择菜单"文件"→"另存为…"，打开"另存为"对话框，保存文件类型选择"演示文稿模板"，文件扩展名为 pot，一般存储在"Templates"文件夹中。

5.5　幻灯片放映效果设置

5.5.1　设置幻灯片的切换效果

在 PowerPoint 2003 中，用户可以分别给每张幻灯片的切换增加动画效果，其操作步骤如下：

（1）选中需要设置动画效果切换的幻灯片，选择菜单"幻灯片放映"→"幻灯片切换…"，打开"幻灯片切换"任务窗格，如图 5-58 所示。

其中："应用于所有幻灯片"列表框：列出了可供选择的切换效果；"修改切换速度"：

图 5-58　幻灯片切换窗格

用于设定幻灯片切换效果的速度；"声音"：用于选择切换过程中使用的声音效果；"换片方式"：用于选择使幻灯片切换的动作，"单击鼠标时"表示当鼠标单击时切换幻灯片，"每隔…"表示在隔多少秒后自动切换幻灯片，一般用于自动播放幻灯片时。

(2)选择一种切换效果，如"水平百叶窗"，更改切换速度，如"中速"，选中"自动预览"复选框，在选择切换效果时，同时播放已改动画。

(3)选择"单击鼠标时"选项，去掉"每隔…"选项，如果想将效果用于所有的幻灯片，单击"应用于所有幻灯片"按钮。否则只用于当前选中的幻灯片。

5.5.2　设置幻灯片的动画效果

1. 自定义动画

(1)选择菜单"幻灯片放映"→"自定义动画…"，打开"自定义动画"窗格，如图 5-59 所示。

(2)选择需要设置动画的对象，如文本、图片、表格等，对于文本，可以选择整个文本框，也可以选择文本框中的文本。

(3)单击"自定义动画"窗格中的"添加效果"按钮，打开效果菜单，效果分 4 类：

①进入效果：显现对象时的效果；

②强调效果：强调对象时的效果；

③退出效果：隐藏对象时的效果；

④动作路径：是对象按照某种路径运动。

(4)选择一种效果，相应的对象旁出现一个带数字的灰色矩形标志。表示该对象已经设定了动画，数字的顺序就是动画播放的顺序。

(5)选中相应的数字，可以通过"开始"、"方向"、"速度"设置动画的属性。开始时

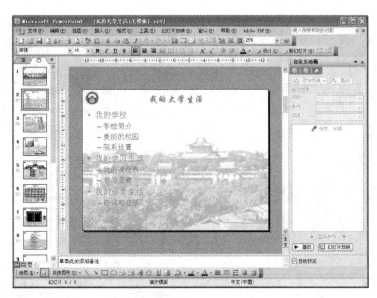

图 5-59　自定义动画窗格

机设置包括：

①单击时：放映时点击鼠标播放动画效果；

②之前：与前面一个动画同时开始；

③之后：前一个动画完成后才开本动画。

选择一种开始时机完成自定义动画设置。

(6)更改或删除自定义动画。选中带数字的矩形框，或在"自定义动画"窗格下的列表框中选中需要更改或删除的动画效果。

单击"更改"：重新选择动画效果；

单击"删除"：删除选中的动画。

(7)设置效果选项。在"自定义动画"窗格下的列表框中选中需要设置的动画，单击动画右边的"三角"按钮，在随后打开的下拉菜单中选择"效果选项…"，打开动画效果对话框。做更详细的设置。

(8)调整动画顺序。对象设置了动画效果后，在相应的对象右上角会显示带数字的小方框，其中数字表示几个对象动画的先后顺序，同时，在"自定义动画"窗格中也显示了设置了动画效果的对象，如图 5-60 所示。

若要调整动画顺序，可以在"自定义动画"窗格中选中对象，上下拖动。

2. 动画方案

动画方案是由自定义动画和幻灯片切换效果组合而成的动画模板。每个动画方案中包含"对标题的动画设置"、"对文本内容的动画效果设置"、"对幻灯片反页的动画效果"等。

(1)选择菜单"幻灯片放映"→"动画方案…"，打开"动画方案…"窗格，如图 5-61 所示。

图 5-60　动画顺序

图 5-61　动画方案窗格

窗格中列出了可以供选择的动画方案。

（2）选择一种动画方案，如"放大退出"，单击"应用于所有幻灯片"按钮，将选中的效果运用于所有幻灯片。

5.5.3　交互式演示文稿

演示文稿的交互包括：文本超级链接、交互式按钮。

1. 添加超级链接

添加方法与 Word 2003 中插入超级链接添加方法相同。

2. 添加动作按钮

(1)在演示文稿中选择需要添加交互式按钮的幻灯片，如"班级学习竞赛排行榜"幻灯片，选择菜单"幻灯片放映"→"动作按钮..."，打开"交互式动作按钮"面板。其中包含系统预定义的动作按钮，包括幻灯片浏览按钮。

(2)选择"自定义"按钮，在幻灯片相应位置拖出一个矩形框，如图 5-62 所示幻灯片右下方的矩形框，自动打开"动作设置"对话框。

(3)选择"超级链接到"列表框中的链接目标，如"第一张幻灯片"，即播放演示文稿时单击按钮将跳转到第一张幻灯片。单击"确定"按钮，完成动作设置。

(4)单击按钮，在按钮选中的状态下输入文字"首张"，按钮上显示文字"首张"，如图 5-63 所示。

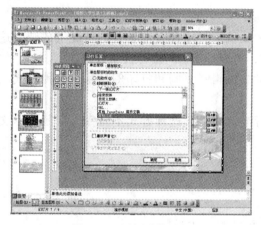

图 5-62　添加动作按钮

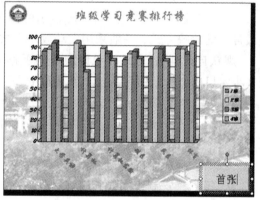

图 5-63　按钮添加文字

如果希望在图片上(如地图等)单击鼠标时跳转到相应的链接，也可以添加动作按钮，此时为了不显示按钮，在按钮上双击鼠标，打开"设置自定义图形格式"对话框，选择"无填充色"，使按钮不可见。

5.6　演示文稿发布

5.6.1　幻灯片放映

1. 设置放映方式

当演示文稿制作好后，就要开始播放，播放要根据放映环境的不同进行选择。选择菜单"幻灯片放映/设置放映方式..."，打开"设置放映方式"对话框，如图 5-64 所示。

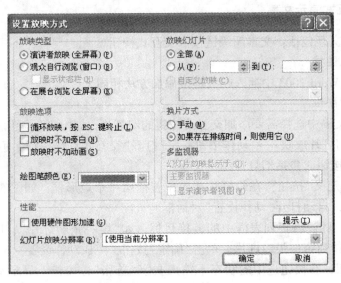

图 5-64　设置放映方式对话框

(1)放映类型。

"演讲者放映"方式：运行全屏显示的演示文稿，必须在有人看管的情况下放映，这是最常用的放映方式。一般采用手动放映方式，可以让演讲者自己控制放映速度。

"观众自行浏览"方式：允许观众动手移动、编辑、复制和打印幻灯片。这种方式出现在小窗口内，一般用在会议上或展览中心。

"在展台浏览"方式：该方式可以自动运行演示文稿。这种方式不需专人控制演示文稿，一般用于展台循环播放，常选择排练计时方式。

(2)幻灯片播放范围。

"全部"：播放全部的幻灯片；

"从…到…"：制定播放的幻灯片范围；

"自定义放映"：选择一种存储的已经定义的放映方式。

(3)换片方式。

"手动"：由人工控制播放的节奏；

"如果存在排练时间，则使用它"：按事先排练的方式播放。

(4)设置排练计时。

选择菜单"幻灯片放映/排练计时"，进入幻灯片放映视图，同时出现一个"排练计时"工具栏，如图 5-65 所示。按正常方式播放幻灯片。工具栏中，两个时间：一个时间记录播放当前幻灯片所用时间，后一个时间记录演示文稿播放到目前所用的时间。整个文档播放完成后，出现"排练计时"对话框，选择"是"按钮，保存幻灯片计时。

此时，切换到浏览视图，会看到每个幻灯片左下角有一个时间，如图 5-66 所示，这就是当前幻灯片需要的时间参考。

2. 演示文稿放映

演示文稿放映可以采用多种方法：

图 5-65 排练计时工具栏

图 5-66 包含排练计时的幻灯片浏览

（1）用菜单放映。

①选择菜单"幻灯片放映"→"观看放映"；

②选择菜单"视图/幻灯片放映"。

（2）通过工具按钮放映。

①单击大纲视图中的 豆 按钮；

②单击"自定义动画"窗格或"幻灯片设计—动画方案"窗格中的 幻灯片放映 按钮。

该方法可以从当前幻灯片开始放映。

（3）在 Windows 下直接播放。

①现将演示文稿保存为"PowerPoint 放映（PPS）"类型的文件，再在"资源管理器"或"我的电脑"中鼠标双击该文件；

②在演示文稿文件名上单击鼠标右键，在快捷菜单中选择"显示"。

3. 演示文稿放映控制工具

演示文稿在放映时还可以利用常用工具控制播放。例如可以使用绘图笔工具标记，还可以使用橡皮擦将标记去掉，可以使用播放控制工具控制幻灯片的切换、黑屏、白屏等，还可以使用快捷键控制幻灯片播放。

在演示文稿播放视图下，单击鼠标右键，打开下拉菜单，选择"指针选项"，再选一种笔就可以在屏幕上自己绘图。如图 5-67 所示。

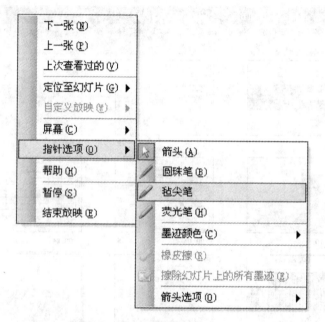

图 5-67　幻灯片放映控制菜单

5.6.2　演示文稿打印

1. 页面设置

在进行文稿打印之前，首先要进行页面设置，默认的设置是按幻灯片放映方式的显示进行打印。如果要进行调整，只需单击"文件"菜单中的"页面设置"命令，打开如图 5-68 所示的"页面设置…"对话框，在对话框中可以进行幻灯片的宽度、高度、编号起始值以及打印方向的设置。

2. 演示文稿打印

选择菜单"文件"→"打印…"，出现"打印"对话框，该对话框与 Word 中的"打印"对话框类似，"打印内容"框是针对幻灯片的，"打印内容"的默认设置是"幻灯片"，即按幻灯片放映方式显示打印，另外还可以选择"讲义"、"备注页"、"大纲视图"等。若选择"讲义"，"讲义"框就被激活，主要的设置是每张纸所打印的幻灯片的页数。

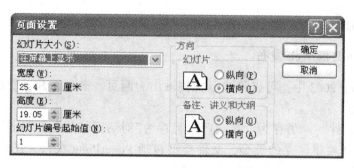

图 5-68　打印页面设置对话框

5.6.3　演示文稿打包和安装

在不同版本的 PowerPoint 下播放演示文稿，可能会损失部分效果。如果要在另一台计算机上正常地播放演示文稿，需要将演示文稿打包。PowerPoint 2003 提供了打包工具。

选择菜单"文件"→"打包成 CD..."，打开"打包成 CD"对话框，如图 5-69 所示。

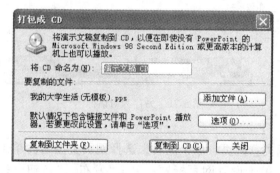

图 5-69　打包成 CD 对话框

其中："添加文件..."按钮：将更多的演示文稿一起打包。"选项..."按钮：可以做更多设置，如：是否包含播放器，是否包含链接的文件，设置打开和修改密码，等。"复制到文件夹..."按钮：将打包的文件存到指定的文件夹中，单击后打开"复制到文件夹"对话框，如图 5-70 所示。选择文件夹后，单击"确定"开始复制。"复制到 CD"按钮：将打包的文件复制到 CD 上。

图 5-70　复制到文件夹对话框

一般地，打包目录中包含 PPS 文件、PowerPoint 播放器、所需的库文件以及其他辅助文件等，需要播放时，鼠标双击其中的 PPS 文件。

5.6.4　演示文稿 Web 发布

在 PowerPoint 2003 中，可以将演示文稿输出为网页、多种图片、幻灯片放映、RTF 文件等多种格式。

选择菜单"文件"→"另存为…"，打开"另存为"对话框，如图 5-71 所示。在"保存类型"列表框中选择希望保存的类型，文件类型包括 PowerPoint 文件、图形文件、网页文件、RTF 文件等。

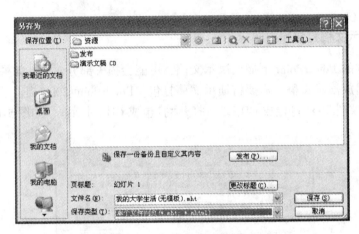

图 5-71　另存为对话框

网页文件类型有两类：网页、单个网页。选择网页类型后，单击"更改标题…"按钮，打开设置标题对话框，用于设置网页标题；单击"发布…"按钮，打开网页发布对话框，保存网页的一个备份。

本 章 小 结

本章介绍了 PowerPoint 的工作环境以及如何创建演示文稿，重点对演示文稿中的幻灯片及母版进行编辑的方法进行了介绍，详细介绍了如何设置幻灯片的切换效果和动画效果。

练 习 题 5

一、单项选择题

1. 在幻灯片中插入的超级链接，可以链接到_____。
    A. Internet 上的 Web 页　　　　B. 电子邮件地址
    C. 本地磁盘上的文件　　　　　　D. 以上均可以
2. 幻灯片的填充背景不可以是_____。

A. 调色板列表中选择的颜色

B. 自己通过三原色或亮度、色调等调制的颜色

C. 三种以上颜色的过渡效果

D. 磁盘上的图片

3. 以下说法中错误的是_____。

A. 可以设置放映时不加旁白

B. 可以设置放映时不显示幻灯片上的某一图片

C. 可以设置放映时不加动画

D. 可以设置循环放映

4. 在幻灯片中建立超级链接，_____不能设置超级链接。

A. 声音对象　　　　　　　　　B. 文本对象

C. 按钮对象　　　　　　　　　D. 图片对象

5. 在幻灯片中制作表格时，以下叙述正确的是_____。

A. 只能插入 Word 表格

B. 只能插入 Excel 工作表

C. 只能使用 PowerPoint 制作表格功能

D. 以上三项功能均可

6. 在一张"空白"版式的幻灯片中，不可以直接插入_____。

A. 图片　　　　　B. 艺术字　　　　　C. 文字　　　　　D. 表格

7. 如果要播放演示文稿，可以使用_____。

A. 幻灯片视图　　　　　　　　B. 大纲视图

C. 幻灯片浏览视图　　　　　　D. 幻灯片放映视图

8. 在_____视图下，可以方便地对幻灯片进行移动、复制和删除等编辑操作。

A. 幻灯片浏览　　　B. 幻灯片　　　C. 幻灯片放映　　　D. 普通

9. 在下列各项中，_____不能控制幻灯片外观的一致。

A. 母版　　　　　　　　　　　B. 幻灯片视图

C. 模板　　　　　　　　　　　D. 背景

10. 幻灯片之间的动画效果，通过"幻灯片放映"菜单_____命令来设置。

A. 动作设置　　　　　　　　　B. 自定义动画

C. 动画预览　　　　　　　　　D. 幻灯片切换

11. PowerPoint 启动对话框不包括下列_____选项。

A. 内容模板　　　　　　　　　B. 内容提示向导

C. 设计模板　　　　　　　　　D. 演示文档

12. 在 PowerPoint 中，打印幻灯片时，一张 A4 纸最多可打印_____张幻灯片。

A. 任意　　　　　B. 3　　　　　C. 9　　　　　D. 6

13. PowerPoint 中默认的新建文件名是_____。

A. SHEET1　　　　B. 演示文稿 1　　　C. BOOK1　　　　D. 文档 1

14. 在 PowerPoint 的_____下，可以用拖动的方法改变幻灯片的顺序。

A. 幻灯片视图　　　　　　　　B. 备注页视图

C. 放映视图   D. 浏览视图

15. 在 PowerPoint 中，没有_____视图。

    A. 联机版式   B. 备注页   C. 放映   D. 浏览

16. 不能退出 PowerPoint 的操作是_____。

    A. 按 Alt+F4 键

    B. 选择"文件/退出"菜单命令

    C. 选择"文件/关闭"菜单命令

    D. 双击控制菜单按钮

17. 设置动画效果可以在_____菜单的"预设动画"命令中执行。

    A. 格式   B. 幻灯片放映

    C. 工具   D. 视图

18. 单击"绘图"工具栏的_____工具按钮，可以在幻灯片非占位符的空白处添加文本。

    A. 标注   B. 文本框   C. 艺术字   D. 文字环绕

19. 要同时选择第 1、2、5 等三张幻灯片，应该在_____视图中操作。

    A. 幻灯片   B. 大纲   C. 幻灯片浏览   D. 以上均可

20. _____不是合法的"打印内容"选项。

    A. 幻灯片   B. 备注页

    C. 讲义   D. 幻灯片浏览

21. 不能用于播放演示文稿的操作方法是_____。

    A. "视图/幻灯片放映"菜单命令

    B. "幻灯片放映/观看放映"菜单命令

    C. "视图"工具栏中的"幻灯片放映"按钮

    D. "视图"工具栏中的"幻灯片视图"按钮

22. 运行 Pngsetup. exe 解包时，程序询问的目录是_____。

    A. Pngsetup. exe 文件所在的目录

    B. 演示文稿原文件所在的目录

    C. 解包后的文件所在的目录

    D. 打包的文件所在的目录

23. 演示文稿中的每张幻灯片都是基于某种_____创建的，它预定义了新建幻灯片的各种占位符的布局情况。

    A. 视图   B. 母版   C. 模板   D. 版式

24. 下列叙述中，错误的是_____。

    A. 不能改变插入幻灯片中图片的尺寸大小

    B. 打包时可以将与演示文稿相关的文件一起打包

    C. 在幻灯片放映视图中，用鼠标右键单击屏幕上的任意位置，可以打开放映控制菜单

    D. 在幻灯片放映过程中，可以使用绘图笔在幻灯片上书写或绘画

25. 下列关于 PowerPoint 页楣与页脚的叙述中，错误的是_____。

A. 可以插入时间和日期

B. 可以自定义内容

C. 页楣页脚的内容在各种视图下都能看到

D. 在编辑页楣页脚时，不能对幻灯片正文内容进行操作

26. 幻灯片声音的播放方式是_____。

A. 执行到该幻灯片时自动播放

B. 执行到该幻灯片时不会自动播放，必须双击该声音图标才能播放

C. 执行到该幻灯片时不会自动播放，必须单击该声音图标才能播放

D. 由插入声音图标时的设定决定播放方式

27. 有关 PowerPoint 中打印的叙述，错误的是_____。

A. 可以打印演示文稿的大纲

B. 可以使用"打印预览"命令显示打印后幻灯片的外观

C. 可以在"打印"对话框中更改打印机属性

D. 彩色幻灯片可以以灰度或黑白方式打印

28. 在菜单中选择插入新幻灯片后，_____。

A. 出现选取自动版式对话框

B. 直接插入新幻灯片

C. 直接插入与上一张幻灯片版式相同的新幻灯片

D. 直接插入一张空白的新幻灯片

29. 设置幻灯片放映时间的命令是_____。

A. "幻灯片放映"菜单中的"预设动画"命令

B. "幻灯片放映"菜单中的"动作设置"命令

C. "幻灯片放映"菜单中的"排练计时"命令

D. "插入"菜单中的"日期和时间"命令

30. 选择"应用设计模板"并单击"应用"后，该模板将对_____生效。

A. 当前选定的幻灯片

B. 所有已打开的演示文稿

C. 正在编辑的幻灯片

D. 当前演示文稿中所有幻灯片

31. PowerPoint 中设有_____种母版。

A. 1　　　　　　　　B. 2　　　　　　　　C. 3　　　　　　　　D. 4

32. 完成设置"以黑幻灯片结束"功能的菜单命令是_____。

A. "工具"→"选项"菜单命令

B. "文件"→"页面设置"菜单命令

C. "插入"→"新幻灯片"菜单命令

D. "幻灯片放映"→"设置放映方式"菜单命令

33. 在幻灯片"动作设置"对话框中设置的超级链接，其对象不能是_____。

A. 下一张幻灯片　　　　　　　　B. 上一张幻灯片

C. 其他演示文稿　　　　　　　　D. 幻灯片中的某一对象

34. 幻灯片内的动画效果，通过"幻灯片放映"菜单的_____命令来设置。

    A. 动作设置　　　　　　　　　　B. 自定义动画

    C. 动画预览　　　　　　　　　　D. 幻灯片切换

35. 在大纲视图中输入演示文稿的标题后，可以_____在幻灯片的大标题下输入小标题。

    A. 单击工具栏中的"升级"按钮

    B. 单击工具栏中的"降级"按钮

    C. 单击工具栏中的"上移"按钮

    D. 单击工具栏中的"下移"按钮

36. 要使设置的配色方案对所有幻灯片生效，应该在配色方案对话框中选择_____。

    A. 应用　　　　B. 取消　　　　C. 全部应用　　　　D. 预览

37. 在_____中，不能进行文字的编辑与格式化。

    A. 幻灯片视图　　　　　　　　　　B. 大纲视图

    C. 普通视图　　　　　　　　　　D. 幻灯片浏览视图

38. 为了使一份演示文稿中的所有幻灯片中都有公共的对象，应使用_____。

    A. 自动版式　　　　　　　　　　B. 母版

    C. 备注页幻灯片　　　　　　　　D. 大纲视图

39. 下列叙述中，正确的是_____。

    A. 在幻灯片中插入的图片，只能从 PowerPoint 的图片剪辑库中选取

    B. 自绘的图形不能插入到 PowerPoint 的幻灯片中

    C. 在 PowerPoint 中可以播放 CD 乐曲

    D. PowerPoint 的剪辑库中不包括视频媒体

40. 保存演示文稿时，默认的扩展名是_____。

    A. doc　　　　B. ppt　　　　C. wps　　　　D. xls

41. 在当前演示文稿中插入一张新幻灯片的操作是_____。

    A. 插入→新幻灯片　　　　　　　B. 插入→幻灯片

    C. 编辑→插入新幻灯片　　　　　D. 格式→新幻灯片

42. 若需在幻灯片上显示幻灯片编号，应选择_____命令。

    A. "插入"菜单中的"页码"

    B. "文件"菜单中的"页面设置"

    C. "视图"菜单中的"页楣和页脚"

    D. "工具"菜单中的"宏"

43. 在幻灯片母版中插入的对象，只能在_____中进行修改。

    A. 幻灯片视图　　　　　　　　　　B. 幻灯片母版

    C. 讲义母版　　　　　　　　　　D. 大纲视图

44. 若要在选定的幻灯片中输入文字，应_____。

    A. 直接输入文字

    B. 先单击占位符，然后输入文字

C. 先删除占位符中系统显示的文字，然后输入文字

D. 先删除占位符，然后再输入文字

45. 采用_____，可以给打印的每张幻灯片都加边框。

A. "插入"菜单中的"文本框"命令

B. "绘图"工具栏的"矩形"按钮

C. "文件"菜单中的"打印"命令

D. "格式"菜单中的"颜色和线条"

46. 幻灯片放映过程中，单击鼠标右键，选择"指针选项"中的"绘图笔"命令，在讲解过程中可以进行写画，其结果是_____。

A. 对幻灯片进行了修改

B. 对幻灯片没有进行修改

C. 写画的内容留在了幻灯片上，下次放映时还会显示出来

D. 写画的内容可以保存起来，以便下次放映时显示出来

47. 在大纲视图中输入演示文稿的标题后，可以_____在幻灯片的大标题下输入小标题。

A. 单击工具栏中的"升级"按钮

B. 单击工具栏中的"降级"按钮

C. 单击工具栏中的"上移"按钮

D. 单击工具栏中的"下移"按钮

48. 如果要求演示文稿自动播放，应先对演示文稿进行_____。

A. 打包　　　　　B. 存盘　　　　　C. 排练计时　　　　　D. 幻灯片动画设置

49. 在组织结构图中，不能添加_____图框。

A. 部下　　　　　B. 上司　　　　　C. 同事　　　　　D. 助理

50. 幻灯片母版中三个特殊的文字对象分别是_____，它们只能在母版状态下进行格式编辑与修改。

A. 日期区、页脚区、文本区　　　　　B. 页脚区、文本区、数字区

C. 日期区、页脚区、数字区　　　　　D. 文本区、数字区、日期区

二、操作题

1. 试按下列要求新建一空白演示文稿。

(1) 插入一张"内容"版式幻灯片，插入一张 3×3 的表格，第一行输入"姓名"、"课程名称"、"成绩"，第二、三行分别输入两个学生的姓名、课程名称和成绩；

(2) 插入剪贴画"个人电脑"，调整期大小，在幻灯片右下角按右上方向倾斜摆放；

(3) 设置幻灯片切换效果为"盒式展开"；

(4) 将演示文稿保存为"5-1. ppt"文件。

2. 试按下列要求新建一空白演示文稿。

(1) 插入一张"标题和文本"版式幻灯片，输入标题和至少 3 行文本；

(2) 设置标题文字动画效果：播放时秒钟自动从左侧中速飞入；

(3) 插入剪辑管理器中的任意声音文件，设置为：自动播放、隐藏声音图标；

(4) 将演示文稿保存为"5-2. ppt"文件。

第6章　计算机网络基础

　　计算机网络是计算机技术和通信技术二者高度发展和密切结合而形成的，计算机网络经历了一个从简单到复杂，从低级到高级的演变过程。近十年来，计算机网络得到异常迅猛的发展。本章主要介绍计算机网络和 Internet 的基础知识以及各种不同的网络接入方式。

6.1　网络基本概念

6.1.1　网络的发展及定义

　　自 1946 年第一台电子计算机问世以来，计算机网络发展经历了以下几个阶段。

　　1. 远程终端访问

　　20 世纪 50—60 年代，利用通信线路将终端连接至主机，用户可以在远程终端上访问主机，不受地域限制地使用计算机的资源。

　　2. 分时多用户系统

　　20 世纪 60 年代初至 60 年代末，利用分时多用户系统支持多个用户通过多台终端共享单台计算机的资源。主机运行分时操作系统，主机和主机之间、主机和远程终端之间通过前置处理机通信。一台主机可以有数十个用户甚至上百个用户同时使用。

　　3. 计算机网络

　　20 世纪 60 年代末开始，人们能够将多台计算机通过通信设备连接在一起，相互共享资源。网络技术飞速进步，特别是微型计算机局域网的发展和应用十分广泛。1968 年，世界上第一个计算机网络——ARPANET 诞生。

　　4. 全球互联网络

　　20 世纪 90 年代，计算机网络技术和网络应用得到了迅猛的发展，计算机网络发展成为全球互联网络——因特网（Internet），真正达到资源共享、数据通信和分布处理的目标。

　　计算机网络是计算机技术和通信技术相结合的产物。通常把地理位置不同，具有独立功能的多个计算机系统，通过通信设备和线路连接起来，且以功能完善的网络软件（网络协议、信息交换方式及网络操作系统等）实现网络资源共享的系统，称为计算机网络。计算机网络的主要目的在于实现信息传递和资源共享，这里所说的共享资源包括硬件资源和软件资源。

6.1.2　网络分类

　　从不同的角度出发，计算机网络的分类也不同，以下介绍几种常见的网络分类。

1. 按网络的使用范围分类

(1)公用网(Public Network)：也称为公众网，一般是国家邮电部门建造的网络。所有愿意按邮电部门规定交纳费用的用户都可以使用这个公用网，公用网是为全社会用户服务的。

(2)专用网(Private Network)：是某个部门为本单位特殊业务工作的需要而建造的网络，这种网络不向本单位以外的用户提供服务。例如，军队、公安、铁路、电力等系统均设有内部专用网。

2. 按网络节点间资源共享的关系分类

(1)对等网(Peer to Peer)：对等网上各节点平等，无主从之分，网上任一节点(计算机)既可以作为网络服务器，其资源为其他节点共享，也可以作为工作站，访问其他服务器的资源。同时，对等网除了共享文件之外，还可以共享打印机，也就是说，对等网上的打印机可以被网络上的任一节点用户使用，如同使用本地打印机一样方便。

对等网的建立比较简单，只需要将网卡插在计算机的扩展槽内，连接好相应的通信电缆，再运行对等网软件即可。

对等网的缺点主要表现在以下两个方面：

①计算机本身的处理能力和内存都十分有限，让每一台计算机既处理本地业务，又为其他用户服务，势必导致处理速度下降，工作效率降低。

②由于网络的文件和打印服务比较分散，在全网范围内协调和管理这些共享资源十分繁杂。网络越大，就越难以进行管理。所以对等网多用于小型计算机网络中。

(2)客户机/服务器(Client/Server)：客户机/服务器模型在较大规模的网络中已广泛应用。在客户机/服务器网络中，客户机可以访问网络中的共享资源，但本机的资源，如硬盘和打印机不能为其他客户共享。服务器为整个网络提供共享资源，提供网络服务，管理网络通信，是全网的核心。

在网络环境下，计算模式从集中式转向了分布式。采用 C/S 结构可以将一个应用系统分为客户程序和服务程序两个部分，这两个程序一般安装在位于不同地点的计算机上，当用户使用这种应用系统时，首先要调用客户程序与服务器建立联系，并把有关信息传输给服务程序，服务程序则按照客户程序的要求提供相应的服务，并把所需信息传递给客户程序。这种技术在 Internet 中广泛采用，如 WWW、FTP、DNS、POP3 等服务都是基于 C/S结构。

3. 按网络的覆盖区域分类

(1)局域网(Local Area Network，LAN)：覆盖距离从数百米到数公里，这种网络多设在一栋办公楼或相邻的数座大楼内，属单位或部门所有。

(2)城域网(Metropolitan Area Network.，简称 MAN)：覆盖范围约在数公里到数十公里，往往由一个城市的政府机构或电信部门管理。

(3)广域网(Wide Area Network，WAN)：覆盖范围超过 50km，往往遍布一个国家、一个洲、甚至全世界。最大的广域网是 Internet。

(4)个人网(Personal Area Network，PAN)。覆盖范围在数米到十几米，PAN 的核心思想是用无线电或红外线代替传统的有线电缆，实现个人信息终端的智能化互联，组建个人化的信息网络。PAN 定位在家庭与小型办公室的应用场合，其主要应用范围包括话音通信网关、数据通信网关、信息电器互联与信息自动交换等。PAN 的实现技术主要有蓝牙（Bluetooth）和红外（IrDA）等。其中，蓝牙技术是一种支持点到点、点到多点的话音、数据业务的短距离无线通信技术，蓝牙技术的进步极大地推动了 PAN 技术的进步，IEEE 专门成立了 IEEE802.15 小组负责研究基于蓝牙的 PAN 技术。

　　4. 按网络的拓扑结构分类

　　拓扑（Topology）是一种研究与大小、形状无关的点、线和面的特性的方法。网络拓扑就是抛弃网络中的具体设备，把所有设备及终端统一抽象为一个"点"，而把通信线路统一抽象成"线"，用对"点"和"线"的研究取代对具体通信网络的研究。

　　在计算机网络中，拓扑结构主要有以下几种：总线型、环型、星型、树型等，如图 6-1 所示。在局域网中，常见的网络结构为总线型、环型和星型以及上述类型的混合构型。

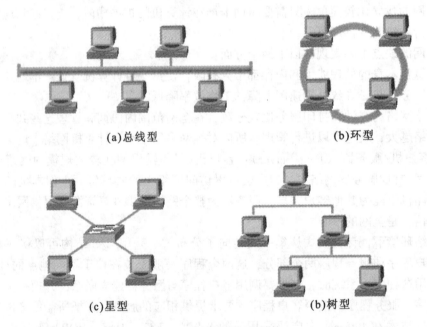

(a)总线型　　　　　　　　　　(b)环型

(c)星型　　　　　　　　　　(b)树型

图 6-1　常见网络拓扑结构

　　（1）总线型。网络中各节点连接在一条共用的通信电缆上，采用基带传输，任何时刻只允许一个节点占用线路，并且占用者拥有线路的所有带宽，即整个线路只提供一条信道。信道上传送的任何信号所有节点都可以收到。在这种网络中，必须有一种控制机制来解决信道争用和多个节点同时发送数据所造成的冲突问题。

　　总线型网络结构简单、灵活、设备投入量少、成本低。但由于节点通信共用一条总线，所以故障诊断较为困难，某一点出现问题会影响整个网段。

　　（2）环型。环型网络将各个节点依次连接起来，并把首尾相连接构成一个环型结构。通信时发送端发出的信号要按照一个确定的方向，经过各个中间节点的转发才能到达接收端。根据环中提供单工通信还是全双工通信可以分为单环和双环两种结构。单工通信是指只能有一个方向的通信而没有反方向的交互，无线电广播就属于这种类型。全双工通信是指通信的双方可以同时发送和接收信息。

环型结构具有如下特点：信息流在网络中是沿着固定方向流动的，两个节点仅有一条道路，故简化了路径选择的控制；环路上各节点都是自主控制，故控制软件简单；由于信息源在环路中是串行地穿过各个节点，当环中节点过多时，势必影响信息传输速率，使网络的响应时间延长；环路是封闭的，不便于扩充；可靠性低，一个节点故障，将会造成全网络瘫痪；维护难，对分支节点故障定位较难。

（3）星型。星型网络中所有的节点都与一个特殊的节点连接，这个特殊节点称为中心节点。任何通信都必须由发送端发出到中心节点，然后由中心节点转发到接收端。

星型拓扑结构的网络连接方便、建网容易，便于管理，容易检测和隔离故障，数据传送速度快，可扩充性好，因此目前大多数局域网都采用星型拓扑结构来构建。但星型网络对中心节点的依赖性大，中心节点的故障可能导致整个网络的瘫痪。中心节点一般由集线器、交换器等网络设备担任。

（4）树型。树型网络把所有的节点按照一定的层次关系排列起来，最顶层只有一个节点，越往下节点越多，并且在第 i 层中，任何一个节点都只有一条信道与第 $i-1$ 层中的某个节点（父节点）相连接，但是可以有多条信道与第 $i+1$ 层中的某些节点（子节点）相连接，除此之外，第 i 层中的这个节点再没有其他的连接信道。树型网络中两个节点要通信，必须先确定一个离它们最近的公共的上层节点，或者确定其中一个节点是另一个的子（孙）节点，然后确定一条通信链路。

树型结构是分级的集中控制式网络，与星型结构相比较，树型结构的通信线路总长度短，成本较低，节点易于扩充，故障定位更容易，寻找路径比较方便，但除了叶子节点及其相连的线路外，任一节点或其相连的线路故障都会使系统受到影响。

6.1.3　网络组成

计算机网络由网络硬件系统和软件系统组成。

1. 网络硬件系统

（1）网络硬件组成。

网络硬件系统包括：计算机（网络服务器、网络工作站）、传输介质、网络设备、其他设备（外部设备、硬件防火墙）等。

①网络服务器：被网络用户访问的计算机系统，包括供网络用户使用的各种资源，并负责对这些资源的管理，协调网络用户对这些资源的访问。

②网络工作站：能使用户在网络环境上进行工作的计算机，常被称为客户机。

③传输介质：同轴细缆、双绞线、光纤、微波等构成通信线路的物理介质。

④网络设备：包括网卡、调制解调器、集线器、中继器、网桥、交换机、路由器等物理设备。

⑤外部设备：可以被网络用户共享的常用硬件资源，通常是指一些大型的、昂贵的外部设备，如大型激光打印机、绘图设备、大容量存储系统等。

⑥硬件防火墙：是在内联网和互联网之间构筑的一道屏障，用以保护内联网中的信息、资源等不受来自互联网中非法用户的侵犯。

以下着重介绍传输介质和常用网络设备。

传输介质是数据传输中连接各个数据终端设备的物理媒体，常用的传输介质有双绞线、同轴电缆、光缆等有线介质和红外线、无线电波、微波等无线介质。

（2）有线传输介质。

常用的网络有线传输介质主要有双绞线、同轴电缆和光纤，如图 6-2 所示。

(a)双绞线   (b)同轴电缆   (c)光纤

图 6-2　常用的有线传输介质

①双绞线：网络中使用的双绞线由 4 对铜导线组成，每对铜导线包含两根互相绝缘的导线，且按一定的规则绞合成螺旋状，如图 6-2(a)所示。双绞线既可以用于传输模拟信号，也可以用于传输数字信号。

双绞线容易受到外部高频电磁波的干扰，而线路本身也会产生一定的噪声，如果用做数据通信网络的传输介质，每隔一定距离就要使用一台中继器或放大器。因此通常只用做建筑物内的局部网络通信介质。双绞线分为非屏蔽双绞线(UTP)和屏蔽双绞线(STP)两大类，屏蔽双绞线内有一层金属隔离膜，在数据传输时可以减少电磁干扰，其稳定性较高。而非屏蔽双绞线内没有这层金属膜，所以其稳定性较差，但非屏蔽双绞线的优点是价格便宜。

计算机网络常用的双绞线有三类、五类、超五类和六类四种，其中三类双绞线主要用于 10Mbps 的传输速率环境；五类双绞线在 100m 的距离内可以支持 100Mbps 的快速以太网、155Mbps 的 ATM 等；超五类双绞线和六类双绞线则可以用于传输速率高达 1000Mbps 的千兆以太网。

双绞线常用于星型局域网的传输介质。

②同轴电缆：同轴电缆的横截面是一组同心圆，最外围是绝缘保护层，紧贴着的是一圈导体编织层，均匀地排列成网状，再里面是绝缘材料，用来分隔编织外导体与内导体，如图 6-2(b)所示。内导体可以用单股实心线，或者用多股绞合线。

目前广泛使用的同轴电缆有 50Ω 和 75Ω 两种，前者用于传输数字信号，最高数据传输速率可达 10Mb/s；后者多用于传输模拟信号，当前使用最广泛的是用于传送音频和视频信号的有线电视电缆。

同轴电缆的最大传输距离随电缆型号和传输信号的不同而不同，一般在数百米至数十公里的范围内。如 50Ω 的细电缆每段的最大长度为 185m，粗电缆每段的最大长度为

500m。在实际组网过程中，往往采用中继器以延伸网络的传输距离。另外，由于同轴电缆易受低频干扰，在使用时多将信号调制在高频载波上。

同轴电缆常用于总线型局域网的传输介质。

③光纤：光纤是一种新型的高速传输介质，光纤利用光导纤维传递光脉冲来进行通信，如图 6-2(c)所示。由于计算机是使用电信号，所以在光纤上传输时必须先把电信号转换成光信号，接收方又需把光信号转换为电信号后提供给计算机，因此在光纤网络中往往还需要配备光电信号转换器。采用光纤组网虽然成本较高，但是其传输速度快，可以传输声音、图像、视频等多媒体信号。并且还有传输安全、抗干扰、误码率低、稳定性高、户外不易遭受雷击等优点，因而光纤组网得到了越来越广泛的应用。

光纤常用于主干网络的传输介质。

(3)无线传输介质。

电磁波可以直接在空间传输，目前用于数据通信手段的较成熟的无线技术主要有红外线通信、激光通信和微波通信。

红外线通信、激光通信和微波通信都是沿直线传播的，有很强的方向性。这三种技术都需要在发送方和接收方之间有一条视线通路，故它们统称为视线媒体。红外线通信和激光通信通常只用于近距离的传输，如在几座建筑物之间的信号传送。微波通信传输距离较远，一般可达 50km 左右，如果采用 100m 高的天线塔，则传输距离可达 100km。如果利用人造卫星作为中继站可以进行超远距离通信。微波通信还具有频段范围宽、信道容量大，不易受低频干扰等优点。

无线介质传输存在着易被窃听、易受干扰、易受气候因素影响等缺陷。

网络可以由各种各样的设备构成，这些设备分别完成不同的功能，实现网络的互连、保障网络各项功能的实现。如果不考虑电信系统通信网络所需设备，一个用户单位或一个城市、一个行业等要组建计算机网络(局域网或广域网)，最常选用的网络设备主要有网卡、调制解调器、中继器、集线器、无线网桥、交换机、路由器等，如图 6-3 所示。

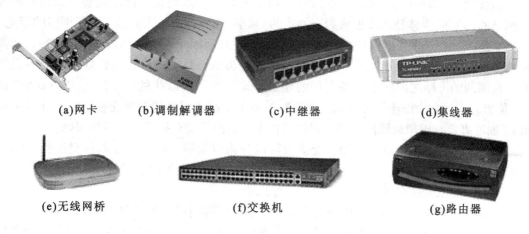

(a)网卡　　　(b)调制解调器　　　(c)中继器　　　(d)集线器

(e)无线网桥　　　(f)交换机　　　(g)路由器

图 6-3　常用网络设备

1) 网卡(Network Adapter)：网卡也称为网络接口卡(NIC)或网络适配器，网卡是计算机与物理传输介质之间的接口设备。每块网卡都有一个全世界唯一的编号来标识它，即网卡物理地址(也称 MAC 地址，该地址由厂家设定，一般不能修改)。计算机主要是以中断方式与网卡通信(部分采用 DMA 方式)。因而在计算机系统中配置网络时，必须准确地指定该块网卡使用的中断号(IRQ)和输入输出(I/O)地址范围。

2) 调制解调器(Modem)：调制解调器是一种辅助网络设备，用来对模拟信号和数字信号进行转换，一般在通过普通电话线进行远距离信号传输时使用。例如有一个网络，需要利用电话线路接入电信部门的 X. 25 分组交换网或 DDN 数字数据网，此时必须加入调制解调器。当然，个人计算机也可以使用调制解调器通过电话网络接入某个计算机局域网。

3) 中继器(Repeater)：中继器用来延长物理传输介质或放大与变换网络信号，以扩展局域网的跨度。其操作遵循物理层协议。双绞线到光纤的转换器也属于中继器设备。

4) 集线器(HUB 或 Concentrator)：集线器也属于物理层的网络设备，早期在局域网中应用比较广泛，按其功能强弱常分为以下几种：

①低档集线器(非智能集线器)：仅将分散的、用于连接网络设备的线路集中在一起，不具备容错和管理功能。

②中档集线器(低档智能集线器)：具有简单的管理功能和一定的容错能力。

③高档集线器(智能集线器)：用于企业级的网络中。这种集线器一般可以堆叠，具有较强的网络管理功能和容错能力。

5) 网桥(Bridge)：网桥是一种网段连接与网络隔离的网络设备，属于第二层的网络设备。网桥用于连接同构型 LAN，使用 MAC 地址来判别网络设备或计算机属于哪一个网段。网桥的作用可概括如下：

①扩展工作站平均占有频带(具有地址识别能力，用于网络分段)。

②扩展 LAN 地理范围(两个网段的连接)。

③提高网络性能及可靠性。

6) 交换机(Switch)：交换机是 1993 年以来开发的一系列新型网络设备，交换机将传统网络的"共享"媒体技术发展成为交换式的"独享"媒体技术，大大地提高了网络的带宽。

交换机一般处于各网段的汇集点，其作用是在任意两个网段之间提供虚拟连接，就像这两个网段之间是直接连接在一起一样，其功能类似于立交桥。交换机处于多路的汇集点，在两两的道路之间建立一条专用的通道。该设备一改以往的"共享"信道方式为"独占"信道方式，大大缩小了冲突域，从而在整体上提高了网络的数据交换性能，并且采用 MAC 地址绑定、虚拟局域网、端口保护等技术，为网络安全提供了一定的保障。

根据交换机所支持协议类型，交换机可以分为以太网交换机、令牌环交换机、FDDI交换机、ATM 交换机。其中以太网交换机又可以根据传输速率的不同，分为快速以太网交换机和千兆以太网交换机等。

根据应用规模，交换机可以分为企业级交换机、部门级交换机和工作组交换机。

①企业级交换机：属于高端交换机，企业级交换机采用模块化结构，可以作为网络骨干来构建高速局域网。

②部门级交换机：面向部门的以太网交换机，可以是固定配置，也可以是模块化配

置，一般有光纤接口。部门级交换机具有较为突出的智能型特点。

③工作组交换机：是传统集线器的理想替代产品，一般为固定配置，配有一定数目的 100 BaseT 以太网口。

根据 OSI 参考模型的分层结构，交换机可以分为二层交换机、三层交换机等。二层交换机是指工作在 OSI 参考模型的第二层（数据链路层）上的交换机，其主要功能包括物理编址、错误校验、帧的封装与解封、流量控制等。三层交换机是指具有第三层路由功能的交换机，一般支持静态路由和一些简单的动态路由协议。通过三层交换机可以连接多个不同的 IP 网络。

7) 路由器（Router）：路由器是一种网络之间的互连设备，支持第三层的网络协议，具有支持不同物理网络的互连功能，能实现 LAN 之间、LAN 与 WAN 之间的互连。路由器的主要功能如下：

①最佳路由选择功能：当一个报文分组到达时，可以将该分组以最佳的路由向前转发出去。

②支持多协议的路由选择功能：能识别多种网络协议，可以连接异构型 LAN。这种支持多种形式 LAN 的互连，使得大中型网络的组建更加方便。

③流控、分组和重组功能：流控是指路由器能控制发送方和接收方的数据流量，使两者的速率更好地匹配；分组和重组则适应在数据单元大小不同的网络之间的信息传输。

④网络管理功能：路由器往往是多个网络的汇集点，因此可以利用路由器监视和控制网络的数据流量、网络设备的工作情况等。同时，也经常在路由器上面采取一些安全措施，以防止外界对内部网络的入侵。

2. 网络软件系统

网络软件系统包括网络系统软件和网络应用软件。

（1）网络系统软件。

网络系统软件负责控制及管理网络运行和网络资源的使用，并为用户提供访问网络和操作网络的人机接口。网络系统软件通常包括网络操作系统、网络协议软件、通信软件等。

网络操作系统是网络系统软件的核心，是向网络计算机提供网络通信和网络资源共享功能的操作系统，是负责管理整个网络资源和方便网络用户的软件的集合。通常网络操作系统中都带有网络协议软件和网络通信软件。

网络操作系统与运行在工作站上的单用户操作系统或多用户操作系统，由于提供的服务类型不同而有所差别。通常情况下，网络操作系统是以使网络相关特性最佳为目的的。如共享数据文件、软件应用以及共享硬盘、打印机、调制解调器、扫描仪和传真机等。

（2）网络应用软件。

网络应用软件是指为某一个特定网络应用目的而开发的网络软件。如网络浏览器、网络聊天工具、邮件客户端软件、FTP 软件等都属于网络应用软件。

6.1.4　网络协议及体系结构

1. 网络协议

互相连接的计算机构成计算机网络中的一个个节点，数据在这些节点之间进行交换。

要做到有条不紊地交换数据，每个节点都必须遵守一些事先约定的规则。这些规则定义了所交换的数据的组成格式和同步信息，称为网络协议(Protocol)。

为了简化这些规则的设计，一般采用结构化的设计方法，将网络按照功能分成一系列的层次，每一层完成一个特定的功能。分层的好处在于每一层都向其上一层提供一定的服务，并把这种服务是如何实现的细节对上一层进行屏蔽。高一层就不必再去考虑低一层的问题，而只需专注于本层的功能。分层的另一个目的是保证层与层之间的独立性，因而可以将一个难以处理的复杂问题分解为若干个较容易处理的子模块，更易于制定每一层的协议标准。

通常网络协议由语法、语义和同步(时序)三要素组成。

(1)语法。

语法是指数据的结构或格式以及数据表示的顺序。例如，一个简单的协议可以定义数据的头部(第一组八个比特)是发送者的地址，中部(第二组八个比特)是接收者地址，而尾部就是消息本身。

(2)语义。

语义是指传输的比特流每一部分的含义。语义定义了一个特定的比特模式该如何理解？基于这样的理解该采取何种动作？例如，一个地址是指要经过的路由器的地址还是消息的目的地址？这些都建立在语义的定义之上。

(3)同步。

同步包括两方面的特征：数据何时发送以及以多快的速率发送。例如，如果发送方以100Mb/s(兆位每秒)速率发送数据，而接收方仅能处理1Mb/s速率的数据，这样的传输会使接收者负载过重，并导致大量数据丢失。

2. 网络体系结构

通常将网络中的各层和协议的集合，称为网络体系结构(Network Architecture)。网络体系结构的描述必须包含足够的信息，使得开发人员可以为每一层编写程序或设计硬件。协议实现的细节和接口的描述都不是体系结构的内容，因此，体系结构是抽象的，只供人们参照，而实现则是具体的，由正在运行的计算机软件和硬件来完成。

目前，主要有两种网络体系结构参考模型：ISO/OSI 参考模型和 TCP/IP 参考模型。

(1)ISO/OSI 参考模型。

ISO/OSI 参考模型是国际标准化组织(ISO)提出的开放系统互连参考模型(Open Systems Interconnection Reference Model)，该模型从功能上划分为 7 层，从底层开始分别为物理层，数据链路层，网络层，传输层，会话层，表示层，应用层。这 7 层的主要功能如下：

①物理层(Physical Layer)：透明地传送比特流。

②数据链路层(Data Link Layer)：在两个相邻节点之间的线路上无差错地传送数据帧。

③网络层(Network Layer)：分组传送、路由选择和流量控制。

④传输层(Transport Layer)：端到端经网络透明地传送报文。

⑤会话层(Session Layer)：建立、组织和协调两个进程之间的相互通信。

⑥表示层(Presentation Layer)：主要进行数据格式转换和文本压缩。

⑦应用层(Application Layer)：直接为用户的应用进程提供服务。

制定开放系统互联参考模型的目的之一是，为协调相关系统互联的标准开发，提供一个共同基础和框架，因此允许把已有的标准放到总的参考模型中去；目的之二是为以后扩充和修改标准提供一个范围，同时为保持所有相关标准的兼容性提供一个公共参考。

ISO/OSI 参考模型是脱离具体实施而提出的一个参考模型，该模型对于具体实施有一定的指导意义，但是和具体实施还有很大差别。另外由于该模型过于庞大复杂，到目前为止，还没有任何一个组织能够将 ISO/OSI 参考模型付诸实现。

（2）TCP/TP 参考模型。

和 ISO/OSI 参考模型不同，TCP/IP 参考模型只有四层。从下往上依次是网络接口层（Network Interface Layer）、Internet 层（Internet Layer）、传输层（Transport Layer）和应用层（Application Layer），如图 6-4 所示。TCP/IP 模型更侧重于互联设备之间的数据传送，而不是严格的功能层次划分。目前应用最广泛的 Internet 就是基于 TCP/IP 模型构建的。

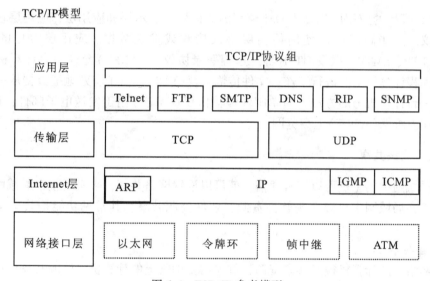

图 6-4 TCP/IP 参考模型

①网络接口层。

网络接口层是 TCP/IP 参考模型的最低层，这一层并没有定义特定的协议，只是指出主机必须使用某种协议与互联网络连接，以便能在其上传递 IP 分组。网络接口层支持所有的网络如以太网、令牌环、帧中继和 ATM 连入互联网络。

②Internet 层。

Internet 层也称为网际层，网际层用来屏蔽各个物理网络的差异，使得传输层和应用层将这个互连网络看做是一个同构的"虚拟"网络。IP 协议是这一层中最重要的协议，该协议是一个无连接的报文分组协议，其功能包括处理来自传输层的分组发送请求、路径选择、转发数据包等，但并不具有可靠性，也不提供错误恢复等功能。在 TCP/IP 网络上传输的基本信息单元是 IP 数据包。

③传输层。

在 TCP/IP 参考模型中，传输层的主要功能是提供从一个应用程序到另一个应用程序的通信，即端到端的会话。现在的操作系统都支持多用户和多任务操作，一台主机上可能运行多个应用程序(并发进程)，所谓端到端会话，是指从源进程发送数据到目的进程。传输层定义了两个端到端的协议：TCP 和 UDP。

传输控制协议(TCP，Transmission Control Protocol)是一个面向连接的无差错传输字节流的协议。在源端把输入的字节流分成报文段并传给网际层。在目的端则把收到的报文再组装成输出流传给应用层。TCP 还要进行流量控制，以避免出现由于快速发送方向低速接收方发送过多报文，而使接收方无法处理的问题。

用户数据报协议(User Datagram Protocol，UDP)是一个不可靠的、无连接的协议。该协议没有报文排序和流量控制功能，所以必须由应用程序自己来完成这些功能。在传输数据之前不需要先建立连接，在目的端收到报文后，也不需要应答。UDP 通常用于需要快速传输机制的应用中。

④应用层。

TCP/IP 模型的应用层相当于 OSI 模型的会话层、表示层和应用层，应用层包含所有的高层协议。这些高层协议使用传输层协议接收或发送数据。应用层常见的协议有TELNET、FTP、SMTP、以及 HTTP 等。远程登录协议(TELNET)允许一台计算机上的用户登录到远程计算机上并进行工作；文件传输协议(FTP)提供了有效地把数据从一台计算机送到另一台计算机上的方法；简单邮件传输协议(SMTP)用于发送电子邮件；HTTP 协议则用于在万维网(WWW)上浏览网页等。

6.1.5　网络共享

一旦局域网中的主机可以正常通信，就可以设置网络共享，来实现整个局域网内部的资源共享。在局域网中可以实现软件资源、硬件资源共享，其常见功能是共享文件和打印机。

1. 设置共享

要让网络中的计算机彼此共享资源，首先需要网络上的计算机将资源共享出来，供其他计算机使用。

(1)设置共享文件夹。

在 Windows XP"我的电脑"或"资源管理器"中，找到要共享文件夹的位置，右击该文件夹图标，在出现的快捷菜单中选择"共享和安全"，打开如图 6-5 所示对话框。

在图 6-5 对话框中选中"共享该文件夹"单选框，并在"共享名"栏中填入共享名，共享名可以与共享文件夹名不同，其他用户在网络上看到该共享资源的是共享名。还可以在"用户数限制"栏中设置允许同时访问该共享资源的连接用户数量。

另外，默认情况下网络中的其他主机可以使用本机的任意账户对共享文件夹进行读取和更改。如果希望只有部分有权限的账户可以访问该资源，并且只能读取该共享资源，则点击"权限"按钮，打开如图 6-6 所示对话框。

在对话框的"组或用户名称"栏中，通过下方的"添加"和"删除"按钮，将希望访问该资源的用户或组加入其中。对于每一个用户或组，都可以通过下方的"完全控制"、"更改"和"读取"权限复选框进行选择。要赋予某用户或组相应权限，只需选中其后的"允许"

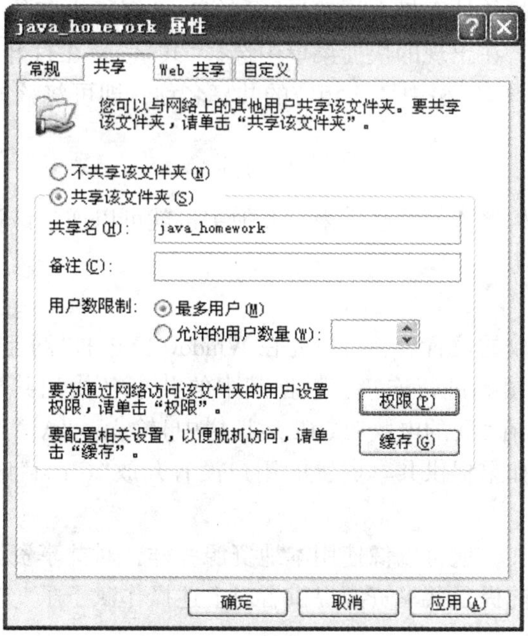

图 6-5　设置文件夹共享

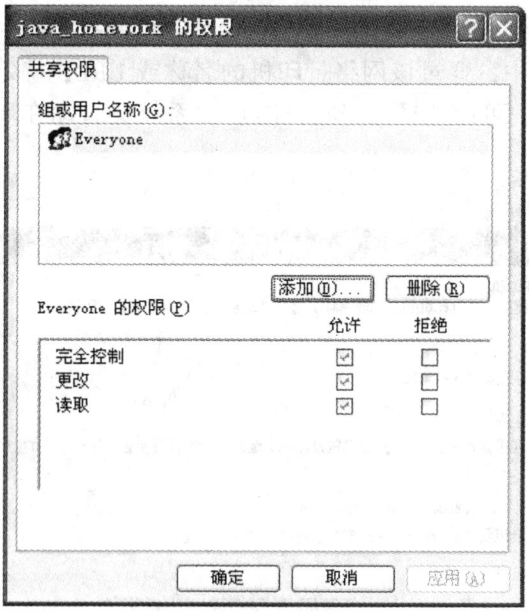

图 6-6　设置共享文件夹权限

复选框，反之选中"拒绝"复选框。

(2)设置共享打印机。

在局域网中通过共享打印机，可以使得多个用户共同使用一台打印机资源。共享打印机的过程与共享文件夹类似。

在安装有本地打印机的计算机上，选择"开始"→"打印机和传真"，找到要共享的打印机图标，右击该图标，在出现的快捷菜单中选择"共享"，在打开的对话框中选中"共享这台打印机"，并在"共享名"栏中填入相应的共享名称，即可将该打印机共享给网络中的其他用户使用。

2. 使用共享

只要局域网内有主机将资源共享出来，其他主机就可以通过该资源所赋予的账户连接到该主机，使用共享资源。

(1)使用共享文件。

明确共享文件所存放的位置后，可以先在 Windows XP 的"网上邻居"中找到该资源所在的主机，双击该主机图标进行连接，根据其中的共享名找到共享文件夹；或者在"开始"→"运行"栏中(也可在"我的电脑"或 IE 地址栏中)输入："\\主机名\共享名"，也可以获得相同的结果。如果提供共享资源的用户没有开放"Guest"账户，则在连接时还需输入用户名和密码。

一旦进入共享文件夹，就可以像使用本地资源一样，对共享资源进行打开、复制、修改、删除等操作，当然前提是共享资源提供者对上述操作赋予了"允许"权限。

(2)使用共享打印机。

使用共享打印机前，需要先安装远程打印机。选择"开始"→"打印机和传真"，在打开的"打印机和传真"窗口中点击"添加打印机"，系统将出现添加打印机向导。在向导中首先选择打印机为"网络打印机，或连接到另一台计算机的打印机"，在接下来如图 6-7 所示"指定打印机"对话框中，通过该网络打印机的名称或 URL，确定其位置，如果不知道网络打印机的上述信息，可以选择"浏览打印机"，系统会自动在局域网内搜索共享的打印机供用户选择。

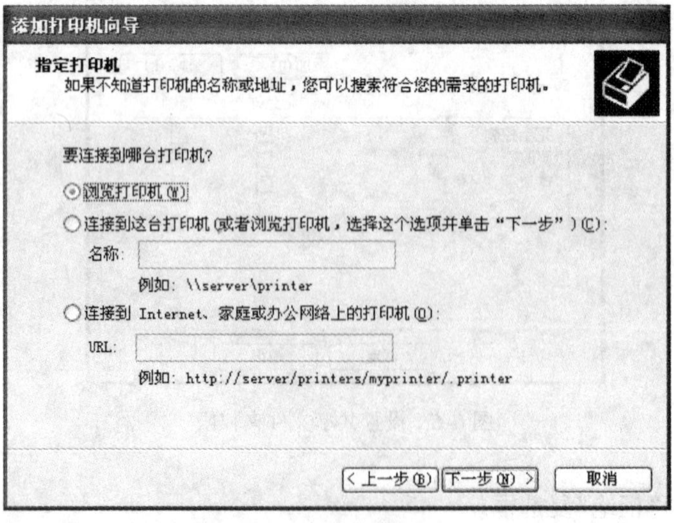

图 6-7 指定网络打印机位置

选好要使用的共享打印机后，只需再选择是否将其设置为默认打印机即可完成网络打印机的安装。

　　安装好网络打印机后，就可以像使用本地打印机一样使用该共享打印机。只要在需要
实行打印的应用程序中(如 Word、IE 等)，将共享打印机设为当前打印机就可以了。如果
上述安装时将共享打印机设置为默认打印机，则不需额外选择，该打印机就是各应用程序
的当前打印机。

　　3. 取消共享

　　如果想取消已共享的网络资源，可以直接右击共享资源，按照设置共享时的相同方法
打开共享设置对话框，选中"不共享该文件夹"或"不共享这台打印机"即可。

6.2　Internet 基础

　　Internet 是一个全球性开放网络，也称为国际互联网或因特网。因特网将位于世界各
地成千上万的计算机相互连接在一起，形成一个可以相互通信的计算机网络系统，网络上
的所有用户既可以共享网上丰富的信息资源，也可以把自己的资源发送到网上。利用
Internet 可以搜索、获取或阅读存储在全球计算机中的海量文档资料；与世界各国不同种
族、不同肤色、不同语言的人们畅谈家事、国事、天下事；下载最新应用软件、游戏软
件；发布产品信息，进行市场调查，实现网上购物等。Internet 正把世界不断缩小，使用
户足不出户，便可行空万里。

6.2.1　Internet 的发展

　　Internet 产生于 20 世纪 60 年代后期，是美国与前苏联冷战的结果。当时，美国国防
部高级计划研究署(DARPA)，为了防止前苏联的核武器攻击唯一的军事指挥中枢，造成
军事指挥瘫痪，导致不堪设想的后果，于 1969 年研究并建立了世界上最早的计算机网络
之一：ARPANET(Advanced Research Project Agency Network)。ARPANET 初步实现了各自
独立计算机之间数据相互传输和通信，这就是 Internet 的前身。20 世纪 80 年代，随着
ARPANET 规模不断扩大，不仅在美国国内有许多网络和 ARPANET 相连接，世界上也有
许多国家通过远程通信，将本地的计算机和网络接入 ARPANET，使 ARPANET 成为世界
上最大的互联网——Internet。

　　由于 ARPANET 的成功，美国国家科学基金会 NSF(National Science Foundation)于
1986 年建立了基于传输控制协议/网际协议，即 TCP/IP(Transfer Control Protocol/Internet
Protocol)协议的计算机网络 NSFNET，并与 ARPANET 相连接，使全美的主要科研机构都
连接入 NSFNET，NSFNET 使 Internet 向全社会开放，不再像以前仅供教育、研究单位、政
府职员及政府项目承包商使用，因此，很快取代 ARPANET 成为 Internet 新的主干。

　　Internet 进入我国较晚，但发展异常迅速。1987 年，随着中国科学院高能物理研究所
通过日本同行连入 Internet，国际互联网才悄悄步入中国。但当时仅仅是极少数人使用了
极其简单的功能，如 E-mail，而且中国也没有申请自己的域名，直到 1994 年 5 月，中国
国家计算机和网络设施委员会 NSFC(National Computing and Networking Facility of China)代
表我国正式加入 Internet，申请了中国的域名 CN，并建立 DNS 服务器管理 CN 域名
(Domain Name Sever)，Internet 才在我国开始了不可阻挡的迅猛发展。

目前，我国已经建成了几个全国范围的网络，用户可以选择其中之一连入 Internet。其中影响较大的网络系统有：

1. CHINANET

1994 年 8 月，国家邮电部与美国 Sprint 公司签署了我国通过 Sprint Link 与 Internet 的互联协议，开始建立了中国的 Internet——CHINANET。该网络面向整个社会，为各企业、个人提供全部的 Internet 服务，网上信息涵盖社会、经济、文化等方面，大多是社会大众所关心的热门话题。

2. 中国教育与科研网（CERNET）

CERNET（China Education and Research Computer Network）是由中国国家计委正式批准立项，由国家教委主持，清华大学、北京大学等 10 所高等学校承建，于 1994 年开始启动的计算机互联网络示范工程，其中心设在清华大学，目的是促进我国教育和科学研究的发展，积极开展国际学术和技术的交流与合作。CERNET 是一个具有浓郁文化科学气息的全国性网络。目前，已有越来越多的高校加入 CERNET。

除此之外，中国科技网（CSTNET）和金桥网（CHINAGBN）也是国内很有影响的两个网络系统。

6.2.2　IP 地址

Internet 将全世界的计算机连成一个整体，当然这些计算机并不是直接与 Internet 相连接，而是通过本地局域网接入。Internet 将现有的局域网根据一定的标准连接起来，各个局域网之间可以进行信息交流，从而把整个世界联系在一起。

网络数据传输是根据协议进行的，不同的局域网可能有不同的协议，但要使它们在 Internet 上进行通信，就必须遵从统一的协议，这就是 TCP/IP 协议。该协议中要求网上的每台计算机拥有自己唯一的标志，这个标志就称为 IP 地址。

1. IPv4

目前 Internet 上使用的 IP 地址是第 4 版本，称为 IPv4，IPv4 由 32 位（bit）二进制组成，每 8 位为一组分为四组，每一组用 0~255 之间的十进制表示，组与组之间以圆点分隔，如：202.103.0.68。IP 地址标明了网络上某一计算机的位置，类似城市住房的门牌号码，所以在同一个遵守 TCP/IP 协议的网络中，不应出现两个相同的 IP 地址，否则将导致混乱。IP 地址不是随意分配的，在需要 IP 地址时，用户必须向网络中心 NIC 提出申请。中国最顶级的 IP 地址管理机构是 CNNIC（中国互联网络信息中心，http://www.cnnic.net.cn）。

IP 地址划分为五类：A、B、C、D、E 类，其中分配给网络服务提供商（ISP）和网络用户的是前三类地址。我们以最常用的 A、B、C 三类地址为例，来看看这些地址是如何构成的。

（1）A 类地址。

A 类地址中第一个 8 位组最高位始终为 0，其余 7 位表示网络地址，共可表示 128 个网络，但有效网络数为 126 个，因为其中全 0 表示本地网络，全 1 保留作为诊断用。后面 3 个 8 位组代表连入网络的主机地址，每个网络最多可以连入 16777214 台主机。A 类地址一般分配给拥有大量主机的网络使用。

（2）B 类地址。

B 类地址第一个 8 位组前两位始终为 10，剩下的 6 位和第二个 8 位组，共 14 位二进制表示网络地址，其余位数共 16 位表示主机地址。因此 B 类有效网络数为 16382，每个网络有效主机数为 65534，这类地址一般分配给中等规模主机数的网络。

（3）C 类地址。

C 类地址第一个 8 位组前三位为 110，剩下的 5 位和第二、三个 8 位组，共 21 位二进制表示网络地址，第四个 8 位组共 8 位表示主机地址。因此 C 类有效网络数为 2097150，每个网络有效主机数为 254。C 类地址一般分配给小型的局域网使用。

A、B、C 类 IP 地址结构如图 6-8 所示。

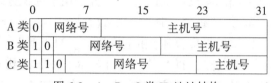

图 6-8　A、B、C 类 IP 地址结构

（4）D、E 类地址。

IP 地址中还有 D 类地址和 E 类地址，D 类地址是多址广播（Multicast）地址，E 类地址是试验（Experimental）地址。例如永久组播地址 224.0.0.1 代表所有主机和路由器，永久组播地址 224.0.0.9 代表 RIP-2（Routing Information Protocol version 2，路由信息协议版本 2）路由器。

考虑到网络安全和公网 IP 地址紧张等特殊情况，在 RFC1918 中专门保留了三个区域作为私有地址。其地址范围如下：

10.0.0.0～10.255.255.255

172.16.0.0～172.31.255.255

192.168.0.0～192.168.255.255

使用私有地址的网络只能在内部进行直接通信，如果想与外部网络进行通信，则需要通过支持 NAT 技术的路由器进行地址转换。

2. IPv6

前面已经介绍现有的 Internet 是建立在 IPv4 协议的基础上的。IPv6 是下一版本的互联网协议，IPv6 的提出最初是因为随着互联网的迅速发展，IPv4 定义的有限地址空间将被耗尽，地址空间的不足必将影响互联网的进一步发展。IPv4 采用 32 位地址长度，只有大约 43 亿个地址，估计在 2005—2010 年间将被分配完毕，而 IPv6 采用 128 位地址长度，几乎可以不受限制地提供地址。按保守方法估算 IPv6 实际可分配的地址，整个地球每平方米面积上可分配 1000 多个地址。

IPv6 除了一劳永逸地解决地址短缺问题以外，还有许多 IPv4 所不具有的优势。IPv6 的主要优势体现在以下几方面：扩大地址空间、提高网络的整体吞吐量、改善服务质量（QoS）、安全性有更好的保证、支持即插即用和移动性、更好地实现多播功能等。

IPv6 的地址格式与 IPv4 不同。一个 IPv6 的 IP 地址由 8 个地址节组成，每节包含 16

个地址位，以 4 个十六进制数书写，节与节之间用冒号分隔，除了 128 位的地址空间，IPv6 还为点对点通信设计了一种具有分级结构的地址，这种地址被称为可以聚合全局单播地址（aggregatable global unicast address），其分级结构划分如图 6-9 所示。

3 位	13 位	32 位	16 位	64 位
地址类型前缀	TLA ID	NLA ID	SLA ID	主机接口 ID

图 6-9　可聚合全局单播地址结构

开头 3 个地址位是地址类型前缀，用于区别于其他地址类型。其后的 13 位 TLA ID、32 位 NLA ID、16 位 SLA ID 和 64 位主机接口 ID，分别用于标识分级结构中自顶向底排列的 TLA（Top Level Aggregator，顶级聚合体）、NLA（Next Level Aggregator，下级聚合体）、SLA（Site Level Aggregator，位置级聚合体）和主机接口。TLA 是与长途服务供应商和电话公司相互连接的公共网络接入点，TLA 从国际 Internet 注册机构如 IANA 处获得地址。NLA 通常是大型 ISP，NLA 从 TLA 处申请获得地址，并为 SLA 分配地址。SLA 也可称为订户（Subscriber），SLA 可以是一个机构或一个小型 ISP。SLA 负责为属于 SLA 的用户分配地址。SLA 通常为其用户分配由连续地址组成的地址块，以便这些机构可以建立自己的地址分级结构以识别不同的子网。分级结构的最低一级是网络主机。

IPv6 地址是独立接口的标识符，所有的 IPv6 地址都被分配到接口，而非节点。由于每个接口都属于某个特定节点，因此节点的任意一个接口地址都可以用来标识一个节点。IPv6 有三种类型地址：

（1）单点传送（单播）地址。

一个 IPv6 单点传送地址与单个接口相关联。发给单播地址的包传送到由该地址标识的单接口上。但是为了满足负载均衡的需求，在 RFC 2373 中允许多个接口使用同一地址，只要在实现中这些接口看起来形同一个接口即可。

（2）多点传送（组播）地址。

一个多点传送地址标识多个接口。发给组播地址的包传送到该地址标识的所有接口上。IPv6 协议不再定义广播地址，其功能可以由组播地址替代。

（3）任意点传送（任播）地址。

任意点传送地址标识一组接口（通常属于不同的节点），发送给任意组播地址的包传送到该地址标识的一组接口中根据路由算法度量距离为最近的一个接口。如果说多点传送地址适用于 one-to-many 的通信场合，接收方为多个接口，那么任意点传送地址则适用于 one-to-one-of-many 的通信场合，接收方是一组接口中的任意一个。

下面我们介绍一下如何在 Windows XP 中启用 IPv6。

从 Windows XP 开始，Windows 操作系统已经内置了对 IPv6 协议的支持，不过在默认状态下没有安装，可以按照下列步骤安装 IPv6。

（1）进入"控制面板"/"网络连接"，鼠标右键点击"本地连接"，并从随后的菜单中选择"属性"；

（2）出现"本地连接 属性"窗口，点击"安装"按钮；

（3）选中"协议"，点击"添加"按钮；

（4）选中"Microsoft TCP/IP 版本 6"，再点击"确定"按钮；

（5）系统回到"本地连接 属性"窗口，确认"Microsoft TCP/IP 版本 6"在列表之中。如图 6-10 所示。点击"关闭"按钮，IPv6 协议添加完毕；

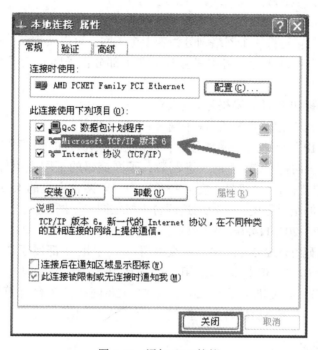

图 6-10　添加 IPv6 协议

（6）IPv6 地址将通过邻居发现（Neighbor Discovery）方式自动获得，一般不建议手工设定静态地址；

（7）有些 IPv6 DNS 服务器搭建在双栈链路之上，无需专门指定 IPv6 DNS 服务器参数，沿用 IPv4 的 DNS 服务器设置即可，通常也设置为自动获取。

6.2.3　子网掩码

子网掩码（Subnet Mask）又称为网络掩码、地址掩码，是一个 32 位地址，需要与 IP 地址结合使用。子网掩码的主要作用有两方面：一是用于屏蔽 IP 地址的一部分以区别于网络标识和主机标识，以区分该 IP 地址是在本地局域网中，还是在远程网上；二是用于将一个大的 IP 网络划分为若干个小的子网，这样可以避免由于一个网络中的主机数过多导致的广播风暴问题。

IP 地址在设计时就考虑到地址分配的层次特点，将每个 IP 地址都分割成网络号和主机号两部分，以便于 IP 地址的寻址操作。IP 地址的网络号和主机号各是多少位呢？如果不指定，就不知道哪些位是网络号、哪些位是主机号，这就需要通过子网掩码来实现。

子网掩码共分为两类。一类是缺省子网掩码，一类是自定义子网掩码。

1. 缺省子网掩码

缺省子网掩码：即未划分子网，对应的网络标识位都置1，主机标识都置0。

A 类网络缺省子网掩码：255.0.0.0；

B 类网络缺省子网掩码：255.255.0.0；

C 类网络缺省子网掩码：255.255.255.0。

2. 自定义子网掩码

自定义子网掩码：是将一个网络划分为若干个子网，可以实现每一段使用不同的网络号或子网号，人们也可以认为是将主机号分为两个部分：子网号、子网主机号。其形式如下：

未做子网划分的 IP 地址：网络号+主机号；

做子网划分后的 IP 地址：网络号+子网号+子网主机号。

换言之，当将 IP 网络进行子网划分后，以前主机标识位的一部分给了子网号，余下的是子网主机号。子网掩码是 32 位二进制数，子网掩码的子网主机标识部分全为"0"。利用子网掩码可以判断两台主机是否在同一子网中。若两台主机的 IP 地址分别与它们的子网掩码相"与"后的结果相同，则说明这两台主机在同一子网中。

假如主机 A(IP：202.114.66.39) 和主机 B(IP：202.114.66.129) 进行通信，如果都采用默认的子网掩码 255.255.255.0，那么主机 A 和主机 B 都属于 202.114.66.0 网络，双方可以直接进行通信。但如果都采用子网掩码 255.255.255.240，那么主机 A 属于 202.114.66.32 网络，而主机 B 属于 202.114.66.128 网络，两台计算机属于不同网络，双方只能间接通信，需要路由器转发数据包。

6.2.4 默认网关

网关(Gateway)顾名思义，就是一个网络连接到另一个网络的"关口"。

按照不同的分类标准，网关也有许多种。例如有短信网关、协议转换网关、语音网关、TCP/IP 网关、安全接入网关等。本章中我们所讲的"网关"均指 TCP/IP 协议下的网关。

1. 网关

应该怎么理解网关呢？网关实质上是一个网络通向其他网络的接口 IP 地址。例如有网络 A 和网络 B，网络 A 的 IP 地址范围为 192.168.1.1 ~ 192.168.1.254，子网掩码为 255.255.255.0；网络 B 的 IP 地址范围为 192.168.2.1 ~ 192.168.2.254，子网掩码为 255.255.255.0。

在没有路由器的情况下，两个网络之间是不能进行 TCP/IP 通信的，即使是两个网络连接在同一台交换机(或集线器)上，TCP/IP 协议也会根据子网掩码(255.255.255.0)判定两个网络中的主机处于不同的网络中。而要实现这两个不同网络之间的通信，则必须通过网关。如果网络 A 中的主机发现数据包的目的主机不在本地网络中，就把数据包转发给该主机自己的网关，再由网关转发给网络 B 的网关，网络 B 的网关再转发给网络 B 中的某个主机。网络 B 向网络 A 转发数据包的过程也是如此。

因此，只有设置好网关的 IP 地址，TCP/IP 协议才能实现不同网络之间的相互通信。那么这个 IP 地址是哪一台机器的 IP 地址呢？网关的 IP 地址是具有路由功能的设备的 IP

地址，并且该设备连接至少两个以上的网络。能担当网关工作的网络设备有路由器、启用了路由协议的服务器(实质上相当于一台路由器)、三层交换机等。

2. 默认网关

默认网关的意思是一台主机如果找不到到达目标网络的路径信息，就把数据包发给默认指定的网关，由这个网关来转发数据包。现在主机中配置的网关所指的就是默认网关。

用户可以运行 route print 或 netstat-r 命令显示本地计算机上的路由表，如图 6-11 所示。

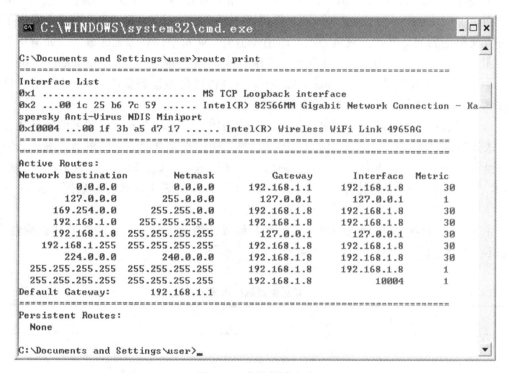

图 6-11　主机的路由表

路由表中的每一个路由项具有五个属性，包含 4 个方面的信息：

(1)网络地址(Network Destination)和网络掩码(Netmask)：网络地址和网络掩码相与的结果用于定义本地计算机可以到达的网络目的地址范围。通常情况下，网络目的地址范围包含以下三种：

①主机地址：某个特定主机的网络地址，网络掩码为 255.255.255.255。

②网络地址：某个特定网络的网络地址，如图 6-11 中的第 4 条路由。

③默认路由：所有未在路由表中指定的网络地址，如图 6-11 中的第 1 条路由。

(2)网关(Gateway，又称为下一跳地址)：在发送 IP 数据包时，网关定义了针对特定的网络目标地址，数据包应发送到的下一跳地址。如果是本地计算机直接连接到的网络，网关通常是本地计算机对应的网络接口，但是此时接口必须和网关一致；如果是远程网络或默认路由，网关通常是本地计算机所连接到的网络上的某个服务器或路由器。

(3)接口(Interface)：接口定义了针对特定的网络目标地址，本地计算机用于发送数据包的网络接口。网关必须位于和接口相同的子网，否则造成在使用该路由项时需调用其他路由项，从而可能会导致路由死锁。

（4）跃点数（Metric）：跃点数用于指出路由的成本或代价。跃点数越低，代表路由成本越低；跃点数越高，代表路由成本越高。当具有多条到达相同目标网络的路由项时，TCP/IP 会选择具有最低跃点数的路由项。

6.2.5　域名地址

IP 地址由 32 位数字来表示主机的地址，但是分布在网上成千上万的计算机，如果都用像 202.103.0.68 这样的数字来识别，显得既生硬又难以记忆。TCP/IP 协议还提供了另一种方便易记的地址方式：域名地址，即用一组英文简写来代替难记的数字。如清华大学Web 服务器的 IP 地址为 166.111.4.100，相对应的域名地址为：www.tsinghua.edu.cn。Internet 通过域名服务器 DNS（Domain Name Server）将域名地址解析成 IP 地址，用户只需记住这些形象的域名地址就可以访问远程主机。

每个域名地址包含若干个层次，每一部分称为域，并用圆点隔开。域名地址是从右至左来表述其意义的，最右边的部分为顶层域，最左边的则是某台主机的机器名称。一般域名地址可以表示为：主机名.单位名.网络名.顶层域名。如：bbs.whu.edu.cn，这里的bbs 代表武汉大学的某台主机，whu 代表武汉大学，edu 代表中国教育科研网，cn 代表中国。顶层域一般是组织机构或国家/地区的名称缩写。

顶层域中的组织机构代码一般由三个字符组成，表示了域名所属的领域和机构性质。如表 6-1 所示。

表 6-1　　　　　　　　　　　　常见组织机构代码

域名代码	机构性质
com	商业机构
edu	教育机构
gov	政府部门
mil	军事机构
net	网络组织
int	国际机构
org	其他非盈利组织

顶层域中的国家/地区代码一般用两个字符表示，世界上每个申请加入 Internet 的国家或地区都有自己的域名代码。由于 Internet 起源于美国，且早期并没有考虑到其他国家将来会加入该网络，所以美国的网络站点大多直接使用组织机构作为顶层域。表 6-2 列出了一些常见的国家或地区代码。

表 6-2　　　　　　　　　　　　　　　　部分国家或地区代码

域名代码	国家或地区	域名代码	国家或地区
ar	阿根廷	nl	荷兰
au	澳大利亚	nz	新西兰
at	奥地利	ni	尼加拉瓜
br	巴西	no	挪威
ca	加拿大	pk	巴基斯坦
fr	法国	ru	俄罗斯
de	德国	sa	沙特阿拉伯
gr	希腊	sg	新加坡
is	冰岛	se	瑞典
in	印度	ch	瑞士
ie	爱尔兰	th	泰国
il	以色列	tr	土耳其
it	意大利	uk	英国
jm	牙买加	us	美国
jp	日本	vn	越南
mx	墨西哥	tw	中国台湾地区
cn	中国大陆地区	hk	中国香港地区

域名由申请域名的组织机构选择，然后再向 Internet 网络信息中心（Internet NIC）或子域管理机构登记注册。当然现在有许多 Internet 网络信息中心的代理机构，也可以受理域名申请。需要说明的是域名地址也是唯一的，所以尽早注册域名，可以保证域名更有其实际意义。

下层域名一般由其上层域名的管理者分配和定义，例如微软公司向 .com 管理机构申请了域名"microsoft. com"，该域名的下层域名地址管理由微软公司自己负责。例如微软公司可以在 DNS 服务器中为 WWW 服务创建域名 www. microsoft. com，为 FTP 服务创建域名 ftp. microsoft. com，等等。

6.2.6　Internet 提供的服务

Internet 之所以得到如此迅猛地发展，主要是因为 Internet 提供了许多非常吸引人的服务。以下将介绍 Internet 提供的最常用的服务。

1. WWW 服务

WWW 是 World Wide Web 的缩写，中文译名为万维网，是近年来发展最迅速的服务，也成为 Internet 用户最喜爱的信息查询工具。遍布世界各地的 Web 服务器，使 Internet 用户可以有效地交流各种信息，如新闻、科技、艺术、教育、金融、医疗、生活和娱乐，等等，几乎无所不包，这也是 Internet 迅速流行的原因之一。WWW 上的信息通过以超文本（Hypertext）为基础的页面来组织，在超文本中使用超链接（HyperLink）技术，可以从一个信息主题跳转到另一个信息主题。所谓超文本实际上是一种描述信息的方法，在超文本中，所选用的词在任何时候都能够被扩展，以提供有关词的其他信息，包括更进一步的文本、相关的声音、图像及动画等。WWW 是以 Client/Server（客户端/服务器）方式工作的。

上述这些供用户浏览的超文本文件被放置在 Web 服务器上，用户通过 Web 客户端即 Web 浏览器发出页面请求，Web 服务器收到该请求后，经过一定处理，返回相应的页面至用户浏览器，用户就可以在浏览器上看到自己所请求的内容。

2. 电子邮件服务

电子邮件 E-mail（Electronic Mail），是通过电子形式进行信息交换的通信方式，电子邮件服务是 Internet 提供的最早、也是最广泛的服务之一。身处在世界不同国家、地区的人们，通过电子邮件服务，可以在最短的时间，花最少的钱取得联系，相互收发信件、传递信息。电子邮件系统是现代通信技术和计算机技术相结合的产物。在这个系统中有一个核心——邮件服务器（Mail Server）。邮件服务器一般由两部分组成：SMTP 服务器和 POP3 服务器。SMTP（Simple Mail Transfer Protocol）即简单电子邮件通信协议，负责寄信；POP3（Post Office Protocol）即邮局协议，负责收信。寄信和收信都由性能高、速度快、容量大的计算机担当，该系统内的所有邮件的收发，都必须经过这两个服务器。需要提供 E-mail 服务的用户，首先必须在邮件服务器上申请一个专用信箱（由 ISP 分配）。当用户向外发送邮件时，实际上是先发到自己的 SMTP 服务器的信箱里存储起来，再由 SMTP 服务器转发给对方的 POP3 服务器，收信人只需打开自己的 POP3 服务器的信箱，就可以收到来自远方的信件。

3. 文件传输服务

文件传输服务的主要作用是把本地计算机上的一个或多个文件传送到远程计算机，或从远程计算机上获取一个或多个文件。

（1）客户端/服务器模式。

与大多数 Internet 服务一样，传统的文件传输服务也是采用客户端/服务器模式。用户通过一个支持 FTP（File Transfer Protocol）的客户端程序，连接到远程主机上的 FTP 服务器端程序。用户通过客户端程序向服务器程序发出命令，服务器程序执行用户所发出的命令，并将执行的结果返回到客户机。比如，用户发出一条命令，要求服务器向用户传送某一个文件的一份拷贝，服务器会响应这条命令，将指定文件送至用户的机器上。客户机程序代表用户接收到这个文件，并将其存放在用户指定的目录中。

（2）P2P 模式。

P2P 是 peer-to-peer 的缩写，也称为对等网络或对等联网模式。与对等联网模式相对应的主要是客户端/服务器结构的联网方式，例如上面介绍的 FTP 服务器和 FTP 客户端就是客户端/服务器构架。在客户端/服务器模式中，各种各样的资源如文字、图片、音乐、电影都存储在中心服务器内，用户把自己的计算机作为客户端连接到服务器上检索、下载、上传数据或请求运算。不难看出这种模式中，服务器性能的好坏直接关系到整个系统的性能，当大量用户请求服务器提供服务时，服务器就可能成为系统的瓶颈，大大降低系统的性能。

P2P 改变了这种模式，其本质思想是整个网络结构中的传输内容不再被保存在中心服务器中，每一节点都同时具有下载、上传和信息追踪这三方面的功能，每一个节点的权利和义务都是大体对等的。目前最常用的 P2P 软件是第三代 P2P 技术的代表，其特点是强调了多点对多点的传输，充分利用了用户在下载时空闲的上传带宽，在下载的同时也能进行上传。换句话说，同一时间的下载者越多，上传者也越多。这种多点对多点的传输方式，大大提高了传输效率和对带宽的利用率，因此特别适合用来下载字节数很大的文件。第三代 P2P 技术中还恢复了服务器的参与，这是因为多点对多点的传输需要通过服务器进行调度。

4. 远程登录

远程登录允许用户从一台计算机连接到远程的另一台计算机上，并建立一个交互的登录连接。登录后，用户的每次击键都传递到远程主机，由远程主机处理后将字符回送到本地的计算机中，看起来似乎用户直接在对这台远程主机操作一样。

远程登录通常也要有效的登录账号来接受对方主机的认证。常用的登录程序有 TELNET、RLOGIN 等。

5. 网络新闻系统

网络新闻系统对信息进行归类整理，并分成若干专题讨论组，用户可以根据自己的兴趣、爱好进行选择，在这些网络新闻组里，用户不但可以自由查看感兴趣的话题，还可以发表个人见解或提出新的相关话题，与其他志同道合的用户相互交流。

网络新闻系统一般由新闻、新闻组和新闻阅读软件组成。新闻是指网络新闻系统用户对某些专题发表的个人见解、文章或用户发布的消息；相关的新闻被组织在一起，就形成新闻组；用于阅读新闻的软件则是新闻阅读软件，如 Netscape、Outlook Express 等。

用户想参与某一新闻组的讨论，首先应在所使用的新闻阅读软件中设置允许登录的新闻服务器，并向该新闻组提出申请，获得批准后方可进行讨论。

6. 电子公告牌

BBS 是 Bulletin Board Service(电子公告牌)的简称，这是 Internet 上最趋大众化的一项服务，电子公告牌和网络新闻系统十分相似，也可以讨论热门话题、发表独到见解、和其他用户聊天；但电子公告牌与网络新闻系统最大的区别在于 BBS 是任何用户都可以进入的公告板，没有网络新闻系统那样较浓厚的学术气氛，而是更具娱乐休闲性。

由于 BBS 的开放性，以及在上面发表意见的用户都可以采用假名、假地址，这样 BBS 上的信息有时并不具真实性和可读性，有时甚至出现一些有违国家法律、法规的言论，通常由 BBS 主持人对信息进行控制。因此用户对 BBS 上的信息也应进行有所选择的阅读。

通常用 Telnet 或其他远程登录软件进入 BBS 系统，也可以直接利用浏览器进入，只要在地址域里填入正确的 BBS 站点地址即可，如填入"http：//bbs.tsinghua.edu.cn"，就可以登录清华大学的"BBS 水木清华站"。

7. 即时通信

即时通信 IM 是英文 Instant Messaging 的缩写，是一种使人们能在网上识别在线用户并与他们实时交换信息的技术，被许多人称为电子邮件发明以来最酷的在线通信方式。典型的 IM 工作方式为：当好友列表(buddy list)中的某人在任何时候登录上线并试图通过用户的计算机联系用户时，IM 系统会发一个消息提醒用户，然后用户与好友建立一个聊天会话并键入信息文字进行交流。

即时通信作为通过 Internet 即时和他人联系的一种方式，为人们提供了语音/视频聊天、传送文件、发送 E-mail、多人聊天、在线感知(Presence Awareness)等功能，其互动性非常强，而且价格便宜，对于大多数人而言，通过即时通信进行沟通比打电话更加实惠，因而即时通信受到网络用户的普遍欢迎。目前常见的即时通信工具有 AOL ICQ，腾讯QQ，雅虎通，MSN Messenger，朗玛 UC 等。

6.3　网络接入基础

6.3.1　拨号接入

拨号接入是个人用户接入 Internet 最早使用的方式之一，也是目前为止我国个人用户接入 Internet 使用最广泛的方式之一。拨号接入 Internet 是利用电话网建立本地计算机和ISP(Internet 服务供应商)之间的连接。这种情况一般出现在不能直接接入 Internet 某个子网的情况，例如在家中使用电脑访问 Internet。拨号接入主要分为电话拨号、ISDN 和ADSL 三种方式

1. 电话拨号接入

电话拨号接入方式在 Internet 早期非常流行，因为这种接入方式非常简单，只要具备一条能拨通 ISP 特服电话(如 163、169、663 等)的电话线，一台计算机，一台外置调制解调器(Modem)或 Modem 卡，并且在 ISP 处办理了必要的申请手续后，就可以上网了，如图 6-12 所示。

图 6-12　电话拨号接入

电话拨号方式致命的缺点在于该方式的接入速度很慢，由于线路的限制，该方式的最高接入速度只能达到 56kbps。另外，当电话线路被用来上网时，就不能使用电话进行通话，用户常常感觉很不方便。因此，现在已经很少有人再选用这种方式接入 Internet，在此也不作过多介绍。

2. ISDN 接入

ISDN 综合业务数字网(Integrated Service Digital Network)是一种能够同时提供多种服务的综合性的公用电信网络。

ISDN 由公用电话网发展起来，为解决电话网速度慢，提供服务单一的缺点，其基础结构是为提供综合的语音、数据、视频、图像及其他应用和服务而设计的。与普通电话网相比较，ISDN 在交换机用户接口板和用户终端一侧都有相应的改进，而对网络的用户线来说，两者是完全兼容的，无须修改，从而使普通电话升级接入 ISDN 网所要付出的代价较低。ISDN 所提供的拨号上网的速度可以高达 128kb/s，能快速下载一些需要的文件和Web 网页，使 Internet 的互动性能得到更好的发挥。另外，ISDN 可以同时提供上网和电话通话的功能，解决了电话拨号所带来的不便。

使用标准 ISDN 终端的用户需要电话线、网络终端(如 NT1)、各类业务的专用终端(如数字话机)等三种设备。使用非标准 ISDN 终端的用户需要电话线、终端适配器(TA)或 ISDN 适配卡、网络终端、通用终端(如普通话机)等四种设备。一般的家庭用户使用的都是非标准 ISDN 终端，即在原有的设备上再添加网络终端和适配器或 ISDN 适配卡就可以实现上网功能，如图 6-13 所示。

图 6-13　ISDN 接入

3. ADSL 接入

ADSL(Asymmetrical Digital Subscriber Line)非对称数字用户线是 DSL(Digital Subscribe Line)数字用户线技术中最常用、最成熟的技术。该技术可以在普通电话线上传输高速数字信号，通过采用新的技术在普通电话线上利用原来没有使用的传输特性，在不影响原有语音信号的基础上，扩展了电话线路的功能。所谓非对称主要体现在上行速率(最高 1Mbps)和下行速率(最高 8Mb/s)的非对称性上。

ADSL 与 ISDN 都是目前应用非常广泛的接入手段。与 ISDN 相比较，ADSL 的速率要高得多。ISDN 提供的是 2B+D 的数据通道，其速率最高可以达到 $2 \times 64Kb/s + 16Kb/s = 144Kb/s$，接入网络是窄带的 ISDN 交换网络。而 ADSL 的下行速率可达 8Mb/s，其话音部分占用的是传统的 PSTN 网，而数据部分则接入宽带 ATM 平台。由于上网与打电话是分离的，所以用户上网时不占用电话信号，只需交纳网费而不需付电话费。

通过 ADSL 接入 Internet，只需在原有的计算机上加载一个以太网卡以及一个 ADSL 调制解调器即可(如果是 USB 接口的 ADSL MODEM，不需要网卡)。将网卡安装并设置好，然后用双绞线连接网卡和 ADSL 调制解调器的 RJ-45 端口，ADSL 调制解调器的 RJ-11 端口(即电话线插口)连接电话线。为了将网络信号和电话语音信号分成不同的频率在同一线路上传输，需要在电话线上连接一个分频器，如图 6-14 所示。

在配置好 ADSL 硬件连接后，还需要进行一些软件设置。如果所用的 ADSL 调制解调器具有自动拨号功能，则接通 ADSL 调制解调器电源后会进行自动拨号，一旦拨号成功，就可以直接上网。如果 ADSL 不具备自动拨号功能，则还需要安装 PPPoE(Point-to-Point Protocol over Ethernet，以太网上的点对点协议)虚拟拨号软件，如 EnterNet、RasPPPoE 等，也可以通过 Windows 自身集成的 PPPoE 协议进行以下几个步骤的设置。

(1)在桌面上右击"网上邻居"图标，在打开的快捷菜单中选择"属性"，打开"网络连接"窗口。在窗口的左侧"网络任务"中，选择"创建一个新的连接"，出现"新建连接向

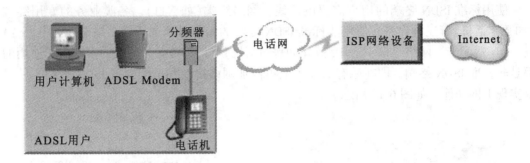

图 6-14   ADSL 接入

导"对话框。

(2)在"新建连接向导"对话框中，单击"下一步"，选择网络连接类型"连接到Internet"，单击"下一步"，选择"手动设置我的连接"。

(3)单击"下一步"，选择"用要求用户名和密码的宽带连接来连接"，单击"下一步"，输入 ISP 名称(可任意)，作为该连接的名称。

(4)单击"下一步"，输入用户名和密码(可以从 ISP 处获得)，单击"下一步"，点击"完成"按钮，即完成所需设置。

双击上面所建立的连接，在设置好相应的安全等方面的参数后，以后只需要双击该连接，输入正确的用户名和密码，单击"连接"按钮即可通过 ADSL 拨号上网。

另外，如果有多台计算机要共享一个 ADSL 连接上网，可以先将多台计算机通过集线器或交换机连接成一个局域网，再通过将 ADSL 调制解调器设置为路由模式或在局域网内设置代理服务器的方法实现多机共享上网的功能。

6.3.2 局域网接入

如果用户所在的单位或社区已经架构了局域网并与 Internet 相连接，则用户可以通过该局域网接入 Internet。例如校园内学生寝室的计算机可以通过接入学校校园网，而达到上网的目的。

使用局域网方式接入 Internet，由于全部利用数字线路传输，不再受传统电话网带宽的限制，可以提供高达十兆甚至上千兆的桌面接入速度，比拨号接入速度要快得多，因此也更受用户青睐。

但是局域网不像电话网那样普及到人们生活的各个角落，局域网接入 Internet 受到用户所在单位或社区规划的制约。如果用户所在的地方没有架构局域网，或架构的局域网没有和 Internet 相连接而仅仅是一个内部网络，那么用户就无法采用这种方式接入 Internet。

采用局域网接入 Internet 非常简单，在硬件配置上只需要一台计算机、一块以太网卡和一根双绞线，然后通过 ISP 的网络设备就可以连接到 Internet。局域网接入方式如图 6-15 所示。

在软件方面，只需要按以下步骤安装 TCP/IP 协议及配置好相关参数即可。

1. 安装协议及相关服务

如果想与其他 Windows 主机进行资源互访，通常需要计算机上安装有"Microsoft 网络

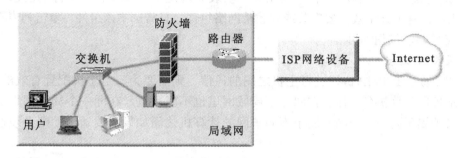

图 6-15　局域网接入

客户端"、"Microsoft 网络的文件和打印机共享"以及"Internet 协议(TCP/IP)"组件。

　　"Microsoft 网络客户端"允许本机访问 Microsoft 网络上的其他资源;"Microsoft 网络的文件和打印机共享"可以让其他计算机通过 Microsoft 网络访问本机上的资源;"Internet 协议(TCP/IP)"则是 Windows 默认的广域网协议,该协议能够提供跨越多种互联网络的通信。

　　Windows XP 操作系统在默认情况下,以上三个网络组件均已安装,如果被意外删除,可以通过以下方法添加。右击桌面上"网上邻居"图标,在出现的快捷菜单中选择"属性",打开"网络连接"窗口。在"网络连接"窗口中选择网卡所在"本地连接",右击"本地连接"图标,选择"属性",打开如图 6-16 所示"本地连接属性"窗口。

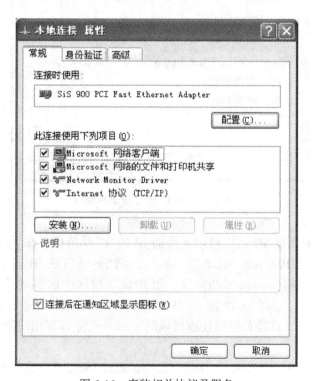

图 6-16　安装相关协议及服务

在"此连接使用下列项目"栏中列出了已安装和绑定的网络组件，组件前复选框被选中的项表示已绑定并生效。要安装或卸载某网络组件，只需选中该组件，单击列表下方的"安装"或"卸载"按钮即可。

2. 设置 IP 地址

如果要通过 TCP/IP 协议进行主机之间的通信，则需要为每台主机配置有效的 IP 地址。IP 地址同计算机名一样，在同一个局域网里也不能重复。在同一个局域网里配置的 IP 地址必须属于同一个子网。属于不同子网的计算机之间如果需要通信，则必须通过路由器转发。

在 Windows XP 中配置 IP 地址，可以按照前面介绍的方法打开如图 6-16 所示"本地连接属性"对话框，在列表框中选中"Internet 协议（TCP/IP）"，双击该项或单击"属性"按钮，即可打开如图 6-17 所示"Internet 协议（TCP/IP）属性"对话框。

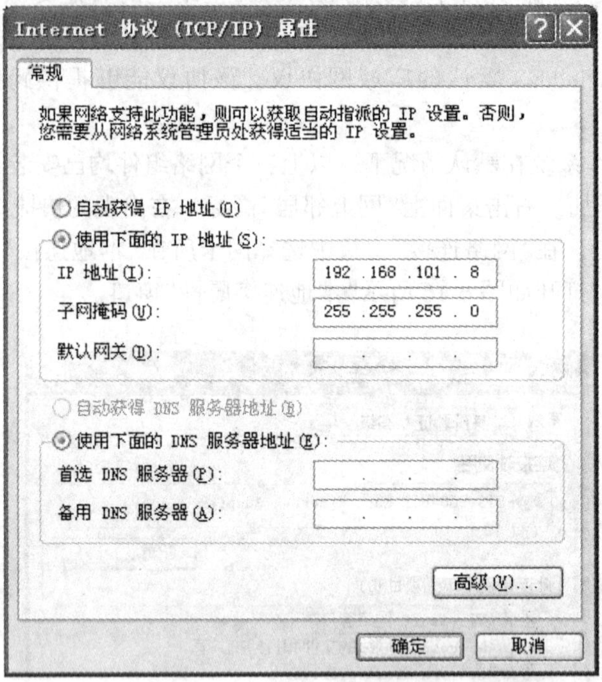

图 6-17　设置 IP 地址和子网掩码

在图 6-17 所示对话框中选中"使用下面的 IP 地址"单选框，在下面的"IP 地址"栏中输入 IP 地址，如"192.168.101.8"，在"子网掩码"栏中输入子网掩码，如"255.255.255.0"。根据子网掩码的定义，可知该局域网中的其他主机 IP 均应设置为"192.168.101.X"模式，其中 X 代表 1~254 之间任意不重复的整数，而子网掩码则都设置为"255.255.255.0"，这样就可以使该局域网中的主机都具有相同的网络地址，不同的主机地址。

如果局域网中有 DHCP（Dynamic Host Configuration Protocol，动态主机配置协议）服务器，可以为其他计算机提供动态分配 IP 地址的服务，则其他计算机都只需在图 6-17 中选中"自动获得 IP 地址"和"自动获得 DNS 服务器地址"，这样就省去为每一台计算机手工配置静态 IP 地址的麻烦。

6.3.3　无线接入

通过无线接入 Internet 可以省去铺设有线网络的麻烦，而且用户可以随时随地上网，不再受到有线的束缚，特别适合出差在外使用，因此受到商务人员的青睐。

目前个人无线接入方案主要有两大类。一类是使用无线局域网(WLAN)的方式，网络协议为 IEEE802.11a、802.11b、802.11g、802.11n 等，用户端使用计算机和无线网卡，服务端则使用无线信号发射装置(AP)提供连接信号，如图 6-18 所示。这种方式连接方便且传输速度快，最高可达到 600Mbps。每个 AP 覆盖范围可达数百米，适用于构建家庭和小企业的无线局域网。

图 6-18　WLAN 接入

第二类方案是直接使用手机卡，通过移动通信来上网。这种上网方式，用户端需要购买额外的一种卡式设备(PC 卡)，将其直接插在笔记本电脑或台式电脑的 PCMCIA 槽或 USB 接口，实现无线上网。目前，无线上网卡有几种类型：一种是机卡一体，上网卡的号码已经固化在 PC 卡上，直接插入笔记本电脑的 PCMCIA 插槽内，就可以使用；第二种是机卡分离，记录上网卡号码的"手机卡"可以和卡体分离，把两者插在一起，再插入 PCMCIA 插槽内就可以上网；第三种是 USB 无线猫(MODEM)，将手机卡插入到无线猫中，然后通过 USB 接口连接台式电脑或笔记本电脑就可以上网。服务端则是由中国移动(GPRS)或中国联通(CDMA)等服务商提供接入服务，如图 6-19 所示。这种方法的优点是没有地点限制，只要有手机信号并开通数字服务的地区都可以使用，其缺点在于如果连接的是 2G 网络速度不是非常理想，如果连接到 3G 网络目前速度可以达到几 Mb/s。

下面以中国移动的"随 E 行"为例说明如何通过手机卡上网。"随 E 行"是中国移动面向个人及企业客户推出的基于笔记本电脑或 PDA 终端无线接入互联网/企业网获取信息、娱乐或移动办公的业务总称。"随 E 行"突破了移动终端接入 Internet 必须依赖网线或电话线的束缚，可以随时随地将用户的笔记本电脑或 PDA 通过无线方式接入 Internet，为真正意义的移动办公提供了解决方案。以笔记本电脑和 GPRS USB 网卡为例，其具体操作步骤

图 6-19　GPRS/CDMA 接入

如下：

(1)确认 GPRS 无线网卡、数据 SIM 卡一切正常。将数据 SIM 卡插入 GPRS 无线网卡，并将 GPRS 无线网卡连接到笔记本电脑的 USB 接口。

(2)根据购买 GPRS 无线网卡时获得的安装光盘及说明书，在笔记本电脑中安装客户端软件。

(3)启动客户端软件"G3 随 e 行"，如图 6-20 所示。

图 6-20　中国移动无线上网客户端

(4)单击"自动连接"按钮；通过验证后提示连接成功，出现如图 6-21 所示界面。在该界面中可以查看当前的上传速率和下载速率，以及历史流量信息。

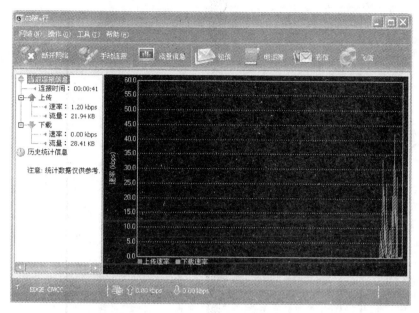

图 6-21　无线上网速率和流量信息

（5）访问 Internet 或企业内部网（Intranet）。

6.3.4　通过代理服务器访问 Internet

目前代理服务器通常都是以软件的形式安装于局域网的一台计算机中，该计算机有一个出口接入 Internet，接入方式可以为城域网的 10/100M 以太网接口、ISDN、PSTN、或者是 ADSL，另一个以太网接口一般和内部局域网互连，由于合法 IP 地址的缺乏，内部局域网络一般采用内部 IP 地址，这些 IP 地址不能作为 IP 数据包的源地址访问外部网络。当局域网中的计算机需要访问外部网络时，该计算机的访问请求被代理服务器截获，代理服务器通过查找本地的缓存，如果请求的数据（如 WWW 页面）可以查找到，则把该数据直接传给局域网络中发出请求的计算机；否则代理服务器访问外部网络，获得相应的数据，并把这些数据缓存，同时把该数据发送给发出请求的计算机。

对于通过代理服务器上网的用户，要使用 Internet Explorer 浏览器浏览网页，只需在浏览器中进行相应设置即可。

1. 通过拨号（包括 ADSL）接入

（1）打开 IE 浏览器，单击"工具"菜单的"选项"菜单项，在打开的"Internet 选项"对话框中，选择"连接"选项卡。

（2）在"拨号和虚拟专用网络设置"中双击所用的连接（或点击旁边的"设置"按钮），打开如图 6-22 所示对话框。

（3）复选"对此连接使用代理服务器（这些设置不会应用到其他连接）"，在下面的"地址"栏中输入代理服务器的 IP 地址，在"端口"栏输入代理服务器的端口。如果不同协议采用不同的代理服务器，可以单击旁边的"高级"按钮，为每一种不同的协议设置相应的

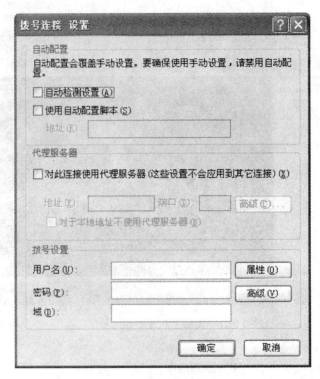

图 6-22 代理服务器设置

代理服务器。

2. 通过局域网接入

(1)打开 IE 浏览器，单击"工具"菜单的"选项"菜单项，在打开的"Internet 选项"对话框中，选择"连接"选项卡。

(2)单击"局域网设置"按钮，打开"局域网(LAN)设置"对话框。

(3)复选"为 LAN 使用服务器(这些设置不会应用于拨号或 VPN 连接)"，其余设置代理服务器地址和端口方法同拨号接入的设置方法。

6.3.5 网络测试

在架构好网络的硬件设施，并对相关网络参数、属性进行配置后，就可以利用 Windows 操作系统提供的一些网络测试命令来检测网络连接的正确性。

1. IPconfig 命令

IPConfig 命令用来显示所有网络适配器的 TCP/IP 网络属性值，包括 IP 地址、子网掩码、默认网关、DHCP 服务器地址和 DNS 服务器地址等信息。使用不带参数的 IPconfig 只显示所有网络适配器的的主要 IP 参数信息：IP 地址、子网掩码和默认网关。IPconfig/all 则显示所有网络适配器完整的 TCP/IP 配置信息。

在 Windows XP 的 cmd 命令窗口中输入 ipconfig/all 就可以看到如图 6-23 所示信息。在局域网连接中，只需注意以下信息是否正确即可。

Host Name：主机名；

Physical Address：网卡的物理地址；

IP Address：IP 地址；

Subnet Mask：子网掩码。

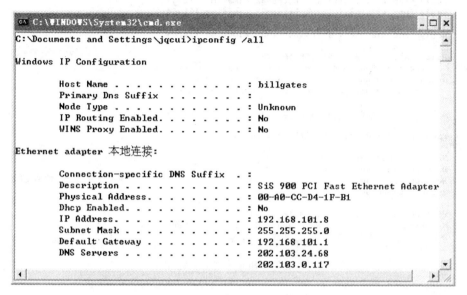

图 6-23　TCP/IP 网络配置信息

如果局域网中的机器配置的是静态 IP 地址，上述与 IP 相关的信息可以从图 6-17 中的"Internet 协议(TCP/IP)属性"对话框中查看到，但是如果是通过"自动获得 IP 地址"方式配置的动态 IP，则必须使用 ipconfig 命令方可看到本机当前分配到的 IP 地址。需要说明的是：DHCP 服务器为客户机每次分配的 IP 地址可能不相同。

2. Ping 命令

Ping 是最常用的检测网络故障的命令，用于确定本地主机是否能与另一台主机交换(发送与接收)数据，根据返回的信息，用户可以判断 TCP/IP 协议参数是否设置正确、目标网络能否到达以及目标主机是否正常工作。

Ping 命令的基本格式为：Ping 目标名，其中目标名可以是 Windows 主机名、IP 地址或域名地址。如果 Ping 命令收到目标主机的应答，如图 6-24 中"Ping 192.168.101.18"命令结果，则表示本机与目的主机已连通，可以进行数据交换；如果 Ping 命令的显示结果为"Request timed out"，则表示请求超时，目的主机不可达。不过，因为 Ping 命令采用的是 ICMP(Internet Control Message Protocol)报文进行测试，如果对方装有防火墙，过滤掉 ICMP 报文，则 Ping 命令无法收到正确的应答信息，从而造成目的主机没有正常工作的假象。

在局域网里，通常按以下顺序使用 Ping 命令来测试网络的连通性。

(1)Ping 127.0.0.1。

127.0.0.1 是一个环回地址，代表本地计算机。这个 Ping 命令被送到本地计算机的

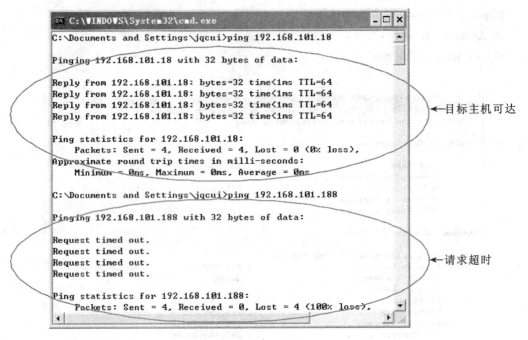

图 6-24　Ping 命令运行结果

IP 协议进程，如果 Ping 不通，就表示 TCP/IP 协议的安装或运行存在一些根本的问题。

（2）Ping 本地 IP 地址。

"Ping 本地 IP 地址"可以检测本地网卡及本地 IP 地址配置的正确性，用户计算机始终都应该对该 Ping 命令作出应答。如果 Ping 不通，则表示本地配置或网卡存在问题。

（3）Ping 局域网内其他 IP 地址。

该 Ping 命令从用户计算机发出 ICMP 报文，经过网卡及网络电缆到达目标计算机，再返回相同的信息给源站。源站收到应答表明源站和目的站 IP 地址和子网掩码配置正确，目标计算机可达。

Ping 命令也可以用来测试广域网的连通性，在设置好接入网的硬件、软件后，如果还不能上网，可以通过 Ping 命令来进行测试。首先 Ping 网关 IP，如果网关 Ping 不通，则肯定无法向外网发送和接收数据（前提是网关未屏蔽 ICMP 报文）。如果网关是连通的，则可以 Ping 一个外网的域名地址，如：ping www. sina. com. cn，如果不能 ping 通，首先观查一下测试结果是否成功将域名地址解析为 IP 地址，如果显示"Ping request could not find host www. sina. com. cn. Please check the name and try again"，则表示 DNS 服务器出了问题，没有将域名地址转换成对应的 IP 地址。

本 章 小 结

本章主要介绍了计算机网络和 Internet 的基础知识，讨论了网络的概念、发展、基本拓扑结构、网络协议及网络的组成和功能，Internet 的发展，IP 地址、网关、子网掩码、域名的基本概念，以及各种不同的网络接入方式。

练 习 题 6

一、单项选择题

1. 域名与 IP 地址一一对应，因特网是靠_____完成这种对应关系的。

  A. DNS　　　　　B. TCP　　　　　C. PING　　　　　D. IP

2. 下面关于域名内容正确的是_____。

  A. 顶级域名 CN 代表中国，GOV 代表政府机构

  B. 顶级域名 CN 代表中国，ORG 代表科研机构

  C. 顶级域名 AC 代表美国，GOV 代表政府机构

  D. 顶级域名 UK 代表中国香港，EDU 代表科研机构

3. 在 TCP/IP 中，下列_____是传输层的协议之一。

  A. UCP　　　　　B. TCP　　　　　C. TDP　　　　　D. TPC

4. IP 地址 211.70.240.5 属于_____类 IP 地址。

  A. A　　　　　B. B　　　　　C. C　　　　　D. 私有保留地址

5. 在同一个通信信道上的同一时刻，能够进行双向数据传送的通信方式是_____。

  A. 单工　　　　　B. 半双工　　　　　C. 全双工　　　　　D. 以上三种均不是

6. 下面_____不是组建局域网常用的设备或传输介质。

  A. 交换机　　　　　B. 网络适配器　　　　　C. 双绞线　　　　　D. 调制解调器

7. HTTP 协议是_____。

  A. 文件传输协议　　　　　B. 邮件传输协议

  C. 远程登录协议　　　　　D. 超文本传输协议

8. 下面关于电子邮件的说法中，_____是不正确的。

  A. 电子邮件只能发送文本文件

  B. 电子邮件可以发送图形文件

  C. 电子邮件可以发送二进制文件

  D. 电子邮件可以发送音频和视频文件

9. 在浏览器中，我们通过统一资源定位符，即_____访问网上资源。

  A. HTML　　　　　B. HTTP　　　　　C. CGI　　　　　D. URL

10. FTP 代表的协议是_____。

  A. 网络管理协议　　　　　B. 远程登录协议

  C. 文件传输协议　　　　　D. 超文本传输协议

11. 端到端数据传输的可靠性是由_____协议来提供的。

  A. FTP　　　　　B. UDP　　　　　C. TCP　　　　　D. IP

12. 计算机网络中广泛使用的交换技术是_____。

  A. 分组交换　　　　　B. 报文交换　　　　　C. 信元交换　　　　　D. 电路交换

13. 某用户的 E-mail 地址为 jszx@whu.edu.cn，该用户的用户名是_____。

    A. jszx   B. whu   C. edu   D. cn

14. 以下_____是物理层的互联设备。

    A. 中继器   B. 路由器   C. 交换机   D. 网桥

15. 网络中使用的设备 HUB 又称为_____。

    A. 集线器   B. 路由器   C. 交换机   D. 网关

16. 域名服务器上存放着 Internet 主机的_____。

    A. 域名   B. IP 地址

    C. 域名和 IP 地址   D. 域名和 IP 地址的对照表

17. 在我国所说的教育科研网是指_____。

    A. ChinaNET   B. ChinaGBN

    C. CERNET   D. CSTNET

18. 以下关于 IP 协议，说法正确的是_____。

    A. 具有流量控制功能   B. 提供可靠的服务

    C. 提供无连接的服务   D. 具有延时控制功能

19. 下面_____文件类型代表 WWW 页面文件。

    A. htm 或 html   B. gif   C. jpeg   D. mpeg

20. 一个 C 类网络中最多可以连接_____台计算机。

    A. 126   B. 254   C. 255   D. 256

21. 路由器是指_____。

    A. 物理层的互联设备   B. 数据链路层的互联设备

    C. 网络层的互联设备   D. 高层的互联设备

22. 以下网络中，属于商业网络的是_____。

    A. CSTnet 和 ChinaNet   B. CERNET 和 CHINAGBN

    C. CSTnet 和 CERNET   D. ChinaNet 和 CHINAGBN

23. 以下说法中不正确的是_____。

    A. IP 地址的前 14 位为网络地址

    B. B 类 IP 地址的第一位为 1，第二位为 0

    C. B 类 IP 地址的第一个整数值在 128~191 之间

    D. 共有 2 的 14 次方个 B 类网络

24. 为局域网上各工作站提供完整数据、目录等信息共享的服务器是_____服务器。

    A. 磁盘   B. 终端   C. 打印   D. 文件

25. 在不同的网络之间实现分组的存储和转发，并在网络层提供协议转换的网络互连设备称为_____。

    A. 转接器   B. 路由器   C. 网桥   D. 中继器

26. 当个人计算机以拨号方式接入因特网时，必须使用的设备是_____。

    A. 网卡   B. 调制解调器

    C. 电话机   D. 浏览器软件

27. 目前流行的 E-mail 的中文含义是_____。

　　　　A. 电子商务　　　　B. 电子邮件　　　　C. 电子设备　　　　D. 电子通信

28. 把计算机网络分为有线网和无线网的分类依据是_____。

　　　　A. 网络的地理位置　　　　　　　　B. 网络的传输介质

　　　　C. 网络的拓扑结构　　　　　　　　D. 网络的成本价格

29. 在因特网的组织性顶级域名中，域名缩写 COM 是指_____。

　　　　A. 教育系统　　　　B. 政府机关　　　　C. 商业系统　　　　D. 军队系统

30. 下列四项中，不属于国际互联网常用服务的是_____。

　　　　A. 电子邮件　　　　B. 文件传输　　　　C. 文件打印　　　　D. 远程登录

31. 因特网上信息公告牌的英文名称缩写是_____。

　　　　A. ASP　　　　　B. ISP　　　　　C. BBS　　　　　D. ARPA

32. 根据计算机网络的覆盖范围，我们可以把网络划分为三大类，以下不属于其中的是_____。

　　　　A. 局域网　　　　B. 城域网　　　　C. 广域网　　　　D. 宽带网

33. 我们用来上网查看网页内容的工具是_____。

　　　　A. IE 浏览器　　　B. 我的电脑　　　C. 资源管理器　　　D. 网上邻居

34. 星形、总线型、环形和网状形是按照_____分类。

　　　　A. 网络功能　　　　B. 管理性质　　　　C. 网络跨度　　　　D. 网络拓扑

35. 设置 TCP/IP 网络协议的属性时，需要指明_____。

　　　　A. E-mail 地址　　B. 密码　　　　C. IP 地址　　　　D. 用户名

36. 以下 IP 地址中，属于 C 类地址的是_____。

　　　　A. 126.1.1.10　　B. 129.7.8.35　　C. 202.114.66.3　　D. 225.8.8.9

37. C 类地址中用_____位来标识网络中的一台主机。

　　　　A. 8　　　　　　B. 14　　　　　　C. 16　　　　　　D. 24

38. 局域网中的计算机为了相互通信，必须安装_____。

　　　　A. 调制解调器　　B. 网卡　　　　C. 声卡　　　　　D. 电视卡

39. 互联网络上的每一台主机都有自己的 IP 地址，IPv6 地址是一个_____的地址。

　　　　A. 48 位　　　　B. 128 位　　　　C. 16 位　　　　D. 32 位

40. 组建一个局域网一般需要网卡、电缆、集线器、交换机等网络设备，下面属于网络设备的是_____。

　　　　A. 电话　　　　　B. 电视机　　　　C. 路由器　　　　D. 手机

41. 一个 IP 地址由网络地址和_____两部分组成。

　　　　A. 广播地址　　　B. 多址地址　　　C. 主机地址　　　D. 子网掩码

42. 电缆可以按照其物理结构类型来分类，目前计算机网络使用最普遍的电缆类型有同轴电缆、双绞线和_____。

　　　　A. 电话线　　　　B. 无线电　　　　C. 光纤　　　　D. 微波

43. 中国香港在世界上注册的顶级域名是_____。

　　　　A. hk　　　　　B. cn　　　　　C. tw　　　　　D. uk

44. 调制解调器(Modem)的功能是实现_____。

A. 模拟信号与数字信号之间的转换　　B. 数字信号的编码

C. 模拟信号的放大　　　　　　　　D. 数字信号的整形

45. 如果一台主机的 IP 地址为 192.168.0.10，子网掩码为 255.255.255.224，那么主机所在网络的网络号占 IP 地址的_____位。

A. 24　　　　　　B. 25　　　　　　C. 26　　　　　　D. 27

46. 把资料从本地计算机传到远程主机上叫做_____。

A. 上传　　　　　B. 超载　　　　　C. 下载　　　　　D. 卸载

47. 中国互联网络信息中心的英文缩写是_____。

A. CNNIC　　　　B. Chinanic　　　C. Cernic　　　　D. Internic

48. ADSL 最高下行速率可达_____。

A. 100Mb/s　　　B. 10Mb/s　　　C. 8Mb/s　　　　D. 1Mb/s

49. 下列有关 WWW 叙述不正确的是_____。

A. WWW 的英文全称为 World Wide Web

B. WWW 是一个基于超文本方式的信息浏览工具

C. WWW 的信息查询主要靠 FTP 来完成

D. WWW 利用链接从一个站点到达另一个站点，并提供一种友好的信息浏览接口。

50. 从远程主机上拷贝文字、图片、声音等信息或者软件到本地硬盘上叫做_____。

A. 上传　　　　　B. 下载　　　　　C. 保存　　　　　D. 复制

二、操作题

1. 试建立一个有图片的文件夹，文件夹名为自己的姓名，将该文件夹设置为只读共享文件夹。从另外一台电脑上找到刚才共享的计算机，查看该计算机的共享资源。

2. 若配置主机的 IP 地址为 202.145.12.23，子网掩码为 255.255.255.0，网关地址为 202.145.12.1，DNS 服务器地址为 202.145.11.8，试采用命令的方式查看刚才的配置信息。

第 7 章　Internet 的应用

Internet 上具有丰富的信息资源，提供各种各样的服务和应用。本章将介绍 Internet 两种最基本的应用：浏览信息和收发电子邮件。

7.1　WWW 简介

信息的浏览与查询是 Internet 提供的最独特、最富有吸引力的服务。目前，使用最广泛和最方便的是基于超文本方式、可以提供交互式信息服务的 WWW。

WWW 是 World Wide Web 的缩写，中文译名为万维网，是一种交互式图形界面的 Internet 服务，具有强大的信息链接功能。遍布世界各地的 Web 服务器，使 Internet 用户可以有效地交流各种信息，如新闻、科技、艺术、教育、金融、医疗、生活和娱乐等。

WWW 不是传统意义上的物理网络，是基于 Internet 的、由软件和协议组成的、以超文本文件为基础的全球分布式信息网络。WWW 上的信息通过以超文本(Hypertext)为基础的页面来组织。所谓超文本是相对文本而言的，文本是可见字符(文字、字母、数字、符号等)的有序组合，又称为普通文本。而超文本是指包含了链接的文本，通过链接可以从一个信息主题跳转到另一个信息主题。正是这些超链接使得分布在全球各地不同主机上的超文本文件能够链接在一起。

编写超文本文件需要采用超文本标记语言：HTML(Hyper Text Markup Language)，HTML 对文件显示的具体格式进行了规定和描述。例如：HTML 规定了文件的标题，副标题，段落等如何显示，如何把超链接引入超文本，以及如何在超文本文件上嵌入图像、声音和动画等。

WWW 是以 Client/Server(客户端/服务器)方式工作的。上述这些供用户浏览的超文本文件被放置在 Web 服务器上，用户通过 Web 客户端即 Web 浏览器发出页面请求，Web 服务器收到该请求后，经过一定处理返回相应的页面至用户浏览器，用户就可以在浏览器上看到自己所请求的内容，如图 7-1 所示。整个传输过程中双方按照超文本传输协议 HTTP(Hypertext Transfer Protocol)进行交互。

不过，WWW 上的信息成千上万，如何定位到要浏览的资源所在的服务器呢？URL (Uniform Resource Locator) 即"统一资源定位器"就是用来定位信息的，URL 是文档在 WWW 上的"地址"，即所谓的网址。URL 是唯一在 Internent 上标识计算机的位置、目录与文件的命名协议，可以标识 Internet 或与 Internet 相连的主机上的任何可用的数据对象。URL 格式如下：

服务类型：//<主机 IP 地址或域名>/<资源在主机上的路径>。

其中服务类型的协议可以是 http(超文本传输协议)、ftp(文件传输协议)、telnet(远程

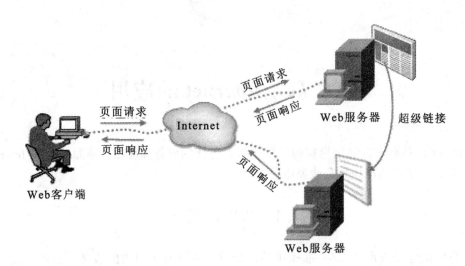

图 7-1　Web 服务示意图

登录协议)、news(电子新闻组)等。

　　例如介绍武汉大学学校概况的 URL 为：http：//www. whu. edu. cn/page/xywh. html，其中"http"表示与 Web 服务器通信采用 http 协议，武汉大学 Web 服务器的域名为"www. whu. edu. cn"，"page/xywh. html"表示所访问的资源(文件)存在于 Web 服务器上的路径。

　　对 WWW 有了初步了解后，就可以利用 WWW 浏览器开始 WWW 之旅，浏览器是用户浏览网页的客户端软件。目前市场上的浏览器种类繁多，较流行的有微软(Microsoft)公司的 Internet Explorer(简称 IE)浏览器、Netscape 公司的网景(Netscape)浏览器、Mozilla 公司的 FireFox(火狐)浏览器、maxthon 开发团队的 maxthon(遨游)浏览器，等等。

　　本章将介绍 Internet Explorer 浏览器的使用方法。

7.2　Internet Explorer

Microsoft 的 Web 浏览器 Internet Explorer 6.0 作为微软 Windows XP 中的一项核心技术，对于无论是仅浏览 Web 内容的最终用户，还是部署和维护浏览器的管理员或创建 Web 内容的 Web 开发人员，都提供了许多增强功能，例如：

　　(1)浏览 Internet 的新方式：具有新的外观和功能，包括许多改善的浏览性能。

　　(2)更方便地自定义和部署：通过 Internet Explorer 管理工具包(IEAK)6，可以比以往更方便地自定义、部署和维护 Internet Explorer 6。

　　(3)快捷而方便地开发丰富的 Web 应用程序。

　　(4)更具灵活性：利用创新性的浏览器功能(包括媒体栏、自动图片调整等)，用户可以完全按照自己希望的方式去体验 Web。

　　(5)增强的私密性：Internet Explorer 6 支持用于隐私首选项(P3P)的平台，为用户提供控制他们的个人信息如何由其所访问的 Web 站点使用的方式。IE6 提供了简单的工具以允许用户控制 Web 站点收集关于他们的信息，且当站点包括带有 cookies 的第三方内容时通知用户。

（6）良好的可靠性：IE6 继承和发扬了 Internet Explorer 的良好可靠性，从而提供更稳定的和无差错的浏览体验。新的错误收集服务能够帮助确定将来需要在 Windows Internet 技术更新中修复的潜在问题。

7.2.1　启动和退出 Internet Explorer 浏览器

IE 是一个应用程序，在 Windows 中启动应用程序的方法都可以启动 IE。启动 IE 浏览器常用的简单方法有以下几种：

（1）双击系统桌面上的"Internet Explorer"图标；

（2）单击屏幕下方任务栏的"Internet Explorer"图标；

（3）在桌面上依次单击"开始"→"所有程序"→"Internet Explorer"菜单项。

常用的退出 Internet Explorer 浏览器的方法是：

（1）单击 IE 窗口右上角的"⊠"按钮；

（2）右击任务栏中的 IE 按钮，在弹出的菜单中单击"关闭"。

7.2.2　Internet Explorer 浏览器的界面

成功启动 Internet Explorer(简称 IE)后的界面如图 7-2 所示。

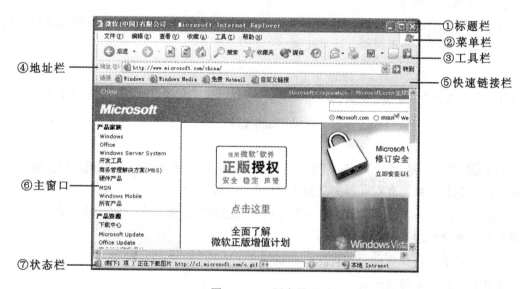

图 7-2　IE6 用户界面

①标题栏：标题栏位于界面的顶部，显示的是当前网页的名称。当连接到某一 Web 站点后，将在标题栏里显示该页的主题。

②菜单栏：在菜单栏里可以找到 Internet Explorer 的所有操作命令，利用鼠标在下拉式菜单里点击，就可以选择所需命令。

③工具栏：工具栏包括标准按钮栏、地址栏、快速链接栏。

Internet Explorer 将一些常用命令用按钮的形式排列在标准按钮栏里，当鼠标移至某按钮时，按钮会凸起，单击该按钮就可进行相应操作。

④地址栏：地址栏显示当前 Web 页的 URL，可以直接输入新的 URL，也可以单击地址栏右边的下拉列表框，选择某个曾经访问过的 URL。

⑤快速链接栏：快速链接栏中列出了系统默认的常用 Web 节点，单击该栏中的按钮，可以快速链接到要去的站点。

⑥功能区：功能区为用户提供"搜索"、"收藏夹"等相应的操作功能工作区。Internet Explorer 在该处显示 Web 页的内容。

⑦状态栏：在状态栏里将显示正在寻找的 URL 地址、数据传输的进度等实时信息。

7.2.3　Internet Explorer 浏览器的基本操作

1. 根据 URL 浏览

如果已经与 Internet 建立链接，只要在 IE6 地址栏中输入要访问站点的 URL，就可以打开 URL 所指向的资源。例如输入"http：//news. sina. com. cn"就可以查看新浪网站的新闻。其中 URL 中的"http：//"可以省去，如果是其他协议则不能省略。在打开的页面里，如果鼠标由箭头变成手的形状，表示单击该处可以查看所链接的下一个 Web 页面。

如果希望同时浏览多个 Web 站点，只需在 IE 的"文件"菜单下选择"新建窗口"命令，或使用快捷键 Ctrl+N，IE 就会重新打开一个浏览窗口，在地址栏中输入新的网址即可。

2. 使用标准按钮栏

在浏览网页的过程中，经常会用到标准按钮栏里的按钮，利用这些按钮可以非常快捷、方便地转到某些特定页面。标准按钮栏如图 7-3 所示。

图 7-3　标准按钮栏

后退：表示返回当前页的上一页。单击后退旁边的下箭头表示可以选择返回以前浏览过的某一页，直到返回主页为止(按钮变成灰色)。

前进：表示转到当前页的下一页，但该页必须是以前浏览过的。单击前进旁边的下箭头可以选择转到某一页。

停止：表示停止当前页的传送或装载。

刷新：重新下载当前页。

主页：主页是打开浏览器自动进入的页面。主页的设置：单击"工具"菜单→Internet 选项→常规，在"主页"的"地址"文本框处输入要设置为主页的网页地址。无论当前处于何种状态，单击工具栏上的"主页"按钮，可以直接跳转到主页。

搜索：可以打开"搜索"浏览器栏，通过"搜索"栏中所列出的搜索引擎可以进行网址的查找。

收藏夹：可以添加和整理收藏的站点，在"收藏夹"浏览器栏中可以直接浏览或连接这些站点。

　　媒体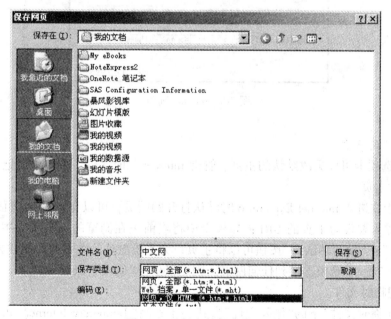媒体：“媒体”栏使得播放音乐、视频或多媒体文件更容易。例如使用计算机时，可以使用“媒体”栏收听用户喜欢的 Internet 电台。

　　历史：单击该按钮，窗口中显示历史记录栏，历史记录栏中显示最近访问过的站点列表，在列表中单击某个链接，可以显示 Web 页。再次单击“历史”按钮，可以隐藏历史记录栏。

　　邮件：将运行指定的收发电子邮件的服务程序。

　　打印：打印当前页面或选定的部分，也可以指定打印页楣和页脚的信息，如标题、网页地址、日期、时间和页码。

　　编辑：可以运行网页编辑软件进行当前网页的编辑。

　　讨论：打开讨论组浏览器栏。

　　上述标准按钮栏也可以自行定义，选择“查看”→“工具栏”→“自定义”命令或右击标准按钮栏，在出现的快捷菜单中选择“自定义”命令，都可以进行工具栏上标准按钮的定义。

　　当用户在浏览某一个 Web 服务器上的网页时，如果想将网页永久保存到本地磁盘，可以通过选择“文件”菜单中的“另存为”命令，在打开的“保存网页”对话框中选择或输入文件存放的路径、文件名，如图 7-4 所示，在“保存类型”框中，选择文件类型，“Web 页，仅 HTML”选项表示保存 Web 页信息，但该选项不保存网页中的图像、声音等。“文本文件”选项网页将以纯文本格式保存 Web 页信息。

图 7-4　选择文件保存类型

　　保存下来的文件可以在脱机状态下，通过“文件”菜单中的“打开”命令或直接双击所保存的文件图标在浏览器中打开，以便再次浏览。

如果只想把网页上的某张图片保存到本地客户机中，可以将光标移动到图片上，然后右击鼠标，在出现的快捷菜单中选择"图片另存为"命令，然后在打开的"保存图片"对话框中，选择文件类型并输入图片文件名即可。

7.2.4　Internet Explorer 基本设置

IE 允许用户对其中的各种设置进行修改，从而使自己的 IE 更具个性化，更符合用户自己的各种需求。IE 的设置主要通过"工具"菜单中的"Internet 选项"命令来实现，如图 7-5 所示。该对话框共包含了 7 个选项卡，即"常规"选项卡、"安全"选项卡、"隐私"选项卡、"内容"选项卡、"连接"选项卡、"程序"选项卡和"高级"选项卡。

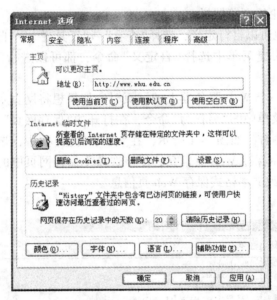

图 7-5　Internet 选项

1."常规"选项卡

"常规"选项卡可以更改默认的主页、管理 Internet 临时文件、删除历史记录等设置。

（1）更改主页。

主页是指在进入 Internet Explorer 6 时默认打开的网页，可以直接在 IE 界面（见图 7-2）的地址栏中输入要设为主页的 URL；如果希望将当前正在浏览的网页设为主页，则单击"使用当前页"；"使用默认页"按钮可以将主页设为系统默认的主页，即微软公司的网站；如果打开 IE6 时，不希望连接到任何网页，则可以单击"使用空白页"按钮。

（2）管理临时文件。

"Internet 临时文件"下的"删除文件"按钮用于删除"Temporary Internet Files"文件夹中的所有内容，该文件夹中保存了用户使用 IE 下载的每一个文件，包括 HTML 文档、图像、音频文件、视频文件、Cookie 文件以及其他文档的缓存。删除这些文档可以腾出更多的硬盘空间，但由于所有的缓存资料被清除，因此打开那些曾经去过的站点时，仍需要花费和以前一样的时间。

　　单击"设置"按钮，可以打开"设置"对话框，如图 7-6 所示，在该对话框中可以指定要以哪种方式对缓存的 Web 页面进行检查，以便及时查看这些页面是否发生了变化；也可以通过移动"可用的磁盘空间"下的滑块来指定"Temporary Internet Files"文件夹所使用的磁盘空间的大小。这个磁盘空间越大可以越多地存储曾经浏览过的网页，这样可以快速显示以前浏览的网页。

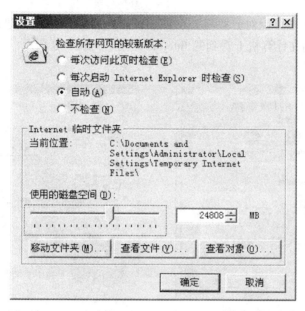

图 7-6　设置对话框

　　在 IE 浏览器中，用户只要单击工具栏上的"历史"按钮就可以查看最近浏览过的网站的记录，时间长了历史记录会越来越多。

　　"常规"选项卡中的"历史记录"用于指定想要在"IE 历史"列表中保存项目的天数。如果在 Web 上访问了许多网页，那么这个历史列表可能会大规模地增长，此时可以单击"清除历史记录"按钮来清除相关内容。

　　单击"颜色"、"字体"或"语言"按钮，就可以从弹出的对话框中自定义 IE 的显示方式，如果经常需要查阅有不同语言的网页，那么可以在"语言"对话框中来确定当一个网页包含了多种语言时，IE 将要显示的语言。"访问选项"则用来控制 IE 在访问网页时所采用的编排格式和样式表选项。

　　2."安全"选项卡

　　"安全"选项卡可以进行 Web 内容的安全设置。包括 Internent，本地 Intranet、受信任的站点、受限制的站点内容的设置，如图 7-7 所示。

　　在浏览 Web 时，保护计算机安全是一个彼此平衡的过程。对软件和其他内容下载越开放，就要冒越大的风险，例如下载软件带来的风险可能会破坏用户的数据；但是设置限制越大，Web 的可用性和用途就会越小。

IE 的安全功能用于获得有效的平衡。在第一次安装 IE 时，IE 将所有的 Web 站点放在一个区域(Internet 区域)中，并设置中等程度的安全级别以加强保护。这有助于用户安全地进行浏览，而当要下载潜在的不安全的内容时，系统就会给出提示。

3. "隐私"选项卡

在"隐私"选项卡中可以移动滑块为 Internent 区域选择一个浏览的隐私设置，即设置浏览网页时是否允许使用 Cookie 的限制。

4. "内容"选项卡

在"内容"选项卡中可以对分级审查、使用证书特性以及个人信息进行设置。分级系统可以帮助用户控制在计算机上看到的 Internet 内容，如图 7-8 所示。

图 7-7 "安全"选项卡

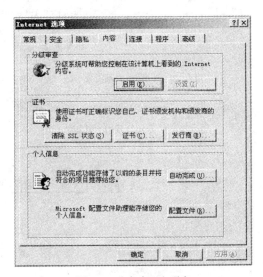

图 7-8 "内容"选项卡

"分级审查"主要用于控制上网的用户在网页上浏览时所看到的内容。单击"分级审查"下的"启用"按钮，在"创建监督人密码"对话框中设置密码，然后在"内容审查程序"对话框的"级别"选项卡中单击"类别"窗口中的任一类型，然后用鼠标拖动"等级"滑块来设定该项类别的级别。在"常规"选项卡中，监护人可以更改密码。"高级"选项卡中包含"分级系统"和"分级部门"两个选项。IE 提供了 RASC 分级系统，用户也可以将新的分级系统添加进去并使用。"分级部门"由分级系统决定，RASC 分级系统不包含任何分级部门。

在"证书"选项区域中可以指定证书设置以便识别自己、站点以及发行商的身份。

"个人信息"允许用户自己设置 Windows 地址簿目录，包括姓名、地址、电子邮件和其他个人信息。单击"配置文件"按钮，IE 将会显示个人"属性"对话框，可以输入个人信息以及家庭情况、业务联系、NetMeeting 及数字标识。

5. "连接"选项卡

"连接"选项卡包含了如何将 IE 连接到 Internet 上的信息，如图 7-9 所示。

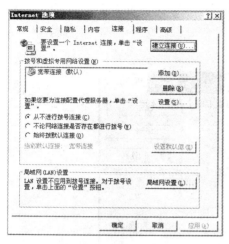
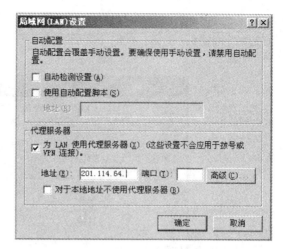

图 7-9　"连接"选项卡　　　　　　　　图 7-10　局域网(LAN)设置

单击"建立连接"按钮可以启动"Internet 连接向导"，在该向导的指引下可以逐步地完成连接工作。选中"拨号和虚拟专用网络设置"中的选项后，再单击右侧的"设置"按钮，可以打开"拨号设置"对话框对其进行设置。

在"连接"选项卡中单击"局域网设置"，在"局域网(LAN)设置"对话框中，单击"高级"按钮可以打开"代理服务器设置"对话框，选择"为 LAN 使用代理服务器"复选框，然后输入代理服务器的地址。如图 7-10 所示。若单击"高级"按钮，可以分别对 HTTP、FTP、Gopher、Secure、Scoks 设置代理。

6. "程序"选项卡

在"程序"选项卡中可以对邮件、新闻、会议、日历、联系人列表等服务程序进行设置，前提是必须在计算机中安装可以支持这些程序的软件。单击"重置 Web 设置"按钮，可以将 IE 重置为使用默认的主页和搜索页等。

7. "高级"选项卡

"高级"选项卡包含了一些设置可以用来配置如何更改 Internet Explorer 的行为方式，主要是 IE 个性化浏览的设置。如清除"显示图片"、"播放网页中的声音"或"播放网页中的视频"复选框中的对勾，可以加快页面的浏览速度。如果用户对新的设置不满意，可以单击"恢复默认设置"按钮来恢复其默认设置。

7.2.5　IE 浏览器收藏夹

在上网浏览的过程中，常常会发现一个自己非常喜欢的网站或有用的网站，要熟记这些站点或页面的 URL 以便下一次访问是一件非常困难的事，此时 Internet Explorer 提供的收藏夹功能可以帮助用户解决这个难题。Internet Explorer 的收藏夹为用户提供组织、管理，并快速进入经常访问站点的功能。如果网页已经添加到收藏夹中，就可以利用收藏夹访问网页，单击浏览器窗口中的"收藏"按钮，然后单击收藏夹列表中的网页地址即可访问网页了。

1. 添加到收藏夹

首先打开要收藏的网页，然后选择"收藏"菜单中的"添加到收藏夹"命令，打开"添加到收藏夹"对话框，如图 7-11 所示。如果"添加到收藏夹"对话框没有下半部分，可以单击右边的"创建到"按钮，此时下半部分会出现。

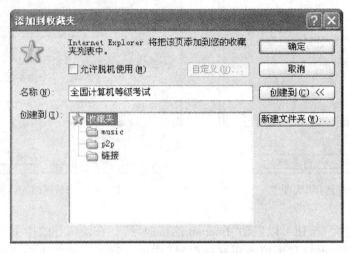

图 7-11　收藏站点

　　在添加网页到收藏夹时，首先要选择添加的方式。默认的方式是将网页的地址添加到收藏夹中，以后使用该项时，Internet Explorer 会按照保存的这个地址连接到 Internet 上浏览；如果选择"允许脱机使用"，则下一次浏览该网页时不会自动连接 Internet。用户可以通过单击"自定义"按钮来选择希望使用什么样的脱机方式浏览。

　　设置好添加方式后，在"名称"编辑框中为这个网页起一个名字，如"全国计算机等级考试"，然后在"创建到"框中单击，选择用户希望将文件收藏在哪个文件夹中，在此就选择默认的"收藏夹"文件夹。如果希望新建一个文件夹来收藏这个网页，可以单击"新建文件夹"按钮，然后在出现的对话框中输入新建文件夹的名字并单击"确定"按钮。

　　最后，单击"确定"按钮即可将网页的 URL 添加到收藏夹中。以后要快速进入上述收藏的网页，只需选择"收藏"菜单中的"全国计算机等级考试"项即可。

　　2. 整理收藏夹

　　点击浏览器中的"收藏夹"菜单，选择"整理收藏夹"命令调出整理窗口。

　　为了查找的方便，可以在收藏夹中创建多个文件夹，对收藏的站点分类管理。创建"新建文件夹"，可以创建一个新的文件夹。

　　用鼠标点选一个文件夹或一条链接，点击"重命名"按钮，再重新输入新名称，回车确定，用来修改收藏夹中的文件夹或链接。

　　用鼠标点选一个文件夹或若干条链接，然后按下鼠标左键不放并上下移动鼠标到适当位置(文件夹)，再放开鼠标即可。或用鼠标选定操作目标后，点击"移至文件夹"按钮，再选择目标文件夹并确定。

　　鼠标选定操作目标，点击"删除"，可以删除选定的链接。

7.2.6　搜索引擎

Internet 的应用中最基本的功能之一就是资料共享。但在浩瀚的 Internet 资料库中，如何找到对自己有用的资料信息呢？这就需要用到搜索引擎。

搜索引擎起源于传统的信息全文检索理论，即计算机程序通过扫描每一篇文章中的每一个词，建立以词为单位的排序文件，检索程序根据检索词在每一篇文章中出现的频率和每一个检索词在一篇文章中出现的概率，对包含这些检索词的文章进行排序，最后输出排序的结果。因特网搜索引擎除了需要有全文检索系统之外，还要有所谓的"蜘蛛"（Spider）系统，即能够从互联网上自动收集网页的数据搜集系统。蜘蛛系统将搜集所得的网页内容交给索引和检索系统处理，就形成了常见的因特网搜索引擎系统。

搜索引擎就是一种能够通过 Internet 接受用户的查询指令，并向用户提供符合其查询要求的信息资源网址系统。搜索引擎既是用于检索的软件又是提供查询、检索的网站。所以搜索引擎也可以称为 Internet 上具有检索功能的网站，只不过该网站专门为用户提供信息检索服务，搜索引擎使用特有的程序把 Internet 上的所有信息归类，以帮助人们在浩如烟海的信息世界中搜索出想要的信息。

1. 搜索引擎的功能

搜索引擎是现在上网不可或缺的一个工具，比较流行的有百度、谷歌、雅虎、搜狗、有道、中搜等，这些搜索引擎各有其特色，但是各种搜索引擎都具有以下三个方面的功能：

（1）信息搜集。各个搜索引擎都派出绰号为蜘蛛（Spider）或机器人（Robots）的"网页搜索软件"，在各网页中爬行，访问网络中公开区域的每一个站点并记录其网址，将它们带回搜索引擎，从而创建出一个详尽的网络目录。

（2）信息处理。将"网页搜索软件"带回的信息进行分类整理，建立搜索引擎数据库，并定时更新数据库内容。在进行信息分类整理阶段，不同的搜索引擎会在搜索结果的数量和质量上产生明显的差异。有的搜索引擎把"网页搜索软件"发往每一个站点，记录下每一页的所有文本内容，并收入到数据库中从而形成全文搜索引擎；而另一些搜索引擎只记录网页的地址、篇名、特点的段落和重要的词。故有的搜索引擎数据库很大，而有的则较小。当然，最重要的是数据库的内容必须经常更新、重建，以保持与信息世界的同步发展。

（3）信息查询。每个搜索引擎都必须向用户提供一个良好的信息查询界面，一般包括分类目录及关键词两种信息查询途径。分类目录查询是以资源结构为线索，将网上的信息资源按内容进行层次分类，使用户能够依线性结构逐层逐类检索信息。关键词查询是利用建立的网络资源索引数据库向网上用户提供查询"引擎"。用户只要把想要查找的关键词或短语输入查询框中，并按"Search"按钮，搜索引擎就会根据输入的提问，在索引数据库中查找相应的词语，并进行必要的逻辑运算，最后给出查询的命中结果（均为超文本链接形式）。用户只要通过搜索引擎提供的链接，就可以立刻访问到相关信息。

2. 搜索引擎分类

搜索引擎按其工作方式主要可以分为三种，分别是全文搜索引擎（Full Text Search Engine）、目录索引类搜索引擎（Search Index/Directory）和元搜索引擎（Meta Search

Engine)。

(1)全文搜索引擎。

全文搜索引擎是基于关键词的搜索引擎。用户输入各种关键词，搜索引擎根据这些关键词寻找用户所需资源的地址，然后根据一定的规则反馈包含关键词信息的所有网址和指向这些网址的链接给用户。

全文搜索引擎利用其内部的蜘蛛程序，自动搜索网站每一页的开始，并把每一页上代表超链接的所有词汇放在一个数据库中。用户平时所见的全文搜索引擎，实际上只是一个搜索引擎系统的检索界面，输入关键词进行查询时，搜索引擎会从数据库中找到符合该关键词的所有相关网页的索引，并按一定的排名规则呈现出来。

国外知名的有 Google，国内著名的有百度(Baidu)。这些搜索引擎都是通过从互联网上提取的各个网站的信息(以网页文字为主)而建立的数据库中，检索与用户查询条件匹配的相关记录，然后按一定的排列顺序将结果返回给用户。

不同的搜索引擎，由于网页索引数据库不同，排名规则也不尽相同，当以同一个关键词用不同的搜索引擎查询时，搜索结果也不尽相同。

(2)目录索引类搜索引擎。

目录索引类搜索引擎虽然有搜索功能，但在严格意义上不是真正的搜索引擎，仅仅是按目录分类的网站链接列表而已。用户完全可以不用进行关键词查询，仅靠分类目录也可以找到需要的信息。目录索引中最具代表性的有大名鼎鼎的雅虎(Yahoo)，搜狐、新浪和网易搜索都属于这类搜索引擎。

目录索引，顾名思义就是将网站分门别类地存放在相应的目录中，因此用户在查询信息时，可以选择关键词搜索，也可以按分类目录逐层查找。若以关键词搜索，返回的结果与搜索引擎一样，也是根据信息关联程度排列网站，只不过其中人为的因素要多一些。如果按分层目录查找，某一目录中网站的排名则是由标题字母的先后顺序决定的(也有例外)。

全文搜索引擎和目录索引类搜索引擎各有长短。全文搜索引擎因为依靠软件进行，所以，数据库的容量非常庞大，但是其检索结果往往不够准确；目录索引类搜索引擎依靠人工手动和计算机整理网站，能够提供更为准确的查询结果，但收集的内容却非常有限。因此现在许多搜索引擎两种查找方式都有，既可以用目录方式，也可以用关键词查找。遇到搜索不到的情况，除了更换关键词外，还要尝试使用其他的搜索引擎。

(3)元搜索引擎。

元搜索引擎在接受用户查询请求时，同时在其他多个引擎上进行搜索，并将搜索结果返回给用户。著名的元搜索引擎有 InfoSpace、Dogpile、Vivisimo 等，中文元搜索引擎中较具代表性的有搜星搜索引擎。

3. 常用搜索引擎

主要的全文搜索引擎有 Google 和百度，主要的目录搜索引擎有雅虎中国、新浪和搜狐。

(1)Google 谷歌(www. google. com)。

Google 是当今世界范围规模最大的搜索引擎，中文搜索、英文搜索都可以。也是世界范围内最受用户欢迎的搜索引擎，凭借其精确的查准率，极快的响应速度广受用户好评。

Google 由于对搜索引擎技术的创新而获奖无数，如美国《时代》杂志评选的"1999 年度十大网络技术"之一、《个人电脑》杂志授予的"最佳技术奖"、The Net 授予的"最佳搜索引擎奖"等。

（2）百度（http：//www. baidu. com）。

百度于 1999 年底成立于美国硅谷，创建者是在美国硅谷有多年成功经验的李彦宏先生及徐勇先生。2000 年百度公司回中国发展。百度的名字，来源于"众里寻她千百度"的灵感。百度目前是国内最大的商业化中文全文搜索引擎，拥有字节的网络机器人和索引数据库，专注于中文的搜索引擎市场，除了网页搜索外，百度还提供新闻、MP3、图片、视频等搜索功能。

（3）雅虎中国。

雅虎中国的分类目录是最早的分类目录，此外，雅虎中国可以对"所有网站"进行关键词搜索。

（4）新浪。

使用新浪分类目录，用户可以按目录逐级向下浏览，直到找到所需网站。通过和其他全文搜索引擎的合作，新浪也支持用关键词对新浪的"分类网站"或"全部网站"进行搜索。

（5）搜狐。

搜狐分类目录把网站作为收录的对象，具体方法是将每个网站目录的 URL 地址提供给搜索用户，并将网站的提名和整个网站的内容简单描述一下，但并不揭示网站中每个网页的信息内容。也可以用关键词对搜狐的"分类目录"或所有网站进行搜索。

4. 搜索引擎的选择

不同的信息需求需要选择不同的搜索引擎，信息的需求大致可以分为两类，一类是寻找参考资料，另一类是查询产品或服务。对于前一类需求，选择使用全文搜索引擎，搜索范围相对较广，搜索到的信息也比较全面。而对后一类需求，要搜索的是某类产品或服务，目录索引类搜索引擎略有优势，目录索引中包含了各个网站的业务范围的精练概括，让人一目了然。当然这种选择也不是绝对的，需要平时多积累经验，根据具体情况选择适合的搜索引擎。

5. 搜索引擎的基本操作

不同搜索引擎的查询方法不完全一样，但其原理基本一致。下面主要介绍使用关键词进行查询的基本操作。

（1）简单查询。

直接在搜索引擎中输入关键词，然后单击"搜索"就可以看到查询结果。这种方法最简单，使用方便，但是查询的结果不很准确，会包含许多无用的信息。

（2）查询条件具体化。

多个关键词可以使搜索更精确。例如：要查找成龙主演了哪些电影，通过两个关键词"成龙　电影"来查询，（在搜索框内不需加引号），比只使用一个关键词"成龙"查询的结果要少很多。

多个关键词查询时，关键词与关键词中间要使用空格（如上例）或"+"；表示查询的结果需要同时包含这些关键词。

（3）使用减号-。

在关键词中用减号"–"表示搜索结果中不能出现该关键词。"A–B"表示搜索包含 A 但没有 B 的网页，注意在减号之前必须留一空格。例如："成龙 电影–神话"表示要搜索成龙除神话以外主演的其他电影。

(4)使用引号。

搜索关键词可以是单词(中间没有空格)，也可以是短语(中间有空格)。但是用短语(或短句子)做关键词，必须加引号。例如："中央电视台春节联欢晚会"做为关键词搜索(包括引号)，返回的搜索结果中只会有包含"中央电视台春节联欢晚会"的网站，而不会找出只包含"电视"、"春节"等的所有网站。

(5)布尔检索。

布尔检索是通过布尔逻辑关系来表示关键词和关键词之间逻辑关系的一种查询方法。

"OR"称为"逻辑或"。表示连接的两个关键词任意一个出现在查询结果中就可以。例如：输入"成龙 OR 李小龙"，查询的结果中可以只有成龙，或只有李小龙，或同时包含成龙和李小龙。

"AND"称为"逻辑与"。表示连接的两个关键词必须同时出现在查询结果中。例如：输入"成龙 AND 李小龙"，查询的结果中必须同时包含成龙和李小龙。

"NOT"称为"逻辑非"。表示操作的关键词不出现在查询结果中。例如：输入"NOT 李小龙"，查询的结果中没有李小龙。

(6)网页快照。

现在大部分的搜索引擎都提供"网页快照"的功能，当输入关键字单击"搜索"后，在搜索到的每一条记录的后面都有一个链接"网页快照"。简单地讲，搜索引擎在收录网页时，都会做一个备份来保存这个网页的主要文字内容，这个备份是存在搜索引擎的服务器缓存中的，当用户打开网页快照访问时，实际上访问的是搜索引擎中的这个缓存。当搜索到的网页被删除或链接失效时，使用网页快照可以查看这个网页的主要内容，而且由于网页快照以文本内容为主，因此访问速度比访问一般网页要快一些。

7.2.7 用 IE 访问 FTP 站点

FTP(File Transfer Protocol)是文件传输协议的简称，是 TCP/IP 协议组的协议之一。该协议是 Internet 文件传送的基础，FTP 由一系列规则说明文档组成，其目的是提高文件的共享性，提供直接使用远程计算机，使存储介质对用户透明和可靠高效地传输数据。

简单地说，FTP 就是把本地计算机上的一个或多个文件传送到远程计算机，或从远程计算机上获取一个或多个文件。从远程主机拷贝文件到本地计算机称之为"下载(Download)"文件。将文件从本地计算机中拷贝至远程主机上的某一文件夹中称之为"上传(Upload)"文件。

与大多数 Internet 服务一样，FTP 也是采用客户/服务器模式的系统。用户通过一个支持 FTP 协议的客户端程序，连接到远程主机上的 FTP 服务器端程序。用户通过客户端程序向服务器程序发出命令，服务器程序执行用户所发出的命令，并将执行的结果返回到客户机。比如说，用户发出一条命令，要求服务器向用户传送某一个文件的一份拷贝，服务器会响应这条命令，将指定文件送至用户的计算机上。客户机程序代表用户接收到这个文件，并将其存放在用户指定的目录中。如图 7-12 所示。

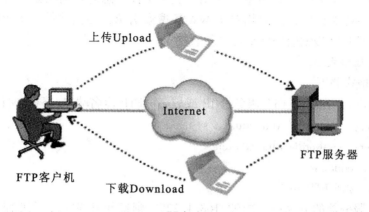

图 7-12　文件下载和上传

　　访问 FTP 服务器时首先必须通过身份验证，在远程主机上获得相应的权限以后，方可上传文件或下载文件。在 FTP 服务器上一般有两种用户：普通用户和匿名用户。普通用户是指注册的合法用户，必须先经过服务器管理员的审查，然后由管理员分配账号和权限。匿名用户是 FTP 系统管理员建立的一个特殊用户 ID，名为 Anonymous，任意用户均可用该用户名进行登录。当一个匿名 FTP 用户登录到 FTP 服务器时，用户可以用 E-mail 地址或任意字符串作为口令。

　　当 FTP 客户端程序和 FTP 服务器程序建立连接后，首先自动尝试匿名登录。如果匿名登录成功，服务器会将匿名用户主目录下的文件清单传给客户端，然后用户可以从这个目录中下载文件。如果匿名登录失败，一些客户端程序会弹出如图 7-13 所示对话框，要求用户输入用户名和密码，试图进行普通用户方式的登录。

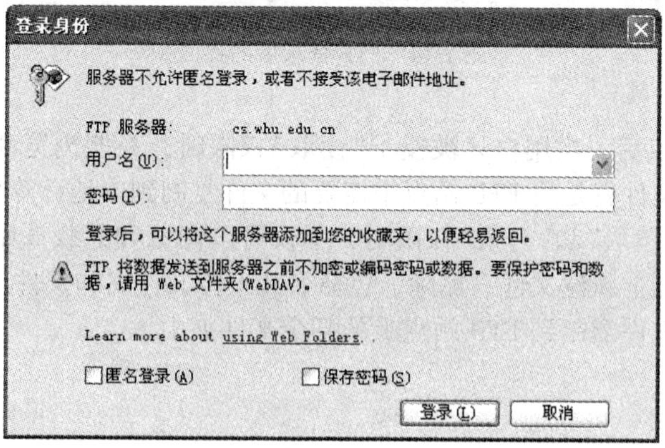

图 7-13　登录身份认证对话框

　　多数 FTP 服务器都开辟有一个公共访问区，对公众即匿名用户提供免费的文件信息服务。Internet 上的 FTP 服务器数量众多，用户怎样才能知道某一特定文件位于哪些匿名 FTP 服务器的某个目录中呢？这正是搜索引擎所要完成的工作。FTP 搜索引擎的功能是搜集匿名 FTP 服务器提供的目录列表，对用户提供文件信息的查询服务。由于 FTP 搜索引擎是专门针对各种文件的，因此相对于 WWW 搜索引擎，寻找软件、图形图像、音乐和视频等文件使用 FTP 搜索引擎将更加方便直接。

1. FTP 地址格式

FTP 地址格式如下：

ftp：//用户名：密码@ FTP 服务器 IP 或域名：FTP 命名端口/路径/文件名/

ftp：//user：password@ whu. edu. cn/sysmantec/

ftp：//user：password@ whu. edu. cn

ftp：//whu. edu. cn/

2. 使用 IE 访问 FTP 站点

假设 FTP 服务器的 IP 地址为 192.168.1.225，则打开 IE 窗口，在地址栏的地址框中输入"ftp：//192.168.1.225"回车，即可登录到 FTP 的服务器，看到 FTP 服务器中允许用户查看的内容，如图 7-14 所示。

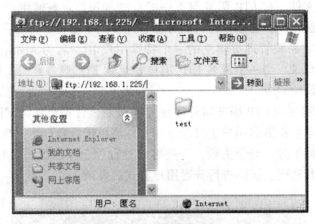

图 7-14　FTP 登录后的界面

登录到 FTP 站点后，当用户只被授予"读取"权限时，只能浏览和下载该站点中的文件夹和文件。下载文件就是将 FTP 站点中需要的文件复制到本地计算机的某个文件夹中。

当用户被授予"读取"和"写入"权限时，不仅可以浏览和下载该站点中的文件夹和文件，还可以在该站点上新建文件、删除、重命名和上传文件夹和文件。上传文件就是将本地计算机中的某些文件复制到 FTP 站点上的某个文件夹中。

7.2.8　BBS

BBS 的英文全称是 Bulletin Board System，翻译为中文就是"电子布告板"或"电子公告牌"，是 Internet 上的一种电子信息服务系统。BBS 提供一块公共电子白板，每个用户都可以在上面书写，可以发布信息或提出看法。为便于信息的查找，BBS 一般按不同的主题分成若干布告栏，布告栏的设立依据大多数 BBS 使用者的要求和喜好。用户在 BBS 站点上可以获得各种信息服务，也可以发布信息，与他人进行讨论，聊天，或发电子邮件给他人，等等。总之，BBS 是一种交互性强，内容丰富且及时的 Internet 电子信息服务系统。

目前，BBS 有两种访问方式：Telnet 远程登录和 Web 访问。

Telnet 方式采用的是网络上一种 Telnet 服务，即远程登录服务，这里是指通过各种终端软件，如 NetTerm，Cterm 或 Sterm 等，直接远程登录到 BBS 服务器上去浏览、发表文章，进入聊天室和网友聊天，或发信息给网上在线的其他用户。Telnet 服务默认的端口号为 23，有些 BBS 会提供多个访问端口，用户在使用 Telnet 方式时要注意这一点。

Web 访问方式是指通过浏览器直接登录 BBS，在浏览器里使用 BBS，参与讨论。这种方式的优点是使用起来比较简单方便，入门容易。但是这种方式不能自动刷新，并且有些 BBS 的功能难以在 Web 方式下实现。

Web 访问方式的 BBS 站点一般有一个网址，所以只要在浏览器的地址栏输入该 BBS 的网址即可。例如输入"http：//bbs. whu. edu. cn"显示如图 7-15 所示的登录 BBS 页面。

图 7-15　BBS 登录界面

输入用户名和密码。单击"登录"按钮，就进入 BBS 界面了。如果没有该 BBS 的账号，也可以以匿名的方式登录，直接单击"匿名"即可。以匿名的方式登录，用户的身份是游客，这时只能浏览文章，不能回复也不能发表文件。所以要想真正使用 BBS，必须注册一个用户名(也称为账号或 ID)，用户名是用户在 BBS 上的标识，BBS 系统通过 ID 区分用户，提供各种站内的服务。在一个 BBS 中，ID 不能重复。ID 一旦注册就不能再修改了。用户使用 ID 登录后，就可以真正使用 BBS，如，发表文章，进聊天室聊天、发送信息给其他网友、收发站内站外信件等。

7.3　电子邮件

7.3.1　电子邮件简介

电子邮件 E-mail(Electronic Mail)，是通过电子形式进行信息交换的通信方式，电子邮件是 Internet 提供的最早、也是最广泛的服务之一。身处在世界不同国家、地区的人们，通过电子邮件服务，可以在最短的时间，花最少的钱取得联系，相互收发信件、传递信息。

1. 电子邮件的工作原理

电子邮件系统是现代通信技术和计算机技术相结合的产物。在这个系统中有一个核心——邮件服务器(Mail Server)。邮件服务器一般由两部分组成：SMTP 服务器和 POP3 服务器。SMTP(Simple Mail Transfer Protocol)即简单电子邮件通信协议，负责寄信；POP3 (Post Office Protocol)即邮局协议，负责收信。它们都由性能高、速度快、容量大的计算机担当，该系统内的所有邮件的收发，都必须经过这两个服务器。

需要提供 E-mail 服务的用户，首先必须在邮件服务器上申请一个专用信箱(由 ISP 分配)。当用户向外发送邮件时，实际上是先发到自己的 SMTP 服务器的信箱里存储起来，再由 SMTP 服务器转发给对方的 POP3 服务器，收信人只需打开自己的 POP3 服务器的信箱，就可以收到来自远方的信件，如图 7-16 所示。

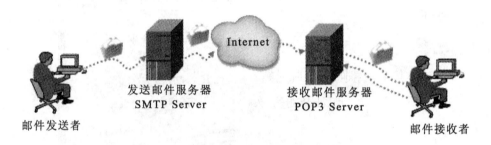

图 7-16 电子邮件服务工作原理示意图

人们通常都是使用桌面计算机来寄信，如果用户以 OutLook Express 来寄信时，信到底是怎么送出去的？具体过程如图 7-17 所示。

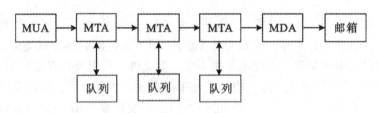

图 7-17 SMTP 工作原理示意图

先说明什么是 MUA，MTA 与 MDA，然后说明信件的传送流程。

MUA(Mail User Agent)：邮件用户代理，邮件需要代理，这是由于通常 Client 端的计算机无法直接寄信，所以，需要通过 MUA 帮助用户传递信件，无论是送信还是收信，Client 端用户都需要通过各个操作系统提供的 MUA 才能够使用邮件系统。Windows 中的 OutLook Express 就是 MUA。MUA 主要的功能就是接收邮件主机的电子邮件，并提供用户浏览与编写邮件的功能。

MTA(Mail Transfer Agent)：邮件传送代理，MTA 负责帮助用户传送邮件。MUA 是用在 Client 端的软件，而 MTA 是用在邮件主机上的软件，也是主要的邮件服务器。

MTA 的功能如下：接收外部主机寄来的信件，帮助用户发(寄出)信(MTA 会将信件送给目的地的 MTA 而不是目的地的 MUA)；用户接收自己的信件(用户可以将放置在邮件主机的信件收到自己的个人计算机上)。

MDA(Mail Delivery Agent)：邮件投递代理，MDA 主要的功能就是将 MTA 接收的信件依照信件的流向(送到哪里)将该信件放置到本机账户下的邮件文件中(收件箱)，或者再经由 MTA 将信件送到下一个 MTA。

邮箱，即"收件箱"，是主机上一个目录下某个人专用来接收信件的文件。例如，系统管理员 root 在默认情况下会有个信箱，默认的文件就是/var/spool/mail/root 文件(每个账号都会有一个自己的信箱)，然后，当 MTA 收到 root 的信件时，就会将该信件存到/var/spool/mail/root 文件中，用户可以通过程序将这个文件里的信件数据读取出来。

简单邮件传输协议是存储转发协议，该协议允许邮件通过一系列的服务器发送到最终的目的地，服务器在一个队列中存储到达的邮件，等待发送到下一个目的地。下一个目的地可以是本地用户，或者是另一个邮件服务器。

2. 电子邮件的基本知识

电子邮件与传统邮件相比较有传输速度快、内容和形式多样、使用方便、费用低、安全可靠等特点。具体表现在：

(1)快速。电子邮件通常在数秒钟内即可送达至全球任意位置的收件人信箱中，而且24 小时通邮。电子邮件传送的快慢和距离的远近几乎没有关系，但信件内容的多少与电子邮件传送的速度有较大关系。过长的邮件应采用压缩文档的方法传输。如果接收者在收到电子邮件后的短时间内作出回复，往往发送者仍在计算机旁工作的时候就可以收到回复的电子邮件，接收双方交换一系列简短的电子邮件就像一次次简短的会话。

(2)方便。与电话通信或邮政信件发送不同，E-mail 采取的是异步工作方式，这种方式在高速传输电子邮件的同时允许收信人自由决定在什么时候、什么地点接收和回复，发送电子邮件时不会因"占线"或接收方不在而耽误时间，收件人无需固定守候在线路另一端，可以在用户方便的任意时间、任意地点，甚至是在旅途中收取 E-mail，从而突破了时间和空间的限制。

(3)廉价。E-mail 最大的优点还在于其低廉的通信价格，用户花费极少的市内电话费用即可将重要的信息发送到远在地球另一端的用户手中。

(4)可靠。E-mail 软件是高效可靠的，如果目的地的计算机正好关机或暂时从 Internet 断开，E-mail 软件会每隔一段时间自动重发；如果电子邮件在一段时间之内无法递交，电子邮件会自动通知发信人。作为一种高质量的服务，电子邮件是安全可靠的高速信件递送机制，Internet 用户一般只通过 E-mail 方式发送信件。

(5)内容丰富。电子邮件发送的信件内容除普通文字内容外，还可以是软件、数据，甚至是录音、动画、电视或各类多媒体信息。

就像去邮局发信，需要填写发信人、收信人地址一样，在 Internet 上发送电子邮件，也需要有 E-mail 地址，用来标识用户在邮件服务器上信箱的位置。一个完整的 Internet 邮件域名地址格式为：

loginname@ hostname. domainname 即：用户名 @ 主机名 . 域名，或：loginname @

domainname。

其中，用户名标识了一个邮件系统中的某个人，@表示"在"（at）的意思，主机名和域名则标识了该用户所属的机构或计算机网络，三者相结合，就得到标识网络上某个人的唯一地址。如：sun@ public. wh. hb. cn，就是一个完整的 E-mail 地址。

申请 E-mail 地址的方法很简单。对于那些只为特定对象服务的邮件系统，如学校、企业、政府等部门的邮件系统，首先需要有申请邮箱的资格，然后向这些部门的邮件系统管理部门提出申请，通过审核后，用户可以获得邮箱的地址和开启邮箱的初始密码。如果没有这样特定部门的邮件系统可用，则可以登录提供邮件服务的网站来申请自己的邮箱。目前有许多网站都提供免费或付费的邮件服务，如 hotmail、雅虎、网易、新浪、搜狐、Tom 等。只需在这些网站的邮件服务网页，按照系统提示输入相关信息，如申请的用户名、密码、个人基本信息等，就可以获得自己的邮箱。

免费邮箱是为任何人免费提供的电子邮件传输服务，作为交换，该网站上用户请求电子邮件服务和一些个人信息的地方会显示广告。假设用户现在将电子邮件作为用户的网络浏览器的一部分，免费邮箱的优点在于用户可以从任何互联网通路上登录到免费邮箱的提供网站，并且不必使用用户自己的互联网服务供应点或记得其电话号码。如果用户没有自己的网络账号，用户可以使用其他任何人的计算机，但是从免费邮箱网站获得的仍是用户自己的电子邮件。

收费邮箱是相对于免费电子邮箱而言的，是一种收费的基于计算机和通信网的信息传递业务。相对于免费邮箱，被访者认为收费邮箱主要优点表现为垃圾邮件少、安全稳定、电子邮箱容量大，其比例均超过了 30%，其他比较多的选项有访问速度快、附加功能多等。这些方面使得收费邮箱与免费邮箱相区别，也是其存在的原因和价值所在，因此收费邮箱只有在这些方面做得更好，在功能和服务质量上大大优于免费邮箱，才能在邮箱市场上占据更多的份额。

7.3.2　用 Outlook Express 6 收发电子邮件

用户申请到自己的 E-mail 地址，同时又知道收件人的 E-mail 地址，就可以进行电子邮件的收发。收发电子邮件的一种途径是登录邮件服务提供者设立的 Web 邮件服务页面（如：mail. 126. com），按照其界面给出的提示进行邮件的收发。因为这种服务中所有的邮件都保存在服务器上，所以必须上网才能看到以前的邮件；而如果用户有多个邮箱地址，则需要登录每个邮箱的服务页面，才能收到所有邮箱的邮件。另外，因为每个邮件服务提供者给出的使用界面都不一样，用户必须适应不同的邮件收发界面。鉴于以上原因，通常采用电子邮件客户端来进行电子邮件的收发。

电子邮件客户端软件通常都比 Web 邮件系统提供更为全面的功能。使用客户端软件收发邮件，登录时不用下载网站页面内容，速度更快；使用客户端软件收到的和曾经发送过的邮件都保存在自己的电脑中，不用上网就可以对旧邮件进行阅读和管理；通过客户端软件可以快速收取用户所有邮箱的邮件；另外在使用不同邮箱进行收发邮件时，都能采用同一种收发界面，十分方便快捷。

邮件客户端软件有多种，如 Outlook Express、Foxmail、DreamMail 等。由于 Outlook Express 是微软捆绑在其 Windows 操作系统中的邮件客户端软件，无需另外下载，因此得到广泛应用，在此以 Outlook Express 6 为例介绍邮件客户端的使用方法。

1. 添加账户

在收发邮件之前，首先要添加账户。以下假设用户邮箱地址为：test_user2006 @126.com。

(1)启动 Outlook Express 后，选择"工具"菜单中的"账户"命令，在打开的"Internet 账户"对话框中选择"邮件"标签，单击右侧的"添加"按钮，在弹出的菜单中选择"邮件"命令。

(2)在弹出的"Internet 连接向导"对话框中，根据向导提示，输入显示名(对方收到邮件后显示在"发件人"字段中的信息)，如"David Wu"，点击"下一步"，再输入电子邮件地址，如"test_user2006@126.com"，点击"下一步。"

(3)接下来需要输入邮箱的发送邮件服务器和接收邮件服务器地址，这些地址通常可以从邮件提供者的 Web 邮件服务界面中获得。首先选择发送邮件服务器的类型(如 POP3)，然后分别填入发送邮件服务器和接收邮件服务器的地址，126 免费邮箱的地址分别为：pop.126.com 和 smtp.126.com，点击"下一步"。

(4)输入账号，该账号为登录该邮箱时用的账号，仅输入@前面的部分，如"test_user"，如果希望以后通过 Outlook Express 使用该账号时不用输入密码，就在该对话框中输入邮箱的密码，否则去掉"记住密码"前的勾，单击"下一步"。

(5)单击"完成"按钮保存该账户的设置。

2. 设置账户

除了上述添加账户时所做的设置外，还需要进行额外的设置。选择"工具"菜单中的"账户"命令，在打开的"Internet 账户"对话框中选择"邮件"标签，双击上述添加的账户，弹出该账户的属性对话框，如图 7-18 所示。

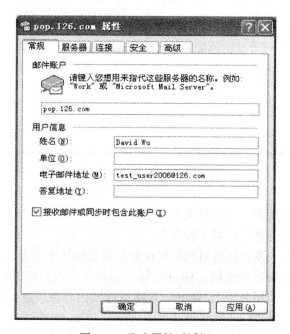

图 7-18　账户属性对话框

（1）设置账户名称。

在图 7-18 所示的"常规"选项卡中的"邮件账户"栏中输入账户名称以标识该账户，如"我的 126 邮箱"。

（2）设置 SMTP 服务器身份验证。

大部分发送邮件服务器要求发送邮件时进行身份验证，此时要在 Outlook Express 中设置 SMTP 服务器身份验证，才能用该账户发送邮件。单击图 7-18 所示的"服务器"选项卡，在"发送邮件服务器"处，选中"我的服务器要求身份验证"选项，并点击右边"设置"标签，选中"使用与接收邮件服务器相同的设置"即可。

（3）设置在邮件服务器上保留副本。

Outlook Express 默认情况下，在将邮件服务器的邮件收到本地硬盘后，会自动删除邮件服务器上相应的邮件，这样可以避免邮件服务器上的邮件大小超过限度，但是其缺点在于无法在别处查阅已收到的邮件。单击图 7-18 所示的"高级"选项卡，选中"在服务器上保留邮件副本"即可。

3. 发送邮件

（1）发送文本信件。

①写新邮件。在 Outlook Express 主窗口中单击工具栏的"创建邮件"按钮，出现"新邮件"窗口，如图 7-19 所示。如果想选择信纸类型，可以在"创建邮件"按钮旁边的下拉菜单中选择。

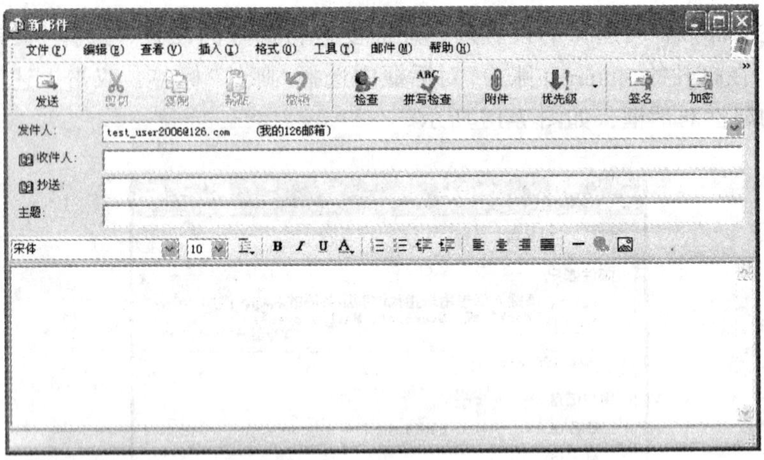

图 7-19 "新邮件"窗口

发件人：邮件的发送者，一般是用户自己。

收件人：邮件的接受者，相对于收信人。

抄送：用户在给某人发送邮件时同时将这封信发送给其他更多人。比如，某位主管要告诫各级下属不要在上班时间泡网，他只要写一封邮件，然后将下属们的 E-mail 地址填入抄送栏内，各地址之间用分号"；"隔开，再将信件发出即可。这样他就不必劳神为这一百位属下发送一百封邮件了。

抄送的发件方式，所有"收件人"都知道这封邮件发给了哪些人。与抄送相对应，还有一种"暗送"方式，暗送和抄送的唯一区别就是暗送能够让各个收件人无法查看到这封邮件同时还发送给了哪些人。暗送是个很实用的功能，假如用户一次向成百上千位收件人发送邮件，最好采用暗送方式，这样一来可以保护各个收件人的地址不被其他人轻易获得，二来可以使收件人节省下收取大量抄送的 E-mail 地址的时间。

主题：邮件的标题。

如果建立了多个账户，可以先在"发件人"栏中选择要用哪个邮箱发信，否则将采用默认的邮箱进行发送；然后在"收件人"或"抄送"栏中，键入收件人的电子邮件地址，当收件人有多个时，用分号";"进行分隔。如果不希望其他收件人看到某个收信人的地址，可以使用"暗送"功能。选择"查看"菜单的"所有邮件标题"命令，在"抄送"栏下就会出现"暗送"栏，在该栏中输入的收件人邮箱地址对其他收件人是不可见的。

然后在邮件正文区输入邮件的文本内容，写好后的文字还可以通过正文区上方的"格式"工具栏进行字体、字号、颜色等的设置。

最后单击工具栏上的"发送"按钮，就可以将邮件发至收件人。发送前的这些操作可以在脱机状态完成，信件写完后也可以先保存起来，当需要发送时再连接上网发送。

正常发送出去的邮件会保存在"已发送邮件"文件夹中，而暂缓发送或发送失败的邮件会被保存到"发件箱"中。

可以先给自己发一封简单的邮件，以测试 Outlook Express 是否已设置好。

②回复邮件。如果用户在阅读信件时，想回复信件，可以直接点击工具栏上的"答复"按钮，系统将自动帮用户填好收件人的地址和主题，并在正文区显示来信内容，在旧信件的每一行开头，都用"｜"标识，以便与用户的回信区别开来。回复信件写好后，用上述相同的方法发送出去即可。

（2）发送附件。

有时，要传送的信息不只是一些单纯的文本，比如要将某个应用软件、游戏或声音、图像文件同时传递给对方，这时就要在邮件里插入附件一起发送。

按照发送文件邮件的方法写好邮件后，在菜单栏里选择"插入"项中的"文件附件"选项或直接点击工具栏中的回形针形"附件"按钮，出现选择文件对话框，选择要传送的文件或直接键入文件名，然后点击"附件"按钮即可，可以用相同的方法附加多个附件。

（3）设置邮件优先级和加密邮件。

发送新邮件或回复邮件时，用户可以为邮件指定优先级，以使收件人决定是立即阅读（高优先级）还是有空时再看（低优先级）。高优先级的邮件带有一个感叹号标志 ，而低优先级邮件用一个向下的箭头表示。

要设置邮件优先级，只需在"新邮件"窗口中，单击工具栏中的"优先级"按钮，然后选择需要的优先级，或单击"邮件"菜单，指向"设置优先级"，然后选择一种要设置的优先级即可。

另外，加密电子邮件可以防止其他人在邮件传递过程中偷阅邮件。要加密邮件，可以选择"工具"菜单中的"加密"命令，或直接单击工具栏中的"加密"按钮。

（4）接收邮件。

①收取信件。接收邮件很简单，只需点击"发送/接收"按钮，系统就会到所有账户的接收邮件服务器上查找新邮件，如果只想接收某个账户的邮件，也可通过"发送/接收"按钮旁边的下拉菜单进行选择。一旦检查到接收邮件服务器上有新的邮件，这些邮件将被自

动放入"收件箱"文件夹中，双击该邮件，就可以看到信件的全文和发件人信息。

也可以在"工具"菜单"选项"栏的"常规"选项卡中设置每隔一定时间检查服务器上是否有新邮件，这样只要 Outlook Express 处于运行状态，有新邮件发到信箱时，系统能自动进行检测，并读取到收件箱中。

②收取附件。如果随同信件一起发来的还有附属文件，要将文件从邮件中分离出来以便使用，只需双击该邮件，选择菜单栏"文件"选项中的"保存附件"，然后选择存放该文件的文件夹和文件名即可。或直接用鼠标右键单击该文件图标，出现菜单时，选择"另存为……"，也可以达到同样的效果。

（5）其他功能。

除以上介绍的简单收发邮件功能外，Outlook Express 还有一些其他十分方便的功能。

①使用通信簿。通常用户有一些相对固定的收信人，如果每次发信都要输入 E-mail 地址，显然很麻烦，这时可以把需要经常保持联系的朋友的电子邮件地址放在通信簿中。发送邮件的时候只需要从通信簿中选择地址，不需要每次都输入一长串的字符。通信簿还可以记录联系人的电话号码、家庭地址、业务和主页地址等信息。除此以外，用户还可以利用通信簿的功能在 Internet 上查找用户及商业伙伴的信息。

点击工具栏中的"地址"按钮，在打开的"通信簿"对话框的工具栏中选择"新建联系人"按钮，在"属性"对话框的"姓名"选项卡中填入有关收信人的名字、E-mail 地址等信息，还可以在其他选项卡里填入更详细的资料，确定后即将该收信人加入通信簿中。

为了减少错误，用户可以从电子邮件中添加联系人。具体方法是：

用户在阅读邮件窗口中，右击邮件，在弹出的菜单中选择"添加到通信簿"选项，在弹出的对话框中填写一些详细信息，然后单击"确定"按钮，通信簿中就会增加该邮件发件人的信息。

当用户编写新邮件时，只需单击"收件人"按钮，系统就会列表显示用户存放在通信簿里联系人的信息。

用户还可以从其他电子邮件应用程序中导入通信簿。将其他电子邮件应用程序的通信簿的信息以文本文件（CSV）格式导出，然后将其导入 Outlook Express 中。从其他程序导入通信簿的步骤如下：选择"文件"菜单，指向"导入"，然后单击"通信簿"；单击要导入的通信簿或文件类型，然后单击"导入"；如果未列出用户所使用的电子邮件程序类型的通信簿，可以将其导出到 SCV 文件或 LDIF（LDAP 如数据交换格式）文件，然后使用对应的选项导入通信簿。

②发信给一组人。用户如果想把一封信发给多个人，可以在通信簿里建立新组。点击工具栏中的"地址"按钮，在打开的"通信簿"对话框的工具栏中选择"新建组"按钮，输入组名，再选择成员，将要发送的所有对象的名称、地址加入该组，确定后即完成新组的建立。

也可以从现有的通信簿中将某个成员添加到某个现有的组中，具体操作步骤如下：在通信簿列表中，双击所需要的组，单击"选择组员"，在列表中选择需要添加的成员。

在发信时，同样点击"收件人"按钮，选择上述建立的新组名，这样系统就会自动将同一封信件寄给该组的所有人，十分方便快捷。

③使用目录服务查找用户。在 Internet 查找用户和商业伙伴的步骤如下：

在通信簿中，单击工具栏中的"查找用户"按钮。在"搜索范围"下拉列表中选择查找区域，并在下面的用户信息栏中输入查找的依据，然后单击"开始查找"。用户在使用查找功能时，应输入尽可能多的查找依据。如果搜索范围太广，则匹配的数量可能超过服务器的限定，或可能无法设置用户的目录服务以控制所有返回的匹配项。用户可以通过选择"通信簿"，使之只在 Outlook Express 通信簿中查找联系人信息。

7.3.3　使用 Webmail 收发电子邮件

为了方便用户的使用，许多站点通过网络程序设计开发了基于网页形式的收发电子邮件系统，这种系统被称为 Webmail。通过 Webmail 系统，用户需要安装 Outlook Express，Foxmail 等客户端程序，只需要使用 IE 浏览器，通过 WWW 网页的方式收发电子邮件。

用户通过向 ISP 申请邮箱开通 Webmail 服务。目前，许多网站都提供 Webmail 服务，下面以用户在新浪网(http：//www.sina.com.cn)申请一个 whujsj@sina.cn 邮件地址，密码为"xyz123"为例，说明如何使用 Webmail 收发电子邮件

1. 注册 E-mail 账号和密码

在桌面上双击 IE 图标，在 IE 窗口的地址栏中输入 http：//www.sina.com.cn，打开新浪网的网页，如图 7-20 所示。

图 7-20　新浪网站首页

由于还没有申请到邮箱，不能直接登录，在新浪网的首页上找到"邮箱"超链接，用鼠标单击该超链接，进入邮箱登录界面，如图 7-21 所示，单击"注册免费邮箱"按钮。

图 7-21　注册免费邮箱

申请账号和密码的注册页面，如图 7-22 所示。

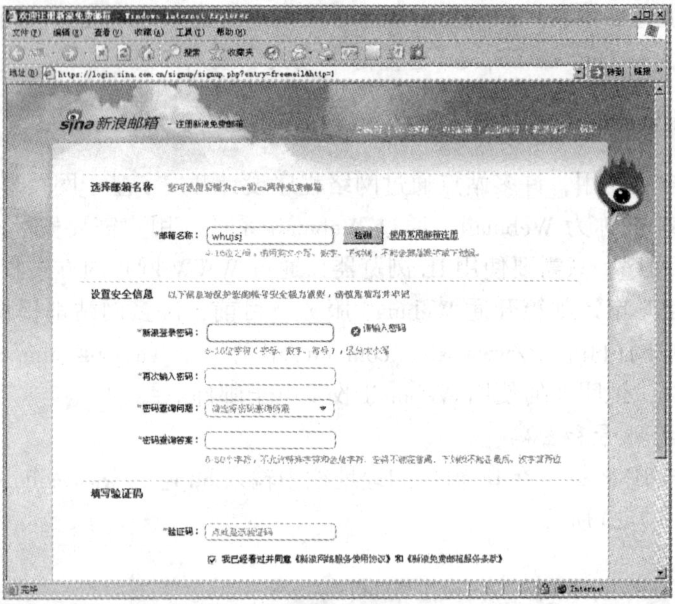

图 7-22　注册页面

在"邮箱名称"一栏中填写 whujsj。如果邮箱名称已被注册，可以换一个其他的名称，直到邮箱名称通过检验。

"新浪登录密码"一栏中填写"xyz123"。根据提示填写其他栏目，最后点击"提交"。完成邮箱的注册。

返回新浪邮箱登录界面在用户名一栏中填写"whujsj @ sina. cn"，密码中填写"xyz123"，点击"登录"。如图 7-23 所示。

图 7-23　登录免费邮箱

进入 E-mail 操作界面，如图 7-24 所示。

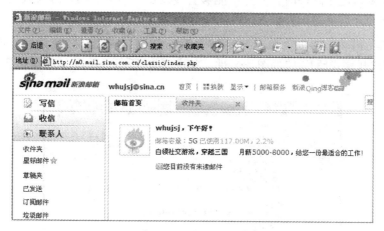

图 7-24　E-mail 操作界面

2. 发送电子邮件

点击左侧列表中的"写信"，出现如图 7-25 所示的界面，在收件人一栏中填写"xaoli@163.com"，主题一栏中填写"我的电子邮件地址"，在正文部分填写内容，确认无误后，单击"发送"，当提示发送成功时，说明邮件已经成功发送到收件人的 E-mail 中。

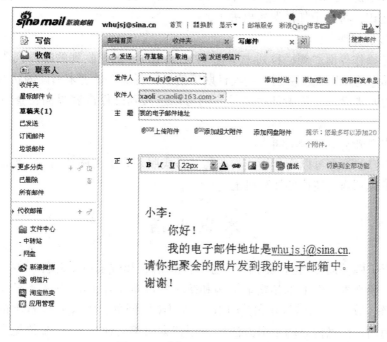

图 7-25　编辑 E-mail 内容界面

3. 随电子邮件发送附件

小李收到小周的电子邮件后，马上回复了小周的邮件，并且随邮件发来了奥运会开幕式的照片。在发送电子邮件时，照片不能够直接发送，因为 SMTP 协议只能发送 ASCII 文本文档，因此照片要通过附件发送。

在编辑 E-mail 内容界面，单击 ⌀添加附件 图标，弹出"选择文件"对话框，在该对话框中找到文件名为"开幕式照片 1"的图片文件，如图 7-26 所示，单击"打开"按钮。

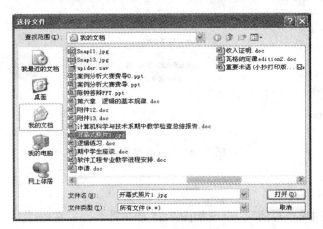

图 7-26　选择文件对话框

若添加附件成功，则在"主题"的下方将出现附件文件的名称。附件添加成功后即可单击"发送"按钮，将电子邮件发送出去了。

4. 接收电子邮件

在 E-mail 操作界面左侧栏目列表中选择"收件箱"，出现收到的邮件列表界面，邮件列表包含了邮件的发送人、主题、接收日期等信息，若邮件处于未阅读的状态这些信息将以黑色加粗的方式显示。单击邮件主题，则可以进入到邮件内容界面，查看邮件的具体内容。

5. 下载邮件附件到本地计算机

在邮件内容的下方可以看到接收的奥运开幕式照片，单击图片后的"下载"超级链接，可以将照片下载到当前使用的计算机上。

本 章 小 结

本章介绍了两种最常用的 Internet 服务：浏览信息和收发电子邮件。教学中，要求学生了解文本、超文本、Web 的超文本结构和统一资源定位器 URL 的基本概念；熟练掌握 IE 的基本操作，例如：如何打开和关闭 IE、如何浏览网页、IE 浏览器选项的设置、浏览器收藏夹的使用、信息搜索的基本方法和常用搜索引擎的使用；在 IE 浏览器中访问 FTP 站点的操作等；了解 BBS 的基本操作，了解电子邮件的基本概念；掌握 Outlook Express 的使用方法，包括参数设置、邮件的基本操作、电子邮件的管理、通信簿的使用，了解用 Web 格式收发邮件等。

练习题 7

一、单项选择题

1. WWW 浏览器使用的应用协议是_____。

   A. HTTP　　　　　B. TCP/IP　　　　　C. FTP　　　　　D. Telnet

2. 下列有关 WWW 叙述不正确的是_____。

   A. WWW 的英文全称为 World Wide Web。

   B. WWW 是一个基于超文本方式的信息查询工具。

   C. WWW 的信息查询主要靠 FTP 来完成。

   D. WWW 利用链接从一个站点到达另一个站点，并提供一种友好的信息查询接口，即用户仅需提出查询要求，而到什么地方查询及如何查询则由 WWW 自动完成。

3. Internet 中的含义是_____。

   A. 统一资源定位器　　　　　　　　B. 协议名

   C. 服务器名　　　　　　　　　　　D. IP 地址

4. 某单位主页 Web 地址的 URL 如下，正确的 URL 格式是_____。

   A. http//WWW. ccj. edu. en

   B. http：WWW. ccj. edu. en

   C. http：//WWW. ccj. edu. en

   D. http：//WWW. ccj. edu. en

5. 要想访问一个网站，在浏览器的地址栏中_____。

   A. 只能输入 IP 地址

   B. 只能输入域名

   C. 可以输入域名也可以输入 IP 地址

   D. 在输入的 IP 地址前必须加"http：//"

6. 搜索引擎其实也是一个_____。

   A. 网站　　　　　B. 软件　　　　　C. 服务器　　　　　D. 硬件设备

7. 在搜索引擎关键字中输入"A-B"表示_____。

   A. 搜索包含 A 但不包含 B 的网页

   B. 搜索包含 A 或包含 B 的网页

   C. 搜索包含 A 且包含 B 的网页

   D. 以上都不对

8. 下面关于搜索引擎的说法，不正确的是_____。

   A. 搜索引擎既是用于检索的软件又是提供查询、检索的网站。

   B. 搜索引擎按其工作方式主要可以分为三种：全文搜索引擎、基于关键词的搜索引擎和元搜索引擎

   C. 网页快照的功能是：当这个网页被删除或链接失败时，用户可以使用网页快照来查看这个网页的主要内容

    D. 搜索引擎的主要任务包括收集信息、分析信息和查询信息

9. 超文本之所以称之为超文本，是因为该文本中包含有_____。

    A. 图形   B. 声音

    C. 与其他文本链接的文本   D. 电影

10. BBS 有两种登录方式：Telnet 方式和 WWW 方式，这两种登录方式在相同的网络条件下的访问速度相比较_____。

    A. Telnet 方式快   B. WWW 方式快

    C. 一样快   D. 有时 Telnet 快，有时 WWW 快

11. Internet 中 BBS 是一种_____。

    A. 广告牌   B. 网址

    C. 信息服务系统   D. 软件

12. FTP 地址正确的格式是_____。

    A. ftp：//whu. edu. cn@ user：password/

    B. ftp：//whu. edu. cn/

    C. smtp：//whu. edu. cn/

    D. smtp：//user：password@ whu. edu. cn/

13. IE 浏览器的收藏夹中存放的是_____。

    A. 用户收藏的网页的全部内容

    B. 用户收藏的网页的部分内容

    C. 用户收藏的网页的地址

    D. 用户既可以收藏网页的内容又可以收藏网页的链接

14. 连接上网后，用户若想启动 IE 浏览器，立即能自动打开"新浪"网站的首页，应该_____。

    A. 启动 IE 浏览器后，在地址栏中键入"http：//www. sina. com. cn"。

    B. 在 IE 浏览器的地址栏中键入"http：//www. sina. com. cn"并存盘。

    C. 在 IE 浏览器的"Internet 选项"中的主页地址栏中设定为"使用默认页"。

    D. 在 IE 浏览器的"Internet 选项"中的主页地址栏中设定为"http：//www. sina. com. cn"。

15. HTML 是_____。

    A. 文件传输协议   B. 超文本文件

    C. 超文本标识语言   D. 超文本传输协议

16. 下面关于 IE 中工具栏命令按钮的叙述不正确的是_____。

    A. 工具栏的命令按钮可以被关掉，不显示

    B. 点击工具栏中的"停止"按钮可以快速地关闭 IE

    C. 点击工具栏中的"刷新"按钮可以更新当前显示的网页

    D. 点击工具栏中的"主页"按钮可以返回到预设的网页

17. 关于 IE"历史"按钮，正确的说法是_____。

    A. 可以查看曾经访问过的网页

    B. 必须在联机状态下使用

  C. 必须在脱机状态下使用

  D. 以上都不对

18. 关于 IE"主页"的叙述正确的是_____。

  A. 主页是指只有在点击"主页"按钮时才打开的 Web 页

  B. 主页是指 IE 浏览器启动时默认打开的 Web 页

  C. 主页是 IE 浏览器出厂时设定的 Web 页

  D. 主页即是微软公司的网站

19. 关于 Internet 临时文件的叙述不正确的是_____。

  A. Internet 临时文件存放在本地硬盘

  B. Internet 临时文件容量可以调节

  C. Internet 临时文件存放的位置可以由用户自己指定

  D. Internet 临时文件对浏览速度没有影响

20. IE 浏览器本质上是一个_____。

  A. 连入 Internet 的 TCP/IP 程序

  B. 连入 Internet 的 SMTP 程序

  C. 自动搜寻到合适的代理服务器的程序

  D. 浏览 Internet 上 Web 网页的客户端程序

21. 关于因特网服务的叙述不正确的是_____。

  A. WWW 是分布式超媒体信息查询系统

  B. 电子邮件因特网上使用最广泛的一种服务

  C. FTP 的特点之一是可以匿名登录

  D. 远程登录必须使用实际的终端设备

22. 修改 E-mail 账户参数的方法是_____。

  A. 在"Internet 账户"窗口中选择"添加"按钮

  B. 在"Internet 账户"窗口中选择"删除"按钮

  C. 在"Internet 账户"窗口中选择"属性"按钮

  D. 以上途径均可

23. E-mail 地址中@ 的含义为_____。

  A. 与   B. 或   C. 在   D. 和

24. 在 Internet 上收发电子邮件的协议不包括_____。

  A. POP3   B. SMTP   C. ARP   D. IMAP

25. 电子邮件从本质上来说是_____。

  A. 浏览   B. 电报   C. 传真   D. 文件交换

26. 下面关于电子邮件的说法中，下列各项不正确的是_____。

  A. 电子邮件只能发送文本文件   B. 电子邮件可以发送图形文件

  C. 电子邮件可以发送二进制文件 D. 电子邮件可以发送主页形式的文件

27. 用户的电子邮件信箱是_____。

  A. 通过邮局申请的个人信箱

  B. 邮件服务器硬盘上的一块区域

C. WWW 服务区硬盘上的一块区域

D. 用户计算机硬盘上的一块区域

28. 下列各项不属于电子邮件信头的内容是_____。

    A. 收信人   B. 抄送   C. 附件   D. 主题

29. 下面关于电子邮件地址说法正确的是_____。

    A. 用户名和主机地址，中间用符号@ 隔开

    B. 主机名和用户名称

    C. 用户名和域名，中间用@ 符号隔开

    D. 用户名和用户所在网站网址，中间用@ 符号隔开

30. 要打开一个新的 IE 窗口，应该_____。

    A. 按 Ctrl+N 键   B. 按 F4 键

    C. 按 Ctrl+D 键   D. 按 Enter 键

31. 下列关于电子邮件的说法正确的是_____。

    A. 电子邮件可以发送执行文件

    B. 电子邮件在发送过程中有误时，邮件将丢失

    C. 成功的发送一份电子邮件后，该邮件将出现在"已发送邮件"中

    D. 发送电子邮件时，邮件一定要包含收件人地址，主题和信件内容

32. SMTP 服务器用来_____邮件。

    A. 接收   B. 发送   C. 接收和发送   D. 检查

33. 下列文件夹不属于 Outlook Express 文件夹列表窗格的内容是_____。

    A. 已发送的邮件   B. 已删除的邮件

    C. 已恢复的邮件   D. 草稿箱

34. 当打开一封新邮件，需要给发送者回信时，应选择的功能菜单是_____。

    A. 回复   B. 全部回复   C. 转发   D. 删除

35. URL 的含义是_____。

    A. 信息资源在网上什么位置和如何查找的统一描述方法

    B. 信息资源在网上什么位置和如何定位的统一描述方法

    C. 信息资源在网上的服务类型和如何访问的统一描述方法

    D. 信息资源网络地址的统一描述方法

36. 在 IE 常规大小窗口和全屏幕窗口模式之间切换，可以按_____。

    A. F5 键   B. F8 键   C. F11 键   D. Ctrl+F 键

37. 在浏览 Internet 上的网页时，下列可能泄露隐私的是_____。

    A. HTML 文件   B. 文本文件   C. Cookie   D. IE 收藏夹

38. 如果用户想要控制计算机在 Internet 上可以访问的内容类型，可以使用 IE 的_____功能。

    A. 病毒查杀   B. 实时监控   C. 分级审查   D. 远程控制

39. 如果用户想将网页上的一段图文信息保存到自己计算机的硬盘，最好进行_____操作。

    A. 全选这段信息，然后按住右键选"目标另存为"，保存到本地硬盘

  B. 文字、图片分开复制

  C. 选择"文件"菜单中的"另存为"菜单命令，保存为 Web 页格式

  D. 保存这个文件的源代码

40. POP3 服务器用来_____邮件。

  A. 接收　　　　　　B. 发送　　　　　　C. 接收和发送　　　D. 检查

41. 在对 Outlook Express 进行设置时，会要求输入用户的账号，此时应输入_____。

  A. 用户姓名　　　　　　　　　　　B. 用户姓名的汉语拼音

  C. 电子邮件地址　　　　　　　　　D. 电子邮件地址的用户名部分

42. Outlook Express 提供了若干个固定的邮件夹，下面说法正确的是_____。

  A. 收件箱的邮件不可删除

  B. 已发出邮件文件夹中存放已发出邮件的备份

  C. 发件箱中存放已发出的邮件

  D. 不能新建其他的分类邮件文件夹

43. Outlook Express 窗口中，在新邮件的"抄送"文本框输入的多个电子邮箱地址之间应用_____作分隔。

  A. 分号　　　　　　B. 逗号　　　　　　C. 冒号　　　　　　D. 空格

44. 以下选项中_____不是设置电子邮件信箱所必需的。

  A. 电子邮箱的空间大小　　　　　　B. 账号名

  C. 密码　　　　　　　　　　　　　D. 接收邮件服务器

45. 在搜索引擎中输入"computer device"（包括引号），检索的结果最可能的是_____。

  A. 结果网页中只需包含"computer"或"device"两个条件的其中一个条件即可

  B. 结果网页中必需同时包含"computer"和"device"

  C. 结果网页中只包含"computer device"这个条件，没有单个"computer"或单个"device"

  D. 结果网页中包含"computer device"这个条件，也包含单个"computer"或单个"device"

46. Outlook Express 窗口中，设置的唯一电子邮件账号 email@ sina. com，现成功接收到一封来自 hello@ sina. com 的邮件，以下说法正确的是_____。

  A. 在发件箱中有 email@ sina. com 邮件

  B. 在收信箱中有 hello@ sina. com 邮件

  C. 在已发送邮件中有 hello@ sina. com 邮件

  D. 在已发送邮件中有 email@ sina. com 邮件

47. 新浪、网易、雅虎等 ICP 需要接入 ISP 才能提供信息服务，在中国这些 ICP 必须接入_____ ISP。

  A. 中国电信互联网　　　　　　　　B. 中国网通互联网

  C. 中国教育网 CERNET　　　　　　D. 上述任何 ISP

48. 下列关于 BBS 的说法，不正确的是_____。

    A. 可以和好友文字聊天   B. 可以查找好友的帖子

    C. 可以给好友发电子邮件   D. 可以和好友视频聊天

49. WWW. cernet. edu. cn 是 Internet 上一台计算机的_____。

    A. IP 地址   B. 域名   C. 协议名称   D. 命令

50. FTP 的主要功能是_____。

    A. 传送网上所有类型的文件   B. 远程登录

    C. 发送电子邮件   D. 浏览网页

二、操作题

1. 在 IE 中，进行如下操作：

(1)试进入中国教育网(WWW. edu. cn)，将中国教育网的主页以网页的形式保存到读者文件夹中，文件名为 edu. htm；

(2)试进入英语学习网，其网址为：http：//WWW. hao123. com/campuseng. htm；将该网页以"英语学习"为名称添加到"学习资料"收藏夹中。("学习资料"文件夹如果没有，请自行建立。)

2. 试按下列要求在 outlook 中发送一封邮件：

收件人：xiaoming@ 163. com；

主题：祝贺；

内容：请看图片。

并将读者文件夹中的图片 Pic11. jpg 作为附件发送。

第 8 章 计算机安全

当今世界，信息化已成为各国经济、社会发展竞争的制高点。随着信息技术的飞速进步和广泛应用，社会信息化进程不断加快，社会对信息化的依赖性也越来越强，信息化也是我国加快实现工业化和现代化的必然选择。但信息和信息技术的进步同样也带来了一系列的安全问题，信息与网络的安全面临着严重的挑战：计算机病毒、黑客入侵、特洛伊木马、逻辑炸弹、各种形式的网络犯罪、重要情报泄露等，都是当前计算机技术领域必须高度重视的问题。

由于各种网络安全隐患和威胁的存在，使得信息安全面临严峻形势，并逐渐成为社会性问题，而且还会危及到政治、军事、经济和文化等各方面的安全。目前国内乃至全世界的网络安全形势都面临着严峻的考验，计算机网络及信息系统的安全问题也显得愈加突出。

8.1 计算机安全概况

8.1.1 计算机安全的内容

计算机安全本身包括的范围很大，大到国家、军事、政治等机密安全，小范围的安全还包括如防范商业企业机密泄露，防范青少年对不良信息的浏览，个人信息的泄露等。网络环境下的信息安全体系是保证信息安全的关键，包括计算机安全操作系统、各种安全协议、安全机制（数字签名，信息认证，数据加密等），直至安全系统，其中任何一个安全漏洞便可能威胁全局安全。信息安全服务至少应该包括支持信息网络安全服务的基本理论，以及基于新一代信息网络体系结构的网络安全服务体系结构。

计算机安全是一个涉及计算机科学、网络技术、通信技术、密码技术、信息安全技术、应用数学、数论、信息论等多种学科的新型学科。从广义上讲，凡是涉及网络上信息的保密性、完整性、可用性、真实性和可控性的相关技术和理论都是网络信息安全所要研究的领域。通用的定义为：

计算机安全是指网络系统的硬件、软件及其系统中的数据受到保护，不受偶然的或恶意的原因而遭到破坏、更改、泄露，系统能够连续、可靠、正常地运行，网络服务不中断。

早期的计算机安全主要是要确保信息的保密性、完整性和可用性。随着通信技术和计算机技术的不断进步，特别是二者结合所产生的网络技术的不断发展和广泛应用，对信息安全问题又提出了新的要求。现在的计算机安全通常包括五个属性，即信息的可用性、可靠性、完整性、保密性和抗抵赖性，即防止网络自身及其采集、加工、存储、传输的信息数据被故意或偶然的非授权泄露、更改、破坏，或使信息被非法辨认、控制，确保经过网络传输的信息不被截获、不被破译，也不被篡改，并且能被控制和合法使用。

（1）可用性（Availability）。是指得到授权的实体在需要时可以访问资源和服务。可用性是指无论何时，只要用户需要，信息系统必须是可用的，也就是说信息系统不能拒绝服务。网络最基本的功能是向用户提供所需的信息和通信服务，而用户的通信要求是随机的，多方面的（话音、数据、文字和图像等），有时还要求时效性。网络必须随时满足用户通信的要求。攻击者通常采用占用资源的手段阻碍授权者的工作。可以使用访问控制机制，阻止非授权用户进入网络，从而保证网络系统的可用性。增强可用性还包括如何有效地避免因各种灾害（如战争、地震等）造成的系统失效。

（2）可靠性（Reliability）。是指系统在规定条件下和规定时间内、完成规定功能的概率。可靠性是网络安全最基本的要求之一，网络不可靠，事故不断，也就谈不上网络的安全。目前，对于网络可靠性的研究基本上偏重于硬件可靠性方面。研制高可靠性元器件设备，采取合理的冗余备份措施仍是最基本的可靠性对策，然而，有许多故障和事故，则与软件的可靠性、人员的可靠性和环境的可靠性有关。

（3）完整性（Integrity）。是指信息不被偶然或蓄意地删除、修改、伪造、乱序、重放、插入等破坏的特性。只有得到允许的人才能修改实体或进程，并且能够判别出实体或进程是否已被篡改。即信息的内容不能为未授权的第三方修改。信息在存储或传输时不被修改、破坏，不出现信息包的丢失、乱序等。

影响信息完整性的主要因素有：设备故障、误码、人为攻击、计算机病毒等。保障网络信息完整性的主要方法有：

①协议：通过各种安全协议可以有效地检测出被复制的信息、被删除的字段、失效的字段和被修改的字段；

②纠错编码方法：由此完成检错和纠错功能。最简单和常用的纠错编码方法是奇偶校验法；

③密码校验和方法：该方法是抗撰改和抵御传输失败的重要手段；

④数字签名：保障信息的真实性；

⑤公证：请求网络管理机构或中介机构证明信息的真实性。

（4）保密性（Confidentiality）。是信息不被泄露给非授权的用户、实体、过程，或供其利用的特性。即，防止信息泄漏给非授权个人或实体，信息只为授权用户使用的特性。保密性是保障网络信息安全的重要手段。

常用的保密技术包括：防侦收、防辐射、信息加密、物理保密等。

（5）不可抵赖性（Non-Repudiation）。也称为不可否认性。不可抵赖性是面向通信双方信息真实同一的安全要求，不可抵赖性包括收、发双方均不可抵赖。一是源发证明，不可抵赖性提供给信息接收者以证据，这将使发送者谎称未发送过这些信息或者否认其内容的企图不能得逞；二是交付证明，不可抵赖性提供给信息发送者以证明，这将使接收者谎称未接收过这些信息或否认其内容的企图不能得逞。

除此之外计算机网络信息系统的其他安全属性还包括：

（1）可控性：是指可以控制授权范围内的信息的流向及行为方式，如对信息的访问。传播及内容具有控制能力。首先，系统需要能够控制谁能够访问系统或网络上的信息，以及如何访问，即是否可以修改信息还是只能读取信息。这首先要通过采用访问控制表等授权方法得以实现；其次，即使拥有合法的授权，系统仍需要对网络上的用户进行验证，以确保访问者确实是他所声称的那个人，通过握手协议和信息加密进行身份验证；最后，系统还要将用户的所有网络活动记录在案，包括网络中机器的使用时间、敏感操作和违纪操作等，为系统进行事故原因查询、定位、事故发生前的预测、报警以及为事故发生后的实时处理提供详细可靠的依据或支持。

（2）可审查性：使用审计、监控、防抵赖等安全机制，使得使用者（包括合法用户、攻击者、破坏者、抵赖者）的行为有证可查，并能够对网络出现的安全问题提供调查依据和手段。审计是通过对网络上发生的各种访问情况记录日志，并对日志进行统计分析，这一过程是对资源使用情况进行事后分析的有效手段，也是发现和追踪事件的常用措施。审计的主要对象为用户、主机和节点，主要内容为访问的主体、客体、时间和成败情况等。

（3）认证：保证信息使用者和信息服务者都是真实声称者，防止冒充和重演的攻击。

（4）访问控制：保证信息资源不被非授权地使用。访问控制根据主体和客体之间的访问授权关系，对访问过程做出限制。

信息安全问题的解决需要依靠密码、数字签名、身份验证等技术手段以及防火墙、安全审计、灾难恢复、防病毒、防黑客入侵等安全机制和措施加以解决。其中密码技术和管理是信息安全的核心。

8.1.2　威胁计算机安全的因素

影响计算机网络信息安全的因素很多，有些因素可能是有意的，也可能是无意的；可能是人为的，也可能是自然的；可能是外来黑客对网络系统资源的非法使用。归结起来，针对网络信息安全的威胁主要可以分为来自计算机系统内部的因素和来自计算机系统外部的攻击。

1. 人为因素

如操作员安全配置不当造成的安全漏洞，用户安全意识不强，用户口令选择不慎，用户将自己的账号随意转借给他人或与别人共享等都会对网络安全带来威胁。

（1）人为的无意失误。如操作员安全配置不当造成的安全漏洞，用户安全意识不强，用户口令选择不慎，用户将自己的账号随意转借给他人或与别人共享等都会对网络安全带来威胁。

（2）人为的恶意攻击。这是计算机网络所面临的最大威胁，敌手的攻击和计算机犯罪就属于这一类。这类攻击又可以分为以下两种：一种是主动攻击，即以各种方式有选择地破坏信息的有效性和完整性；另一类是被动攻击，即在不影响网络正常工作的情况下，进行截获、窃取、破译以获得重要机密信息。这两种攻击均可以对计算机网络造成极大的危害，并导致机密数据的泄漏。

2. 物理安全因素

物理安全是保护计算机网络设备、设施以及其他媒体免遭地震、水灾、火灾等环境事故以及人为操作失误或错误及各种计算机犯罪行为导致的破坏过程。为保证信息网络系统的物理安全，还要防止系统信息在空间的扩散，还要避免由于电磁泄漏产生信息泄漏，从而干扰他人或受他人干扰。物理安全包括环境安全，设备安全和媒体安全三个方面。

3. 软件漏洞和"后门"

计算机软件不可能是百分之百无缺陷和无漏洞的，然而，这些漏洞和缺陷恰恰是黑客进行攻击的首选目标，曾经出现过的黑客攻入网络内部的事件，大部分就是因为安全措施不完善所导致的苦果。另外，软件的"后门"都是软件公司的设计编程人员为了自便而设置的，一般不为外人所知，但一旦"后门"洞开，其造成的后果将不堪设想。

（1）操作系统。

操作系统不安全是计算机网络不安全的根本原因，目前流行的许多操作系统均存在网络安全漏洞。操作系统不安全主要表现为以下几个方面。

①操作系统结构体制本身的缺陷。操作系统的程序是可以动态连接的。I/O的驱动程序与系统服务都可以用打补丁的方式进行动态连接，有些操作系统的版本升级采用打补丁的方式进行。

②创建进程存在不安全因素。进程可以在网络的节点上被远程创建和激活，更为重要的是被创建的进程还可以继承创建进程的权利。这样可以在网络上传输可执行程序，再加上远程调用的功能，就可以在远端服务器上安装"间谍"软件。另外，还可以把这种间谍软件以打补丁的方式加在一个合法用户上，尤其是一个特权用户上，以便使系统进程与作业监视程序都看不到间谍软件的存在。

③操作系统中，通常都有一些守护进程，这种软件实际上是一些系统进程，它们总是在等待一些条件的出现，一旦这些条件出现，程序便继续运行下去，这些软件常常被黑客利用。这些守护进程在 UNIX、Windows 操作系统中具有与其他操作系统核心层软件同等的权限。

④操作系统提供的一些功能也会带来一些不安全因素。例如，支持在网络上传输文件、在网络上加载与安装程序，包括可以执行文件的功能；操作系统的 debug 和 wizard 功能。许多精通于 patch 和 debug 工具的黑客利用这些工具几乎可以做成想做的所有事情。

⑤操作系统自身提供的网络服务不安全。如操作系统都提供远程过程调用（RPC）服务，而提供的安全验证功能却很有限；操作系统提供网络文件系统（NFS）服务，NFS 系统是一个基于 RPC 的网络文件系统，如果 NFS 设置存在重大问题，则几乎等于将系统管理权拱手交出。

⑥操作系统安排的无口令入口，是为系统开发人员提供的便捷入口，但这些入口也可能被黑客利用。

⑦操作系统还有隐蔽的后门，存在着潜在的危险。

尽管操作系统的缺陷可以通过版本的不断升级来克服，但往往对系统漏洞的攻击会早于"系统补丁"的发布，使得用户的计算机遭到攻击和破坏。

（2）软件组件。

以前安全漏洞最多的是 Windows 操作系统，但随着 Internet 的普及和网络应用的日益广泛，出现了大量的网络应用软件，而这些软件都或多或少的存在一些安全漏洞，如 IE 浏览器、百度搜霸、暴风影音、RealPlayer 等流行软件的漏洞都曾被利用，而且，用户往往只注意对操作系统"打补丁"，而忽视对应用软件的安全补丁。现在，由于应用软件的漏洞，而使计算机系统遭到攻击和破坏的案例越来越多。

（3）网络协议。

随着 Internet/Intranet 的发展，TCP/IP 协议被广泛地应用到各种网络中，但采用的 TCP/IP 协议族软件本身缺乏安全性，使用 TCP/IP 协议的网络所提供的 FTP、E-mail、RPC 和 NFS 都包含许多不安全的因素，存在着许多漏洞。

网络的普及使信息共享达到了一个新的层次，信息被暴露的机会大大增多。特别是 Internet 网络是一个开放的系统，通过未受保护的外部环境和线路可能访问系统内部，发生随时搭线窃听、远程监控和攻击破坏等事件。

另外，数据处理的可访问性和资源共享的目的性之间是矛盾的，这一矛盾造成了计算机系统保密性困难，拷贝数据信息很容易且不留任何痕迹。如一台远程终端上的用户可以通过 Internet 连接其他任何一个站点，在一定条件下可以随意进行拷贝、删改乃至破坏该站点的资源。

(4) 数据库管理系统。

现在，数据库的应用十分广泛，深入到各个领域，但随之而来产生了数据的安全问题。各种应用系统的数据库中大量数据的安全问题、敏感数据的防窃取和防篡改问题，越来越引起人们的高度重视。数据库系统作为信息的聚集体，是计算机信息系统的核心部件，其安全性至关重要，关系到企业兴衰、成败。因此，如何有效地保证数据库系统的安全，实现数据的保密性、完整性和有效性，已经成为业界人士探索研究的重要课题之一。

8.2 计算机病毒及其防范

8.2.1 计算机病毒概述

1. 计算机病毒的定义

1994 年 2 月 28 日出台的《中华人民共和国计算机安全保护条例》中，对病毒的定义如下：计算机病毒，是指编制、或者在计算机程序中插入的、破坏计算机功能或者毁坏数据、影响计算机使用、并能自我复制的一组计算机指令或者程序代码。

计算机病毒与生物医学中的病毒同样具有传染和破坏的特性，因此这一名词是由生物医学中的"病毒"概念引申而来的。计算机病毒有着许多的破坏行为，可以攻击系统数据区，如攻击计算机硬盘的主引导扇区、Boot 扇区、FAT 表、文件目录等内容；可以攻击文件，如删除文件、修改文件名称、替换文件内容、删除部分程序代码等；可以攻击内存，如占用大量内存、改变内存总量、禁止分配内存等；可以干扰系统运行，不执行用户指令、干扰指令的运行、内部栈溢出、占用特殊数据区、自动重新启动计算机、死机等；可以占用系统资源使计算机速度明显下降；可以攻击磁盘数据、不写盘、写操作变读操作、写盘时丢字节等；可以扰乱屏幕显示；可以封锁键盘、抹掉缓存区字符；对 CMOS 区进行写入动作，破坏系统 CMOS 中的数据等。

因此，计算机病毒是一种特殊的危害计算机系统的程序，计算机病毒能在计算机系统中驻留、繁殖和传播，具有类似与生物学中病毒的某些特征：传染性、隐蔽性、潜伏性、破坏性、可触发性、变种性等。

2. 计算机病毒的特性

(1) 计算机病毒的可执行性。

计算机病毒与其他合法程序一样，是一段可执行程序，但计算机病毒不是一个完整的程序，而是寄生在其他可执行程序上，因此计算机病毒享有一切程序所能得到的权力。在病毒运行时，与合法程序争夺系统的控制权。计算机病毒只有当它在计算机内得以运行时，才具有传染性和破坏性等活性。亦即，计算机 CPU 的控制权是关键问题。若计算机在正常程序控制下运行，而不运行带病毒的程序，则这台计算机总是可靠的，整个系统是安全的。相反，计算机病毒一旦在计算机上运行，在同一台计算机内病毒程序与正常系统程序，或某种病毒与其他病毒程序争夺系统控制权时往往会造成系统崩溃，导致计算机系统瘫痪。

（2）传染性。

计算机病毒的传染性是指病毒具有把自身复制到其他程序中的特性，这是计算机病毒最重要的特征，是判断一段程序代码是否为计算机病毒的依据。病毒可以附着在其他程序上，通过磁盘、光盘、计算机网络等载体进行传播，被传染的计算机又成为计算机病毒生存的环境及新传染源。

（3）隐蔽性。

计算机病毒是一种具有很高编程技巧、短小精悍的可执行程序，一般只有几百或几 K 字节。计算机病毒通常粘附在正常程序之中或磁盘引导扇区中，或磁盘上标为坏簇的扇区中，以及一些空闲概率较大的扇区中，这是计算机病毒的非法可存储性。计算机病毒想方设法隐藏自身，就是为了防止用户察觉。计算机病毒的隐蔽性表现在两个方面：

一是传染的隐蔽性，大多数计算机病毒在进行传染时速度是极快的，一般不具有外部表现，不易被人发现。

二是计算机病毒程序存在的隐蔽性，一般的计算机病毒程序都夹在正常程序之中，很难被发现，而一旦病毒发作出来，往往已经给计算机系统造成了不同程度的破坏。

（4）潜伏性。

计算机病毒的潜伏性是指计算机病毒具有依附其他媒体而寄生的能力。依靠病毒的寄生能力，病毒传染合法的程序和系统后，不立即发作，而是悄悄隐藏起来，然后在用户不易察觉的情况下进行传染。这样，病毒的潜伏性越好，计算机病毒在系统中存在的时间也就越长，病毒传染的范围也越广，其危害性也越大。

潜伏性的第一种表现是指，计算机病毒程序不用专用检测程序是检查不出来的，第二种表现是指，计算机病毒的内部往往有一种触发机制，不满足触发条件时，计算机病毒除了传染外不做什么破坏。触发条件一旦得到满足，计算机病毒才开始破坏系统。

（5）非授权可执行性。

用户通常调用执行一个程序时，把系统控制交给这个程序，并分配给其相应系统资源，如内存，从而使之能够运行完成用户的需求。因此程序执行的过程对用户是透明的。而计算机病毒是非法程序，正常用户是不会明知是病毒程序，而故意调用执行。但由于计算机病毒具有正常程序的一切特性：可存储性、可执行性。计算机病毒隐藏在合法的程序或数据中，当用户运行正常程序时，计算机病毒伺机窃取到系统的控制权，得以抢先运行，然而此时用户还认为在执行正常程序。

（6）破坏性。

无论何种病毒程序一旦侵入系统都会对操作系统的运行造成不同程度的影响。即使不直接产生破坏作用的病毒程序也要占用系统资源(如占用内存空间,占用磁盘存储空间以及系统运行时间等)。而绝大多数病毒程序要显示一些文字或图像,影响系统的正常运行,还有一些病毒程序会删除文件,加密磁盘中的数据,甚至摧毁整个计算机系统和数据系统,使之无法恢复,造成无可挽回的损失。因此,病毒程序的副作用轻者降低系统工作效率,重者导致计算机系统崩溃、数据丢失。病毒程序的破坏性体现了计算机病毒设计者的真正意图。

(7)可触发性。

计算机病毒一般都具有一个或几个触发条件。满足其触发条件或激活病毒的传染机制,使之进行传染;或激活病毒的表现部分或破坏部分。触发的实质是一种条件的控制,病毒程序可以依据设计者的要求,在一定条件下实施攻击。这个条件可以是敲入特定字符,使用特定文件,某个特定日期或特定时刻,或者是病毒内置的计数器达到一定次数等。

(8)变种性。

某些计算机病毒可以在传播的过程中自动改变自己的形态,从而衍生出另一种不同于原版病毒的新病毒,这种新病毒称为计算机病毒变种。具有变形能力的计算机病毒能更好的在传播过程中隐蔽自己,使之不易被反病毒程序发现及清除。有的计算机病毒能产生几十种甚至更多的变种病毒,这种变种病毒造成的后果可能比原版病毒严重得多。

3. 计算机病毒的分类

按照计算机病毒的特点及特性,计算机病毒的分类方法有许多种。因此,同一种病毒可能有多种不同的分法。

(1)按寄生方式分类。

①引导型病毒。引导型病毒会改写磁盘上的引导扇区(BOOT)的内容,软盘或硬盘都有可能感染病毒。另外,也改写硬盘上的分区表(FAT)。如果用已感染病毒的软盘来启动计算机程序,则会感染硬盘。

引导型病毒是一种在 ROM BIOS 之后,系统引导时出现的病毒,这种计算机病毒先于操作系统,依托的环境是 BIOS 中断服务程序。引导型病毒是利用操作系统的引导模块放在某个固定的位置,并且控制权的转交方式是以物理地址为依据,而不是以操作系统引导区的内容为依据,因而病毒占据该物理位置即可获得控制权,而将真正的引导区内容搬家转移或替换,待病毒程序被执行后,将控制权交给真正的引导区内容,使得这个带病毒的系统看似正常运转,而病毒已隐藏在系统中伺机传染、发作。引导型病毒几乎清一色都会常驻在内存中,差别只在于内存中的位置。

②文件型病毒。文件型病毒主要以感染文件扩展名为 .com、.exe 和 .ovl 等可执行程序为主。这种计算机病毒的安装必须借助于病毒的载体程序,即要运行病毒的载体程序,方能把文件型病毒引入内存。已感染病毒的文件执行速度会减缓,甚至完全无法执行。有些文件遭感染后,一执行就会遭到删除。大多数的文件型病毒都会把它们自己的代码复制到其宿主的开头或结尾处。

感染病毒的文件被执行后,计算机病毒通常会趁机再对下一个文件进行感染。有的高明一点的计算机病毒,会在每次进行感染的时候,针对其新宿主的状况而编写新的病毒码,然后才进行感染。因此,这种计算机病毒没有固定的病毒码。以扫描病毒码的方式来检测计算机病毒的查毒软件，遇上这种计算机病毒可就一点用都没有了。但反病毒软件随计算机病毒技术的发展而发展，针对这种计算机病毒现在也有了有效手段。

③复合型病毒。复合型病毒是指具有引导型病毒和文件型病毒寄生方式的计算机病毒。这种病毒扩大了病毒程序的传染途径，这种计算机病毒既感染磁盘的引导记录，又感染可执行文件。当染有这种病毒的磁盘用于引导系统或调用执行染毒文件时，病毒就会被激活。因此在检测、清除复合型病毒时，必须全面彻底地根治，如果只发现该病毒的一个特性，把它只当作引导型病毒或文件型病毒进行清除，虽然好像是清除了，但还留有隐患。

（2）按破坏性分类。

①良性病毒。良性病毒是指那些只是为了表现自身，并不彻底破坏系统和数据，但会大量占用 CPU 时间，增加系统开销，降低系统工作效率的一类计算机病毒。这种病毒多数是恶作剧者的产物，他们的目的不是为了破坏系统和数据，而是为了让使用染有病毒的计算机用户通过显示器或扬声器看到或听到病毒设计者的编程技术。

②恶性病毒。恶性病毒是指那些一旦发作后，就会破坏系统或数据，造成计算机系统瘫痪的一类计算机病毒。这种病毒危害性极大，有些病毒发作后可以给用户造成不可挽回的损失。

（3）按计算机病毒的链接方式分类。

由于计算机病毒本身必须有一个攻击对象以实现对计算机系统的攻击，计算机病毒所攻击的对象是计算机系统可执行的部分。

①源码型病毒。源码型病毒攻击高级语言编写的程序，该病毒在高级语言所编写的程序编译前插入到原程序中，经编译成为合法程序的一部分。

②嵌入型病毒。嵌入型病毒是将自身嵌入到现有程序中，把计算机病毒的主体程序与其攻击的对象以插入的方式链接。这种计算机病毒是难以编写的，一旦侵入程序体后也较难消除。如果同时采用多态性病毒技术，超级病毒技术和隐蔽性病毒技术，将给当前的反病毒技术带来严峻的挑战。

③外壳型病毒。外壳型病毒将其自身包围在主程序的四周，对原来的程序不作修改。这种病毒最为常见，易于编写，也易于发现，一般测试文件的大小即可知。

④操作系统型病毒。操作系统型病毒用其自己的程序意图加入或取代部分操作系统进行工作，具有很强的破坏力，可以导致整个系统的瘫痪。圆点病毒和大麻病毒就是典型的操作系统型病毒。

这种病毒在运行时，用自己的逻辑部分取代操作系统的合法程序模块，根据病毒自身的特点和被替代的操作系统中合法程序模块在操作系统中运行的地位与作用以及病毒取代操作系统的取代方式等，对操作系统进行破坏。

4. 计算机病毒的传播

计算机病毒的传播途径主要有：

（1）通过不可移动的计算机硬件设备进行传播，这些设备通常有计算机的专用 ASIC 芯片和硬盘等。这种病毒虽然极少，但其破坏力却极强，目前尚没有较好的检测手段对付。

（2）通过移动存储设备来传播，这些设备包括软盘、光盘，U 盘等。在移动存储设备中，现在 U 盘是使用最广泛移动最频繁的存储介质，因此也成了计算机病毒寄生的"温床"。

(3)通过计算机网络进行传播。现代信息技术的巨大进步已使空间距离不再遥远，但也为计算机病毒的传播提供了新的"高速公路"。计算机病毒可以通过网页浏览，电子邮件，文件下载等多种方式感染计算机系统。现在在网络使用越来越普及的情况下，这种方式已成为最主要的传播途径。

(4)通过点对点通信系统和无线通道传播。目前，这种计算机病毒传播途径还不是十分广泛，但预计在未来的信息时代，这种途径很可能与网络传播途径一样成为计算机病毒扩散的主要途径。

5. 网络时代计算机病毒的特点

在网络环境下，网络病毒除了具有可传播性、可执行性、破坏性、可触发性等计算机病毒的共性外，还具有一些新的特点：

(1)传播的形式复杂多样。计算机病毒在网络上传播的形式复杂多样。从当前流行的计算机病毒来看，绝大部分计算机病毒都可以利用邮件系统和网络进行传播。

(2)传播速度极快、扩散面广。在单机环境下，计算机病毒只能通过软盘从一台计算机带到另一台计算机，而在网络中则可以通过网络通信机制迅速扩散，由于计算机病毒在网络中扩散非常快，扩散范围很大，不但能迅速传染局域网内所有计算机，还能在瞬间迅速通过国际互联网传播到世界各地，将计算机病毒扩散到千里之外。如"爱虫"计算机病毒在一、两天内迅速传播到世界的主要计算机网络，并造成欧、美等国家的计算机网络瘫痪，"冲击波"计算机病毒也是在短短的几小时内感染了全球各地区的许多主机。

(3)危害性极大。网络上计算机病毒将直接影响网络的工作，轻则降低网络运行速度，影响工作效率，重则使网络崩溃，或者造成重要数据丢失，还有的造成计算机内储存的机密信息被窃取，甚至还有的计算机信息系统和网络被控制，破坏服务器信息，使多年的工作毁于一旦。CIH、"求职信"、"红色代码"、"冲击波"等计算机病毒都给世界计算机信息系统和网络带来灾难性的破坏。

(4)变种多。目前，许多计算机病毒使用高级语言编写，如"爱虫"是脚本语言病毒，"美丽莎"是宏病毒。因此，这类计算机病毒容易编写，并且很容易被修改，生成许多计算机病毒变种。"爱虫"病毒在十几天中，出现三十多种变种。"美丽莎"病毒也生成三四种变种，并且此后许多宏病毒都是利用了"美丽莎"的传染机理。这些变种的主要传染和破坏的机理与母本病毒一致，只是某些代码作了改变。

(5)难以控制。利用网络传播、破坏的计算机病毒，一旦在网络中传播、蔓延，很难控制。往往准备采取防护措施时，可能已经遭受病毒的侵袭。除非关闭网络服务，但是这样做很难被人接受，同时关闭网络服务可能会蒙受更大的损失。

(6)难以彻底清除、容易引起多次疫情。单机上的计算机病毒有时可以通过删除带毒文件、低级格式化硬盘等措施将病毒彻底清除。在网络中，只要有一台工作站未能消毒干净，就可能使整个网络重新被计算机病毒感染，甚至刚刚完成清除工作的一台工作站就有可能被网上另一台带毒工作站所感染。"美丽莎"计算机病毒最早于 1999 年 3 月份爆发，人们花了许多精力和财力控制住了这种计算机病毒。但是，这种计算机病毒又常常死灰复燃，再一次形成疫情，造成破坏。之所以出现这种情况，一是由于人们放松了警惕性，新投入的系统未安装防病毒系统；二是使用了以前保存的曾经感染计算机病毒的文档，激活了计算机病毒再次流行。

(7)具有病毒、蠕虫和后门(黑客)程序的功能。计算机病毒的编制技术随着网络技术的普及和发展也在不断提高和变化。过去计算机病毒最大的特点是能够复制自身给其他的程序。现在，计算机病毒具有了蠕虫的特点，可以利用网络进行传播，如：利用 E-mail。同时，有些计算机病毒还具有了黑客程序的功能，一旦侵入计算机系统后，计算机病毒控制者可以从入侵的系统中窃取信息，远程控制这些系统。计算机病毒功能呈现出了多样化，因而，更具有危害性。

6. 计算机病毒的预防

计算机病毒及反病毒是两种以软件编程技术为基础的技术，这两种技术的发展是交替进行的，因此对计算机病毒应以预防为主，防止计算机病毒的入侵要比计算机病毒入侵后再去发现和排除要好得多。根据计算机病毒的传播特点，防治计算机病毒关键是注意以下几点：

(1)要提高对计算机病毒危害的认识。计算机病毒再也不是像过去那样的无关紧要的小把戏了，在计算机应用高度发达的社会，计算机病毒对信息网络破坏造成的危害越来越大。

(2)养成使用计算机的良好习惯，有效地防止计算机病毒入侵。不在计算机上乱插乱用盗版光盘和来路不明的软盘和 U 盘，经常用杀毒软件检查硬盘和每一张外来磁盘等，慎用公用软件和共享软件；给系统盘和文件加以写保护；不用外来软盘引导机器；不要在系统盘上存放用户的数据和程序；保存所有的重要软件的复制件；主要数据要经常备份；新引进的软件必须确认不带病毒方可使用。

(3)充分利用和正确使用现有的杀毒软件，定期检查硬盘及所用到的软盘和 U 盘，及时发现病毒，消除病毒，并及时升级杀毒软件。

(4)及时了解计算机病毒的发作时间，特别是在大的计算机病毒爆发前夕，要及时采取措施。大多数计算机病毒的发作是有时间限定的。

(5)开启计算机病毒查杀软件的实时监测功能，这样特别有利于及时防范利用网络传播的病毒，如一些恶意脚本程序的传播。

(6)加强对网络流量等异常情况的监测，对于利用网络和操作系统漏洞传播的病毒，在清除后要及时采取打补丁和系统升级等安全措施。

(7)有规律地备份系统关键数据，保证备份的数据能够正确、迅速地恢复。

8.2.2　木马病毒

木马(Trojan)这个名字来源于古希腊传说，即代指特洛伊木马。

"木马"程序是目前比较流行的计算机病毒文件，但与一般的计算机病毒有所不同，这种计算机病毒不会自我繁殖，也并不"刻意"地去感染其他文件，而是通过将自身伪装吸引用户下载执行，向施种木马者提供打开被种者电脑的门户，使施种者可以任意毁坏、窃取被种者的文件，甚至远程操控被种者的电脑。"木马"与计算机网络中常常要用到的远程控制软件有些相似，但由于远程控制软件是"善意"的控制，因此通常不具有隐蔽性；"木马"则完全相反，木马要达到的是"偷窃"性的远程控制，如果没有很强的隐蔽性，那就是"毫无价值"的。

木马病毒是指通过一段特定的程序(木马程序)来控制另一台计算机。木马通常有两个可执行程序：一个是客户端，即控制端，另一个是服务端，即被控制端。植入被种者电脑的是"服务器"部分，而所谓的"黑客"正是利用"控制器"进入运行了"服务器"的电脑。运行了木马程序的"服务器"以后，被种者的电脑就会有一个或几个端口被打开，使黑客可以利用这些打开的端口进入电脑系统，安全和个人隐私也就全无保障了。木马的设计者为了防止木马被发现，而采用多种手段隐藏木马。木马的服务一旦运行并被控制端连接，其控制端将享有服务端的大部分操作权限，例如给计算机增加口令，浏览、移动、复制、删除文件，修改注册表，更改计算机配置等。

随着计算机病毒编写技术的发展，木马程序对用户的威胁越来越大，尤其是一些木马程序采用了极其狡猾的手段来隐蔽自己，使普通用户很难在中毒后发觉。

1. 网络游戏木马

随着网络在线游戏的普及和升温，我国拥有规模庞大的网游玩家。网络游戏中的金钱、装备等虚拟财富与现实财富之间的界限越来越模糊。与此同时，以盗取网游账号密码为目的的木马病毒也随之发展泛滥起来。

网络游戏木马通常采用记录用户键盘输入、Hook 游戏进程 API 函数等方法获取用户的密码和账号。窃取到的信息一般通过发送电子邮件或向远程脚本程序提交的方式发送给木马作者。

网络游戏木马的种类和数量，在国产木马病毒中都首屈一指。流行的网络游戏无一不受网游木马的威胁。一款新游戏正式发布后，往往在一到两个星期内，就会有相应的木马程序被制作出来。大量的木马生成器和黑客网站的公开销售也是网游木马泛滥的原因之一。

2. 网银木马

网银木马是针对网上交易系统编写的木马病毒，其目的是盗取用户的卡号、密码，甚至安全证书。这类木马种类数量虽然比不上网游木马，但其危害更加直接，受害用户的损失更加惨重。

网银木马通常针对性较强，木马作者可能首先对某银行的网上交易系统进行仔细分析，然后针对安全薄弱环节编写病毒程序。如 2004 年的"网银大盗"病毒，在用户进入工行网银登录页面时，会自动把页面换成安全性能较差、但依然能够运转的老版页面，然后记录用户在该页面上填写的卡号和密码；"网银大盗 3"利用招商银行网银专业版的备份安全证书功能，可以盗取安全证书；2005 年的"新网银大盗"，采用 API Hook 等技术干扰网银登录安全控件的运行。

随着我国网上交易的普及，受到外来网银木马威胁的用户也在不断增加。

3. 即时通信软件木马

现在，即时通信软件百花齐放，QQ、MSN、新浪 UC、网易泡泡、盛大圈圈，等等，网上聊天的用户群十分庞大。常见的即时通信类木马一般有 3 种：

(1)发送消息型。通过即时通信软件自动发送含有恶意网址的消息，其目的在于让收到消息的用户点击网址中毒，用户中毒后又会向更多好友发送病毒消息。这类计算机病毒常用技术是搜索聊天窗口，进而控制该窗口自动发送文本内容。

（2）盗号型。主要目标在于即时通信软件的登录账号和密码。其工作原理和网游木马类似。病毒作者盗得他人账号后，可能偷窥聊天记录等隐私内容，或将账号卖掉。

（3）传播自身型。

4. 网页点击类木马

网页点击类木马会恶意模拟用户点击广告等动作，在短时间内可以产生数以万计的点击量。病毒作者的编写目的一般是为了赚取高额的广告推广费用。这类计算机病毒的技术简单，一般只是向服务器发送 HTTP GET 请求。

5. 下载类木马

下载类木马程序的体积一般很小，其功能是从网络上下载其他病毒程序或安装广告软件。由于体积很小，下载类木马更容易传播，传播速度也更快。通常功能强大、体积也很大的后门类病毒，如"灰鸽子"、"黑洞"等，传播时都单独编写一个小巧的下载类木马，用户中毒后会把后门主程序下载到本机运行。

6. 代理类木马

用户感染代理类木马后，会在本机开启 HTTP、SOCKS 等代理服务功能。黑客把受感染计算机作为跳板，以被感染用户的身份进行黑客活动，达到隐藏自己的目的。

据 CNCERT/CC 监测发现，2007 年我国大陆地区被植入木马的主机 IP 数量增长惊人，是 2006 年的 22 倍，木马已成为互联网的最大危害。随着病毒产业链的发展和完善，木马程序窃取的个人资料从 QQ 密码、网游密码到银行账号、信用卡账号等，任何可以换成金钱的东西，都可能成为黑客窃取的对象。同时越来越多的黑客团伙利用电脑病毒构建"僵尸网络"（Botnet），用于敲诈和受雇攻击等非法牟利行为。木马在互联网上的泛滥导致大量个人隐私信息和重要数据的失窃，给个人带来严重的名誉损失和经济损失；此外，木马还越来越多地被用来窃取国家秘密和工作秘密，给国家和企业带来无法估量的损失。

木马程序与病毒程序有明显的不同。特洛伊木马程序是静态的程序，存在于另一个无害的被信任的程序之中。特洛伊木马程序会执行一些未经授权的功能，如把口令文件传递给攻击者，或给攻击者提供一个后门，攻击者通过这个后门可以进入那台主机，并获得控制系统的权力。病毒程序则具有自我复制的功能，其目的就是感染计算机。在任何时候病毒程序都是清醒的，监视着系统的活动。一旦系统的活动满足了一定的条件，病毒就活跃起来，把自己复制到那个活动的程序中去。

现在，大多数杀毒软件里都包含了对木马的查杀功能。把查杀木马程序单独剥离出来，可以提高查杀效率，现在许多杀毒软件里的木马专杀程序只对木马进行查杀，不去检查普通病毒库里的病毒代码，也就是说当用户运行木马专杀程序时，程序只调用木马代码库里的数据，而不调用病毒代码库里的数据，大大提高了木马查杀速度。

8.2.3 病毒防治

检查和清除病毒的一种有效方法是：使用各种防治病毒的软件。一般来说，无论是国外还是国内的杀毒软件，都能够不同程度地解决一些问题，但任何一种杀毒软件都不可能解决所有问题。因为到目前为止，世界上没有一家杀毒软件生产商敢承诺可以查杀所有已知的病毒。

如何选择计算机病毒防治产品呢？一般用户应选择：

(1)有发现、隔离并清除病毒功能的计算机病毒防治产品；

(2)产品是否具有实时报警(包括文件监控、邮件监控、网页脚本监控等)功能；

(3)多种方式及时升级；

(4)统一部署防范技术的管理功能；

(5)对病毒清除是否彻底，文件修复后是否完整、可用；

(6)产品的误报、漏报率较低；

(7)占用系统资源合理，产品适应性较好；

(8)查毒速度快；

(9)不仅可以根据用户需要扫描，还要有能实时监控、网络查毒的能力。

对于企业用户而言，要选择能够从一个中央位置进行远程安装、升级，能够轻松、自动、快速地获得最新病毒代码、扫描引擎和程序文件，使维护成本最小化的产品；产品提供详细的计算机病毒活动记录，跟踪计算机病毒并确保在有新病毒出现时能够为管理员提供警报；为用户提供前瞻性的解决方案，防止新病毒的感染；通过基于 Web 和 Windows 的图形用户界面提供集中的管理，最大限度地减少网络管理员在计算机病毒防护上所花费的时间。

下面介绍几种流行的杀毒软件。

1. 瑞星杀毒软件(http：//www. rising. com. cn)

瑞星杀毒软件采用杀毒软件、漏洞扫描系统、个人防火墙、数据修复系统"四合一"套装的产品形态，从多个角度、多个层面考虑到了反病毒及用户信息安全的需求，设计开发了大量的实用功能，通过各种技术手段实现"整体防御，立体防毒"。

瑞星杀毒软件适用于企业服务器与客户端，支持 WindowsNT/2000/XP、Unix、Linux 等多种操作平台，全面满足企业整体反病毒需要。瑞星杀毒软件创立并实现了"分布处理、集中控制"技术，以系统中心、服务器、客户端、控制台为核心结构，成功地实现了远程自动安装、远程集中控管、远程病毒报警、远程卸载、远程配置、智能升级、全网查杀、日志管理、病毒溯源等功能，该软件将网络中的所有计算机有机地联系在一起，构筑成协调一致的立体防毒体系。瑞星杀毒软件采用国际上最先进的结构化多层可扩展技术设计研制的第五代引擎，实现了从预杀式无毒安装、漏洞扫描、特征码判断查杀已知病毒，到利用瑞星专利技术行为判断查杀未知病毒，并通过可疑文件上报系统、嵌入式即时安全信息中心与瑞星中央病毒判别中心构成的信息交互平台，改被动查杀为主动防御，为网络中的个体计算机提供点到点的立体防护。

在瑞星杀毒软件网络版 2010 中，首度加入了"云安全"技术，部署之后，企业可以享受"云安全"的成果。世界级反病毒虚拟机也在瑞星网络版 2010 被成功应用，采用的"超级反病毒虚拟机"已经达到世界先进水平，这种虚拟机应用分时技术和硬件 MMU 辅助的本地执行单元，在纯虚拟执行模式下，可以每秒钟执行超过 2000 万条虚拟指令，结合硬件辅助后，更可以把效率提高 200 倍。除了两大核心技术之外，瑞星杀毒软件网络版 2010 中还加入了非常实用的多项功能。

2. 卡巴斯基杀毒软件(http：//www. kaspersky. com. cn/)

卡巴斯基最新版本将众多的计算机安全模块有机地结合在一起，避免了同时安装大量安全软件可能带来的软件冲突和系统性能的降低，使得软件对于各种能力水平的用户来说都十分易于使用和管理。比起风靡 2007 年的卡巴斯基互联网安全套装 7.0 来说，无论是在安全性，还是在功能上，都有了非常大的提升。

卡巴斯基全功能安全软件采用了全新的反病毒引擎，该引擎对于恶意程序的检测具有非常卓越的能力，特别是针对双核和四核 CPU 平台，极大地提高了系统扫描速度，是目前世界上处理速度最快和系统资源占用最少的反病毒引擎之一；启用了开创性的 4D 安全防御体系，将全新的应用程序过滤模块融入了主动防御技术和集成的防火墙，能够自动为应用程序的安全级别进行分类，针对不同级别的应用程序采用不同的安全策略和访问控制，保护用户电脑系统和其中的隐私文件不受所有已知和未知安全威胁的侵害。

此外，针对不同层次的用户需求，卡巴斯基全功能安全软件在设计中体现了"便利性与技术性"平衡，卡巴斯基为专业计算机用户提供了更加灵活和技术化的自定义设置。专业用户可以通过创建详细的和指定的报告，十分方便地获知关于特定事件或安全威胁的综合情况。网络数据包分析、信任区域、信息统计等功能，更是其为专业用户所准备的非常有用的功能。

卡巴斯基全功能安全软件所使用的独一无二的保护技术可以全面提升程序功能，根据需要轻松自定义保护功能：

(1)独特的安全免疫区——可以在该环境中运行可疑网站和应用程序以增强系统安全；

(2)应用程序活动控制——将全面监控已安装应用程序的所有活动；

(3)隐私信息保护——对系统中重要的数据提供额外保护；

(4)卡巴斯基工具栏——在浏览器中嵌入卡巴斯基工具栏将过滤危险网站；

(5)更高级的隐私信息保护——如虚拟键盘保护功能更强大；

(6)紧急检测系统——能够实时阻止快速传播的各种威胁；

(7)新一代的主动防御技术——可以更好地防御零日攻击和未知威胁；

(8)贴心设计的游戏模式——玩家玩游戏时程序将暂停更新、扫描等任务以避免打扰玩家。

3. 360 杀毒软件(http：//www.360.cn)

360 杀毒软件已经通过了国家公安部的信息安全产品检测，并于 2009 年 12 月及 2010 年 4 月两次通过了国际权威的 VB100 认证，成为国内首家初次参加 VB100 即获通过的杀毒软件产品。

360 杀毒软件无缝整合了国际知名的 BitDefender 病毒查杀引擎，以及 360 安全中心潜心研发的云查杀引擎。采用双引擎智能调度，提供完善的病毒防护体系，不但查杀能力出色，而且能第一时间防御新出现的病毒木马。

另外，360 杀毒软件是完全免费，无需激活码，轻巧快速不卡机，误杀率也很低，能为用户的电脑提供全面保护。360 杀毒软件推出时间不长，但已经跃居中国用户量最大的安全软件。

360 杀毒软件具有如下的功能和特点：

(1)领先双引擎，强力杀毒；

(2)具有领先的启发式分析技术；

(3)独有可信程序数据库，防止误杀；

(4)快速升级及时获得最新防护能力；

(5)全面防御 U 盘病毒。

另外，360 安全卫士是当前功能较强、效果较好、深受用户欢迎的上网安全软件。360 安全卫士运用云安全技术，在杀木马、打补丁、保护隐私、保护网银和游戏的账号密码安全、防止电脑变肉鸡等方面表现出色，被誉为"防范木马的第一选择"。360 安全卫士自身非常轻巧，查杀速度比传统的杀毒软件快数倍。同时还可以优化系统性能，可以大大加快电脑运行速度。

8.3　网络攻击与防范

8.3.1　黑客

黑客是英文 hacker 的译音，原意为热衷于电脑程序的设计者，是指对于任何计算机操作系统的奥秘都有强烈兴趣的人。黑客大多是程序员，他们具有操作系统和编程语言方面的高级知识，知道系统中的漏洞及其原因所在，他们不断追求更深的知识，并公开他们的发现，与其他人分享，并且从来没有破坏数据的企图。黑客在微观的层次上考察系统，发现软件漏洞和逻辑缺陷。他们编程去检查软件的完整性。黑客出于改进的愿望，编写程序去检查远程机器的安全体系，这种分析过程是创造和提高的过程。

现在"黑客"一词的普遍含义是指计算机系统的非法入侵者，是指利用某种技术手段，非法进入其权限以外的计算机网络空间的人。随着计算机技术和 Internet 的迅速发展，黑客的队伍逐渐壮大起来，其成员也变得日益复杂多样，黑客已经成为一个群体，他们公开在网上交流，共享强有力的攻击工具，而且个个都喜欢标新立异、与众不同。因此要给现今的黑客一个准确的定位十分困难。有的黑客为了证明自己的能力，不断挑战网络的极限；有的则以在网上骚扰他人为乐；有的则具有一种渴望报复社会的变态心理，等等。所以，今天的"黑客"几乎就是网络攻击者和破坏者的代名词。

8.3.2　网络攻击的表现形式

1. 假冒

假冒是指通过出示伪造的凭证来冒充别的对象，进入系统盗窃信息或进行破坏。假冒攻击的表现形式主要有盗窃密钥、访问明码形式的口令或记录授权序列并在以后重放。假冒具有很大的危害性，因为假冒回避了用于结构化授权访问的信任关系。

假冒常与某些别的主动攻击形式一起使用，特别是消息的重演与篡改（伪造），构成对用户的诈骗。例如，鉴别序列能够被截获，并在一个有效的鉴别序列发生之后被重演。特权很少的实体为了得到额外的特权，可能使用冒充手段装扮成具有这些特权的实体。

假冒带来极大的危害。以假冒的身份访问计算机系统，非授权用户 A 声称是另一用户 B，然后以 B 的名义访问服务与资源，A 窃取了 B 的合法利益，如果 A 破坏了计算机系统，则 A 不会承担责任，这必然损坏了 B 的声誉。再如进程 A 以伪装的身份欺骗与其通信的进程 B，如伪装成著名的售货商的进程要求购物进程提供信用卡号、银行账号，这不仅损害购物者的利益，也损害了售货商的声誉。

2. 未授权访问

未授权访问是指未经授权的实体获得了某个对象的服务或资源。未授权访问通常是通过在不安全通道上截获正在传输的信息或利用对象的固有弱点来实现的。

非授权访问没有预先经过同意，就使用网络或计算机资源，有意避开系统访问控制机制，对网络设备及资源进行非正常使用，或擅自扩大权限，越权访问信息。未授权访问主要有以下几种形式：假冒、身份攻击、非法用户进入网络系统进行违法操作、合法用户以未授权方式进行操作等。

3. 拒绝服务(DoS)

拒绝服务攻击即攻击者想办法让目标计算机停止提供服务，是黑客常用的攻击手段之一。其实对网络带宽进行的消耗性攻击只是拒绝服务攻击的一小部分，只要能够对目标造成麻烦，使某些服务被暂停甚至主机死机，都属于拒绝服务攻击。拒绝服务攻击问题也一直得不到合理的解决，究其原因是因为这是由于网络协议本身的安全缺陷造成的，从而拒绝服务攻击也成为了攻击者的终极手法。攻击者进行拒绝服务攻击，实际上让服务器实现两种效果：一是迫使服务器的缓冲区满，不接收新的请求；二是使用 IP 欺骗，迫使服务器把合法用户的连接复位，影响合法用户的连接。

4. 否认(抵赖)

在一次通信中涉及的那些实体之一事后不承认参加了该通信的全部或一部分。无论原因是故意的还是意外的，都会导致严重的争执，造成责任混乱。可以采用数字签名等技术措施来防止抵赖行为。

5. 窃听

窃听是信息泄露的表现。可以通过物理搭线、拦截广播数据包、后门、接收辐射信号进行实施。对窃听的预防非常困难，发现窃听几乎不可能，其严重性非常高。非授权者利用信息处理、传送、存储中存在的安全漏洞(例如通过卫星和电台窃收无线电信号、电磁辐射泄漏等)截收或窃取各种信息。由于卫星等无线电信号可以在全球进行窃收，因此必须加以重视。我国相关部门明确规定，在无线信道上传输秘密信息时必须安装加密机进行加密保护。

辐射是电磁信号泄漏。电缆线路和附加装置(计算机、打印机、调制解调器、监视器、键盘、连接器、放大器和分接盒)泄露一些信号，在若干距离上，泄露的信号能成为可读的数据。可以将调谐到低波段的 AM 收音机保持吱吱的叫声，并靠近计算机。将发现当计算机接通电源自检时，收音机产生不同的声音，而当给出各种不同的指令时，收音机产生另外的声音。收音机也能从监视器、打印机收取信号。

6. 篡改

非授权者用各种手段对信息系统中的数据进行增加、删改、插入等非授权操作，破坏数据的完整性，以达到其恶意目的。当所传送的内容被改变而未发觉，并导致一种非授权后果时出现消息篡改。

7. 复制与重放

当一个消息，或部分消息为了产生非授权效果而被重复时将出现重演。其实现是非授权者先记录系统中的合法信息、然后在适当时候进行重放，以搅乱系统的正常运行，或达到其恶意目的。由于记录的是合法信息，因而如果不采取有效措施，将难以辨认真伪。例如，一个含有鉴别信息的有效消息可能为另一个实体所重演，其目的是鉴别其自己(把自己当作其他实体)。恶意系统可以克隆一个实体或实体产生的信息。如截获订单，然后反复发出订单。

8. 逻辑炸弹

逻辑炸弹是指修改计算机程序，使计算机程序在某种特殊条件下按某种不同的方式运行。在正常条件下计算机程序运行正常，但如果某种特殊条件出现，计算机程序就会按不同于预期的方式运行。预防逻辑炸弹几乎不可能，发现也很困难，破坏性极大。

9. 后门(陷门)

后门是进入计算机系统的一种方法，通常由计算机系统的设计者利用应用系统的开发时机，故意设置机关，用以监视计算机系统，但有时也因偶然考虑不周而存在(如漏洞)。后门也是计算机程序设计、调试、测试或维修期间编程员使用的常用检验手段。例如当计算机程序运行时，在正确的时间按下正确的键，或提供正确的参数，就会对预定的事件或事件序列产生非授权的影响。发现后门非常困难。因为证明程序满足规范的要求是困难的，证明在任何其他情况下，该程序不做任何别的事情是更困难的(如不含后门、没有逻辑炸弹)。

10. 恶意代码

恶意代码包括计算机病毒、蠕虫、特洛伊木马、逻辑炸弹、恶意 Java 程序、愚弄和下流玩笑程序、恶意 Active X 控件以及 Web 脚本等。若 Web 页面放入了恶意代码，在访问者不知情的情况下，自动修改 IE 默认首页、标题内容、鼠标右键项目等。可以通过加强计算机病毒检测功能进行查杀。

11. 不良信息

互联网给人们的工作、学习、生活带来了极大便利，但在信息的海洋中，还夹杂着一些不良内容，包括色情、暴力、毒品、邪教、赌博等。通常的做法就是拦截，采用信息过滤技术进行访问控制。一方面，对页面进行监控，对出现的词汇进行逻辑判断，完成对不良信息的查杀；另一方面，通过预置不良网址禁止使用者登录。由于决策者对不良信息定义的标准可能不同，好的过滤系统应该允许管理员自定义设置。

8.3.3　网络攻击常用手段

通常的网络攻击一般是侵入或破坏网上的服务器主机，盗取服务器的敏感数据或干扰破坏服务器对外提供的服务，也有直接破坏网络设备的网络攻击，这种破坏影响较大，会导致网络服务异常甚至中断。

1. 网络攻击步骤

尽管黑客攻击系统的技能有高低之分，入侵的手法多种多样，但他们对目标系统实施攻击的流程却大致相同。其攻击过程可以归纳为以下 9 个步骤：踩点、扫描、模拟攻击、获取访问权、权限提升、窃取、掩盖踪迹、创建后门、拒绝服务攻击。

(1)踩点。"踩点"原意为策划一项盗窃活动的准备阶段，在黑客攻击领域，踩点的主要目标是收集被攻击方的有关信息，分析被攻击方可能存在的漏洞。通过"踩点"可能获取如下信息：网络域名、网络地址分配、域名服务器、邮件交换主机、网关等关键系统的位置及软件信息、硬件信息，内部网络的的独立地址空间及名称空间，网络连接类型及访问控制，各种开放资源，如雇员配置文件等。

(2)扫描。收集或编写适当的扫描工具，并在对攻击目标的软件系统、硬件系统进行分析的基础上，在尽可能短的时间内对目标进行扫描。通过扫描可以直接截获数据包进行信息分析、密码分析或流量分析等。通过分析获取攻击目标的相关信息如开放端口、注册用户及口令和存在的安全漏洞如 FTP 漏洞、NFS 输出到未授权程序中、不受限制的 X 服务器访问、不受限制的调制解调器、Sendmail 的漏洞、NIS 口令文件访问等。

扫描有手工扫描和利用端口扫描软件。手工扫描是利用各种命令，如 Ping、Tracert、Host 等。使用端口扫描软件是利用专门的扫描器进行扫描。

(3)模拟攻击。根据上一步所获得的信息，建立模拟环境，然后对模拟目标机进行一系列的攻击。通过检查被攻击方的日志，可以了解攻击过程中留下的"痕迹"。这样攻击者就知道需要删除哪些文件来毁灭其入侵证据。

(4)获取访问权。攻击者要想入侵一台主机，首先要有该主机的一个账号和密码，否则连登录都无法进行。因此，在搜索到目标系统的足够信息后，下一步要完成的工作是得到目标系统的访问权进而完成对目标系统的入侵。

(5)权限提升。一旦攻击者通过前面的几步工作获得了系统上任意普通用户的访问权限后，攻击者就会试图将普通用户权限提升至超级用户权限，以便完成对系统的完全控制。权限提升所采取的技术主要有通过得到的密码文件，利用现有的工具软件。破解系统上其他用户名及口令；利用不同操作系统及服务的漏洞，利用管理员不正确的系统配置等。

(6)窃取。一旦攻击者得到了系统的完全控制权，接下来将完成的工作是窃取，即进行一些敏感数据的篡改、添加、删除、复制等，并通过对敏感数据的分析，为进一步攻击应用系统做准备。

(7)掩盖踪迹。黑客一旦侵入系统，必然留下痕迹。此时，黑客需要做的首要工作就是清除所有入侵痕迹，避免自己被检测出来，以便能够随时返回被入侵系统继续干坏事或作为入侵其他系统的中继跳板。掩盖踪迹的主要工作有禁止系统审计、清空事件日志、隐藏作案工具及用新的工具替换常用的操作系统命令等。

(8)创建后门。黑客的最后一招便是在受害系统上创建一些后门及陷阱，以便入侵者一时兴起时，卷土重来，并能以特权用户的身份控制整个系统。创建后门的主要方法有创建具有特权用户权限的虚假用户账号、安装批处理、安装远程控制工具、使用木马程序替换系统程序、安装监控机制及感染启动文件等。

(9)拒绝服务攻击。如果未能获取系统访问权限，那么黑客所能采取的最恶毒的手段便是拒绝服务攻击。即使用精心准备好的漏洞代码攻击系统，使目标服务器资源耗尽或资源过载，以致于没有能力再向外提供服务。攻击所采用的技术手段主要是利用协议漏洞及不同系统实现的漏洞。

2. 网络攻击常用手段

网络攻击可以分为拒绝服务型，攻击扫描窥探攻击和畸形报文攻击三大类。

(1)拒绝服务型(DoS)攻击是使用大量的数据包攻击系统，使系统无法接受正常用户的请求，或者主机挂起不能提供正常的工作。主要 DoS 攻击有 SYN Flood、Fraggle 等。拒绝服务攻击和其他类型的攻击不大一样，攻击者并不是去寻找进入内部网络的入口，而是去阻止合法的用户访问资源或路由器。

(2)扫描窥探攻击是利用 Ping 扫射(ICMP 和 TCP)来标识网络上存活着的系统，从而准确指出潜在的攻击目标；利用 TCP 和 UCP 端口扫描，就能检测出操作系统和监听着的潜在服务。攻击者通过扫描窥探就能大致了解目标系统提供的服务种类和潜在的安全漏洞，为进一步侵入系统做好准备。

（3）畸形报文攻击是通过向目标系统发送有缺陷的 IP 报文使得目标系统在处理这样的 IP 包时会出现崩溃，给目标系统带来损失。主要的畸形报文攻击有 Ping of Death 攻击、Tear Drop 攻击、超大的 ICMP 报文等。

8.3.4　网络攻击的基本工具

1. 扫描器

网络安全扫描技术是一种基于 Internet 远程检测目标网络或本地主机安全性脆弱点的技术。通过网络安全扫描，系统管理员能够发现所维护的 Web 服务器的各种 TCP/IP 端口的分配、开放的服务、Web 服务软件版本和这些服务及软件呈现在 Internet 上的安全漏洞。网络安全扫描技术也是采用积极的、非破坏性的办法来检验系统是否有可能被攻击崩溃。这项技术利用了一系列的脚本模拟对系统进行攻击的行为，并对结果进行分析。这项技术通常被用来进行模拟攻击实验和安全审计。网络安全扫描技术与防火墙、安全监控系统互相配合就能够为网络提供很高的安全性。

在 Internet 安全领域，扫描器是最出名的破解工具。所谓扫描器，实际上是自动检测远程主机或本地主机安全性弱点的程序。扫描器扫描目标主机的 TCP/IP 端口和服务，并记录目标机的回答，以此获得关于目标机的信息。理解和分析这些信息，就可能发现破坏目标机安全性的关键因素。

2. 口令入侵工具

所谓口令入侵，是指破解口令或屏蔽口令保护。但实际上，真正的加密口令是很难逆向破解的。黑客们常用的口令入侵工具所采用的技术是仿真对比，利用与原口令程序相同的方法，通过对比分析，用不同的加密口令去匹配原口令。

3. 网络嗅探器（Sniffer）

计算机网络是共享通信通道的。共享意味着计算机能够接收到发送给其他计算机的信息。捕获在网络中传输的数据信息就称为 Sniffing（窃听）。

通常在同一个网段的所有网络接口都具有访问在物理媒体上传输所有数据的能力，而每个网络接口都还应该有一个硬件地址，该硬件地址不同于网络中存在的其他网络接口的硬件地址，同时，每个网络至少还有一个广播地址。在正常情况下，一个合法的网络接口应该只响应这样的两种数据帧：

（1）帧的目标区域具有和本地网络接口相匹配的硬件地址。

（2）帧的目标区域具有"广播地址"。

在接收到上面两种情况的数据包时，网卡通过 CPU 产生一个硬件中断，该中断能引起操作系统注意，然后将帧中所包含的数据传送给系统进一步处理。

而 Sniffer 就是一种能将本地网卡状态设成"混杂"模式的软件，当网卡处于这种"混杂"模式时，该网卡具备"广播地址"，该地址对所有遭遇到的每一个帧都产生一个硬件中断以便提醒操作系统处理流经该物理媒体上的每一个报文包。

Sniffer 用来截获网络上传输的信息，用在以太网或其他共享传输介质的网络中。放置

Sniffer，可以使网络接口处于广播状态，从而截获网上传输的信息。利用 Sniffer 可以截获口令、秘密的和专有的信息，用来攻击相邻的网络。Sniffer 的威胁还在于被攻击方无法发现。Sniffer 是被动的程序，本身在网络中不留下任何痕迹。

4. 破坏系统工具

常见的破坏装置有邮件炸弹和病毒等。其中邮件炸弹的危害性较小，而病毒的危害性则很大。

邮件炸弹是指不停地将无用信息传送给攻击方，填满对方的邮件信箱，使其无法接收有用信息。另外，邮件炸弹也可以导致邮件服务器的拒绝服务。常用的 E-mail 炸弹有：UpYours、KaBoom、Avalanche、Unabomber、eXtreme Mail、Homicide、Bombtrack、FlameThrower 等。

8.4　数　据　加　密

8.4.1　概述

数据加密是将要保护的信息变成伪装信息，使未授权者不能理解这些信息的真正含义，只有合法接收者才能从中识别出真实信息。所谓伪装就是对信息进行一组可逆的数学变换。伪装前的信息称为明文，伪装后的信息称为密文，伪装的过程即把明文转换为密文的过程称为加密。加密是在加密密钥的控制下进行的。用于对数据加密的一组数学变换称为加密算法。发送者将明文数据加密成密文，然后将密文数据送入数据通信网络或存入计算机文件。授权的接收者接收到密文后，施行与加密变换相逆的变换，去掉密文的伪装信息恢复出明文，这一过程称为解密。解密是在解密密钥的控制下进行的。用于解密的一组数学变换称为解密算法。因为数据以密文的形式存储在计算机文件中，或在数据通信网络中传输，因此即使数据被未授权者非法窃取或因系统故障和操作人员误操作而造成数据泄露，未授权者也不能理解这些信息的真正含义，从而达到数据保密的目的。同样，未授权者也不能伪造合理的密文，因而不能篡改数据，从而达到确保数据真实性的目的。

通常一个密码系统由以下五个部分组成：

（1）明文空间 M，该空间是全体明文的集合；

（2）密文空间 C，该空间是全体密文的集合；

（3）密钥空间 K，该空间是全体密钥的集合。其中每个密钥 K 均由加密密钥 K_e 和解密密钥 K_d 组成，即 $K=\langle K_e, K_d\rangle$；

（4）加密算法 E，该算法是一簇由 M 到 C 的加密变换，每一特定的加密密钥 K_e 确定一特定的加密算法；

（5）解密算法 D，该算法是一簇由 C 到 M 的解密变换，每一特定的解密密钥 K_d 确定一特定的解密算法。

对于每一确定的密钥 $K=\langle K_e, K_d\rangle$，加密算法将确定一个具体的加密变换，解密算法将确定一个具体的解密变换，而且解密变换是加密变换的逆过程。对于明文空间 M 中的每一个明文 M，加密算法在加密密钥 K_e 的控制下将 M 加密成密文 C

$$C=E(M, K_e) \tag{8-1}$$

而解密算法在解密密钥 K_d 的控制下从密文 C 中解出同一明文 M

$$M = D(C, K_d) = D(E(M, K_e), K_d) \tag{8-2}$$

密码学是信息安全的核心。要保证信息的保密性使用密码对其加密是最有效的办法。要保证信息的完整性使用密码技术实施数字签名，进行身份认证，对信息进行完整性校验是目前实际可行的办法。保障信息系统和信息为授权者所用，利用密码进行系统登录管理，存取授权管理是有效地办法。保证信息系统的可控性也可以有效地利用密码和密钥管理来实施。数据加密作为一项基本技术是所有通信安全的基石，数据加密过程是由各种各样的加密算法来具体实施的，数据加密以很小的代价提供很大的安全保护。密码技术是信息网络安全最有效的技术之一，在许多情况下，数据加密是保证信息保密性的唯一方法。

8.4.2　数据加密的原理和体制

如果按照收发双方密钥是否相同来分类，可以将这些加密系统分为对称密钥密码系统（传统密码系统）和非对称密钥密码系统（公钥密码系统）。

1. 对称密钥密码系统

在对称密钥密码系统中，收信方和发信方使用相同的密钥，并且该密钥必须保密。发送方用该密钥对待发报文进行加密，然后将报文传送至接收方，接收方再用相同的密钥对收到的报文进行解密。这一过程可以表现为如下数学形式，发送方使用的加密函数 encrypt 有两个参数：密钥 K 和待加密报文 M，加密后的报文为 E，即

$$E = encrypt(K, M) \tag{8-3}$$

接收方使用的解密函数 decrypt 把这一过程逆过来，就产生了原来的报文，即

$$M = decrypt(K, E) \tag{8-4}$$

数学中，decrypt 和 encrypt 互为逆函数。对称密钥加密系统如图 8-1 所示。

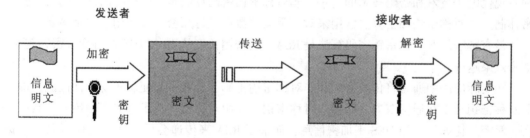

图 8-1　对称密钥加密示意图

在众多的对称密钥密码系统中影响最大的是 DES 密码算法，该算法加密时把明文以64 位为单位分成块，而后密钥把每一块明文转化为同样 64 位长度的密文块。

对称密钥密码系统具有加密、解密速度快、安全强度高等优点，在军事、外交及商业应用中使用越来越普遍。但其密钥必须通过安全的途径传送，因此，其密钥管理成为系统安全的重要因素。

2. 非对称密钥密码系统

在非对称密钥密码系统中，系统给每个用户分配两把密钥：一个称为私有密钥，是保

密的；另一个称为公共密钥，是众所周知的。该方法的加密函数必须具有如下数学特性：用公共密钥加密的报文除了使用相应的私有密钥外很难解密；同样，用私有密钥加密的报文除了使用相应的公共密钥外也很难解密；同时，几乎不可能从加密密钥推导出解密密钥，反之亦然。这种用两把密钥加密和解密的方法可以表示成如下数学形式，假设 M 表示一条报文，pub-ul 表示用户 L 的公共密钥，prv-ul 表示用户 L 的私有密钥，则

$$E = encrypt(pub\text{-}u1, M) \tag{8-5}$$

收到 E 后，只有用 prv-ul 才能解密，即

$$M = decrypt(prv\text{-}ul, E) \tag{8-6}$$

非对称密钥加密系统如图 8-2 所示。

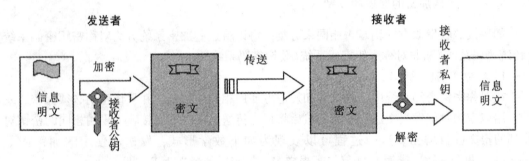

图 8-2　公钥加密示意图

公钥密码的优点是可以适应网络的开放性要求，且密钥管理问题也较为简单，尤其可以方便地实现数字签名和验证。但其算法计算复杂程度高，加密数据的速率较低，大量数据加密时，对称密钥加密算法的速度比非对称密钥加密算法快 100~1000 倍。尽管如此，随着现代电子技术和密码技术的进步，非对称密钥密码算法是一种很有前途的网络安全加密体制。非对称密钥加密算法常用来对少量关键数据进行加密，或者用于数字签名。

最有影响的非对称密钥密码算法是 RSA，其密钥长度从 40~2 048 位可变，密钥越长，加密效果越好。

在实际应用中通常将传统密码和非对称密钥密码结合在一起使用实现最佳性能，即用非对称密钥技术在通信双方之间传送对称密钥，而用对称密钥技术来对实际传输的数据加密、解密。比如：利用 DES 来加密信息，而采用 RSA 来传递会话密钥，这样可以大大提高处理速度。

8.4.3　数字签名

在传统密码中，通信双方用的密钥是一样的。因此，收信方可以伪造、修改密文，发信方也可以否认和抵赖他发过该密文，如果因此而引起纠纷，就无法裁决。

数字签名与用户的姓名和手写签名形式毫无关系，数字签名实际使用了信息发送者的私有密钥变换所需传输的信息。对于不同的文档信息，发送者的数字签名并不相同，没有私有密钥，任何人都无法完成非法复制。利用公开密钥加密方法可以用于验证报文发送方，这种技术称为数字签名。要在一条报文上签名，发送方只要使用其私有密钥加密即

可。接收方使用相反的过程解密。由于只有发送方才拥有用于加密的密钥，因此接收方知道报文的发送者。

数字签名可以解决否认、伪造、篡改及冒充等问题，是通信双方在网上交换信息时用公钥密码防止伪造和欺骗的一种身份认证，亦即：发送者事后不能否认发送的报文签名、接收者能够核实发送者发送的报文签名、接收者不能伪造发送者的报文签名、接收者不能对发送者的报文进行部分篡改、网络中的某一用户不能冒充另一用户作为发送者或接收者。数字签名的应用范围十分广泛，凡是需要对用户的身份进行判断的情况都可以使用数字签名，比如加密信件、商务信函、订货购买系统、远程金融交易、自动模式处理，等等。

公共密钥系统是怎样提供数字签名的呢？发送方使用私有密钥加密报文来进行签名，接收方查阅发送方公共密钥，并使用该密钥来解密，从而对签名进行验证。因为只有发送方才知道自己的私有密钥，因此只有发送方才能加密那些可以由公共密钥解密的报文。

在公共钥密码体制中的每个用户都有两个密钥，实际上有两个算法，一个是加密算法，另一个是解密算法。若 A 用户向 B 用户发送信息 m，A 用户可以用自己的保密的解密算法 D_A 对 m 进行加密得 $D_A(m)$，再用 B 用户的公开算法 E_B 对 $D_A(m)$ 进行加密得

$$C = E_B(D_A(m)) \tag{8-7}$$

B 用户收到密文 C 后先用他自己拥有的解密算法 D_B 对 C 进行解密得

$$D_B(C) = D_B(E_B(D_A(m))) = D_A(m) \tag{8-8}$$

然后再用 A 用户的公开算法 E_A 对 $D_A(m)$ 进行解密得

$$E_A(D_A(m)) = m$$

从而得到了明文 m。

由于 C 只有 A 用户才能产生，B 用户无法伪造或修改 C，所以 A 用户就不能抵赖或否认，这样就能达到签名的目的。

8.4.4　认证技术

在信息技术中，所谓"认证"，是指通过一定的验证技术，确认系统使用者的身份，以及系统硬件(如计算机)的数字化代号真实性的整个过程。其中对系统使用者身份的验证技术过程称为"身份认证"。

身份认证一般涉及两方面的内容，一个是识别，另一个是验证。所谓识别，就是要明确访问者是谁？即必须对系统中的每个合法的用户具有身份识别能力。要保证身份识别的有效性，必须保证任意两个不同的用户都不能具有相同的身份识别符。所谓验证是指访问者声称自己的身份后，系统还必须对其声称的身份进行验证，以防止冒名顶替者。识别符可以是非秘密的，而验证信息必须是秘密的。目前主要的认证技术包括：

1. 口令核对

鉴别用户身份最常见也是最简单的方法就是口令核对法：系统为每一个合法用户建立一个用户名/口令对，当用户登录系统或使用某项功能时，提示用户输入自己的用户名和口令，系统通过核对用户输入的用户名、口令与系统内已有的合法用户的用户名/口令对(这些用户名/口令对在系统内是加密存储的)是否匹配，若与某一项用户名/口令对匹配，则该用户的身份得到了认证。

2. 基于智能卡的身份认证

在认证时认证方要求一个硬件——智能卡。智能卡具有硬件加密的功能，有较高的安全性。每个用户持有一张智能卡，智能卡中存储用户个性化的秘密信息，同时在验证服务器中也存放该秘密信息。智能卡中存有秘密的信息，通常是一个随机数，只有持卡人才能被认证。前面介绍的动态口令技术实质上也是一种智能卡技术，这样可以有效地防止口令被猜测。

3. 基于生物特征的身份认证

利用人类自身的生理和行为特征，如：指纹、掌形、虹膜、视网膜、面容、语音、签名等，来识别个人身份，其优越性是明显的。例如指纹，其先天性、唯一性、不变性，使认证系统更安全，更准确、更便利，用户使用时无需记忆，更不会被借用、盗用和遗失。

在实际应用中，认证方案的选择应当从系统需求和认证机制的安全性能两个方面来综合考虑，安全性能最高的不一定是最好的。当然认证理论和技术还在不断发展之中，尤其是移动计算环境下的用户身份认证技术和对等实体的相互认证机制发展还不完善，如何减少身份认证机制和信息认证机制中的计算量和通信量，而同时又能提供较高的安全性能，是信息安全领域的研究人员进一步需要研究的课题。

8.5　入侵检测与防火墙技术

8.5.1　入侵检测

入侵检测是通过从计算机网络系统中的若干关键点收集信息并对其进行分析，从中发现违反安全策略的行为和遭到攻击的迹象，并做出自动的响应。其主要功能是对用户和系统行为的监测与分析、系统配置和漏洞的审计检查、重要系统和数据文件的完整性评估、已知的攻击行为模式的识别、异常行为模式的统计分析、操作系统的审计跟踪管理及违反安全策略的用户行为的识别。入侵检测通过迅速地检测入侵，在可能造成系统损坏或数据丢失之前，识别并驱除入侵者，使系统迅速恢复正常工作，并且阻止入侵者进一步的行动。同时，收集有关入侵的技术资料，用于改进和增强系统抵抗入侵的能力。

1. 入侵检测系统的分类

按照原始数据的来源，可以将入侵检测系统分为基于网络的入侵检测系统、基于主机的入侵检测系统和混合的入侵检测系统。

(1)基于网络的入侵检测

基于网络的入侵检测产品(NIDS)放置在比较重要的网段内，不停地监视网段中的各种数据包。对每一个数据包或可疑的数据包进行特征分析。如果数据包与产品内置的某些规则吻合，入侵检测系统就会发出警报甚至直接切断网络连接。目前，大部分入侵检测产品是基于网络检测的。

基于网络入侵检测的优点：

①网络入侵检测系统能够检测那些来自网络的攻击，该系统能够检测到超过授权的非法访问。

②一个网络入侵检测系统不需要改变服务器等主机的配置。由于该系统不会在业务系

统的主机中安装额外的软件，从而不会影响这些机器的 CPU、I/O 与磁盘等资源的使用，不会影响业务系统的性能。

③由于网络入侵检测系统不像路由器、防火墙等关键设备方式工作，该系统不会成为系统中的关键路径。

④网络入侵检测系统近年内有向专门的设备发展的趋势，安装这样的一个网络入侵检测系统非常方便，只需将定制的设备接上电源，做很少一些配置，将其连接到网络上即可。

基于网络入侵检测的弱点：

①网络入侵检测系统只检查该系统直接连接网段的通信，不能检测在不同网段的网络包，在使用交换以太网的环境中就会出现监测范围的局限。

②网络入侵检测系统为了性能目标通常采用特征检测的方法，可以检测出普通的一些攻击，而很难实现一些复杂的需要大量计算与分析时间的攻击检测。

③网络入侵检测系统可能会将大量的数据传回分析系统中。在一些系统中监听特定的数据包会产生大量的分析数据流量。

④网络入侵检测系统处理加密的会话过程较困难，目前通过加密通道的攻击尚不多，但随着 IPv6 的普及，这个问题会越来越突出。

（2）基于主机的入侵检测。

基于主机的入侵检测产品（HIDS）通常是安装在被重点检测的主机之上，主要是对该主机的网络实时连接以及系统审计日志进行智能分析和判断。如果其中主体活动十分可疑（特征或违反统计规律），入侵检测系统就会采取相应的措施。

基于主优入侵检测的优点：

①主机入侵检测系统对分析"可能的攻击行为"非常有用。主机入侵检测系统与网络入侵检测系统相比较通常能够提供更详尽的相关信息。

②主机入侵检测系统通常情况下比网络入侵检测系统误报率要低，因为检测在主机上运行的命令序列比检测网络流更简单，系统的复杂性也少得多。

③主机入侵检测系统可以布署在那些不需要广泛的入侵检测、传感器与控制台之间的通信带宽不足的情况下。

基于主机入侵检测的弱点：

①主机入侵检测系统安装在我们需要保护的设备上。

②主机入侵检测系统依赖于服务器固有的日志与监视能力。如果服务器没有配置日志功能，则必需重新配置，这将会给运行中的业务系统带来不可预见的性能影响。

③全面布署主机入侵检测系统代价较大，企业中很难将所有主机用主机入侵检测系统保护，只能选择部分主机保护。那些未安装主机入侵检测系统的计算机将成为保护的盲点，入侵者可以利用这些机器达到攻击目标。

④主机入侵检测系统除了监测自身的主机以外，根本不监测网络上的情况。对入侵行为的分析的工作量将随着主机数目增加而增加。

（3）混合入侵检测。

基于网络的入侵检测产品和基于主机的入侵检测产品都有不足之处，单纯使用一类产品会造成主动防御体系不全面。但是，这两种检测系统的缺憾是互补的。如果这两类产品能够无缝结合起来部署在网络内，则会构架成一套完整立体的主动防御体系，综合了基于网络和基于主机两种结构特点的入侵检测系统，既可以发现网络中的攻击信息，也可以从系统日志中发现异常情况。

2. 入侵检测技术

入侵检测技术通过对入侵和攻击行为的检测，查出系统的入侵者或合法用户对系统资源的滥用和误用。代写工作总结根据不同的检测方法，将入侵检测分为异常入侵检测和误用入侵检测。

(1)异常入侵检测。

异常入侵检测又称为基于行为的检测。其基本前提是：假定所有的入侵行为都是异常的。首先建立系统或用户的"正常"行为特征轮廓，通过比较当前的系统或用户的行为是否偏离正常的行为特征轮廓来判断是否发生了入侵。该方法不依赖于是否表现出具体行为来进行检测，是一种间接的检测方法。

常用的具体方法有：统计异常检测方法、基于特征选择异常检测方法、基于贝叶斯推理异常检测方法、基于贝叶斯网络异常检测方法、基于模式预测异常检测方法、基于神经网络异常检测方法、基于机器学习异常检测方法、基于数据采掘异常检测方法等。

异常入侵检测技术的难点是"正常"行为特征轮廓的确定、特征量的选取、特征轮廓的更新。由于这几个因素的制约，异常入侵检测的虚警率很高，但对于未知的入侵行为的检测非常有效。此外，由于需要实时地建立和更新系统或用户的特征轮廓，这样所需的计算量很大，对系统的处理性能要求很高。

(2)误用入侵检测。

误用入侵检测又称为基于知识的检测。其基本前提是：假定所有可能的入侵行为都能被识别和表示。首先，对已知的攻击方法进行攻击签名(攻击签名是指用一种特定的方式来表示已知的攻击模式)表示，然后根据已经定义好的攻击签名，通过判断这些攻击签名是否出现来判断入侵行为的发生与否。这种方法是依据是否出现攻击签名来判断入侵行为，是一种直接的方法。

常用的具体方法有：基于条件概率误用入侵检测方法、基于专家系统误用入侵检测方法、基于状态迁移分析误用入侵检测方法、基于键盘监控误用入侵检测方法、基于模型误用入侵检测方法等。误用检测的关键问题是攻击签名的正确表示。

误用检测是根据攻击签名来判断入侵的，根据对已知的攻击方法的了解，用特定的模式语言来表示这种攻击，使得攻击签名能够准确地表示入侵行为及其所有可能的变种，同时又不会把非入侵行为包含进来。由于多数入侵行为是利用系统的漏洞和应用程序的缺陷进行的，因此，通过分析攻击过程的特征、条件、排列以及事件之间的关系，就可以具体描述入侵行为的迹象。这些迹象不仅对分析已经发生的入侵行为有帮助，而且对即将发生的入侵也有预警作用。

误用入侵检测将收集到的信息与已知的攻击签名模式库进行比较，从中发现违背安全策略的行为。由于只需要收集相关的数据，这样系统的负担明显减少。该方法类似于病毒检测系统，其检测的准确率和效率都比较高。但是该方法也存在一些缺点。

目前，由于误用入侵检测技术比较成熟，多数商业产品都主要是基于误用入侵检测模型。不过，为了增强检测功能，不少产品也加入了异常入侵检测的方法。

8.5.2　防火墙技术

防火墙技术是为了保证网络路由安全性而在内部网和外部网之间的界面上构造一个保护层。所有的内外连接都强制性地经过这一保护层接受检查过滤，只有被授权的通信才允许通过。防火墙的安全意义是双向的，一方面可以限制外部网对内部网的访问，另一方面也可以限制内部网对外部网中不健康或敏感信息的访问。同时，防火墙还可以对网络存取访问进行记录和统计，对可疑动作告警，以及提供网络是否受到监视和攻击的详细信息。

防火墙通常是包含软件部分和硬件部分的一个系统或多个系统的组合。内部网络被认为是安全和可信赖的，而外部网络（通常是 Internet）被认为是不安全和不可信赖的。防火墙的作用是通过允许、拒绝或重新定向经过防火墙的数据流，防止不希望的、未经授权的通信进出被保护的内部网络，并对进、出内部网络的服务和访问进行审计和控制，本身具有较强的抗攻击能力，并且只有授权的管理员方可对防火墙进行管理，通过边界控制来强化内部网络的安全。防火墙在网络中的位置通常如图 8-3 所示。防火墙可以是软件，也可以是硬件，也可以是软件、硬件的组合。

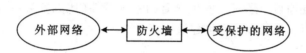

图 8-3　防火墙在网络中的位置示意图

如果没有防火墙，则整个内部网络的安全性完全依赖于每个主机，因此，所有的主机都必须达到一致的高度安全水平，也就是说，网络的安全水平是由最低的那个安全水平的主机决定的，这就是所谓的"木桶原理"，木桶能装多少水由最低的地方决定。网络越大，对主机进行管理使它们达到统一的安全级别水平就越不容易。

防火墙隔离了内部网络和外部网络，防火墙被设计为只运行专用的访问控制软件的设备，而没有其他的服务，因此也就意味着相对少一些缺陷和安全漏洞。此外，防火墙也改进了登录和监测功能，从而可以进行专用的管理。如果采用了防火墙，内部网络中的主机将不在直接暴露给来自 Internet 的攻击。因此，对整个内部网络的主机的安全管理就变成了防火墙的安全管理，这样就使安全管理变得更为方便，易于控制，也会使内部网络更加安全。

防火墙一般安装在被保护网络的边界，必须做到以下几点，才能使防火墙起到安全防护的作用：

（1）所有进出被保护网络的通信都必须通过防火墙。

（2）所有通过防火墙的通信必须经过安全策略的过滤或防火墙的授权。

（3）防火墙本身是不可侵入的。

总之，防火墙是在被保护网络和非信任网络之间进行访问控制的一个或一组访问控制部件。防火墙是一种逻辑隔离部件，而不是物理隔离部件，防火墙所遵循的原则是，在保证网络畅通的情况下，尽可能地保证内部网络的安全。防火墙是在已经制定好的安全策略下进行访问控制，所以一般情况下防火墙是一种静态安全部件，但随着防火墙技术的进步，防火墙或通过与 IDS(入侵检测系统)进行联动，或自身集成 IDS 功能，将能够根据实际的情况进行动态的策略调整。

8.6　系统还原和系统更新

8.6.1　系统还原

有时候，安装程序或驱动程序会对电脑造成未预期的变更，甚至导致 Windows 不稳定，发生不正常的行为，如果计算机运行缓慢或无法正常工作，用户都可以通过系统还原，在不影响个人文件(例如文件、电子邮件或相片)的情况下撤销电脑系统的变更。

系统还原是 Windows 的一个功能组件，可以通过系统还原功能，利用所选系统文件和程序文件的备份将系统还原为以前的状态。而且系统还原保留了多个还原点，允许选择可将计算机还原的状态，并不是仅仅最后一个还原点。系统还原的目的是在不需要重新安装操作系统，也不会破坏数据文件的前提下使系统回到工作状态。

系统还原使用还原点将系统文件和设置及时返回到以前的点且不影响个人文件。系统每周都会自动创建还原点，还有在发生显著的系统事件(比如安装程序或设备驱动程序)之前也会创建还原点，也可以手动创建还原点。

1. 系统还原设置

鼠标右击"我的电脑"，选择"属性"→"系统还原"选项卡，如图 8-4 所示，确保"在所有驱动器上关闭系统还原"复选框未选中，再确保"需要还原的分区"处于"监视"状态。

系统还原功能会占用大量硬盘空间，可以通过设置来保证硬盘空间。若只对某盘的还原设置，取消选择"在所有驱动器上关闭系统还原"复选框，选中"可用的驱动器"项中所需要分区，点"设置"，选中"关闭这个驱动器上的系统还原"可以禁止该分区的系统还原功能。另外还可以给分区限制还原功能所用磁盘空间，选中需设置的分区，点"设置"后，在弹出设置窗口中拖动滑块进行空间大小的调节，如图 8-5 所示。

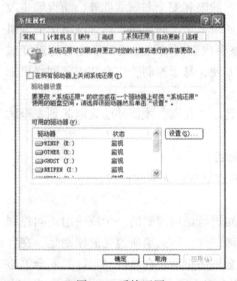

图 8-4　系统还原

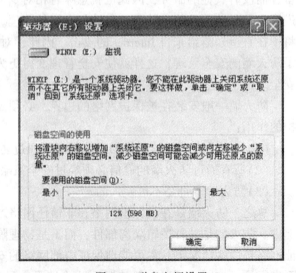

图 8-5　磁盘空间设置

2. 释放多余还原点

Windows XP 中还原点包括系统自动创建还原点和用户手动创建还原点。当使用时间加长，还原点会增多，硬盘空间减少，此时，可以释放多余还原点。打开"我的电脑"，选中磁盘后鼠标右击，选择"属性"/"常规"，单击"磁盘清理"，如图 8-6 所示，选中"其他选项"选项卡，在"系统还原"项单击"清理"按钮即可，如图 8-7 所示。

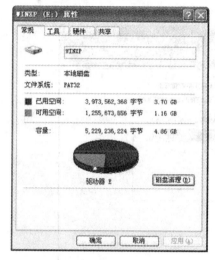

图 8-6　磁盘清理

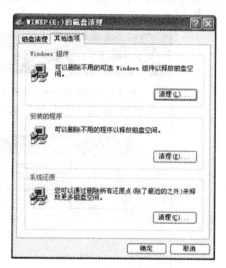

图 8-7　还原点清理

3. 系统还原方法

(1)创建系统还原点。

创建系统还原点也就是建立一个还原位置，系统出现问题后，就可以把系统还原到创建还原点时的状态。点击"开始"→"程序"→"附件"→"系统工具"→"系统还原"命令，打开系统还原向导，如图 8-8 所示，选择"创建一个还原点"，然后点击"下一步"按钮，在还原点描述中填入还原点名(也可以用默认的日期作为名称)，单击"创建"按钮即完成还原点的创建，如图 8-9 所示。

图 8-8　系统还原

图 8-9　创建还原点

(2)还原系统。

当电脑由于各种原因出现异常错误或故障之后，就可以利用系统还原功能。点击"开始"→"程序"→"附件"→"系统工具"→"系统还原"命令，选择"恢复我的计算机到一个较早的时间"，然后单击"下一步"按钮选择还原点，在左边的日历中选择一个还原点创建的日期后，右边就会出现这一天中创建的所有还原点，选中想还原的还原点，单击"下一步"开始进行系统还原，这个过程中系统会重启，如图 8-10 所示。

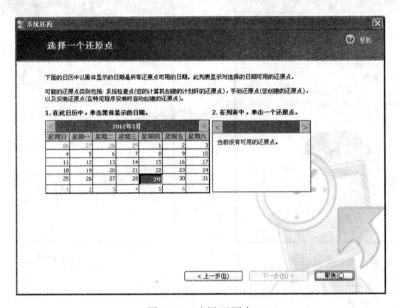

图 8-10　选择还原点

8.6.2　系统更新(Windows Update)

Windows Update 是微软提供的一种自动更新工具，通常提供漏洞、驱动、软件的升级，可以用于确保用户的电脑更加安全且顺畅运行，只需将系统自动更新功能打开，就会自动从微软公司获得最新的补丁程序和其他重要的更新程序。

Windows Update 是用来升级系统的组件，通过该组件来更新用户的系统，能够扩展系统的功能，让系统支持更多的软件、硬件，解决各种兼容性问题，让系统更安全、更稳定。

在使用该工具时，Windows Update 将扫描计算机并通知适用于用户的软件和硬件的更新程序，用户可以选择要安装的更新程序以及安装方式。

Microsoft 发布的更新程序类型多种多样，可以用于解决形形色色的问题。为了更加方便用户获得最重要的更新程序，Windows Update 采用以下类别：重要和可选，重要的往往是漏洞补丁，可选一般是驱动、软件、语言包等。

在已打开"自动更新"功能的情况下，Windows 将检测适用于用户的计算机的最新高级更新程序并根据用户的自动更新设置安装更新程序。

开启 Windows Update 的方法如下：

点击"开始"→"控制面板"→"自动更新",或者选择"系统",再选择"自动更新",出现如图 8-11 所示的对话框,用户可以根据自己的需要进行选择。

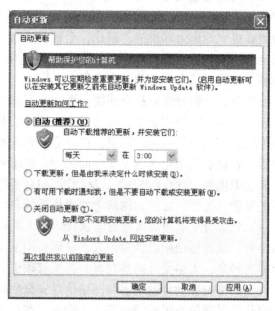

图 8-11 Windows 自动更新设置

使用 Windows 自动更新功能,可以第一时间准确安装所有更新,比常见的修复工具更为详细,准确。Windows 自动更新经过设置可以提供 Office、Visual Studio 的更新,其他产品只能提供漏洞更新。最重要的是更新比其他辅助产品全,往往 Windows 自动更新提供的补丁比其他修复软件的多几个。如果使用其他的修复软件又可能导致安装错误的补丁,导致系统无法启动。

8.7 网 络 道 德

道德是由一定的社会组织借助于社会舆论、内心信念、传统习惯所产生的力量,使人们遵从道德规范,达到维持社会秩序、实现社会稳定目的的一种社会管理活动。互联网正处于起步时期,在传统现实社会中形成的道德及其运行机制在网络社会中并不完全适用。我们不能为了维护传统道德而拒绝虚拟空间闯入我们的生活,我们也不能听任网络道德处于失范无序状态,或消极地等待其自发的道德运行机制的形成。我们必须通过分析网络社会道德不同于现实社会生活中的道德的新特点,提出新的道德要求,加快网络道德的引导、宣传和推广,倡导道德自律。

8.7.1 国家相关法规

互联网空间虽然是虚拟的世界,但互联网对信息社会和人类文明的影响却越来越大。尤其是互联网具有的跨国界性、无主管性、不设防性,网络在为人们提供便利、带来效益的同时，也带来风险。网络发展中出现的法律问题应引起全社会的足够重视。

近年来，网络知识产权纠纷此起彼伏，利用网络进行意识形态与文化观念的渗透、从事违反法律、道德的活动等问题日益突出，计算机病毒和"黑客"攻击网络的事件屡有发生，从而对各国的主权、安全和社会稳定构成了威胁。随着我国加入 WTO 后对外开放进一步扩大，网络安全将面临更大的压力和挑战。因此，全社会应当广泛关注国家网络安全问题和法制建设，提高全民网络与信息安全意识，加快完善我国网络安全立法和法律防范机制，维护国家的整体利益，促进信息产业的健康发展。

目前我国互联网的管理方式已引发许多社会问题，受到政府和公众的普遍关注。现在充斥于网络中的有害信息，包括危害国家安全、社会安全、扰乱公共秩序、侵犯他人合法权益、破坏文化传统和伦理道德及有伤风化的信息，在社会上负面影响很大。

互联网立法严重滞后，是造成网络犯罪的重要原因之一。由于互联网发展迅速，而且是一个无国界、无时空的虚拟世界，现行《刑法》以及《计算机信息系统安全保护条例》等法律法规许多方面跟不上发展。另外，目前，网络上的操作系统软件存在的漏洞也是造成网络犯罪频发的诱因之一。犯罪分子通过黑客软件非法侵入他人的计算机系统或网络公司而窃得他人用户资料或账号，或自己使用或转卖他人，从而盗用网络服务或从中盈利。而且这些犯罪嫌疑人文化程度较高，大多受过高等教育，甚至有硕士研究生、博士研究生。

黑客攻击、病毒入侵等网络犯罪的日益增多与网络信息安全法制不健全和对网络犯罪的惩治不力密不可分。因此为了保护我国的信息安全，国务院和相关部门已经陆续出台了一系列与网络信息安全相关的法规法规，主要有：

《计算机软件保护条例》(1992 年)；

《中华人民共和国计算机信息系统安全保护条例》(1994 年)；

《中华人民共和国信息网络国际联网暂行规定》(1997 年)；

《计算机信息网络国际联网安全保护管理办法》(1997 年)；

《商用密码管理条例》(1999 年)；

《计算机病毒防治管理办法》(2000 年)；

《计算机信息系统国际联网保密管理规定》(2002 年)等。

此外，1997 年 3 月颁布的新《刑法》第 285 条、第 286 条、第 287 条，对非法侵入计算机信息系统罪、破坏计算机信息系统罪，以及利用计算机实施金融诈骗、盗窃、贪污、挪用公款、窃取国家机密等犯罪行为，作出了规定。

8.7.2　网络道德规范

在信息技术日新月异的今天，人们无时无刻不在享受着信息技术给人们带来的便利与好处。然而，随着信息技术的深入发展和广泛应用，网络中已出现许多不容回避的道德与法律的问题。因此，在充分利用网络提供的历史机遇的同时，抵御其负面效应，大力进行网络道德建设已刻不容缓。以下是有关网络道德规范的要求，希望大家遵照执行。

基本规范：

(1)不应使用计算机去伤害他人；

(2)不应干扰别人的计算机工作；

(3)不应窥探别人的文件；

(4)不应使用计算机进行偷窃；

(5)不应使用计算机作伪证；

(6)不应使用或拷贝没有付钱的软件；

(7)不应未经许可而使用别人的计算机资源；

(8)不应盗用别人的智力成果；

(9)应该考虑你所编的程序的社会后果；

(10)应该以深思熟虑和慎重的方式来使用计算机。

(11)为社会和人类作出贡献；

(12)避免伤害他人；

(13)要诚实可靠；

(14)要公正并且不采取歧视性行为；

(15)尊重包括版权和专利在内的财产权；

(16)尊重知识产权；

(17)尊重他人的隐私；

(18)保守秘密。

不道德网络行为：

(1)有意地造成网络交通混乱或擅自闯入网络及其相联的系统；

(2)商业性或欺骗性地利用大学计算机资源；

(3)偷窃资料、设备或智力成果；

(4)未经许可而接近他人的文件；

(5)在公共用户场合做出引起混乱或造成破坏的行动；

(6)伪造电子邮件信息。

本 章 小 结

本章介绍了信息安全问题，包括信息安全的概念、特性和出现的原因，并重点介绍了计算机病毒的概念、特征及其预防，网络攻击的主要方法和步骤，系统还原和系统更新的概念和操作方法，以及国家相关的政策法规和应遵守的道德规范，旨在让学生在了解网络安全全貌的基础上能够解决相关的网络安全问题。

练 习 题 8

一、单项选择题

1. 最常见的保证网络安全的工具是_____。

　　A. 防病毒工具　　　　　　　B. 防火墙

　　C. 网络分析仪　　　　　　　D. 操作系统

2. 所谓计算机"病毒"的实质，是指_____。

　　A. 盘片发生了霉变

　　B. 隐藏在计算机中的一段程序，条件合适时就运行，破坏计算机的正常工作

C. 计算机硬件系统损坏或虚焊，使计算机的电路时通时断

D. 计算机供电不稳定造成的计算机工作不稳定

3. 以下关于计算机病毒的叙述，正确的是_____。

    A. 若删除盘上所有文件，则病毒也会被删除

    B. 若用杀毒盘清毒后，感染病毒的文件可完全恢复到原来的状态

    C. 计算机病毒是一段程序

    D. 为了预防病毒侵入，不要运行外来软盘或光盘

4. 下面各项中，属于计算机系统所面临的自然威胁的是_____。

    A. 电磁泄漏   B. 媒体丢失

    C. 操作失误   D. 设备老化

5. 下列各项中，属于"木马"的是_____。

    A. Smurf   B. Backdoor

    C. 冰河   D. CIH

6. 单密钥系统又称为_____。

    A. 公开密钥密码系统   B. 对称密钥密码系统

    C. 非对称密钥密码系统   D. 解密系统

7. DES 的分组长度和密钥长度都是_____。

    A. 16 位   B. 32 位

    C. 64 位   D. 128 位

8. 下列各项中，可以被用于进行数字签名的加密算法是_____。

    A. RSA   B. AES

    C. DES   D. Hill

9. 以下内容中，不是防火墙功能的是_____。

    A. 访问控制   B. 安全检查

    C. 授权认证   D. 风险分析

10. 入侵检测的目的是_____。

    A. 实现内外网隔离与访问控制

    B. 提供实时的检测及采取相应的防护手段，阻止黑客的入侵

    C. 记录用户使用计算机网络系统进行所有活动的过程

    D. 预防、检测和消除病毒

11. 计算机网络安全的目标不包括_____。

    A. 可移植性   B. 保密性

    C. 可控性   D. 可用性

12. 下面属于网络防火墙功能的是_____。

    A. 过滤进、出网络的数据   B. 保护内部网络和外部网络

    C. 保护操作系统   D. 阻止来自于内部网络的各种危害

13. 在网络安全中，截取是指未授权的实体得到了资源的访问权。这是对_____。

    A. 有效性的攻击   B. 保密性的攻击

    C. 完整性的攻击   D. 真实性的攻击

14. 数据机密性服务主要针对的安全威胁是_____。

    A. 拒绝服务　　　　　　　　　B. 窃听攻击

    C. 服务否认　　　　　　　　　D. 硬件故障

15. 下列计算机病毒检测手段中，主要用于检测已知病毒的是_____。

    A. 特征代码法　　　　　　　　B. 校验和法

    C. 行为监测法　　　　　　　　D. 软件模拟法

二、操作题

1. 试安装一杀毒软件，对软件进行必要的设置，查杀病毒，升级软件。

第9章　计算机多媒体技术

多媒体诞生于 20 世纪 90 年代，是计算机技术发展的产物，多媒体将信息学、心理学、传播学和美学等融于一体。多媒体技术是计算机领域的一支新秀，多媒体集合了图文声像、即图形、图像、文字、声音、动画和视频等多种媒体元素。多媒体是近年来计算机工业中发展最快的技术之一，多媒体已在教育、宣传、训练、仿真等方面得到了广泛的应用。

本章主要介绍多媒体计算机的基本组成、应用和特点；常用数码设备的分类与用途；多媒体基本应用工具：Windows 绘图、Windows 音频工具、Windows 视频工具的基本功能；以及文件压缩与解压缩的基本概念和压缩软件 WinRAR 的使用等内容。

9.1　计算机多媒体技术的基本知识

9.1.1　计算机多媒体技术的概念

"多媒体"一词译自英文"multimedia"即"multiple"和"media"的合成，其核心词是媒体。媒体在计算机领域中有两种含义：即媒质和媒介。媒质是存储信息的实体，如磁盘、光盘、磁带、半导体存储器等，也称为介质。媒介是传递信息的载体，例如数字、文字、声音、图形和图像等。

多媒体(multimedia)是指同时获取、处理、编辑、存储和展示两种或两种以上不同类型信息媒体的技术，这些信息媒体包括文本、声音、视频、图形、图像、动画等。多媒体技术是指利用计算机交互式综合技术和数字通信技术将各种信息媒体综合一体化，使它们建立起逻辑联系，集成为一个交互系统并进行加工处理的技术。

多媒体技术的特性包括同步性、集成性和交互性。

同步性：是指多种媒体之间同步运行的特性；

集成性：是指文本、图形、图像、动画、视频等多种媒体综合使用的特性；

交互性：是指使用者能通过与计算机交互的手段使用多媒体信息的特性。

总之，多媒体技术是一门基于计算机技术的，包括对媒体设备的控制和媒体信息的处理技术、多媒体机系统(硬件和软件)技术、多媒体信息组织与管理技术、多媒体通信网络技术、多媒体人机接口与虚拟现实技术、多媒体应用技术的综合技术，是一门处于发展过程中的、备受关注的高新技术。

9.1.2　多媒体计算机的基本组成

多媒体计算机(MPC)是指能对多媒体信息进行获取、编辑、存取、处理、加工和输出的一种交互性的计算机系统。20 世纪 80 年代末和 90 年代初，几家主要 PC 厂商联合组成的 MPC 委员会制定了 MPC 的三个标准，按当时的标准、多媒体计算机除了应是一台配置高性能的微机外，还需配置的多媒体硬件有：CD—ROM 驱动器、声卡、视频卡和音箱（或耳机）。

　　现在，一台典型的多媒体计算机在硬件上应该包括：功能强、速度快的中央处理器（CPU），大容量的内存和硬盘，高分辨率的显示接口和设备，光盘驱动器、音频卡，图形加速卡，视频卡，支持 MIDI 设备、串行设备、并行设备和游戏杆的 I/O 端口等。应该说，现在大多数微机都属于多媒体计算机，完全胜任非专业的多媒体处理工作。

　　当然，除了基本的硬件配置外，多媒体系统还配置相应的软件，首先包括支持多媒体的操作系统，如 Windows XP、Windows Server 2003 等。其次包括各种多媒体开发工具和压缩软件、解压缩软件等。

9.1.3　多媒体技术在网络教育中的作用

1. 多媒体技术对教育和培训的影响

　　教育与培训无疑是多媒体应用最活跃的领域之一，多媒体教学和培训的形式非常多样，最典型的一种方式是采用多媒体教室，教师利用以计算机为核心的各种多媒体设备，通过声音、图片、视频、动画等手段能够把一堂课讲得有声有色，充分激发学习者的学习兴趣、吸引学习者的注意力，对加快知识消化和吸收、提高学生的学习效率起到了积极的作用。

　　交互式多媒体教学程序是多媒体技术在教育和培训中的应用之一，主要用于学习者的自学。目前市面上主要有语言教学、课程教学、各类考试辅导以及计算机教学等方面的教学程序。除了这种被称为"课件"的多媒体教学程序以外，还有其他许多类型的多媒体程序可供学习者使用，例如电子词典、电子参考书、电子百科全书等。

　　与 Internet 紧密结合的远程教育是多媒体教学的另外一种常见形式。在远程教育中，多媒体信息是通过网络进行传播的，这使学习者能随时随地的共享高水平的教学。对提高边远地区学生的学习水平大有帮助。

　　此外，结合了虚拟现实技术的多媒体培训还可以用于一些特殊场合，如培训学员使用计算机学习驾驶汽车技术、培训消防员在计算机模拟的火灾演习中掌握灭火技术等，从而降低培训的费用和风险。

2. 多媒体技术对远程教育的影响

　　远程教育是学生与教师、学生与教育组织之间主要采取多种媒体方式进行系统教学和通信联系的教育形式，是将课程传送给校园外的一处或多处学生的教育。现代远程教育则是指通过音频、视频(直播或录像)以及包括实时和非实时在内的计算机技术把课程传送到校园外的教育。现代远程教育是随着现代信息技术的发展而产生的一种新型教育方式。计算机技术、多媒体技术、通信技术的进步，特别是因特网的迅猛发展，使远程教育的手段有了质的飞跃，成为高新技术条件下的远程教育。现代远程教育是以现代远程教育手段为主，多种媒体优化、有机组合的教育方式，是构筑 21 世纪终生学习体系的主要手段。

　　网络远程教学模式依靠现代通信技术及多媒体技术的进步与发展，大幅度提高了教育传播的范围与时效，使教育传播不受时间、地域、国界、气候等影响。有 Internet 的地方就可以学习网上课件。打破了校园的界限，改变了传统"课堂"的概念。教师和学生能够跨时空进行实时或非实时的交互，大大提高了教学效率。学生还能共享世界各地图书馆资料，获得更多丰富、直观的信息。

9.1.4 多媒体设备

1. 多媒体设备

（1）音频设备。

音频设备是音频输入设备、音频输出设备的总称，包括许多种类型的产品，一般可以分为以下几种：功放机（用于把来自信号源的微弱电信号进行放大以驱动扬声器发出声音）、音箱、多媒体控制台、数字调音台（用于将多路输入信号进行放大、混合、分配、音质修饰和音响效果加工）、音频采样卡、合成器、中高频音箱、话筒，PC 中的声卡、耳机等。

声卡是计算机处理音频信号的 PC 扩展卡，也称为音频卡，声卡处理的音频媒体包括数字化声音、合成音乐（MIDI）、CD 音频等。声卡的主要功能是音频的录制与播放、编辑与音乐合成、文字语音转换、CD—ROM 接口、MIDI 接口、游戏接口等。声卡工作还应有相应的软件支持，包括驱动程序、混频程序（mixer）和 CD 播放程序等。

如图 9-1 所示，无论什么类型的声卡都有几个常用的与外部设备连接的插孔：

①MIC 插孔：用于连接麦克风录制外界声音；

②LINE IN 插孔：音频输入孔，与录音机、电视机、DVD 等设备上的 LINE OUT 插孔连接，录制上述设备发出的声音；

③LINE OUT 插孔：音频输出孔，与耳机、音箱等连接，输出计算机中的声音信息；

④MIDI/GAME 接口：可连接游戏遥杆、模拟方向盘等游戏操作设备，或连接数字电声乐器上的 MIDI 接口传输 MIDI 音乐信号。

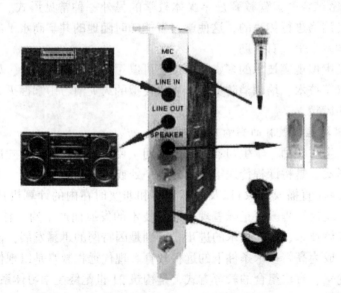

图 9-1 声卡

（2）视频设备。

视频设备主要包括视频采集卡、DV 卡、电视卡、视频监控卡、视频压缩卡等。

视频采集卡（Video Capture card）也称为视频卡，用于采集视频数据。视频采集卡将模拟摄像机、录像机、LD 视盘机、电视机输出的视频信号等输出的视频数据或视频、音频的混合数据输入电脑，并转换成电脑可以辨别的数字数据，存储在电脑中，成为可以编辑处理的视频数据文件。

DV 卡也称为 1394 采集卡，是由 APPLE 公司和 TI（德克萨仪器）公司开发的高速串行接标准，其传输速率快。将 1394 采集卡插在 PCI 插槽里，数码摄像机与该卡相连接，就可以把 DV 影片复制（采集）到 PC 的硬盘里（或是从硬盘把信号传输到摄像机），在此转换过程中数据信号无损失。

电视卡，顾名思义就是通过个人计算机来看电视，电视卡通过内置的模拟/数字转换芯片将模拟电视信号转换成计算机能识别的数字信号，经过处理之后就能使电视画面呈现在计算机显示屏上，同时还能够录制电视节目。

视频监控卡一般是对摄像头或摄像机等信号进行捕捉，并以 MPEG 格式存储在硬盘上。

视频压缩卡是把模拟信号或数字信号通过解码/编码按一定算法把信号采集到硬盘里或直接刻录成光盘，因经过压缩所以其容量较小，常用的视频格式都支持（如：MPEG，1 \ MPEG，2 \ MPEG，4 \ WMV \ RM 等）。

视频信息的采集和显示播放是通过视频卡、播放软件和显示设备来实现的。视频卡主要用于捕捉、数字化、冻结、存储、输出、放大、缩小和调整来自激光视盘机、录像机或摄像机的图像，同时还可以进行一些音频的相关处理。

（3）光存储系统。

光存储系统由光盘驱动器和光盘盘片组成。光存储的基本特点是用激光引导测距系统的精密光学结构取代硬盘驱动器的精密机械结构。常用的光存储系统有只读型、一次写型和可重写型三大类。

目前应用广泛的光存储系统有 CD——ROM 光存储系统、CD-R 光存储系统、CD-RW 光存储系统、DVD 光存储系统和光盘库系统等。

CD-ROM（CD-Read Only Memory）为单面只读型光盘，这种光盘盘片由生产厂家预先写入信息，用户使用时只能读出不能写入。CD-R 为一次型只写光盘，用户可以将信息刻录在空白光盘片上，但是只能写一次，以后只能反复读出。CD-RW（CD-ReWritable）为可擦写型光盘，这种光盘类似磁盘，可以重复读写。DVD（Digital Versatile Disc）是数字多功能光盘的简称，通常用来播放标准电视机高清晰度的电影，高质量的音乐，用作大容量存储数据用途。DVD 与 CD 的外观极为相似，但是常见的单面单层 DVD 的资料容量约为 VCD 的 7 倍，这是因为 DVD 和 VCD 虽然是使用相同的技术来读取深藏于光盘片中的资料（光学读取技术），但是由于 DVD 的光学读取头所产生的光点较小（将原本 $0.85\mu m$ 的读取光点大小缩小到 $0.55\mu m$），因此在同样大小的盘片面积上（DVD 和 VCD 的外观大小是一样的），DVD 资料储存的密度得到了提高。

光盘库是一种带有自动换盘机构（机械手）的光盘网络共享设备。光盘库一般由放置光盘的光盘架、自动换盘机构（机械手）和驱动器三部分组成。近年来，由于单张光盘的存储容量大大增加，光盘库相较于常见的存储设备如磁盘阵例、磁带库等价格性能优势越来越显露出来。光盘库作为一种存储设备已开始渐渐被运用于各个领域，如银行的票据影像存储、保险机构的资料存储，以及其他需要的大容量资料存储的场合。

一次型只写光盘和可擦写型光盘信息的刻录需要专门的设备——光盘刻录机，光盘刻录机与普通的光盘驱动器非常相似。刻录机也可以读取光盘中的信息。

（4）其他多媒体设备。

①笔输入设备。笔输入设备即使用手写方式进行输入的设备，作为一种新型的输入设备，近几年来得到了很快的发展和应用，笔输入设备兼有鼠标和键盘的功能，结构简单、使用方便。

笔输入设备俗称"手写笔"，一般都由两部分组成，一部分是与主机相连的基板，基板上有连线，连接在主机的串行口或 USB 口上；另一部分是在主板上写字的"笔"，用户通过笔与基板的相互作用来完成写字、画面和控制鼠标箭头的操作。目前使用的手写笔主要采用电磁感应式工作原理，有的电磁感应笔，其基板能感应出用户写字过程中在笔尖上用力的变化，并将压力的大小传送给主机，主机就能识别出笔迹的粗细，这就是所谓的"压力感应笔"，压力感应笔在签名识别、绘画中很有用。还有一种手写笔采用电容式触控板技术，使用手指和笔都可以操作，使用方便，寿命较长，受到用户的欢迎。

②触摸屏。触摸屏是一种能够同时在显示屏幕上实现输入、输出的设备。利用这种技术，用户只要用手指轻轻地触碰计算机显示屏上的图符或文字就能实现对主机的操作，从而使人机交互更为直截了当，这种技术大大方便了那些不懂电脑操作的用户。

③扫描仪。扫描仪是多媒体计算机系统中常用的图像输入设备。扫描仪可以快速的将纸面上的图形、图像和文字转换成数字图像并将数字图像传送到计算机中。

④数码相机。数码相机是一种利用电子传感器把光学影像转换成电子数据的照相机，与传统照相机的最大区别是数码相机中没有胶卷。取而代之的是 CCD 或 CMOS 和数字存储器。CCD 或 CMOS 是数码相机的成像元件，该成像元件的特点是光线通过时，能根据光线的不同转化为电子信号。

⑤数字摄像头。数字摄像头是一种数字视频输入设备。数字摄像头利用镜头采集图像，经内部电路将图像直接转换成数字信号输入到计算机，而不是像普通摄像机需要视频卡进行模拟信号到数字信号的转换。

2. 多媒体设备接口

通用的多媒体设备接口包括并行接口、USB 接口、SCSI 接口、IEEE1394 接口、VGA 接口等。

并行接口（简称并口），是采用并行通信协议的扩展接口。并行接口的数据传输率比串行接口快很多，标准并口的数据传输率为 1 Mbps，一般用来连接打印机、扫描仪、外置存储设备等。

USB 接口即通用串行总线接口，USB 接口具有支持热插拔（即即插即用）的优点，因此已经成为一种常用的接口方式，可以用于连接打印机、扫描仪、外置存储设备、游戏杆等。USB 有两个规范，USB1.1 和 USB2.0。

SCSI 接口也就是小型计算机系统接口，SCSI 接口具备与多种类型的外部设备进行通信的能力。SCSI 接口是一种广泛应用于小型机上的高速数据传输技术设备。SCSI 接口具有应用范围广、多任务、带宽大、CPU 占用率以及热插拔等优点，可以用于连接外置存储设备、打印机等。

IEEE1394 接口也称为"火线"接口，是苹果公司开发的串行标准设备。同 USB 一样，IEEE 1394 也支持外设热插拔，并可以为外部设备提供电源，省去了外部设备自带的电源。IEEE 1394 接口能连接多个不同设备，并支持同步数据传输。IEEE 1394 接口多用于连接数码相机、DVD 驱动器等。

VGA 接口即视频图形阵列接口，VGA 接口是显卡上输出模拟信号的接口，一般用于连接显示器。

9.2　多媒体基本应用工具与常用数码设备

多媒体设备对图像、音频、视频等媒体具有为数众多的编辑、播放工具，本节主要介绍 Windows 操作系统中自带的"绘图"、录音机、媒体播放器的使用。

9.2.1　Windows"绘图"

"绘图"程序是 Windows 提供的一个功能简捷的图像编辑器，"绘图"程序不仅能处理图像，还可以输入文字。利用其提供的各种工具，可以快速的对图像进行简单的绘制、裁剪、复制、移动等操作，简单易学。

1. "绘图"程序的窗口

在 Windows 桌面上单击"开始"按钮，依次将鼠标指针指向"所有程序"→"附件"→"绘图"，可以启动"绘图"程序，如图 9-2 所示。

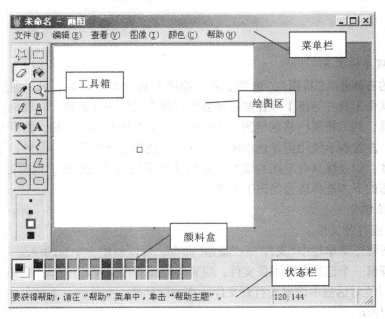

图 9-2　"绘图"程序窗口

　　"绘图"程序窗口中间的空白部分为"绘图区"，用于显示和编辑图像。绘图区边上有大小调整控制点，将鼠标指针指向该位置，当光标变成双箭头时，按住鼠标左键拖动可以改变绘图区的大小。

　　绘图区的下面是"颜料盒"，颜料盒包含了 28 种颜色。用户如果对提供的颜色不满意，可以用鼠标左键双击想要改变的颜色，这时出现如图 9-3 所示的"编辑颜色"对话框。可以从 48 种基本颜色中选择一种所需的颜色。也可以单击"规定自定义颜色"按钮，通过设置"色调"、"饱和度"、"亮度"的值或"红"、"绿"、"蓝"的值自己设定一种颜色。颜料盒的左侧有两个小方框，左上面的方框显示当前的前景色，右下面的方框为当前的背景色。在绘图时，可以随时根据绘图需要设置前景色和背景色。将鼠标指针指向颜料盒中需要的颜色上，单击鼠标左键将其设置为前景色；单击鼠标右键将其设置为背景色。

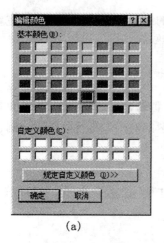
(a)
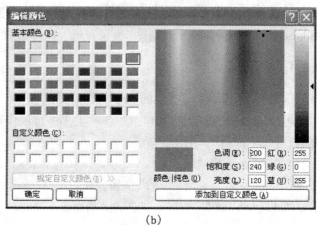
(b)

图 9-3 "编辑颜色"对话框

2. 绘图程序的工具

　　绘图区的右侧是"工具箱"，包含了各种绘图工具，如图 9-4 所示。将鼠标指针指向工具箱中的某个工具并等待 1 秒钟左右将会出现该工具的中文名称。一般地，单击工具箱中的某个工具，然后将鼠标移到绘图工作区中，按下左键并拖动鼠标，松开鼠标即停止该工具的使用。左键表示使用前景色作画，右键表示使用背景色作画。另外，不同的工具具有不同的属性，如直线具有不同的线宽，椭圆具有不同的填充模式。选择好某种工具后，还应在工具箱的下方选择适合的该工具属性。

3. 基本操作

　　(1)新建或打开文件。

　　单击绘图程序菜单栏中"文件"→"新建"命令，可以创建一个新的绘图文件。

　　如果要编辑一个已存在的图像文件，应选择绘图程序菜单栏中"文件"→"打开"命令，在弹出的"打开"对话框中设置要打开文件所在的驱动器、文件夹、文件名称。

　　(2)绘制图形。

　　单击工具栏中的相应工具，如果需要，可以选择前景色和背景色，然后将鼠标移到绘图区中，单击或按下左键并拖动鼠标即可绘制出相应的图形。

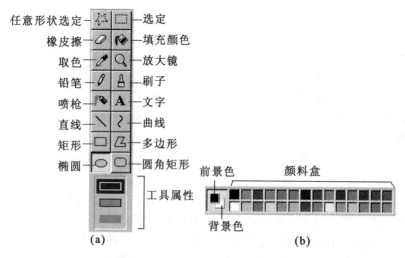

图 9-4　绘图程序工具栏及颜料盒

（3）编辑和修改图形。

编辑和修改图形主要是指对图像的选取、移动、复制、删除、放大、缩小、填充颜色和提取图像颜色等操作。

①图形的选取。绘图程序有两种选取图形的工具：选取任意形状的裁剪工具和矩形选定工具。用户可以选中两种工具中的任意一种，在图形中拖动鼠标，可以选取一个有虚线框围成的剪贴块。对这个剪贴块可以进行移动、复制、删除、缩放等操作。

②移动图形。移动图形是指将选取的图形从绘图区的一个位置移动到另一个位置。其具体操作如下：

使用图形选取工具选取需要移动的图形，将鼠标光标移至矩形框内，鼠标光标变为形状时，按住鼠标拖动可移动的图形至合适的位置，然后释放鼠标即可。

③复制图形。复制图形是指在绘图区的另一个位置上产生一个与选取图形一模一样的图形。其具体操作如下：使用图形选取工具选取需要复制的图形，将鼠标光标放于图形之上，按住 Ctrl 键的同时按下鼠标左键不放并拖动，屏幕上出现一个随之移动的图块，移至合适位置，同时释放 Ctrl 键和鼠标左键即可。

④删除图形。小片区域的删除也可以使用"橡皮擦"工具。擦除后的区域以背景色填充。

若需要删除大片区域的图形，可以使用图形选取工具选定要删除的图形，选择"编辑"→"清除选定内容"命令或按 Delete 键，这时将以背景色填充被删除的部分。

⑤放大和缩小图形。放大镜用于放大或缩小绘图区的显示。单击工具，鼠标光标移至绘图区时变为形状，在鼠标光标外有一矩形框，表示将放大的绘图区，单击鼠标放大绘图区即可。

⑥填充图形。当图形绘制好后，便可以使用"用颜色填充"工具，"刷子"工具，"喷枪"工具对图形进行填充。

⑦提取图像的颜色。取色工具可以提取绘图区中的任意颜色，以方便填充相应区域，

取色完成后自动变为填充状态。用"取色"在"绘图区"鼠标左键(右键)单击,将其定义为前景色(背景色)。

(4)在图片中添加文字。

在绘图程序中使用文字工具可以输入文字信息,文本的颜色由前景色定义。

①创建文字。要在图片中添加文字,其具体操作如下:单击工具箱中的文字工具,鼠标光标移至绘图区时变为形状,按住鼠标左键拖动出一个矩形区域,这就是文字编辑区,释放鼠标左键后即可输入文字。在"字体"工具栏中可以设置文字字体和大小等属性,然后输入文字即可。

②编辑文字。在输入文字的过程中,要更改文本颜色,只需单击颜色盒中的相应颜色即可。

在输入文字的过程中,若要将文字编辑区变大或变小,只需将光标移到文字编辑区的任意一个控制点上,当光标变成双向箭头时,拖动鼠标即可。

在输入文字的过程中,若要将文字编辑区进行移动,只需将光标移到文字编辑区的任意一条边上,当光标变动时,拖动鼠标即可。

9.2.2 Windows 音频工具

录音机是 Windows XP 附带的用于数字录音的一个多媒体程序设备。使用录音机可以录制、混合、播放和编辑声音。录音时,除了打开录音机软件,还需要安装麦克风。录制的声音被保存为波形(.wav)文件。

要打开 Windows Media Player 或录音机,先单击桌面任务栏中的"开始",并依次指向"所有程序"、"附件"、"娱乐",然后单击"录音机"。录音机窗口如图 9-5 所示。

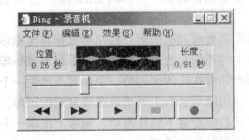

图 9-5 录音机窗口

1. 打开和播放声音文件

在"文件"菜单中选择"打开"命令,出现"打开"对话框。在文件列表中选择待播放的声音文件(扩展名为.wav),然后单击"打开"按钮。单击 ▶ 按钮开始播放,单击 ■ 按钮停止播放。

2. 录音

确定音频输入设备(如麦克风)已经连接到计算机上,从"文件"菜单中选择"新建"命令,单击 ● 按钮,开始录音,单击 ■ 按钮,停止录音。录音完毕后,再保存该新建的声音文件。

3. 编辑声音文件

从"编辑"菜单中选择各项命令，可以对声音文件进行复制、插入、合成、删除等操作。这里的声音文件特指未压缩的声音文件。如果在"录音机"程序中未发现绿线，说明该声音文件是压缩文件，必须先调整其音质，才能对其进行编辑。

（1）删除部分声音文件

单击"文件→打开"，在"打开"对话框中，双击想要修改的声音文件。将滑块移动到文件中要剪切的位置。在"编辑"菜单中，单击"删除当前位置以前的内容"或"删除当前位置以后的内容"。

（2）将声音录制到声音文件中。

在"录音机"中打开想要修改的声音文件，将滑块移动到文件中要录音的位置，然后单击"录制"开始录制声音；要停止录制，单击"停止"即可。新的声音将替换插入点后的原有声音。

（3）将声音文件插入到另一个声音文件中。

在"录音机"中打开想要修改的声音文件，将滑块移动到要插入声音文件的位置。在"编辑"菜单中单击"插入文件"，双击待插入的文件。如果将声音插入到现有的声音文件中，新的声音将替换插入点后的原有声音。

（4）反向播放声音文件。

在"录音机"中打开想要修改的声音文件，在"效果"菜单中单击"反转"，然后单击"播放"即可。

（5）更改声音文件的速度。

在"录音机"中打开想要修改的声音文件，在"效果"菜单中单击"加速（按 100%）"或者"减速"。值得注意的是：增加声音文件的速度使其更快地播放，同时也会使声音失真。例如，如果加快播放包含语音的声音文件，则语音的音调会更高，速度会更快。

（6）与文件混音。

混音可以将多种声音叠加在一起同时播放。比如，可以给一段诗歌朗诵配上背景音乐，使得声音文件更具有感染力。在"录音机"中打开想要修改的声音文件，将滑块移动到文件中要混入声音文件的地方。使用"编辑"菜单中的"与文件混音"命令即可。

除了录音机外，还可以使用其他常见的音频播放软件，如 Winamp、RealPlayer 等。如果要进行音频的编辑加工，应该使用 Audition、GoldWave 等专业音频处理软件。

9.2.3　Windows 视频工具

Windows Media Player 是 Windows XP 附带的多媒体播放程序。该程序可以播放多种类型的音频和视频文件。还可以播放和制作 CD 副本、播放 DVD（如果有 DVD 硬件）、收听 Internet 广播、播放电影剪辑或观赏网站中的音乐电视。

1. Windows Media Player 的窗口

Windows Media Player 的窗口主要由标题栏、菜单栏、任务栏、播放列表、可视化效果、均衡器和播放控制等组成，如图 9-6 所示。

（1）功能任务栏。

"功能任务栏"包括七个按钮，分别对应七个主要的功能：

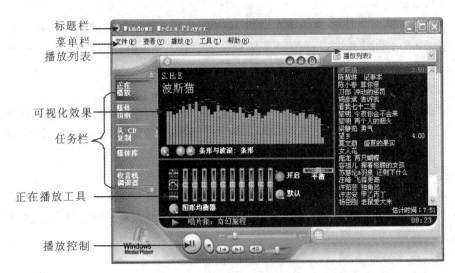

图 9-6 Windows Media Player 窗口

①正在播放：用于观看正在播放的视频或可视化效果。

②媒体指南：可以在 Internet 上查找 Windows Media 文件。

③从 CD 复制：播放 CD 或将特定曲目复制到计算机上的"媒体库"中。

④媒体库：包含计算机上的数字媒体文件以及指向 Internet 上内容的链接，也可以用于创建用户喜爱的音频和视频内容的播放列表。

⑤收音机调谐器：在 Internet 上查找并收听广播电台的内容，且为用户最喜爱的电台创建预置，以便今后可以迅速找到这些电台。

⑥复制到 CD 或设备：使用已存储在"媒体库"中的曲目创建(刻录)CD。还可以利用这一功能将曲目复制到便携设备或存储卡中。

⑦外观选择器：可以更改 Windows Media Player 的外观显示。

(2)"播放列表选择"区域。

"播放列表选择"区域在菜单栏的下面，如图 9-7 所示，主要包含以下按钮：

①"显示菜单栏"按钮：显示菜单栏。

②"启用无序播放"按钮：打乱播放列表中各项或 CD 上各曲目的原有顺序，进行随机播放。

③"显示均衡器"按钮：播放时显示或隐藏均衡器及其设置。

④"显示播放列表"按钮：显示"播放列表"窗格，列出当前播放列表中的各项。

"选择播放列表"框：显示播放列表和其他用户可以选择播放的项目，如：CD 或 DVD。

(3)可视化效果区域显示随着播放的音频节奏而变化彩色、光线和几何形状。

(4)"正在播放工具"窗格包含几个工具，可以用来调节图形均衡器级别、视频设置、音频效果以及 DVD 变速播放。在该窗格中，还可以查看当前唱片曲目或 DVD 的字幕和相关信息。

(5)播放控制区域在 Windows Media Player 的窗口的下方，Windows Media Player 就像

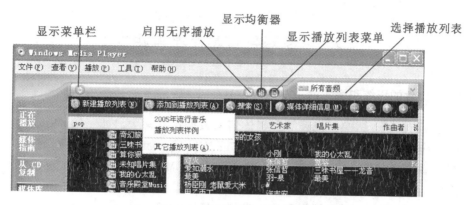

图 9-7　"播放列表选择"区域

CD 播放机或录像机一样，可以控制要播放的内容以及播放的形式，如：播放、暂停、停止、倒退、快进等。

2. Windows Media Player 的基本操作

（1）播放 CD。

打开 Windows Media Player 后，将 CD 插入 CD—ROM 驱动器。单击"从 CD 复制"，然后单击播放按钮。

（2）播放 VCD。

打开 Windows Media Player 后，选择要播放的视频文件（DAT），单击"播放"按钮即进行播放。如果计算机上必须安装 DVD—ROM 驱动器以及 DVD 解码器软件或硬件。Windows Media Player 也可以播放 DVD。

（3）管理媒体文件。

①使用播放列表。播放列表是要观看或聆听的数字媒体文件的自定义列表。使用播放列表，可以将不同的数字媒体文件组合在一起并指定播放文件的顺序。例如，可以创建一个包含来自不同 CD 的多首曲目、广播电台链接及视频剪辑的播放列表；还可以使用播放列表将文件复制到便携设备上。

②创建播放列表。单击"媒体库"，然后单击"新建播放列表"，在"输入新播放列表名称"中键入播放列表的名称。新播放列表将添加到"我的播放列表"文件夹。

③向播放列表添加项目。单击"媒体库"，然后单击要添加到播放列表中的项目。单击"添加到播放列表"，如图 9-7 所示，然后从下拉菜单中单击要将项目添加到的播放列表，或单击"其他播放列表"，选择要将项目添加到的播放列表，然后单击"确定"。通过拖曳"媒体库"中的文件，或从"我的电脑"拖曳文件中，也可以将文件添加到播放列表。还可以在媒体库中右键单击一个文件，单击"添加到播放列表"，选择该播放列表，然后单击"确定"即可。

只要项目在"媒体库"中列出，就可以将其添加到播放列表。如果要添加到播放列表的项目不在"媒体库"中，必须先将其添加到"媒体库"，才能添加到播放列表中。

除了使用媒体播放机外，还可以使用其他常见的视频播放软件，如 RealPlayer、QuickTime Player、超级解霸等软件。如果要进行视频的编辑加工，应该使用 Premiere、

AfterEffect 等专业视频处理软件。

9.3　多媒体信息处理工具

9.3.1　文件的压缩和解压缩

数字化后的音频、图像、视频等多媒体信息数据量非常大。如一幅 640×480 中等分辨率的彩色图像(每个像素 24b) 数据量约为 7. 37Mb/帧, 如果是运动图像, 要以每秒 30帧或 25 帧的速度播放时, 则视频信号传输速率为 220Mb/s。如果存储在 600MB 的光盘中, 只能播放 8 秒。

同时多媒体信息也广泛应用于网络, 音频、视频数据在网络上传输是有实时性要求的, 亦即, 对网络的传输速度要求较高。然而, 目前计算机所提供的存储资源和网络带宽与实际要求相差较远, 使得直接存储和传输多媒体信息带来了很大的困难, 并成为快速有效的获取和使用多媒体信息的瓶颈。因此, 除了采用新技术手段增加存储空间和通信带宽外, 对数据进行有效压缩是多媒体发展中必须要解决的关键技术之一。

另一方面, 音频、图形、图像、视频等多媒体数据本身具有很大的数据冗余, 因此可以对多媒体数据进行压缩。比如对于位图格式的图像来说, 不同像素之间在水平方向和垂直方向上都具有很大的相关性, 在允许一定限度失真的前提下, 可以对图像数据进行很大程序的压缩。对于视频数据, 在人眼允许的误差范围内, 可以通过减少图像帧数来减少整体数据量。

数据压缩是对数据重新进行编码, 以减少所需存储空间的操作过程。数据压缩是可逆的, 经过压缩的数据可以恢复或基本上可以恢复到压缩前的状态。数据压缩的逆过程称为解压缩。

文件被压缩后, 文件的大小变小了, 文件压缩前和压缩后的大小的比值称为压缩比。例如: 一个图像文件的大小为 80MB, 经过压缩后的文件的大小为 4MB, 压缩比 80∶4 = 20∶1。

使用同一种压缩软件, 不同类型文件的压缩比是不一样的。一般而言, 文本文件和 BMP 文件的压缩比较高, 有些类型的文件因为其本身就是以压缩格式存储的, 因此很难获得较高的压缩比, 例如, JPG 文件等。

WinRAR 和 WinZip 是两种常用的压缩软件和解压缩软件, 这两个软件都可以将一个文件或多个文件压缩成一个单独的小文件。

9.3.2　压缩软件 WinRAR 的基本操作

WinRAR 是目前网上非常流行和通用的压缩软件, 界面友好, 使用方便, 在压缩率和速度方面都有很好的表现。该软件能备份数据, 减少 E-mail 附件的大小, 解压缩从 Internet 上下载的 RAR、ZIP 和其他格式的压缩文件, 并能创建 RAR 和 ZIP 格式的压缩文件。可以在 Windows2000/XP 等环境下运行。

1. 使用 WinRAR 快速压缩和解压

WinRAR 支持在右键菜单中快速压缩文件和解压文件, 操作十分简单。

（1）快速压缩文件。

在文件或文件夹中单击右键的时候，在弹出的快捷菜单中会显示两种最常用的快速压缩方式。图 9-8 是在一个名为"电子商务"文件夹中单击右键时显示的快捷菜单。

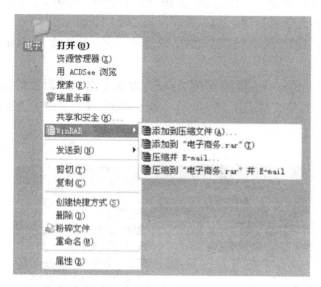

图 9-8　快捷菜单

"选择"添加到'***.rar'（本例中"***"为电子商务，即要压缩文件的名称），就会在当前文件夹下产生一个名为"电子商务"的压缩文件。

如果要对压缩文件进行一些复杂的设置（如分卷压缩，给压缩包加密、备份压缩文件等），可以在右键菜单中选择"添加到压缩文件..."，可以在弹出的对话框中进行设置。如图 9-9 所示。

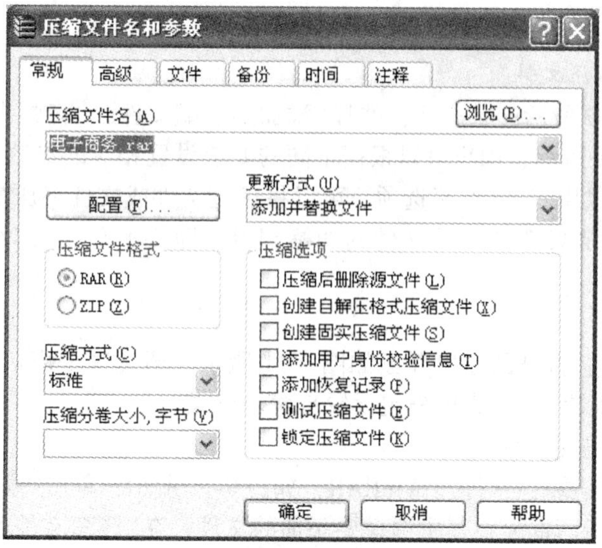

图 9-9　"压缩文件名和参数"对话框

（2）解压缩文件。

图 9-10 显示了在"电子商务"压缩文件上单击右键后弹出的快捷菜单。可以选择 3 种不同的解压路径存放解压缩后的文件。

①选择"解压文件…"命令，将打开"解压路径和选项"对话框，用户可以自定义解压缩文件存放的路径和文件名及其他选项。

②选择"解压到当前文件夹"，WinRAR 软件就会将"电子商务 . Rar"解压到当前文件夹下。

③选择"解压到当前 ***\ "（本例中" *** "为电子商务，即要解压缩文件的名称），WinRAR 软件就会在当前文件夹下建立一个"电子商务"文件夹，然后将文件解压该文件夹下。

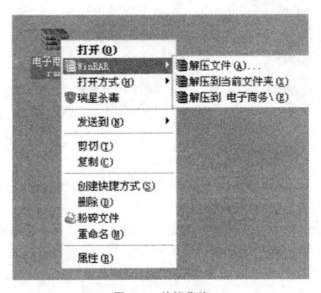

图 9-10　快捷菜单

2. 创建一个自解压文件

压缩时，在图 9-8 所示的状态下，选择"添加到压缩文件…"将弹出"压缩文件名和参数"对话框，如图 9-9 所示，用户可以根据不同的要求设置相应的参数，选中"压缩选项"下的"创建自解压格式压缩文件"复选项，可以将选定文件或文件夹压缩成自解压的文件。这样在解压文件时只需要双击压缩文件的图标即可，即使不会使用 WinRAR 软件的用户也可以解压压缩文件。

3. 其他功能

双击一个压缩包，打开的窗口界面如图 9-11 所示。通过这个窗口，用户可以在压缩包中增加文件、删除文件，或为压缩包设置自解压格式。

（1）在压缩包中增加文件。

双击一个现有的压缩包，打开 WinRAR，如图 9-11 所示，单击"添加"按钮，打开"请选择要添加的文件"对话框，在其中选择要添加的文件，在"压缩文件名和参数"对话框中选择更新方式为"添加并更新文件"，单击"确定"即可。如图 9-12 所示。

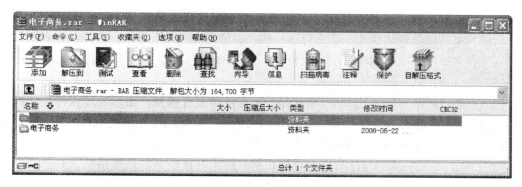

图 9-11　压缩包解压界面

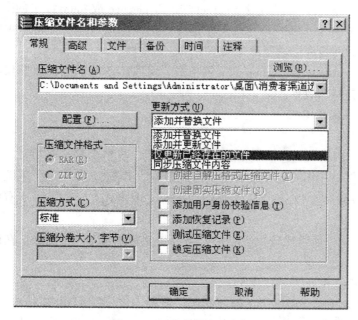

图 9-12　压缩文件名和参数

（2）解压缩部分文件。

双击一个现有的压缩包，打开 WinRAR，如图 9-11 所示，选中某些文件，在选中的文件上单击鼠标右键，选择"解压到指定文件夹"命令。

如果想删除某些文件，选中文件，在图 9-11 中，单击"删除"按钮，就可以删除压缩包中选中的文件。

在图 9-11 中，单击"自解压格式"按钮，也可以为一个压缩包设置自解压文件。

9.3.3　常见的多媒体文件的类别和文件格式

多媒体文件的格式有很多，不同的格式文件都有其自身的特点，适用于不同的情境，因此，有必要了解一些常见的多媒体文件的特点。

1. 常见的图形、图像文件格式

BMP(Bit Map Picture)位图格式是 PC 机上最常用的图像格式之一。在 Windows 环境下运行的所有图像处理软件几乎都支持这种格式。位图文件没有压缩，占用的磁盘空间较大，在文件大小没有限制的场合中运用极为广泛。BMP 格式是"绘图"软件默认的保存文件格式。

GIF(graphics interchange format)格式是一种在各种平台的各种图形处理软件中均可处理的经过压缩的图形格式。文件较小，适合网络传输，主要用于在不同平台上进行图像交换。但 GIF 文件最大 64MB，颜色数最多 256 色。

JPG(joint photographics expert group)格式是一种压缩比较高的图形格式。对于同一幅画面，JPG 格式文件是其他类型图形文件的 $\frac{1}{20}$ 到 $\frac{1}{10}$，而且对图像质量影响不大，色彩数最高可达到 24 位，因此被广泛应用于 Internet 中的 homepage 或 internet 中的图片库。

TIF(tagged image file format)格式文件是许多图像应用软件所支持的主要文件格式之一，能把任何图像转换成二进制形式而不丢失任何属性。

PSD 格式：是 Adobe Photoshop 的文件格式，可以将不同的画面以图层分离存储，便于修改和制作各种特殊效果。

2. 常见的音频文件格式

(1)WAV 文件。

WAV 格式是 Windows 使用的标准数字音频格式，支持多种音频位数、采样频率和声道。由于 WAV 格式的声音文件没有使用压缩算法，声音层次丰富，还原性好，音质和 CD 相差无几，也是目前 PC 机上广为流行的声音文件格式之一，几乎所有的音频编辑软件都"认识"WAV 格式。

但是，WAV 文件通常比较大，不适合需要快速传输的场合(例如，在网页中使用的声音)。

(2)MP3 文件。

MP3 格式于 20 世纪 80 年代在德国诞生，所谓 MP3 是指 MPEG 标准中的音频部分，是一种经过压缩的格式。MPEG3 音频编码具有 10：1~12：1 的高压缩率，相同长度的音乐文件，用 *.MP3 格式来储存，一般只有 *.wav 文件的 $\frac{1}{10}$。虽然采用了压缩，但其音质仍然很好，使得 *.MP3 格式成为如今流行的音频文件格式之一。

(3)WMA 文件。

WMA 文件是 Windows Media 音频格式。WMA 文件可以在保证只有 MP3 文件一半大小的前提下，保持相同的音质。现在多数的 MP3 播放器都支持 WMA 文件。

(4)rm \ ram \ rpm \ RealAudio 文件。

rm \ ram \ rpm \ RealAudio 文件具有非常高的压缩品质，适用于在线音乐欣赏。这些格式的特点是可以随网络带宽的不同而改变声音的质量，在保证大多数人听到流畅声音的前提下，令带宽较富裕的听众获得较好的音质。

(5)MIDI 文件。

MIDI 是 Music Instrument Digital Interface 的缩写，翻译成中文就是"数字化乐器接口"，

亦即其真正涵义是一个供不同设备进行信号传输的接口的名称。MIDI 音乐制作全都要靠这个接口，在这个接口之间传送的信息称为 MIDI 信息。MIDI 最早是应用于电子合成器——一种用键盘演奏的电子乐器上。1983 年 8 月，YAMAHA、ROLAND、KAWAI 等著名的电子乐器制造厂商联合指定了统一的数字化乐器接口规范，亦即 MIDI1.0 技术规范。此后，各种电子合成器以及电子琴等电子乐器都采用了这个统一的规范，这样，各种电子乐器就可以互相链接起来，传达 MIDI 信息，形成一个真正的合成音乐演奏系统。

MIDI 文件的扩展名是 mid 或 midi。该文件和 wav 文件的不同在于 MIDI 文件不是直接记录乐器的发音，而是记录演奏乐器的各种信息或指令，如用哪一种乐器，什么时候按某个键，力度如何，等等。播放时发出的声音，是通过播放软件或 MIDI 设备根据这些信息产生的。因此 MIDI 文件通常比声音文件小得多，一首乐曲，只有十几 K 或几十 K，只有 WAV 声音文件的千分之一左右，便于储存和携带。

MIDI 文件不能被录制，必须使用特殊的硬件和软件在计算机上合成。

3. 常见的视频文件格式

视频是信息含量最丰富的一种媒体。视频信息在计算机中存放的格式有许多种，目前最流行的格式有 AVI 格式、MPEG 格式、Quicktime 格式等。

AVI(Audio Video Interface 交互存储音频和视频)是微软公司采用的音频视频交错格式，可以将视频和音频交织在一起进行同步播放。这种格式的特点是图像质量好，可以跨多个平台使用，其缺点是体积过于庞大。

Mpeg，mpg，dat 格式也就是 MPEG(Moving Picture Experts Group)格式是采用动态图像压缩标准的格式。MPEG 标准主要有以下五个，MPEG-1、MPEG-2、MPEG-4、MPEG-7 及 MPEG-21 等。MPEG-1 被广泛应用于 VCD(video compact disk)的制作，绝大多数的 VCD 采用 MPEG-1 格式压缩。MPEG-2 应用于 DVD(Digital Video/Versatile Disk)的制作方面、HDTV(高清晰电视广播)和一些高要求的视频编辑、处理方面。MPEG-4 是一种新的压缩算法，使用这种算法的 ASF 格式可以把一部 120min 的电影压缩到 300M 左右的视频流，可供在网上观看。

RM 格式是 RealNetworks 公司开发的一种多媒体视频文件格式，可以根据网络数据传输的不同速率制定不同的压缩比率，从而实现低速率的 Internet 上进行视频文件的实时传送和播放。

MOV 即 QuickTime 影片格式，是 Apple 公司开发的一种音频、视频文件格式。某些方面这种格式甚至比 WMV 和 RM 更优秀，并能被众多的多媒体编辑软件及视频处理软件所支持。

ASF 是(Advanced Streaming Format 高级串流格式)的缩写，是 Microsoft 为 Windows 所开发的串流多媒体文件格式。ASF 是微软公司 Windows Media 的核心。这是一种包含音频、视频、图像以及控制命令脚本的数据格式。

WMV 是微软公司推出的一种多媒体格式，这种格式是由"同门"的 ASF(Advanced Stream Format)格式升级延伸而来的。在同等视频质量下，WMV 格式的体积非常小，因此很适合在网上播放和传输。

DivX 是一种将影片的音频由 MP3 来压缩、视频由 MPEG—4 技术来压缩的数字多媒体压缩格式。由于 MP3 和 MPEG—4 超强的压缩能力，使得影片的容量急剧减少。

9.3.4 常见的多媒体创作工具

多媒体创作工具用于制作各种多媒体软件与演示程序,通常具有可视化的创作界面,并具有直观、简捷、交互能力和无需编程、简单易学的特点。常见的多媒体创作工具有 Authorware、Director、Flash、PowerPoint、Adobe Audition、Media Encoder 等。

1. Authorware 软件

Authorware 软件是美国 Macromedia 公司(现已被 Adobe 公司收购)开发的一种多媒体制作软件。Authorware 是一个图标导向式的多媒体制作工具,使非专业人员快速开发多媒体软件成为现实。该软件无需传统的计算机语言编程,只通过对图标的调用来编辑一些控制程序走向的活动流程图,将文字,图形,声音,动画,视频等各种多媒体项目数据汇集在一起,就可以达到多媒体软件制作的目的。如图 9-13 所示。

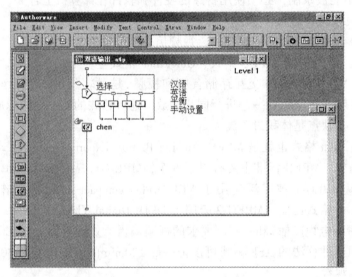

图 9-13　Authorware 软件界面

2. Director 软件

使用 Director 软件可以创建包含高品质图像、数字视频、音频、动画、三维模型、文本、超文本以及 Flash 文件的多媒体程序。如果用户在寻找一种可以开发多媒体演示程序,单人游戏或多人游戏,绘图程序,幻灯片,平面或三维的演示空间的工具,那么,Director 软件就是用户所要找的工具。如图 9-14 所示。

3. Flash 软件

Flash 软件和 Dreamweaver 软件、Fireworks 软件一起并称为网页制作三剑客,用于动画制作。在现在的互联网上处处可见 Flash 软件的身影,该软件为网页注入动感,使页面不显呆板,其 Flash 软件制作的网站更是让人耳目一新。当然 Flash 软件的功能不仅仅只局限于为网页增添活力,现在的电子贺卡、电子图书、相集、剧情动画、CG 电影短片以及电子游戏等很多都是用 Flash 软件开发的。如图 9-15 所示。

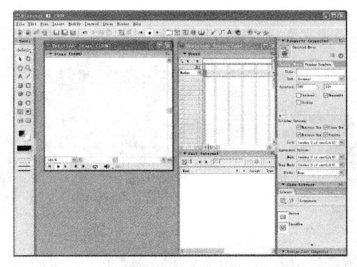

图 9-14　Director 软件界面

图 9-15　Flash 软件界面

4. Adobe Audition 软件

Audition 软件专为音频和视频专业人员设计，可以提供先进的音频混合、编辑、控制和效果处理功能。最多混合 128 个声道，也可以编辑单个音频文件，并可以使用 45 种以上的数字信号处理效果。Audition 软件是一个完善的多声道录音室，可以提供灵活的工作流程并且使用简便。无论是要录制音乐、无线电广播，还是为录像配音，Audition 软件中的恰到好处的工具均可以为用户提供充足动力，以创造可能的最高质量的丰富、细微音响。该软件是 Cool Edit Pro 2.1 的更新版和增强版。如图 9-16 所示。

5. Adobe Premiere 软件

Adobe Premiere 软件目前已经成为主流的 DV 编辑工具，该软件为高质量的视频提供

图 9-16　Adobe Audition 软件界面

了完整的解决方案，作为一款专业非线性视频编辑软件在业内受到了广大视频编辑专业人员和视频爱好者的好评。如图 9-17 所示。

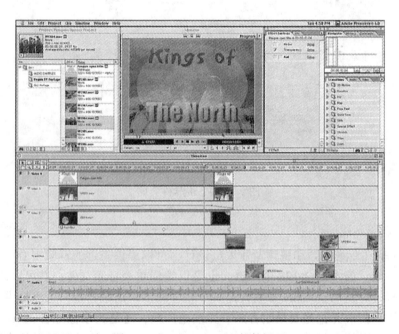

图 9-17　Adobe Premiere 软件界面

本 章 小 结

　　本章 9.1 节介绍了计算机多媒体技术的概念以及在网络教育中的作用；多媒体计算机系统的基本构成和多媒体设备的种类。9.2 节介绍了多媒体基本应用工具：Windows 画图工具的基本操作，Windows 音频工具和 Windows 视频工具的基本功能。9.3 节介绍了文件压缩和解压缩的基本知识；常见多媒体文件的类别和文件格式；以及压缩工具 WinRAR 的基本操作。

练 习 题 9

一、单项选择题

1. 根据多媒体的特性，属于多媒体范畴的是＿＿＿＿＿＿。
　　A. 交互式视频游戏 　　　　　　　　B. 录像带
　　C. 彩色电视机 　　　　　　　　　　D. 摄像机

2. 多媒体技术的特性是＿＿＿＿＿＿。
　　A. 同步性、集成性、交互性
　　B. 独立性、交互性、实时性
　　C. 多样性、非线性、数字化
　　D. 交互性、不确定性和数字化

3. 以下关于多媒体技术的描述中，错误的是＿＿＿＿＿＿。
　　A. 多媒体技术将各种媒体以数字化的方式集中在一起
　　B. 多媒体技术是指将多媒体进行有机组合而成的一种新的媒体应用系统
　　C. 多媒体技术就是能用来观看的数字电影的技术
　　D. 多媒体技术与计算机技术的融合开辟出一个多学科的崭新领域

4. 以下关于多媒体技术的描述中，正确的是＿＿＿＿＿＿。
　　A. 多媒体技术中的"媒体"概念特指音频和视频
　　B. 多媒体技术中的"媒体"概念不包括文本
　　C. 多媒体技术就是能用来观看的数字电影的技术
　　D. 多媒体技术是指将多媒体进行有机组合而成的一种新的媒体应用系统

5. 在多媒体计算机中，声卡是获取数字音频信息的主要器件之一，则下列各项不是声卡主要功能的是＿＿＿＿＿＿。
　　A. 声音信号的数字化 　　　　　　　B. 还原数字音频信号
　　C. 存储声音信号 　　　　　　　　　D. 数据的压缩与解压

6. 对声卡不正确的描述是＿＿＿＿＿＿。
　　A. 声卡是计算机处理音频信号的 PC 扩展卡
　　B. 声卡也叫做音频卡
　　C. 声卡不能完成文字语音转换功能
　　D. 声卡处理的音频信号包括数字化声音（Wave）、合成音乐（MIDI）、CD 音频等

7. 要将录音带上的模拟信号节目存入计算机，使用的设备是_____。
   A. 声卡　　　　　　　　　　　　　B. 网卡
   C. 显卡　　　　　　　　　　　　　D. 光驱

8. 多媒体信息不包括_____。
   A. 音频、视频　　　　　　　　　　B. 声卡、光盘
   C. 动画、影像　　　　　　　　　　D. 文字、图像

9. 下列不属于多媒体硬件的有_____。
   A. 声频卡　　　　　　　　　　　　B. CD-ROM 驱动器
   C. RAM　　　　　　　　　　　　　D. 视频卡

10. 能同时在屏幕上实现输入、输出的设备是_____。
    A. 手写笔　　　B. 扫描仪　　　C. 触摸屏　　　D. 数码相机

11. 以下说法中正确的是_____。
    A. USB 接口只能用于连接存储设备
    B. VGA 接口用于连接显示器
    C. IEEE1394 接口不能用于连接数码相机
    D. SCSI 接口不能用于连接扫描仪

12. 下列设备中，属于多媒体输出设备的是_____。
    A. 图文扫描仪　　　　　　　　　　B. 数码照相机
    C. 触摸屏　　　　　　　　　　　　D. 数码投影机

13. 以下设备中，用于对摄像头或摄像机等信号进行捕捉的是_____。
    A. 视频压缩卡　　　　　　　　　　B. 电视卡
    C. 视频监控卡　　　　　　　　　　D. 数码相机

14. 下列设备中，属于音频设备的是_____。
    A. 视频压缩卡　　　　　　　　　　B. 电视卡
    C. 视频采集卡　　　　　　　　　　D. 数字调音台

15. 小强用数码相机拍了一张不是很清晰的相片，但是他很想将这张相片放到他的网站上去，你建议他用下列_____软件进行处理。
    A. 绘图　　　　　　　　　　　　　B. PhotoShop
    C. FLASH　　　　　　　　　　　　D. PowerPoint

16. 小明想把假期中拍摄的录像资料保存到电脑里面，下面设备必须具备的是_____。
    A. 声卡　　　B. 视频采集卡　　　C. 网卡　　　D. 摄像头

17. 多媒体 PC 是指_____。
    A. 能处理声音的计算机
    B. 能处理图像的计算机
    C. 能进行文本、声音、图像等多种媒体处理的计算机
    D. 能进行通信处理的计算机

18. 以下设备中不是多媒体硬件系统必须包括的设备是_____。
    A. 计算机基本的硬件设备　　　　　B. CD-ROM
    C. 音频输入、输出设备　　　　　　D. 多媒体通信传输设备

19. 目前，一般声卡都具有的功能是_____。
    A. 录制和回放数字音频文件　　　　B. 录制和回放数字视频文件
    C. 语音特征识别　　　　　　　　　D. 实时解压缩文件

20. 以下列文件格式存储的图像，在图像缩放过程中不易失真的是_____。
    A. ＊.BMP　　　　B. ＊.PSD　　　　C. ＊.JPG　　　　D. ＊.SWF

21. 音频文件格式有许多种，下列_____音频文件不可能包含人的声音信号。
    A. 音乐 CD　　　B. MP3 格式　　　C. MIDI 格式　　　D. WAV 格式

22. 下面关于 Windows"绘图"的说法中，正确的是_____。
    A. 绘图区的大小是固定的，不可以更改
    B. 只能够选择绘图中的矩形区域，不能选择其他形状的区域
    C. 绘制直线时可以选择线条的粗细
    D. 在调色板的色块上单击鼠标左键可以设置当前的景色

23. 使用 Windows"绘图"创建文本时，能够实现的是_____。
    A. 设置文本块的背景颜色　　　　　B. 设置文本的下标效果
    C. 设置文本的阴影效果　　　　　　D. 设置火焰字效果

24. 以下文件格式不是视频文件的是_____。
    A. ＊.MOV　　　　B. ＊.AVI　　　　C. ＊.JPEG　　　　D. ＊.RM

25. 下列不是图像文件格式的是_____。
    A. BMP　　　　B. JPG　　　　C. GIF　　　　D. mpg

26. 在 Windows"绘图"中创建一个新文件，默认的保存格式正确的是_____。
    A. BMP　　　　B. JPG　　　　C. GIF　　　　D. SWF

27. Windows 录音机程序录制的声音文件为_____格式。
    A. WAV　　　　B. MID　　　　C. MP3　　　　D. AVI

28. 目前多媒体计算机中对动态图像数据压缩标准是_____。
    A. JPEG 标准　　　B. MP3 压缩　　　C. MPEG 标准　　　D. LWZ 压缩

29. 以下关于 Windows Media Player 说法正确的是_____。
    A. 媒体播放机可以用于为视频文件添加视频效果
    B. 媒体播放机既可以播放视频文件，也可以播放音频文件
    C. 媒体播放机可以播放所有格式的视频文件
    D. 媒体播放机只能观看视频文件，不能播放音频文件

30. 以下关于视频文件格式的说法错误的是_____。
    A. RM 文件 RealNetworks 公司开发的流式视频文件
    B. MPEG 文件格式是运动图像压缩算法的国际标准格式
    C. MOV 文件不是视频文件
    D. AVI 文件是 Microsoft 公司开发的一种数字音频与视频文件格式

31. 以下文件格式中，不是静止图像文件格式的是_____。
    A. jpg　　　　B. bmp　　　　C. gif　　　　D. avi

32. Windows 录音机不能实现的功能是_____。
    A. 给录制的声音设置回音效果　　　B. 给录制的声音设置加速效果

  C. 给录制的声音设置渐隐效果　　　　D. 给录制的声音设置反转效果

33. MIDI 音频文件是＿＿＿＿＿＿＿＿。

  A. 一种波形文件

  B. 一种采用 PCM 压缩的波形文件

  C. MP3 的一种格式

  D. 一种符号化的音频信号，记录的是一种指令序列，而不是波形本身

34. 以下文件格式中，属于音频文件的是＿＿＿＿＿＿＿＿。

  A. avi　　　　　　B. wav　　　　　　C. jpg　　　　　　D. mov

35. Windows MediaPlayer 支持播放的文件格式是＿＿＿＿＿＿＿＿。

  A. ram　　　　　　B. mov　　　　　　C. mp3　　　　　　D. rmvb

36. 以下软件中，不属于音频播放软件的是＿＿＿＿＿＿＿＿。

  A. Winamp　　　　B. Premiere　　　　C. 录音机　　　　D. RealPlayer

37. 以下软件中，一般仅用于音频播放的软件是＿＿＿＿＿＿＿＿。

  A. QuickTime Player　　　　　　　B. MediaPlayer

  C. 录音机　　　　　　　　　　　　D. 超级解霸

38. 以下几种软件不能播放视频文件的是＿＿＿＿＿＿＿＿。

  A. Windows Media Player　　　　　B. Flash MX 2004

  C. Adobe Photoshop　　　　　　　D. Real player

39. 下面不是衡量数据压缩技术性能的重要指标的是＿＿＿＿＿＿＿＿。

  A. 压缩化　　　　B. 算法复杂度　　　C. 恢复效果　　　D. 标准化

40. 以下关于 WinRAR 的说法中，正确的是＿＿＿＿＿＿＿＿。

  A. 使用 WinRAR 不能使用进行分卷压缩

  B. 使用 WinRAR 可以制作自解压的 exe 文件

  C. 使用 WinRAR 进行解压缩时，必须一次性解压缩压缩包中的所有文件，而不能解压其中的个别文件

  D. 双击 RAR 压缩包打开 WinRAR 窗口后，一般可以直接双击其中的文件进行解压缩

41. 下面有关多媒体信息处理工具说法正确的是＿＿＿＿＿＿＿＿。

  A. Premiere 是一种专业的音频编辑工具

  B. Authorware 是一种专业的视频编辑工具

  C. 使用 WinRAR 制作的解压文件可以在没有 WinRAR 的计算机中实现自动解压缩

  D. WinRAR 可以给压缩包设置密码

42. 多媒体信息占用的储存空间较大，为了提高传输速度一般都要对多媒体信息采用＿＿＿＿＿＿＿＿技术。

  A. 数据压缩　　　B. 数据传输　　　C. 信号同步　　　D. 数模转换

43. 以下关于文件压缩的说法中，错误的是＿＿＿＿＿＿＿＿。

  A. 文件压缩后文件大小一般会变小

  B. 不同类型的文件的压缩比率是不同的

C. 文件压缩的逆过程为解压缩

D. 使用文件压缩工具可以将 JPG 图像文件压缩 70% 左右

44. 下面属于多媒体创作工具的是_____。

A. Photoshop   B. Fireworks

C. PhotoDraw   D. Authorware

45. MP3 代表的含义是_____。

A. 一种视频格式   B. 一种音频格式

C. 一种网络协议   D. 软件的名称

46. CD-ROM 是指_____。

A. 数字音频   B. 只读存储光盘

C. 交互光盘   D. 可写光盘

47. 在计算机内部，多媒体数据最终是以_____形式存在的。

A. 二进制代码   B. 特殊的压缩码

C. 模拟数据   D. 图形、图像、文字和声音

48. 下列对多媒体教学软件特点描述不正确的是_____。

A. 能生动地表达知识内容

B. 具有友好的人机交互界面

C. 能判断问题并进行教学指导

D. 能通过计算机屏幕和老师面对面地讨论问题

49. 光存储器分为 CD—ROM、CD—R/RW、DVD—ROM 和 DVD 记录机的依据是_____。

A. 接口类型   B. 外形   C. 读写方式   D. 光盘转速

50. 声卡分为 ISA 声卡、PCI 声卡和 USB 声卡的分类依据是_____。

A. 总线接口   B. 采样精度   C. 工作方式   D. 芯片集成度

二、操作题

1. 试使用 outlook 应用程序，发送一封邮件：

收件人：xiaoming@ 163. com；

主题：祝贺；

内容：请看图片。

并将考生文件夹下的图片 Pic11. jpg 作为附件发送。

2. 假设在考生文件夹下有一个 newFile. rar 压缩文件：

(1)试在该目录下新建一个文件夹 newFile；

(2)然后将 newFile. rar 中的文件解压缩到 newFile 文件夹中。

练习题答案

第 1 章练习题 1

1. C 　2. B 　3. C 　4. D 　5. B 　6. A 　7. A 　8. C 　9. C 　10. A
11. C 　12. A 　13. A 　14. A 　15. A 　16. B 　17. C 　18. D 　19. A 　20. C
21. B 　22. C 　23. C 　24. A 　25. C 　26. A 　27. A 　28. A 　29. B 　30. A
31. B 　32. B 　33. A 　34. A 　35. D 　36. C 　37. B 　38. D 　39. D 　40. D
41. A 　42. B 　43. B 　44. C 　45. A 　46. A 　47. C 　48. A 　49. B 　50. C

第 2 章练习题 2

1. A 　2. D 　3. B 　4. C 　5. B 　6. A 　7. B 　8. B 　9. C 　10. C
11. B 　12. A 　13. A 　14. C 　15. C 　16. C 　17. C 　18. B 　19. B 　20. D
21. A 　22. C 　23. D 　24. D 　25. D 　26. B 　27. A 　28. B 　29. B 　30. B
31. B 　32. C 　33. B 　34. D 　35. D 　36. D 　37. D 　38. C 　39. D 　40. B
41. D 　42. C 　43. D 　44. A 　45. B 　46. C 　47. A 　48. C 　49. D 　50. B

第 3 章练习题 3

1. C 　2. C 　3. B 　4. C 　5. C 　6. B 　7. B 　8. A 　9. A 　10. C
11. B 　12. D 　13. D 　14. B 　15. D 　16. C 　17. B 　18. B 　19. B 　20. C
21. B 　22. A 　23. A 　24. D 　25. C 　26. D 　27. A 　28. A 　29. D 　30. B
31. D 　32. D 　33. C 　34. B 　35. C 　36. D 　37. A 　38. B 　39. C 　40. B
41. B 　42. B 　43. D 　44. C 　45. B 　46. A 　47. C 　48. C 　49. B 　50. A

第 4 章练习题 4

1. A 　2. C 　3. B 　4. C 　5. B 　6. B 　7. B 　8. D 　9. A 　10. A
11. D 　12. A 　13. B 　14. A 　15. B 　16. A 　17. B 　18. D 　19. B 　20. C
21. D 　22. A 　23. A 　24. C 　25. A 　26. C 　27. A 　28. D 　29. D 　30. A
31. C 　32. A 　33. C 　34. C 　35. B 　36. A 　37. B 　38. A 　39. D 　40. A
41. B 　42. A 　43. B 　44. A 　45. B 　46. D 　47. B 　48. B 　49. D 　50. D

第 5 章练习题 5

1. D	2. C	3. B	4. A	5. D	6. C	7. D	8. A	9. B	10. D
11. A	12. C	13. B	14. D	15. A	16. C	17. B	18. B	19. C	20. D
21. D	22. C	23. D	24. A	25. C	26. D	27. B	28. A	29. C	30. D
31. D	32. A	33. D	34. B	35. B	36. C	37. D	38. B	39. C	40. B
41. A	42. C	43. B	44. B	45. C	46. B	47. B	48. C	49. B	50. C

第 6 章练习题 6

1. A	2. A	3. B	4. C	5. C	6. A	7. D	8. A	9. D	10. C
11. C	12. A	13. A	14. A	15. A	16. D	17. C	18. C	19. A	20. B
21. C	22. D	23. A	24. D	25. B	26. B	27. B	28. B	29. C	30. C
31. C	32. D	33. A	34. D	35. C	36. C	37. A	38. B	39. B	40. C
41. C	42. C	43. A	44. A	45. D	46. A	47. A	48. C	49. C	50. B

第 7 章练习题 7

1. A	2. C	3. A	4. C	5. C	6. B	7. A	8. B	9. C	10. A
11. C	12. B	13. C	14. D	15. C	16. B	17. A	18. B	19. D	20. D
21. A	22. C	23. C	24. C	25. D	26. A	27. B	28. C	29. C	30. A
31. C	32. C	33. C	34. A	35. D	36. C	37. C	38. C	39. B	40. A
41. C	42. B	43. A	44. A	45. C	46. B	47. D	48. D	49. B	50. A

第 8 章练习题 8

1. B	2. B	3. C	4. D	5. C	6. B	7. C	8. A	9. D	10. B
11. A	12. C	13. B	14. B	15. A					

第 9 章练习题 9

1. A	2. A	3. C	4. D	5. C	6. D	7. A	8. B	9. C	10. C
11. B	12. C	13. C	14. D	15. B	16. B	17. C	18. D	19. A	20. D
21. C	22. C	23. A	24. C	25. D	26. A	27. A	28. C	29. B	30. C
31. D	32. C	33. D	34. B	35. B	36. B	37. C	38. C	39. D	40. B
41. D	42. A	43. D	44. D	45. B	46. B	47. A	48. D	49. C	50. A

参 考 文 献

[1]康卓等．大学计算机基础．武汉：武汉大学出版社，2008.

[2]汪同庆，何宁，黄文斌等．大学计算机概论．武汉：武汉大学出版社，2010.

[3]全国高校网络教育考试委员会办公室．计算机应用基础．北京：清华大学出版社，2010.